· 人工智能技术丛书 ·

计算摄像学

成像模型理论与深度学习实践

COMPUTATIONAL
PHOTOGRAPHY

Image Formation Theory and Deep Learning Practice

施柏鑫 ◎ 著

机械工业出版社
CHINA MACHINE PRESS

图书在版编目（CIP）数据

计算摄像学：成像模型理论与深度学习实践 ／ 施柏
鑫著．—北京：机械工业出版社，2023.12
（人工智能技术丛书）
ISBN 978-7-111-74884-7

Ⅰ．①计⋯　Ⅱ．①施⋯　Ⅲ．①计算机应用–摄影技术
Ⅳ．①TB8-39

中国国家版本馆 CIP 数据核字（2024）第 032651 号

机械工业出版社（北京市百万庄大街 22 号　邮政编码 100037）
策划编辑：李永泉　　　　　　责任编辑：李永泉　赵晓峰
责任校对：张婉茹　陈　越　　责任印制：常天培
北京宝隆世纪印刷有限公司印刷
2024 年 6 月第 1 版第 1 次印刷
186mm×240mm・27 印张・550 千字
标准书号：ISBN 978-7-111-74884-7
定价：169.00 元

电话服务　　　　　　　　　网络服务
客服电话：010-88361066　　机　工　官　网：www.cmpbook.com
　　　　　010-88379833　　机　工　官　博：weibo.com/cmp1952
　　　　　010-68326294　　金　书　网：www.golden-book.com
封底无防伪标均为盗版　机工教育服务网：www.cmpedu.com

我读硕士、博士期间主要从事光度立体视觉的研究，按照计算摄像的研究范畴划分，属于计算光照相关的内容。光度立体视觉要解决的主要问题是如何从光照变化的图像序列来推断形状，学生时代的科研训练让我初步领略到了可以利用光的神奇特性扩展成像的维度。博士毕业后，我希望可以对这些神奇的特性进一步深入探索，也许有一天能够窥其全貌，于是继续从事博士后研究。恰好在我寻找博士后机会的那段时间，麻省理工学院媒体实验室（MIT Media Lab）的一个研究组连续发表了一系列利用飞秒相机对光的时间维度（在光速的时间精度下）进行捕捉和重建的论文，其中实现了对光传播过程的可视化、全局和局部光照的分离等。这些在今天看来视觉效果依然很震撼的研究工作深深地吸引了我。后来我很幸运地加入到这间实验室，继续"入坑"计算摄像研究，为实现"将不可见变为可见"（turn invisible into visible，当时我的导师对计算摄像终极目标的解读）的理想继续前行。

　　由于博士期间的研究更多是关于物理的计算机视觉，我对于成像理论的系统学习还比较有限。麻省理工学院汇集了计算摄像学与计算机视觉领域众多全球顶级的资深专家，在麻省理工学院工作期间，我有幸聆听了媒体实验室和计算机与人工智能实验室（CSAIL）开设的多门特色鲜明又互相补充的课程：Berthold K. P. Horn 教授 [从明暗恢复形状（Shape from Shading）、Horn-Schunck 光流算法的提出者] 在 6.801 Machine Vision 课堂上全程板书对于透视投影深入浅出的分析，Ramesh Raskar 教授 [我的博士后导师，媒体实验室"相机文化"（Camera Culture）实验室的负责人] 在 MAS.131 Computational Camera 课堂上将计算摄像原理与当时硅谷大厂的黑科技环环相扣的讲述，都给我留下了非常深刻的印象。2014 年春季学期，我有幸参与到媒体实验室 MAS.532 Mathematical Methods in Imaging 这门课的教学中。考虑到媒体实验室交叉学科的特性，如何针对不同背景的学生讲清楚成像当中的数学模型，对于教学经验几乎为零的我来说挑战很大。为了准备好我负责的两个小时的课程，我花了一些时间来调研美国顶级大学计算摄像课程中的相关内容。在这一过程中，我惊喜地发现这一领域的顶尖学者们开设了众多"宝藏"课程，例如斯坦福大学的 Marc Levoy 教授、哥伦比亚大学的 Shree Nayar 教授和多伦多大学的 Kyros Kutulakos 教授等。

2017 年底回到北京大学任教之后，我开始构思开设自己独立承担的专业课程。北大从事视觉计算相关研究的老师数量和覆盖方向的全面程度，在国内高校应该算是数一数二的。然而我注意到计算摄像这一美国高校十多年前就开始有课程开设的新兴学科，在北京大学尚未有对应的课程。所以我立即向学院和学校提出了申请，并在 2018 年春季学期顺利开课。2018 年寒假在准备这门课的讲义的过程中，我回忆起在麻省理工学院听课的收获，翻出了当时收集的"宝藏"课程资源，同时调研了一些国外年轻老师在顶尖高校开设的类似课程。我发现在成像模型理论方面，大家在参考这些"宝藏"的基础上已经有了比较共识性、系统性的课程体系，于是我自己的课程在成像模型理论方面只需要努力向他们"看齐"、沿用经典即可保证足够丰富且有深度的内容。自从深度学习开始在众多高层视觉问题的性能上取得突破以来，我一直在关注并思考它是否可以或者应该以什么样的方式来解决计算摄像的问题。当时在指导学生做科研的过程中，我发现从深度学习出现以后的时代开始接触计算摄像研究的同学，对于成像模型的熟悉程度远远低于深度学习。这就使得他们面对需要解决的问题，可能首先不会想到从图像形成的原理、过程和结果出发，而是会思考如何套用一个神经网络结构去适配手头的问题。从实践的角度，深度学习带给计算摄像问题求解的便利以及在部分问题上的性能突破是毋庸置疑的，而从理论的角度，成像模型作为对计算摄像研究"知其然知其所以然"的本源也需要在紧跟研究潮流的同时得到足够的关注。为此，我给自己的课程起了"计算摄像学：成像模型理论与深度学习实践"这样一个名字，一来这两部分在我看来对于深入理解和动手解决成像问题同等重要，二来这可以使我的课程在与国内外现有课程拥有一定区分度的基础上讲述清楚理论和实践对于成像的相互作用。

2022 年的春季学期是我第四年在北京大学开设同名课程。在每年备课的过程中，我一直在思考同一个问题：这一节课介绍的计算摄像问题是否适合利用深度学习来求解，与传统方法相比深度学习的优势和劣势在哪里？根据当年最新的研究进展，我会和实验室的同学一起调研，并及时在课上补充相应的最新论文，与同学们分享我对于这个问题的一些新的思考。同时每年的课程我也会相应地更新实践题目，让大家动手拍拍数据，将传统的成像理论与当下的深度学习模型放到一起试试看，它们解决实际问题的有效性和鲁棒性如何？经过这几年的授课，我不敢说对计算摄像相关的成像模型理论与深度学习实践有了多么深入的见解，但也算是积累了一些不成熟的观点，并萌生了以文字的方式整理记录一下自己思路和心得的想法，希望分享给相关领域的科研人员与同学们。遂决定本学期的备课以书稿撰写的方式同步推进，希望能在学期结束的时候也完成第一版的书稿。

北京大学计算机学院"相机智能"实验室（http://camera.pku.edu.cn）博士后和研究生对本书相关图文资料的整理做出了直接的贡献，他们是（按照章节贡献顺序排序）：费凡、于博涵、周鑫渝、杨思祺、崔轩宁、汤佳骏、吕游伟、翁书晨、杨溢鑫、洪雨辰、段沛奇、滕明桂、梁锦秀、常亚坤、马逸和周蠹。由于本人及团队水平有限，疏漏之处在所难免，敬请各位专家、读者批评指正。

施柏鑫
于燕园

人工智能
技术丛书

第 1 章

计算摄像学概述

1.1　计算摄像学研究范畴

1.1.1　研究背景

　　相机在现代人的日常生活中扮演着重要的角色，为人们记录下了无数有意义的瞬间。从诞生的那一天起，相机的进化就从未止步。进入数码时代，"所见即所得"的拍照成为可能，伴随着数码设备性能的不断提升，相机拥有了越来越多的像素、越来越小的体积和越来越快的速度等日渐强大的摄像功能。在智能时代，人们对相机的易用性有了新的需求。对于多数非专业用户而言，如何使手机等便携设备尽可能专业地呈现给普通用户丰富的光影捕捉与重现体验就显得尤为重要。除了可以随时随地拍照和分享等便利性的优势之外，近年来手机成为众多用户拍照首选设备的重要原因得益于其拍摄的照片和视频的质量已经满足了多数日常生活场景中对于影像记录与保存的需求。长焦、微距、夜景、全景和高动态范围等原本需要专业设备和技能的拍摄方式，当下的普通用户使用手机就可以在很多场景中获得令自己满意的体验。除了光学系统、集成电路等技术进步带来的传感器件本身的性能提升之外，促成这一变革的另一项重要技术，便是计算摄像（Computational Photography）⊖。

　　图 1-1 为某手机广告中对于计算摄像（影）技术的介绍，图 1-1（第一行）展示了当前智能手机为了提升拍摄质量所研发的一系列计算摄像技术：潜望镜式的摄像头可以在小巧的机身内进行一定倍率的光学变焦进而配合超分辨率算法实现长焦摄像，多光谱色温传感器可以更准确地对环境光的色温进行感知以实现更精准的自动白平衡，飞行时间（Time of Flight，TOF）传感器通过对距离的感知辅助提升自动对焦的精度；此外，通过融合多个摄像头的信息，高动态范围成像（包括多图融合的去噪和夜景拍摄）、深

　　⊖　本书统一将 Computational Photography 译作"计算摄像"，"计算摄影"是另一种常见的中文翻译。

度估计等算法，可以带来比利用单个摄像头有明显提升的画质细节、对比度表现，甚至可以在有限的光圈大小下模拟出大光圈的背景虚化效果。上述硬件和算法的配合，给普通用户呈现了可以"一键体验"近乎"专业"摄像的拍照体验。

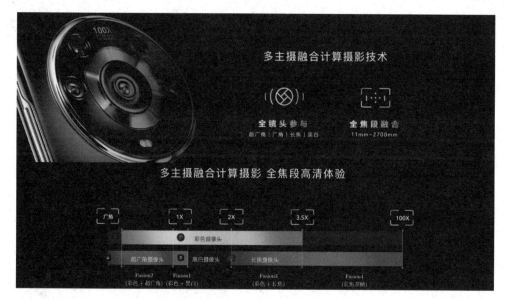

图 1-1　某手机广告中对于计算摄像（影）技术的介绍（图片来源于网络）
https://www.hihonor.com/cn/phones/honor-magic3-pro-series/

对于计算机视觉研究者而言，相机是完成视觉信息采集的主要工具，为几乎所有的计算机视觉算法提供了输入。如果输入图像或者视频质量不够高，再先进的计算机视觉算法都会遇到难以逾越的瓶颈。除了捕捉传统意义上的"图像"，还可以通过传统 RGB 图像传感器以外的视觉感知器件，进一步提升拍照的维度和性能。例如现在主流的智能手机通过前置的红外和深度摄像头，可以对暗光下的人脸进行三维成像，进而弥补基于图像的人脸识别算法不能正常工作的一些挑战场景，提升视觉感知对于环境的鲁棒性；在监控场景中，往往也不是一个摄像头"在战斗"，多焦段、多视角和多光谱的融合成像所能实现的对于真实环境的多维度感知，不仅可以让用户看清单个摄像头无法呈现出的一些细节和无法探测到的死角，而且对于机器视觉算法输入数据维度进行了扩展，必然使其可靠性得到一定程度的提升。

以对当今主流的手机摄像中拍照体验提升的分析为例，计算摄像技术可以通俗地解释为在成像的过程中引入计算，进而呈现传统相机看不清、看不准，甚至看不到的内容。相对应地，计算摄像学是一门融合计算机视觉、计算机图形学和计算光学的新兴交叉学科，希望实现比传统相机更高性能和更多维度的视觉信息捕捉。

1.1.2 研究内容

计算摄像学是研究成像的学科，其研究内容可以根据成像的本源，即"光"的属性进行划分。本节从"一横一纵"两个方向，依据成像的流程和属性对计算摄像学的主要研究对象和研究内容进行概述。

1. 依据成像流程划分的研究内容

成像的基本原理是将场景中的光信号利用光学器件收集到传感器平面上（"聚光"），然后通过传感器对光信号进行响应（"传感"），最后将该信号转换为可以在成像介质上表达的形式（"处理"）。"聚光—传感—处理"这三个步骤在模拟摄像、数字摄像和计算摄像中都是存在的，只是其实现的方式各不相同。对于模拟摄像，传感是一个化学响应过程，通过胶片对到达传感器平面的光强变化做出响应，最后以"冲洗"照片的方式处理胶片上记录的视觉信息形成纸质相片。到了数字时代，实现"聚光"的光学器件部分与模拟相机大同小异，主要还是通过透镜改变光的传播方向达到汇聚的目的，然而传感和处理则变成了光电转换与数字电路的运算，最终影像的呈现形式也变成了数字图像，如图 1-2（第一行）所示。计算摄像的"计算"可以体现在上述三个过程的任一环节，甚至可以是三者之间的联合运算，如图 1-2（第二行）所示。

图 1-2 传统数字摄像和计算摄像的区别（基于 CMU 15-463[1] 课程讲义插图重新绘制）

　　场景和光学镜头之间的计算：在场景中传播的光线到达传感器平面之前，可以利用光学器件对传统的只有"汇聚"的光传播路径加以改变，对汇聚之前的光信号进行编码和调制，可以捕捉到传统摄像中丢失的一些光传播信息。例如，可以通过在传感器平面之前放置微透镜组（lenslet）的形式，达到等价于从平面上的多个不同位置进行拍照的效果，进而捕捉光线随着拍照位置变化的信息，也就是光场（light field）。图 1-3 展示了其原理示意图和依据该原理制造的光场相机 Lytro Illum 的原型机。由于原本聚焦在一起的光线被重新散开到了不同的位置，且这些信息被后方的传感器完整地记录了下来，因此拍摄者可以根据需要，选择合适的光线通过后处理的算法进行重新"汇聚"，进而利用光场摄像实现"先拍照、后对焦"的神奇应用。

　　传感器上对光信号进行计算：当光信号到达传感器平面的时候，对这些光信号进行感知和分析是接下来要面临的问题。如何设计和实现新型的视觉信号感知器件与芯片，在传感阶段获取传统图像传感器无法有效感知的、图像平面以外的信息，可以为计算摄像发挥作用提供更广阔的舞台。读者所熟知的微软 Kinect 传感器就是这方面的成功典型。这一低成本的和普通相机易用性相仿的深度视觉传感器，通过散斑结构光（第一代产品）和飞行时间成像（第二代产品），对众多视觉计算问题（例如室内场景的实时三维建模、三维人体重建等）在三维空间中的普及做出了重要的贡献。北京大学黄铁军教授团队于 2017 年提出的脉冲视觉理论及其视觉感知芯片实现，也是在传感阶段引入计算的"从 0 到 1"的原始创新，脉冲成像的原理和相机原型如图 1-4 所示。通过将到达传感器之前的光信号以微秒级的时间灵敏度进行响应，并将其转换为比特流，打破了传统相机基于"帧"表示视觉信息的壁垒，可以更加准确和完整地记录光强的时空变换，带来全时、自由动态范围的成像，为后续的计算处理提供了无限的可能和广阔的应用前景。

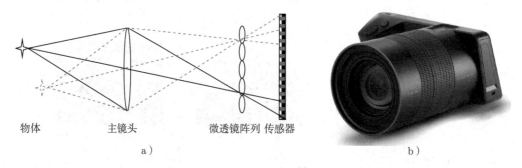

物体　　　　　主镜头　　　　微透镜阵列 传感器

a）　　　　　　　　　　　　　　　　b）

图 1-3　光场摄像的原理和相机产品（a 图基于论文[2]的插图重新绘制，b 图来源于网络）
http://lightfield-forum.com/lytro/lytro-archive/

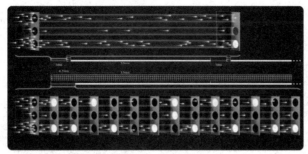

图 1-4　脉冲成像的原理和相机原型[3]

传感器和图像之间的计算：　这部分计算是与传统的数字摄像最为接近的过程。这里计算摄像算法与图像处理、底层（low-level）计算机视觉算法和图形学中的图像编辑问题的边界比较模糊，这也正是计算摄像学作为一门交叉学科的特色。目前已经趋于成熟并广泛应用于智能手机的全景图拼接、（通过融合多曝光图像的）高动态范围成像（包括夜景摄像）等应用，就是在这个层面实现的。计算摄像学和其他关联学科（尤其是计算机视觉和计算机图形学）在这一环节的区别，主要在于计算摄像的这一环节需要和前面的聚光与传感进行更深入的融合，通过三个环节中完整的光传播分析、传感器设计以及后端算法的联合优化，达到在成像过程中联合计算的目标。

> 因此学习计算摄像学，需要通过对上述"聚光—传感—处理"过程进行深入的理解，从而在恰当的位置引入合适的计算，达到优化成像体验的目的。

本书后续章节将对基于该流程各个环节的计算引入进行详细阐述。

2. 依据成像属性划分的研究内容

光作为一种电磁波，拥有波长、频谱、传播速度和偏振方向等多种属性，其在自然空间中的传播是一个非常复杂的过程。受限于传统成像的流程和数码相机的工作原理，在真实三维场景中传播的光线会在一段时间内（曝光时间）被积分，在一定波长谱段内（RGB）被滤波，然后投影（深度丢失）和量化（有限的分辨率）到图像传感器平面。在图像形成的这个过程中，场景信息的多数维度是无法被摄像过程记录的。换言之，图 1-2（第一行）所示的数字摄像流程，只能记录图 1-5 成像属性中的 RGB 三个层面，对比图 1-5 所示的全维度成像属性，其信息量是十分有限的。

从场景属性的完整记录与恢复这个角度，计算摄像学的研究希望回答如下的问题：

> 在成像的过程中丢失了什么信息？如何找回这些丢失的信息？

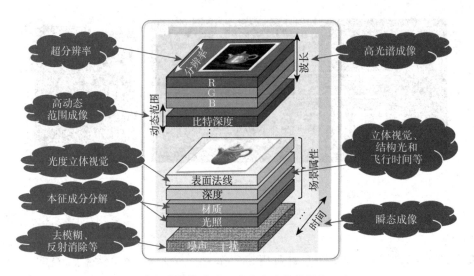

图 1-5　全维度成像属性及其对应的计算摄像研究问题

图 1-5 中的箭头在深度和广度上是可以延伸的，指示了对传统图像进行扩展和延伸可能探索的一些方向。以该图的左侧为例：通过计算扩展出的图像分辨率可以数倍于传感器像素个数（超分辨率）；通过计算可以使单张图像的比特深度大于传统相机所使用的以 8 比特为主的图像格式（高动态范围成像）；通过对多张不同光照情况下的图像进行分析可以对物体的表面法线进行逐像素的提取，相当于每张图像多了一个三通道的法线层来表达精细的几何信息（光度立体视觉）；通过计算也可以将一张图像分解为材质（用反射率表示）和光照 [用明暗图（Shading）来表示] 层，对拍摄到的场景物理属性就是否与光照相关进行区分（本征成分分解）；此外，还可以通过引入计算的方式对成像过程中由于相机本身的非理想特性和环境的干扰所带来的各种各样的噪声、伪影进行抑制、消除，例如由于物体高速运动或者相机抖动带来的模糊（去模糊），由于隔着玻璃等材质进行拍摄带来的反射叠加干扰（反射消除）等。如何通过计算摄像来解决上述成像属性的恢复、拍摄性能的提升等问题，在本书的后续章节会进行逐一的论述。

图 1-5 的右侧还列举了全维度成像属性中包含的其他计算问题：例如通过计算细化光谱波段精度的高光谱成像问题，通过立体视觉、结构光和飞行时间等技术构造三维视觉传感器获取场景深度的问题，以及在光速尺度下就时间维度对场景光传播进行解析的瞬态成像（transient imaging）问题等，这些问题也都属于计算摄像的研究内容，但是限于篇幅，本书不对其进行详细讲述。

1.2　计算摄像学相关课程

很多国际顶尖大学在计算机或电子工程系都曾经或正在开设计算摄像学相关课程，

为高校师生和专业人士学习相关技术提供了宝贵的参考资料。这里主要介绍几门目前在持续更新的课程资源，以下排名不分先后，并无"经典"程度的区分，主要对其各自的特点进行简单概述，供感兴趣的读者在阅读本书时对照进行参考学习。

CMU 15-463[1]：卡内基梅隆大学的这门课程在参考了众多其他大学前序课程的基础上（例如，MIT MAS.531/MAS.131, U-Toronto CSC320S, UIUC CS 445 等，相关课程链接可以在参考文献 [1] 的网站和课件上找到），对成像原理的基础和计算摄像的前沿进展做出了相对完备的和系统性的介绍。前十几讲关于成像原理的流程、相机的基本工作原理可以作为几乎零基础读者的入门参考，配套的课程作业设置也比较深入浅出，有助于配合讲义通过实操深入理解成像相关的基本原理及其代码实现。目前开设这门课的 Ioannis Gkioulekas 教授是光传播（light transport）分析方面的专家，此课程后面几讲对于光传播的一些高级话题（例如飞行时间、光传播矩阵等）的探讨较为深入，是这门课比较独特的一部分内容。

Stanford EE367/CS448I[4]：斯坦福大学的这门课程更加偏向成像（imaging）的原理，从成像系统构建的角度对正向和逆向问题求解当中的数学问题进行了系统的论述。目前负责这门课程的 Gordon Wetzstein 教授是计算显示（Computational Display）领域全球顶尖专家之一，2022 年之前该课程还包含了与显示相关的技术。由于显示的基本原理和建模过程与成像是相辅相成的，共享了很多通用的数学工具与分析方法，同步学习成像和显示有助于对二者的原理进行全方位的深入理解。2022 年之后，该课程对于深度学习在逆向求解成像问题中的应用也进行了介绍，对照基于优化的传统方法进行学习，可以更加全面地理解如何（正向）构建并（逆向）求解一个计算成像系统的各个组成成分。

First Principles of Computer Vision[5]：这是一门从 2021 年 3 月开始更新的在线视频课程，主讲者是哥伦比亚大学的 Shree Nayar 教授。Nayar 教授是计算摄像领域全球最知名的学者之一，他是美国三院（工程、艺术与科学、发明家科学院）院士，曾经多次获得马尔奖等计算机视觉会议的最佳论文奖。他从一名资深学者的视角，围绕"成像（imaging）—特征（features）—重建（reconstruction）—感知（perception）"娓娓道来，对计算机视觉的"第一性原理"进行了透彻的阐述。得益于他对成像原理和系统极其富有深度的见解，这门视频课程对基本概念和重要原理的讲解简练、生动、精准和贯通。非常推荐从深度学习时代之后开始接触计算机视觉或者计算摄像学的读者，在尝试用深度学习建模和解决问题之前，对相关的经典概念、模型等"第一性原理"通过该课程的权威解读进行了解。

本书所对应的课程是作者在北京大学计算机学院从 2018 年春季学期起面向计算机和智能科学等相关专业本科生开设的与本书同名的课程"计算摄像学：成像模型理论与深度学习实践"（课号：04833970）。顾名思义，这门课程以图像的物理形成过程和相机获取数字图像的原理为支撑，介绍计算摄像学中的基本问题、模型、理论及其用传统最优化、信号处理方法的解决方案。结合对于各问题近些年随着深度学习技术的发展带来的全新进展，介绍深度学习和计算摄像问题的结合与应用。深度学习作为目前视觉计算领域广受关注的技术之一，在高层计算机视觉的目标检测、识别和分类等问题上带来了传统方法无法企及的性能突破。深度学习技术在计算摄像学中也正在发挥广泛而积极的作用。通过适当的方法，将传统计算摄像学在光学特性、物理过程和成像模型等方面的先验、约束与数据驱动方法强大的学习、建模能力进行优势互补，可以为众多计算摄像难题的求解提供全新的思路和手段。

> 本课程的目标是使学生对计算摄像的原理形成相对系统性的认知，培养学生结合传统和现代计算机应用方法，通过从数据获取的源头改善系统输入层面的信息维度和数据质量，来解决视觉计算问题的能力。

作业和考核方面涉及经典问题编程实践、相关文献调研总结和前沿论文讲解复现三个环节，希望学生能够就计算摄像领域的一个或多个课题对科研的完整环节进行体验与实操，培养基本理论、动手实践、论文撰写和学术演讲等全方位的能力。

在成像模型理论方面，这门课从数字图像的形成和数码相机的工作原理入手，介绍基于几何和光学的成像模型，然后针对几类计算摄像学的典型问题（高动态范围成像、光度立体视觉、超分辨率和去模糊等）进行深入介绍；每类问题分别介绍基于物理成像原理和信号处理的经典方法和基于数据驱动与深度学习实践的最新方法。通过本课程的学习，学生可以全面理解数字图像成像的流程和相机工作的原理，并初步掌握用经典理论和前沿技术提升数字图像质量和改善数字摄影体验的能力。这门课的课时分配与本书的章节组织一一对应：

1）计算摄像学概述：介绍计算摄像学的基本概念、研究范畴和研究内容，并对国内外相关的课程和教材进行简要介绍。

2）数字摄影原理：介绍图像传感器的基本原理、色彩形成的基本原理和相机内部的图像处理流程（白平衡、去马赛克和色调再现等）。

3）相机几何模型：介绍图像形成的几何原理，通过针孔相机模型和透视投影原理，讲述相机矩阵和相机几何标定的方法等。

4）镜头与曝光：介绍镜头模型、视场与镜头选用（对焦距离与变焦）和曝光控制（光圈与景深）等基本概念。

5）焦点堆栈与光场摄像：介绍焦点堆栈、全聚焦图像和光场等基本概念，以及重对焦的计算摄像实现方法。

6）光度成像模型：介绍图像形成的光学原理、相机辐射响应标定方法和光度成像模型的三个基本要素（表面法线、反射率与光源模型）等。

7）光度立体视觉：介绍从多张光照变化的图像恢复形状的方法，包括经典方法、泛化方法和基于深度学习的解法。

8）高动态范围成像：介绍融合多张不同曝光图像的高动态范围成像经典方法，利用非传统相机和深度学习实现单张图像高动态范围的算法。

9）超分辨率：介绍传统的基于子像素位移拼接多图的超分辨率技术，通过改进传感器像素结构的超分辨率技术，以及单张图像超分辨率技术。

10）去模糊：介绍基于（盲）解卷积的去模糊技术，基于光圈编码、震颤快门等计算摄像方法以及利用深度学习去模糊的技术。

11）图像恢复高级专题 I：基于 Retinex 理论，介绍利用多张或单张图进行本征成分分解的方法，以及深度学习在该问题上的应用。

12）图像恢复高级专题 II：介绍将一张受反射干扰的图像分解为反射层和透射层的一系列经典方法、基准评测数据集和深度学习解法。

13）图像恢复高级专题 III：介绍新型神经形态相机的工作原理、视觉信号处理算法及其与传统相机融合的计算摄像方法（包括对神经形态和传统视觉信号的增强）。

第 2～6 章（讲）主要围绕相机的基本工作原理、几何与光学的成像模型与其中涉及的基本概念进行讲解，具有比较紧密的承前启后的衔接关系（对应本书的第一部分，这部分可以串讲）；第 7～13 章（讲）精选了计算摄像学中有代表性的部分研究内容，相对独立（对应本书的第二部分，这部分可以选讲），读者可以针对自己感兴趣的专题进行选择性的研读。每一章（讲）均按照"成像模型理论"和"深度学习实践"两部分组织内容，从问题的成因，即该问题在整个成像流程中的位置展开，介绍正向成像模型的基本概念和逆向成像模型的经典求解方法；随后介绍近些年相关的深度学习知识和模型如何对应求解同样的问题（能不能"学"出来？怎样"学"更有效？），相比传统方法其优势和劣势分别是什么。这是这门课程也是本书的最主要特色之一。每一章的最后都提供了对应该章内容的课程实践参考设计。本书的课程实践具有两个特点：第一，每个题目均从传统方法和深度学习两个方面给出了可以编程实践本章讲述内容的实验设计参考；第二，每个题目均布置了需要自己动手尝试拍摄真实图像进行验证的选项。上述课程实践的特点，有助于读者（或选课学生）深入理解成像流程的每一个环节，通过完成相应的编程作业进一步加深对理论的理解，实操体验计算摄像学在真实场景中的应用，真正做到学以致用。

1.3　计算摄像学相关教材

前面介绍了本书作为教材以及其对应课程的主要特色，下面在本章的最后对其他已有计算摄像学相关教材做一个简短的介绍，供读者参考学习。Richard Szeliski 教授的《计算机视觉算法与应用》[6] 在 2021 年 9 月底完成了第二版的更新，作为 Facebook 计算摄像团队的负责人，这本计算机视觉教材对计算摄像相关的内容介绍可谓透彻且全面。Katsushi Ikeuchi 教授组织编写的《计算机视觉大百科全书》[7] 以字母索引的方式对计算机视觉和计算摄像学中涉及的专业名词进行了系统化、全方位的权威解读。本书中未能论述透彻的知识以及限于作者水平未能解释清楚的内容，从这两本教材中都可以找到更深入、更准确的解释。最近，麻省理工学院媒体实验室的 Ramesh Raskar 教授和他已经毕业的两位学生（分别在帝国理工和 UCLA 任教）共同撰写了一本新的计算成像的教材[8]，从光传播的各个属性维度展开，其特色之一是为每章配备了可以实操的编程练习题，是理论结合实践尝试计算成像新技术的最新参考书之一。国内专家在计算摄像方面也有高水平的教材出版，戴琼海院士团队聚合集体智慧的成果在参考文献 [9]中对全光视觉信息采集理论和实践进行了系统的论述，其中对以国内大学为主的自主知识产权成果的深入介绍非常值得学习。

本章参考文献

[1] GKIOULEKAS I. CMU 15-463: computational photography[EB/OL]. [2022-09-01]. http://graphics.cs. cmu.edu/courses/15-463/.

[2] NG R, LEVOY M, BRÉDIF M, et al. Light field photography with a hand-held plenoptic camera: CTSR 2005-02[R]. Stanford: Stanford University Computer Science Tech Report, 2005.

[3] HUANG T, ZHENG Y, YU Z, et al. 1000x faster camera and machine vision with ordinary devices[J]. Engineering, 2022: 1-10.

[4] WETZSTEIN G. Stanford EE367/CS448I: Computational imaging and display[EB/OL]. [2022-09-02]. http://stanford.edu/class/ee367/.

[5] NAYAR S. First principles of computer vision[EB/OL]. [2022-09-03]. https://fpcv.cs. columbia.edu/.

[6] SZELISKI R. Computer vision: algorithms and applications[M]. 2nd ed. Cham: Springer, 2022.

[7] IKEUCHI K. Computer vision: a reference guide[M]. Boston: Springer, 2014.

[8] BHANDARI A, KADAMBI A, RASKAR R. Computational imaging[M]. Cambridge: MIT Press, 2022.

[9] 戴琼海, 索津莉, 季向阳, 等. 计算摄像学：全光视觉信息的计算采集 [M]. 北京: 清华大学出版社, 2016.

第 2 章

数字摄像原理

本章将依次介绍数字图像的形成原理、图像传感器的基本工作原理、相机内部图像处理流程（色彩滤波、白平衡和色调映射）及利用深度学习求解相机内部图像处理流程的方法。本章从计算摄像学的角度依次回答以下问题：

数码相机是如何拍摄真实世界场景并存储为数字图像的？

人类视觉感受到的色彩是如何形成的？数码相机如何在图像中复现这些色彩？

数码相机拍摄得到的数字信号在变为适于观察的图像前经过了哪些处理？

为什么有些计算摄像问题需要使用相机记录的原始图像，而非处理完毕的图像？

2.1 图像传感器的基本原理

相机最核心的功能是捕捉并存储场景中的光信号。传统胶片相机使用镜头等光学器件将光线汇聚到感光平面上，利用光敏胶片进行化学反应以存储光信号。目前广泛使用的数码相机在光学器件上与胶片相机并无明显差异，但在感知与存储光信号时，数码相机使用数字传感器替代了光敏胶片，基于光电效应将光信号转化为电信号。

图像传感器接收光子的过程可以类比于水桶接水。当相机的快门开启时，曝光过程开始。一个典型的曝光过程如下：

1）微透镜（microlens 或 lenslet）将传播到传感器某一像素上的光线汇聚到该像素的感光区域。

2）颜色滤波器（color filter）通过对不同波长的光进行选择性接收来度量光的颜色。

3）光电二极管（photodiode）将传入的光子转化为电子。

4）势井（potential well）储存转化的电子。

5）模拟前端（analog front-end）在相机快门关闭、曝光过程结束后，读出势井中的电子并转化为数字信号。

图 2-1 展示了简化的图像传感器示意图。其中，光电二极管是图像传感器的核心部件。量子效率（quantum efficiency）即光生电子数与入射光子数之比，是衡量其性能的重要指标，也是衡量图像传感器性能的基础指标之一。光电二极管的光电转化过程在绝大多数情况下是线性的，输出电子数与输入光子数成正比，但在两种极端情况下，该性质并不成立。第一种情况是在势井达到饱和时，此时电子数不会再随着光子数增加，称为过曝（over-exposure）。第二种情况是在光子非常少、亮度非常低的区域，由于噪声的影响，光电转化不再保持线性，称为欠曝（under-exposure）。势井容量（其在饱和前能够存储多少电子）同样是传感器重要性能指标之一，极大地影响着图像质量。势井容量基本由像素面积决定，像素面积越大，势井容量越大。手机等便携式的拍照设备由于其体积的限制，往往不能使用像素面积大的传感器。相比于单反等体积更大的设备，这是限制其拍照性能的主要因素之一。

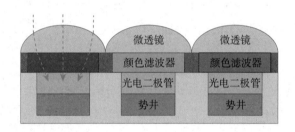

图 2-1　简化的图像传感器示意图

根据读出电子方式的不同，图像传感器分为两种：电荷耦合器件（Charge-Coupled Device, CCD）与互补式金属氧化物半导体（Complementary Metal-Oxide-Semiconductor，CMOS），如图 2-2 所示。CCD 是一种集成电路，上有许多排列整齐的电容，能够感应光线，并将其转变成数字信号。经由外部电路的控制，每个小电容能将其所带的电荷传给它相邻的电容。CCD 传感器广泛应用在数字摄影、天文学，尤其是光学遥测技术、光学与频谱望远镜和高速摄影技术上面。具体而言，一个场景经过透镜在电容数组表面成像后，依其亮度的强弱，会在每个电容单元上形成强弱不等的电荷。相机一旦完成曝光，控制电路就会将电容单元上的电荷传到相邻的下一个单元，当到达边缘最后一个单元时，电信号传入放大器，转变成电位。如此周而复始，直到整个场景都转成电位、取样并数字化之后存入存储器。所存储的图像可以传输到存储设备保存或者在显示屏上显示。CMOS 原本是计算机系统内一种重要的芯片，用于保存系统引导最基本的资料，后来被发现可以作为数码摄影的感光元件。CMOS 的成像过程与 CCD 相近，但在电信号到数字信号的转换过程中存在差异。CMOS 传感器的每个像素旁直接连着模数转换器（Analog-to-Digital Converter, ADC），能够直接放大电信号并转换成数字信号。传感器设计时刻意加入了冗余，并非所有像素都用于成像。一些像素在暗区作为纯黑色值（可能会由于传感器温度等因素浮动）的相对参考，用以补偿"黑色"水平。另外还有一些非暗区的哑像素，用以"吸收"电磁干扰。

CCD 图像传感器

CMOS 图像传感器

图 2-2　两类图像传感器芯片：CCD 与 CMOS（图片来源于维基百科）

https://en.wikipedia.org/wiki/Charge-coupled_device

https://en.wikipedia.org/wiki/Active-pixel_sensor

　　CMOS 的每个像素单元都比 CCD 复杂，其像素尺寸很难达到 CCD 的水平。相同尺寸下 CCD 通常会拥有比 CMOS 更高的分辨率，但也存在传输速度较慢、成本较高和耗电量高的缺点。CCD 需要在同步时钟的控制下逐行输出信息，而 CMOS 可以在采集光信号的同时取出电信号，并且能够并行处理各单元的图像信息，因此 CCD 的传输速率较低。其次，CMOS 所采用的半导体电路工艺可以轻易地将周边电路集成到传感器芯片中，节省外围芯片的成本；而 CCD 采用电荷传递的方式传送数据，只要其中有一个电容单元不能运行，就会导致一整排的数据不能传送，因此成品率控制成本较大。此外，CCD 的电荷耦合器大多需要三组电源供电，而 CMOS 只需使用一个电源。耗电量的差距影响了下游应用，例如需求待机时长的手机会更倾向于使用 CMOS。

　　在 CMOS 或者 CCD 读取出模拟电压之后，还需要使用模拟前端将其转化为数字信号。模拟前端的简化构造示意图如图 2-3 所示，包含了以下几个模块。

图 2-3　简化的图像传感器模拟前端构造示意图

　　1）模拟放大器（analog amplifier）根据设置的感光度（ISO）将输入的模拟电压进行放大，对暗角进行补偿，并将电压转换到模数转换器所需的范围。

　　2）模数转换器 将模拟信号转换为数字信号。转换方式根据芯片类型有所不同。输出的数字信号的位数一般比图像存储所用的 8 位更高，通常在 10 ～ 16 位之间，最常见的为 12 位或 14 位。

3）查找表（Look-Up Table，LUT），最后将数字信号进行整理，对过曝和欠曝的极端情况进行修正，使其与输入电子数呈线性关系，并校正坏像素。

相机拍摄的未处理的图像中会出现暗角（vignetting）现象，离中心越远的像素捕捉到的光线越少。使用 Chameleon 3 CM3-U3-50S5C-CS 2/3 工业相机对白墙的拍摄如图 2-4a 所示，使用同一相机拍摄的一张室外场景的样片如图 2-4b 所示，在图像中四个角上出现了渐暗的现象。暗角通常由四种原因造成：机械遮挡、镜头特性、光强的距离衰减和光线角度，并能在出厂时标定，通过在模拟放大器上施加非均匀增益进行抑制。

a）对均匀白墙的拍摄   b）包含暗角现象的工业相机图像

图 2-4　图像的暗角现象

2.2　色彩形成的基本原理

图像传感器能够在每一像素产生正比于光强度（通常是可见光）的数字信号，但在没有加装颜色滤波器的情况下，传感器仅能记录灰度图像，而无法捕捉到场景的颜色或区分不同波长光线之间的相对强度。为了记录场景颜色并在显示设备中尽可能真实地复现场景，目前通常采用模拟人类视觉色彩感知的方式来记录并复现场景颜色。本节将介绍色彩（颜色）的基本概念及数码相机摄得彩色图像的原理。

与光的强度、波长（通常用符号 λ 表示，单位为 nm）等客观尺度不同，人类视觉系统（Human Vision System, HVS）感知到的颜色是一种主观现象，是因可见光波段（380～720nm，电磁波谱与数字摄像主要关注的可见光谱段见图 2-5）内不同波长的光的相对强度差异以及人眼对不同波长光的敏感度差异而产生的。对色彩的感知因人而异，也有人因丧失对某些色彩的区分能力而被认为是色盲（如红绿色盲）或色弱。通常使用光谱功率分布（Spectral Power Distribution，SPD）$\Phi(\lambda)$ 对不同波长光的强度进行建模。图 2-6 展示了几种常见白色光源的色温及光谱功率分布，包括日光、白炽灯、荧光灯、卤素灯和 LED（发光二极管）灯等。大多数的光源都包含不止一种波长的光。即使这些光源的光谱功率分布有很大差异，但人类对这些光源的颜色感知基本为白色，这意味着不同的光谱功率分布可以产生类似或者相同的颜色感知，也意味着肉眼（以及模拟人类色彩感知的普通相机）无法直接对光谱的相对强度进行区分。

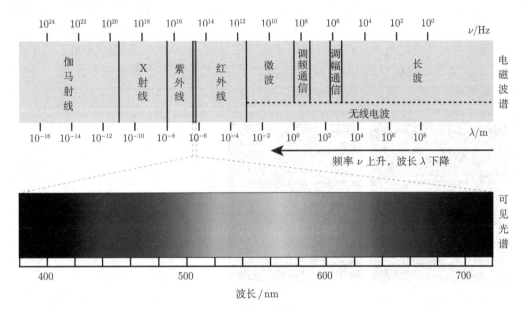

图 2-5　电磁波谱与数字摄像主要关注的可见光谱段

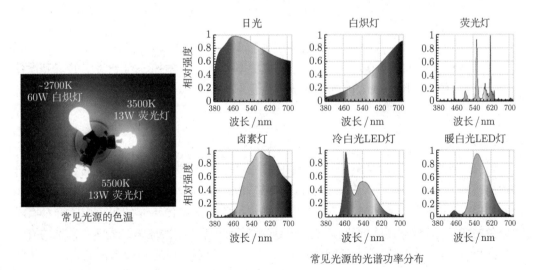

常见光源的光谱功率分布

图 2-6　常见白色光源的色温及光谱功率分布（基于维基百科的插图重新绘制）
https://en.wikipedia.org/wiki/Color_temperature

在光线进入人眼、到达视网膜之后，会刺激视网膜感光细胞。视网膜上有两类感光细胞：视杆细胞（rod cell）与视锥细胞（cone cell）。视杆细胞对光的波长不敏感，因而也就对颜色不敏感，主要感知光的强弱；而视锥细胞对弱光与明暗不敏感，主要感知亮光的颜色，大部分集中在视网膜中央凹（fovea）处。人对色彩的感知就是基于视锥细胞产生的三刺激值（tristimulus）。人通常拥有三种视锥细胞，为 S、M 及 L 型细胞，分别对短波长、中波长及长波长的可见光敏感，对应蓝色、绿色及红色，如图 2-7c 所示。正常色觉人类的绝大多数的视锥细胞均为 L 型（占 64%）及 M 型细胞（32%），如图 2-7a 所示，这也导致人对于红光与绿光更为敏感，而对于蓝光较不敏感。一些人缺少某类视锥细胞，就会导致色觉缺陷，如红绿色盲，如图 2-7b 所示。

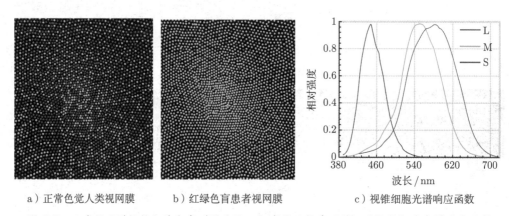

a）正常色觉人类视网膜　　　b）红绿色盲患者视网膜　　　c）视锥细胞光谱响应函数

图 2-7　人类视网膜视锥细胞分布（图 2-7a、b 来源于维基百科）及视锥细胞光谱响应函数
https://en.wikipedia.org/wiki/Photoreceptor_cell

如式 (2.1) 所示，三种视锥细胞基于各自的光谱响应函数（Spectral Sensitivity Function, SSF）$\{S, M, L\}(\lambda)$ 将入射的光谱功率分布进行累加，得到对应的三刺激值 $\{s, m, l\}$，并传入大脑，使人类视觉系统产生色彩感知。

$$\{s, m, l\} = \int_{\lambda} \Phi(\lambda)\{S, M, L\}(\lambda)\mathrm{d}\lambda \tag{2.1}$$

数码摄像的主要目的是复现拍摄时的场景，其终端用户为人类视觉系统，因此设计相机时也参考了人的视觉，将不同颜色的颜色滤波器组合成为颜色滤波器阵列（Color Filter Array, CFA），类似于人的视锥细胞和视网膜。图像传感器的每个像素前都有不同颜色的颜色滤波器，以对不同波长的光进行响应并有选择性地透过光线。常见的阵列使用红色（R）、绿色（G）和蓝色（B）三种颜色滤波器，对应三种视锥细胞。图 2-8b 展示了 Canon 50D 与 Canon 40D 的 RGB 颜色滤波器的光谱响应函数。利用颜色滤波器阵列，每个像素除了能够记录光强度信息外，还能记录 RGB 三种颜色信息，使得拍摄彩色数码图像成为可能。

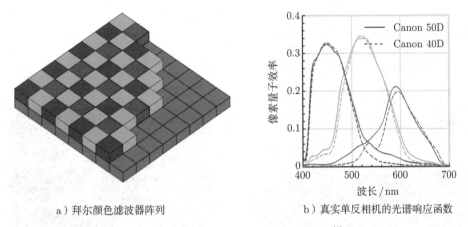

a）拜尔颜色滤波器阵列　　　　　　　b）真实单反相机的光谱响应函数

图 2-8　相机颜色滤波器及其光谱响应函数（基于 CMU 15-463[1] 课程讲义插图重新绘制）

　　然而，使用几种颜色、何种颜色的滤波器以及如何在传感器像素平面排布颜色滤波器，曾经困扰了相机工程师很长时间，直到柯达（Kodak）公司前工程师布莱斯·拜尔（Bryce Bayer）设计了拜尔马赛克阵列（Bayer mosaic）并于 1976 年注册专利，如图 2-8a 所示。拜尔阵列是最为经典的颜色滤波器阵列设计，其中每 2×2 的方格区域包含两个对角的绿色滤波器，以及各一个红色滤波器和蓝色滤波器。其绿色像素相比红色和蓝色像素更多，是因为人眼对于绿色的光较为敏感，因此摆放更多绿色像素能够使得图像的绿色通道拥有更高的信噪比。然而颜色滤波器阵列的好坏并没有特别客观的度量标准，拜尔阵列也并不是唯一使用中的颜色滤波器阵列，另外还有如 Canon IXUS 相机使用的 CYGM 阵列及 Sony Cyber-shot 相机使用的 RGBE 阵列等。

　　此外，颜色滤波器阵列是一种空分复用（Space Division Multiplexing, SDM）手段，但事实上也可以通过转动颜色滤波色轮来达到时分复用的目的，或采用分光器或多层感光器件（如 Foveon X3）以使得单个像素能够记录全部 RGB 三通道的值。但这些技术使用较少，绝大多数数码相机仍然采用颜色滤波器阵列进行彩色图像的拍摄。

2.3　相机内部图像处理流程

　　进入相机的场景光线在经过颜色滤波器阵列以及图像传感器模拟前端转化为数字信号之后，称为原始（raw）图像（如图 2-9 所示）。但原始图像仅为单色图像，且受噪声及马赛克效应影响，每一像素仅存储 RGB 某一颜色的强度，不适合直接观看，需要经过相机内部图像处理流程（in-camera image processing pipeline，也称 Image Signal

Processor/Processing, ISP⊖）才可成像适于人眼观察的图像，也就是通常人们看到的数码相片。

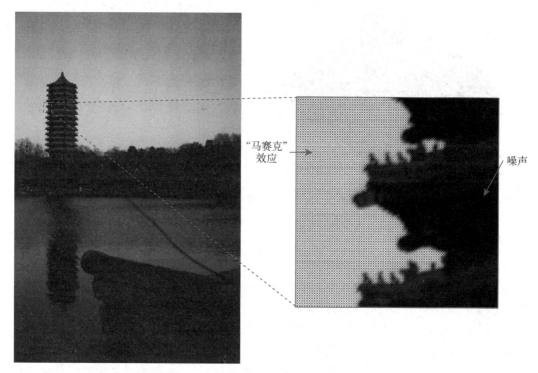

图 2-9　经过颜色滤波器阵列的原始图像（使用 Sony α6400 相机拍摄得到）

　　如图 2-10 所示，典型的 ISP 以 10～16 位（常见为 12 位）的马赛克线性原始图像作为输入，依次经过白平衡、去马赛克、去噪、色彩空间转换（图中未标出）、色调再现和图像压缩（图中未标出）等步骤后，形成 8 位去马赛克非线性 RGB 图像。本节将重点介绍其中的白平衡、去马赛克、去噪及色调再现部分。关于色彩空间转换与图像压缩部分，由于其涉及内容过广、原理较为复杂，并且许多计算机视觉课程和书籍都有所介绍，本章不再展开详述。感兴趣的读者可以阅读参考文献 [2]。

　　需要注意的一点是，图 2-10 所展示的是一种典型流程，但并不意味着所有相机内部图像处理流程都严格遵照这种流程，步骤之间的相对顺序以及每个步骤所使用的具体算法都是可以在一定程度上改变的。例如，关于白平衡和去马赛克的先后顺序，许多相机厂商 [如佳能（Canon）、索尼（Sony）和富士等] 会在去马赛克之前进行白平衡，因为这些公司所使用的较为精细的去马赛克算法能够在白平衡后的图片上表现得更好。

⊖　从严格的字面意思，ISP 一词特指相机内部处理原始图像的电路结构及其对应的处理器，但现在一般用 ISP 指
　　代整个相机内部的图像处理流程，即从原始图像到 JPEG 的全部软硬件处理过程和随之带来的变化。

但是对于较为简单的去马赛克算法（如逐通道双线性插值），这两者的顺序对于结果并无任何影响，因此也有一些处理原始图像的软件（如 RawTherapee[3]）先进行去马赛克，再进行白平衡。综上，这两种顺序之间的区别较为微妙。也有将去噪放在色调再现之前的例子，此时图像中的噪声（尤其是暗处）强度还未被色调再现时使用的伽马编码放大，在图像上表现得较为统一，适于使用去噪算法。本章介绍的相机内部图像处理流程是一种以演示目的进行简化后的典型流程，实际的流程可能会复杂很多，也可能会做如上所述的一些改动。

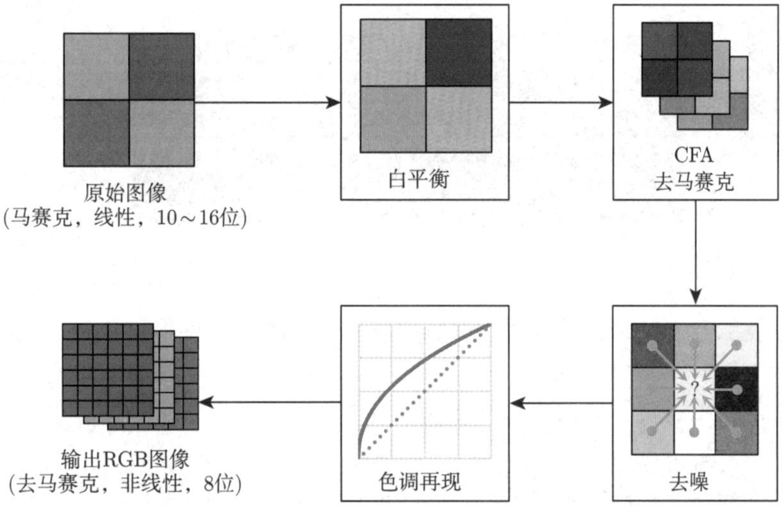

图 2-10 典型的相机内部图像处理流程

2.3.1 白平衡

白平衡（White Balance, WB），一言以蔽之，就是“不管在任何光源下，都能将白色物体还原为白色”。人类视觉系统是可以根据环境光照颜色进行自适应调整的，能够在不同的光照环境下正确感知“白色是白色”，尽量在脑中还原物体原本的颜色。以图 2-11 为例，下图是上图在改变光照颜色为偏蓝后的图像，但人依然能感知到玩偶的裤子是红色的、上衣是黄色的。但如果抛开整张图作为环境，仅看下图中某一像素的颜色值，却完全无法辨认这原本是红色或黄色。相机不具备像人脑一样的自适应调整功能，只会将所见的光强度记录下来。相机记录下的颜色会受到光源的光谱功率分布的影响，例如，原本白色的物体在非白色的光源下同样会被相机拍摄为非白色。这种现象首先会降低一些不拥有自适应调整能力的计算机视觉算法的性能；其次，由于人在观察照片时通常是适应所处环境的光源，而非适应照片中的光源，所以虽然人类拥有自适应调整能力，但若不根据照片的光源颜色进行校正，人也会不容易正确感知照片中物体的颜色。因此，"将白色物体还原为白色"，也就是白平衡，是一个较为重要的步骤。

感知颜色
vs
视网膜颜色

黄色　红色

图 2-11　人类视觉系统色调感知的自适应能力（基于 CMU 15-463[1] 课程讲义插图重新绘制）

为符号表示方便及可视化起见，本节中假定白平衡前的图像已经进行过去马赛克操作（见本章 2.3.2 节），为 RGB 三通道图像。若要对去马赛克前的单通道图像进行白平衡，只需将原本对每个通道进行的操作改为对每种颜色对应的 CFA 像素进行的操作即可。

调整白平衡的方法通常是对于 RGB 三通道的每个通道，将其像素值整体乘以一个放大系数，从而调整全局颜色。白平衡可以分为手动白平衡与自动白平衡。一种手动白平衡的方法是人工选定场景中的一个参照物体，认为该物体本身近似是白色的，然后使用摄得的该物体的颜色对整张图像进行"归一化"。如图 2-12 所示，可以通过选定参考物体（纸张或风扇）为白色来进行手动白平衡。另外一种方式是根据拍摄时的光源种类（如正午日光、阴天和闪光灯等）选定某个白平衡预置参数（如图 2-13 所示），也被称为半自动白平衡，是实际手动白平衡中较为常见的方式。预置白平衡也可通过手动选定光源色温来实现。色温较低时，物体外观偏红色；而色温较高时，物体外观偏蓝色。

较为简单及经典的自动白平衡算法包括灰色世界假设算法（gray world assumption）与白色世界假设算法（white world assumption）。灰色世界假设算法假定白平衡后图像的平均值应为灰色，三通道均值应相等。步骤如下：逐通道计算 RGB 的平均值，逐通道利用平均值归一化，并乘以绿色通道平均值作为增益。此处，为了符号表示的便利性，假定图像为去马赛克后的图像，每个像素均具有三通道强度。对去马赛克前的图像，只需将每通道的计算均值及放大等操作限制到相应通道的像素即可，而非全像素。算法如式 (2.2) 所示，其中 $r, g, b \in \mathbb{R}^{HW}$ 为白平衡前图像 R,G,B 通道的像素值分别组成的列向量（即"摊平"后的图像），$r', g', b' \in \mathbb{R}^{HW}$ 为白平衡后图像 R,G,B 通道的像素值分别组成的列向量，H 为图像竖直方向像素数量，W 为图像水平方向像素数量，$\bar{\cdot}: \mathbb{R}^{HW} \to \mathbb{R}$ 为求均值操作。

$$
\begin{bmatrix} r'^{\mathrm{T}} \\ g'^{\mathrm{T}} \\ b'^{\mathrm{T}} \end{bmatrix} = \begin{bmatrix} \bar{g}/\bar{r} & 0 & 0 \\ 0 & 1 & 0 \\ 0 & 0 & \bar{g}/\bar{b} \end{bmatrix} \begin{bmatrix} r^{\mathrm{T}} \\ g^{\mathrm{T}} \\ b^{\mathrm{T}} \end{bmatrix} \tag{2.2}
$$

白平衡前　　　　　　　　　　白平衡后

图 2-12　选定参考物体以进行手动白平衡（使用 Sony α7R Ⅲ 相机拍摄得到）

白平衡设置	色温	光源
☁	$10000 \sim 15000\mathrm{K}$	晴朗的蓝天
	$6500 \sim 8000\mathrm{K}$	阴天
☀	$6000 \sim 7000\mathrm{K}$	正午日光
	$5500 \sim 6500\mathrm{K}$	普通日光
⚡	$5000 \sim 5500\mathrm{K}$	电子闪光灯
💡	$4000 \sim 5000\mathrm{K}$	荧光灯
	$3000 \sim 4000\mathrm{K}$	清晨或傍晚
🛋	$2500 \sim 3000\mathrm{K}$	家庭照明
	$1000 \sim 2000\mathrm{K}$	烛光

图 2-13　数码相机中常见的白平衡预置参数

白色世界假设算法与灰色世界假设算法类似，假定白平衡后图像的最大值应为白色。步骤如下：逐通道计算 RGB 的最大值、逐通道利用最大值归一化，并乘以绿色通道最大值作为增益。如式 (2.3) 所示，其中 $\max(\cdot): \mathbb{R}^{HW} \to \mathbb{R}$ 为求最大值操作。

$$\begin{bmatrix} \boldsymbol{r}'^{\mathrm{T}} \\ \boldsymbol{g}'^{\mathrm{T}} \\ \boldsymbol{b}'^{\mathrm{T}} \end{bmatrix} = \begin{bmatrix} \max(\boldsymbol{g})/\max(\boldsymbol{r}) & 0 & 0 \\ 0 & 1 & 0 \\ 0 & 0 & \max(\boldsymbol{g})/\max(\boldsymbol{b}) \end{bmatrix} \begin{bmatrix} \boldsymbol{r}^{\mathrm{T}} \\ \boldsymbol{g}^{\mathrm{T}} \\ \boldsymbol{b}^{\mathrm{T}} \end{bmatrix} \tag{2.3}$$

图 2-14 展示了分别使用灰色世界假设算法及白色世界假设算法进行白平衡的结果。通常情况下，两者计算出的白平衡系数不同，因此输出图像也是不同的。

输入图像   灰色世界假设算法   白色世界假设算法

图 2-14 自动白平衡算法（基于 CMU 15-463[1] 课程讲义插图重新绘制）

需要注意的是，白平衡的三通道增益系数均需要大于或等于 1，否则原本过曝区域的部分通道强度值会变小，产生色彩伪影。例如，考虑将上述算法中绿色通道增益为 1 的要求去除，令其可以小于 1。则图 2-15 展示了一个错误的示例：使用 Sony α7R Ⅲ 相机对日光灯进行拍摄并处理，但由于在白平衡时绿色通道的增益系数小于 1，而红蓝通道的增益大于 1，导致原本白色的过曝区域的绿色通道强度在处理后相比其他通道更小，从而过曝区域变为粉色。查看过曝色彩伪影区域的像素值可以发现，RGB 通道的平均强度为 {255, 219, 255}。因此，在通过白平衡算法计算出 RGB 三通道增益系数后，需要将最小系数归一化为 1。

除了灰色世界假设法及白色世界假设这两种简单的全局自动白平衡算法之外，也存在一些经典的、较为复杂的自动白平衡算法，如迭代法、光照投票法（illuminant voting）等。感兴趣的读者可以查阅参考文献 [4] 的第 10 章 "Automatic White Balancing in Digital Photography"。此外，现在许多相机的白平衡使用更加复杂的算法，例如使用局部白平衡算法（不同位置的像素的白平衡系数可能不同），甚至使用额外的输入进行白平衡（如华为 P40 Pro+ 手机使用五通道多光谱传感器感知环境色温）。

过曝区域变为粉色

图 2-15　白平衡系数小于 1 导致过曝区域变为粉色（使用 Sony α7R Ⅲ 相机拍摄）

2.3.2　去马赛克

如本章 2.2 节所说，原始图像是场景光线经过 CFA 之后捕捉到的信号，因此每个像素仅存储了 RGB 三通道中某一通道的强度值。所以，为了使得每一像素都包含完整的三个通道的强度值以得到去除马赛克效应的图片，需要进行去马赛克（demosaicing），有时也称颜色插值（color interpolation）或 CFA 插值。去马赛克算法多种多样，但它们的核心思想都可以被概括为：对于每一像素缺失的两个通道的强度，使用附近像素捕捉到的强度值进行预测。

最简单的一类去马赛克方法为简易插值法。它们不考虑图像的三个通道之间的相关性与信息互通，而将一般的图像插值法（如双线性插值、双三次插值）独立作用于每一个通道。图 2-16 展示了最为简单的简易双线性插值去马赛克方法的运作原理。对于整张图像的每一个像素，以及该像素 RGB 通道中的每个缺失的通道，算法使用八邻域内对应该通道的像素值进行平均，得到该像素该通道的值。例如，每一个像素缺失的 G 通道的值都能通过上下左右四个 G 像素插值得到；而每一个像素缺失的 R 或 B 通道的值，视该像素所处位置不同，可以通过对角的四个像素或者同行或同列的两个像素插值得到。

虽然上述简易插值法在较为平滑的图像区域往往能起到较好的效果，但在纹理特征较为高频的区域或屏摄图像中却可能会出现混叠现象，产生高频的彩色摩尔纹或伪影，其结果如图 2-17 所示。虽然这种现象随着现代相机空间分辨率的逐步提升而变得越来越不明显，但仍会在某些情况下降低图像的品质。因此，需要更加复杂、性能更好的去马赛克算法。通常，更为精细的去马赛克的方法会有选择地对局部信息进行插值（如边缘导向插值法，edge-directed interpolation），或将通道间的相关性纳入考虑（如基于一致色相的插值法，constant-hue-based interpolation）等。感兴趣的读者可以查阅相关论文[6]。

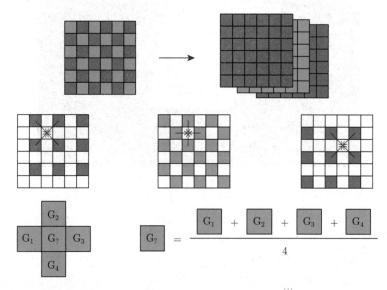

图 2-16　简易双线性插值去马赛克方法（基于 CMU 15-463[1] 课程讲义插图重新绘制）

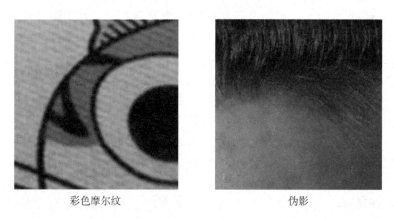

彩色摩尔纹　　　　　　　　　　　　　伪影

图 2-17　简易插值去马赛克方法表现不佳的例子（左图来源于论文[5]，右图使用 Sony α7R Ⅲ 拍摄）

2.3.3　去噪

在完成去马赛克操作之后，原始图像变为了三通道图像，每个像素都包含 RGB 三通道的强度值。然而，这样的图像中包含各种各样的噪声，因此需要去噪（denoising）

操作将其去除。去噪是计算摄像乃至计算机视觉领域的一个经典而热门的议题，有大量的资料可以参考，例如参考文献 [7]。本节仅涉及较为粗浅的噪声产生原理以及去噪方法。

了解噪声的来源能够帮助人们理解噪声、在去噪时"对症下药"。数字图像中的噪声主要来源有三种。第一种是散粒噪声（photon shot noise），是由"光子到达相机"事件服从随机泊松分布（Poisson distribution）导致的，主要出现在低光图像中。随着图像亮度的提升，虽然散粒噪声的方差也会提高，但由于它相比信号强度提高得更慢，所以信噪比会增加，散粒噪声也就变得更不明显。第二种是暗电流噪声（dark-shot noise），是由电路的热效应而逸出的电子导致的，在传感器温度越高时会变得越明显，因此也可以通过冷却传感器来抑制。第三种是读出噪声（read noise），是由传感器的读出电路以及模拟前端（包括模拟放大器与模数转换器）中的电路噪声导致的。明亮的场景及较大的像素尺寸可以帮助降低噪声；而在这种情况下，由于像素值强度较大，相比暗电流噪声与读出噪声，散粒噪声是主要的噪声来源。

此处介绍最为简单的两种去噪算法。第一种方法是平均滤波（mean filtering），即对于每个像素，使用其邻域像素值的均值代替其原本像素值，如图 2-18b 所示。第二种方法是中值滤波（median filtering），相比平均滤波使用了中位数而非均值，如图 2-18c 所示。这两种去噪算法都对噪声有一定的抑制效果，但同时也会导致图像细节的损失以及面临去噪效果不佳等问题。更加优良和复杂的去噪算法包括双边滤波（bilateral filtering）、非局部平均（non-local means）、甚至是基于卷积神经网络的方法等，能够在去噪的同时尽量保留图像细节。

2.3.4　色调再现

色调再现（tone reproduction）与伽马编码（gamma encoding）根据人类视觉感知的特点进行设计，其根本目的是更有效地利用数字图像有限的存储容量（通常为每像素每通道 8 比特）。因此，在介绍色调再现前，需要先介绍人类视觉系统对亮度感知的特点。

人眼因入射光照强度而产生的刺激与光照强度是线性的，但人眼感知到的亮度与光照强度却是非线性的，近似遵循指数为 1/2.2 的幂函数，即

$$b = l^{1/2.2}, \, l \in [0, 1] \tag{2.4}$$

式中，l 为光照强度；b 为人脑感知到的亮度。这意味着人眼对于暗处的亮度变化更为敏感，而对于亮处的亮度变化更不敏感。如果将与光照强度呈线性关系的图像信号直接进行量化，会导致暗处量化后的区分度太低，而在亮处则导致了冗余，伽马编码原理演示如图 2-19 所示。

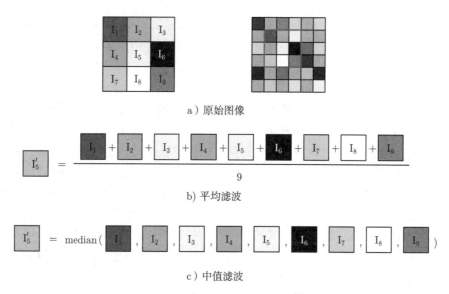

a）原始图像

b）平均滤波

c）中值滤波

图 2-18　两种简单图像去噪算法（基于 CMU 15-463[1] 课程讲义插图重新绘制）

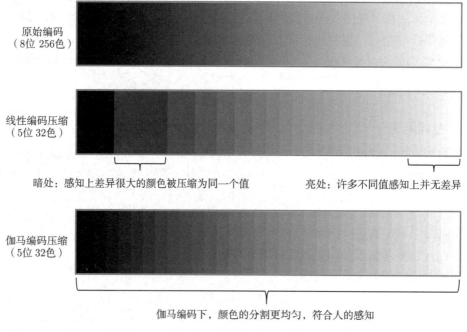

原始编码
（8位 256色）

线性编码压缩
（5位 32色）

暗处：感知上差异很大的颜色被压缩为同一个值　　　　亮处：许多不同值感知上并无差异

伽马编码压缩
（5位 32色）

伽马编码下，颜色的分割更均匀，符合人的感知

图 2-19　伽马编码原理演示（基于 CMU 15-463[1] 课程讲义插图重新绘制）

因此，传统的图像传输与显示设备采用了伽马编码，对信号采用式 (2.4) 进行伽马

校正（gamma correction）后，量化到 8 位进行存储和传输：

$$i' = i^{1/2.2}, \, i \in [0, 1] \tag{2.5}$$

式中，i 与 i' 分别为伽马校正前后的信号值。使用伽马编码的信号的强度值与人类感知亮度近似呈线性关系，因此能够有效地利用编码空间。显示设备接收到伽马编码后的信号后，进行反伽马校正再显示，也就是显示器的强度与数字信号强度近似遵循指数为 2.2 的幂函数：

$$l' = i'^{2.2} \tag{2.6}$$

式中，l' 为显示器该像素发射光线的强度。亮度感知曲线与显示器响应曲线如图 2-20 所示。

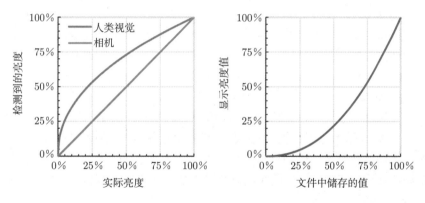

图 2-20　亮度感知曲线（左）与显示器响应曲线（右）

为了同样有效地利用编码空间以及符合已经设立的标准，线性图像将在 ISP 中使用式 (2.5) 进行伽马编码。不同相机使用的具体函数可能有所不同，并且该函数无法直接从图片的 EXIF 信息中读取，只能通过对具体相机进行标定来测定。一组伽马编码前后的显示图像如图 2-21 所示。由于显示器与人脑亮度感知相反的响应曲线，图 2-21a 所示的线性图像显示会偏暗；而图 2-21b 所示的伽马编码图像则利用伽马校正抵消了显示器的响应曲线，表现为正常亮度。

2.3.5　传感器原始图像格式

本节前面的内容介绍了原始图像是什么，以及 ISP 是如何处理原始图像的。但对于原始图像，读者可能仍抱有这样的疑问：

a）伽马编码前   b）伽马编码后

图 2-21   伽马编码前后的显示图像（使用 Sony α7 Ⅲ 相机拍摄）

> 如果已经获取了 ISP 处理后的图像（如 JPEG 图像；通常相机输出即为处理后的
> 图像），是否需要再有意去获取原始图像？
> 换言之，相比于使用处理后的图像，使用原始图像有什么益处？

答案是肯定的，特别是在计算摄像与计算机视觉的专业研究领域。在设计与使用一些基于物理的计算机视觉算法时，如光度立体视觉（photometric stereo）、从明暗恢复形状（shape from shading）、基于图像的重光照（image-based relighting）和光照估计（illumination estimation），由于它们均基于光传播函数为线性函数的性质（即满足可加性与一次齐次性），所以要求像素的强度值与场景光照强度是线性关系。由于 ISP 处理后的图像为伽马编码后的图像，其强度值与场景光照强度呈非线性关系，所以无法在这些图像上使用这些算法。这些算法在原始图像上（或者说，至少是未伽马编码的图像上）才能够正常运行。所以，在做此类研究时，必须使用原始图像，不能使用 JPEG 图像等处理后的图像。

即使不使用这些基于物理的算法，原始图像依然具有优势。这是由于相比处理后的图像，原始图像包含更完整的场景信息（例如，原始图像 10 ~ 16 位的色彩深度比一般 JPEG 图像的 8 位更大，并且没有因量化、降噪和压缩算法损失细节），用户可以使用专门的工具（如 Adobe Photoshop Camera RAW、RawTherapee）更灵活地处理它们，具有调节曝光时需要处理的噪声更少、颜色过渡更平滑等优势。

不过，这些益处并不是无代价的。使用原始图像最显著的缺点是它占用的存储空间相比 ISP 处理并压缩后的图像要大得多，因此相同空间能够拍摄的照片数量更少，对运行处理图像算法时的计算机的内存的要求也更高。例如，一张一千八百万像素的 JPEG 图像大约需要几兆的存储空间，而对应同样大小的未压缩的原始图像需要几十兆的存储空间，增大几倍到十几倍不等（具体数字均因图像内容及 JPEG 的压缩质量而异）。这样大的原始图像也会导致相机在连拍模式时需要更频繁地因为写入而缓冲，降低连拍速度。

▋那么，如何在拍摄时获取原始图像？

大部分高端相机以及一些手机支持存储并导出原始图像，包含 DNG 格式、ARW 格式等。不过要注意的是，这些 "原始图像" 可能是经过一些处理的，并不是真正的原始图像。这可能会成为设计算法时的不可控因素。如果需要使用确保没有经过任何处理的原始图像，可以使用工业相机进行拍摄。

▋啊！我在拍摄时忘记开原始图像模式了，我还能获得 JPEG 图像对应的原始图像吗？

很遗憾，不能。如果在拍摄时未开启原始图像模式，一般很难从 ISP 处理后的图像估计出原始图像，因为 ISP 包含许多不可逆操作，并且通常各相机和手机厂商的 ISP 都是商业机密。只有完全了解相机 ISP，并且在极其有限的情况下，例如有相似的 JPEG 图像的原始图像，才可能逆转 ISP、恢复出原始图像。总之，从处理后的 JPEG 或 PNG 图像恢复出原始图像的难度很大，并且如今仍是一个活跃的研究领域。

在了解原始图像以及相机内部 ISP 之后，作为本节的小结，读者需要记住最重要的一点是：

▋相机输出的图像和原始图像是完全不同的，其经历了一系列的（包括白平衡、去马赛克等）相机内部图像处理流程。两者的关系非常复杂，并且未知。

2.4　深度学习建模相机内部流程

本节介绍近年与 ISP 有关的深度学习方法，包括 ISP 在基于深度学习的低光图像增强中的应用（LSID[8]）以及利用深度神经网络表示 ISP 的方法举例（RISP[9]、CameraNet[10] 及 ReconfigISP[11]）。在之前几节中学习的 ISP 相关知识，能够帮助读者更好地理解这些方法。需要注意的是，这里选取和介绍的方法不代表解决该问题的最佳方案，主要目的是帮助读者理解在最近提出的基于深度学习的求解方法中，成像的基本知识是如何提供设计方案的参考和原理上的支撑的。

2.4.1　应用于图像增强

"Learning to see in the dark"（LSID）[8] 一文发表于 CVPR 2018，旨在将单张输入低光图像恢复为正常图像。这项任务在将 8 位 JPEG 图像作为输入时几乎不可能，因为 JPEG 图像遭受了量化与压缩损失，而这些损失在图像绝对亮度较小，即低光图像中尤为明显，场景的信息几乎已经损失殆尽，完全不可分辨。例如，图 2-22 为 LSID 深度学习方法进行低光图像恢复的结果，所展示的低光 JPEG 图像绝大多数像素值都为

0，不包含任何信息。因此可以预想到的是，即使某个算法真的从这种图像中恢复出了正常图像，这张图像的大部分内容应该都是算法根据此前见过的数据"猜"出来的，与输入图像对应的场景本身没有关联。

输入对应的 JPEG 图像　　　　传统 ISP 结果　　　　深度学习低光恢复结果

图 2-22　LSID 深度学习方法进行低光图像恢复的结果（基于参考文献 [8] 的插图重新绘制）

然而，若以色彩深度更高（通常为 10 ~ 16 位）、未压缩的原始图像作为输入，低光恢复是可能的。JPEG 图像中不可见的场景信息此时未经量化与压缩损失，仍完整储存在原始图像中，但是值非常小。简单将图像乘以一个合适的放大系数（例如 300），并使用传统 ISP 进行处理后即可得到一张肉眼可观察的图像。虽然这样的图像存在严重的噪声以及色偏，质量较低（见图 2-22），但这表明以低光原始图像作为输入来恢复正常图像是一条可行的途径（同时也说明原始图像非常有用）。

参考文献 [8] 使用一个深度神经网络代替传统的 ISP，以增益后的原始图像作为输入，恢复出非线性 sRGB 图像。所有的白平衡、去马赛克和去噪等功能均在网络内隐式实现。LSID 方法的具体流程如图 2-23 所示。先将输入的 $H \times W$ 单通道马赛克图像每 2×2 像素"打包"为一个多通道像素，则图像大小变为原本的一半，但通道数变为 4（各通道分别存储 RGBG 颜色信息）。这是在使用深度学习处理原始图像时的常用技巧，虽然图像尺寸变小了，但是去除了马赛克效应，更适合神经网络处理，同时也不需要复杂且耗时的去马赛克算法。减去黑电平（black level）并乘以目标增益系数后，将图像输入到一个深度神经网络中进行图像间转换（image-to-image translation），输出同样大小、但通道数扩展为 12（相当于进行了去马赛克）且进行了正确白平衡、去噪、色彩空间转换与伽马编码后的图像。最后再将该图像每个像素展开为 2×2 大小 RGB 通道像素，得到与输入原始图像同样大小的最终结果。在选择具体深度神经网络时，U-Net[12] 由于能够良好地保留图像细节，最终被用作了该方法的核心网络。

在确定了方法之后，还需要数据集对网络进行训练。数据集应包括网络的输入图像，即低光原始图像，以及对应的期望输出，即正常亮度的 JPEG 图像。该文建立的 SID 数据集包括 5094 对图像对，每一对包含一张低光原始图像与一张对应的正常原始图像（可以用 ISP 处理后得到参考 JPEG 图像）。这些图像对均是同一场景使用短曝光（如 0.1s）与长曝光（如 10s）设置分别进行拍摄得到，使用的相机包括 Sony α7S II 与

Fujifilm X-T2。图 2-24 展示了 SID 数据集中的部分图像对，以及增益后的低曝光图像作为参考。在使用该数据集对网络进行训练后得到一个低光恢复网络，能够在一般图像上达到如图 2-22 所示的结果，该方法在较好地去噪的同时去除了色偏。

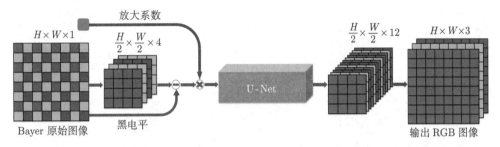

图 2-23　LSID 方法的具体流程（基于参考文献 [8] 的插图重新绘制）

低曝光（0.04s）图像　　　增益后的低曝光图像　　　对应的高曝光（10s）图像真实值

图 2-24　SID 数据集[8] 中的部分图像对（图像选自该数据集）

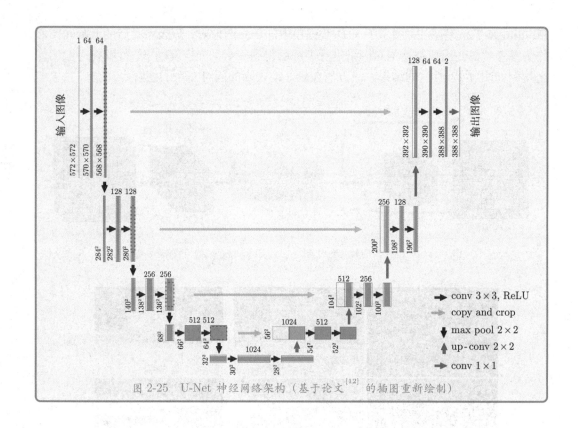

图 2-25 U-Net 神经网络架构（基于论文[12] 的插图重新绘制）

2.4.2 应用于图像处理流程建模

1. 端到端的方法

"Replacing mobile camera ISP with a single deep learning model"（RISP）[9] 一文发表于 CVPR 2020 Workshops，其整体思路与 2.4.1 小节的 LSID[8] 类似，但并不仅仅关注低光图像，而是意图使用深度神经网络代替单反相机 ISP，以使得手机拍摄的照片也能达到和单反一样的效果。该文与 LSID[8] 一样使用端到端的方式，将原始图像作为网络的输入，并训练网络输出非线性 sRGB 图像。在神经网络架构上，该文声称其根据 ISP 的特点，也就是对图像既需要进行全局调整（如白平衡、自动亮度调整及色彩表现），也需要进行局部调整（如去噪、锐化）的特点，设计了一种新的倒金字塔型多尺度网络 PyNET。该文认为 PyNET 相比 U-Net 能更好地处理细节。完全相同的 PyNET 也被用在了同一作者团队在 CVPR 2020 Workshops 发表的另一篇论文[13] 上，以解决另外一个完全不同的问题——模拟相机大光圈的背景散焦（bokeh）效果。虽然这说明 PyNET 具有通用性，但是也说明 PyNET 并非是完全根据 ISP 特性而设计的。

该论文贡献了一个包含一万组图像对的数据集。每一对图像对也包含网络的输入，即华为 P20 手机拍摄的原始图像，与对应的期望输出，即使用 Canon 5D Mark IV 单反相机对同一场景拍摄得到的 ISP 处理后图像，并进行了复杂的对齐。图 2-26 展示了该数据集中的一对图像以及华为 P20 手机 ISP 处理后的图像作为参考。通过在该数据集上进行训练，可得到一个接近实现单反相机 ISP 性能的网络。但编者认为，论文对于数据集的贡献可能大于方法本身，因此结果可能在较大程度上取决于数据集的质和量。

华为 P20 手机原始图像　　　　　佳能单反相机图像　　　　　华为 P20 手机 ISP 处理图像

图 2-26　RISP 文中的数据集部分图像对（基于论文[9]的插图重新绘制）

2. 图像恢复与增强采用两个网络的方法

"CameraNet: a two-stage framework for effective camera ISP learning"（CameraNet）[10] 一文发表于 TIP 2021。其目的与 RISP[9] 相同，为使用神经网络代替传统相机 ISP。与前两篇论文[8-9]不同，该文的一个特点是没有采用端到端的方法，而是深入分析了 ISP 的特点后，针对性地设计了整体方法。

该文的核心思想是对传统 ISP 进行分析，认为虽然传统 ISP 包含许多复杂的步骤，但是大致上可以被归为两类：图像恢复，包含去马赛克、去噪及白平衡；以及图像增强，包含亮度调整、色调再现与色彩增强等。这两类操作之间有很大的不同：图像恢复类操作的目的是忠实地重建线性场景，而图像增强类操作则是非线性地调整图像的色彩、亮度及对比度等，使其更符合人类的主观视觉。每一类操作内部又有较强的相关性。因此，该文采用两个独立的神经网络，Restore-Net（恢复网络）与 Enhance-Net（增强网络），两个网络分别实现一类操作中的全部功能，且均采用 U-Net 架构。

具体方法如图 2-27 所示。对于输入的原始图像，先使用传统方法对该图像进行坏像素移除、归一化及初步去马赛克后，将图像由相机原始 RGB 空间转化为标准 CIE XYZ 空间。这是所有 ISP 都需要做的步骤，也无须神经网络的帮助，所以将它们提取出来先行完成，可以减轻随后网络的负担；将图像调整为标准颜色空间也可以使得神经网络的输入图像尽量与相机 CFA 特性解耦。随后，第一个网络 Restore-Net 执行所有图像恢复相关的操作，并由 CIE XYZ 空间转换为线性 sRGB 空间后，传给第二个网络 Enhance-Net 执行所有图像增强相关的操作，输出非线性 sRGB 图像。

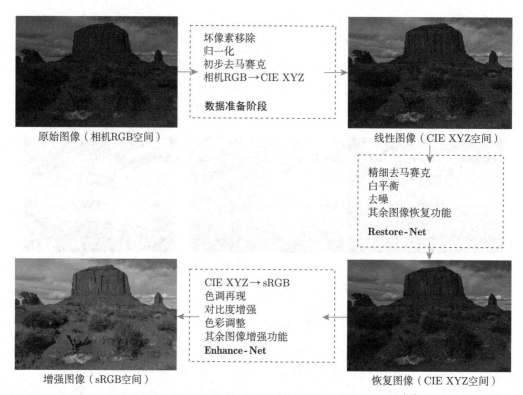

图 2-27   CameraNet 使用两个单独神经网络实现 ISP 不同功能（基于论文[10]的插图重新绘制）

该文对于原始图像的预处理及模块间过渡时的色彩空间转换等无须神经网络辅助进行的功能，均采用了传统 ISP 的步骤。这是一个很好的特点，因为神经网络固然能力强大，但这些传统方式就能完美解决的步骤（如色彩空间转换），不仅没必要使用神经网络，而且即使使用了神经网络也不会有更好的效果，只是徒增代价。因此，将这些功能提取到神经网络模块外完成，在编者看来是一个比较好的设计思路。

该论文提出的方法在原理上相比 LSID[8] 与 RISP[9] 更多地考虑了 ISP 中各类操作的特征，但作为有监督学习方法，增多的网络输出也代表着数据集的每一组图像需要更多的标签。除了输入的原始图像及最终输出的目标 sRGB 图像之外，还另外需要目标线性恢复图像用以训练 Restore-Net。该文使用 Adobe Camera Raw 与 Adobe Lightroom 处理现有原始图像数据集，分别得到恢复目标图像与增强目标图像，并对网络进行训练。图 2-28 展示了该方法在若干图像上的输出结果。

3. 集成多个可微模块的方法

"ReconfigISP: reconfigurable camera image processing pipeline"（ReconfigISP）[11]一文发表于 ICCV 2021，该文的目的同样在于使用深度学习替代传统的 ISP。与之前分

析传统 ISP 特点并以此进行设计的思想相比，该文更侧重于深度学习本身与模块化。如 2.3 节所述，ISP 的各个模块可以自由改变具体实现算法及参数，并且模块间的顺序也可以进行一定的调整。因此，该文借鉴了网络结构搜索（Network Architecture Search, NAS）的思想，先实现各 ISP 内模块（如去噪、去马赛克、白平衡和色调再现）的可微版本，然后根据任务自动选择模块池中表现最佳的算法及参数，以及模块间的顺序。图 2-29 展示了其在若干图像上的效果与其他流程的对比。具体算法由于涉及较多的深度学习背景知识，在此不再展开，感兴趣的读者可以自行阅读原论文。

输入原始图像　　　方法恢复图像　　　目标恢复图像　　　方法增强图像　　　目标增强图像

图 2-28　CameraNet 在若干图像上的输出结果（基于论文[10]的插图重新绘制）

Sony α 7S II　　　ReconfigISP　　　　Lightroom　　　ReconfigISP

图 2-29　ReconfigISP 在若干图像上的效果与其他流程的对比（基于论文[11]的插图重新绘制）

2.5　本章小结

本章依次回答了章前提出的问题。

▌ 数码相机是如何拍摄真实世界场景并存储为数字图像的？

数码相机中的图像传感器芯片基于光电效应对场景中的光信号进行记录和存储。光电二极管将入射光子转化为电子并存储至势井，直至势井饱和或者曝光结束。模拟前端读出势井中的电子，转换为模拟电压，再转换为数字信号，形成数字传感器的输出图像。图像传感器的重要部件包含微透镜、颜色滤波器、光电二极管、势井及模拟前端。传感器类型包括 CCD 传感器与 CMOS 传感器。模拟前端部件包含模拟放大器、模数转换器及查找表，将模拟信号转换为数字信号。

▌ 人类视觉感受到的色彩是如何形成的？数码相机如何在图像中复现这些色彩？

人类视觉系统感知到的颜色是一种主观现象。其产生原理是人的视网膜上有三种不同类型的视锥细胞（L、M、S 型），分别对不同波长的可见光敏感。三种视锥细胞产生对应的三种刺激值，并传入大脑，使人产生色彩感知。数码相机记录彩色图像时使用了不同颜色的颜色滤波器，组合成为 CFA。CFA 对不同波长的光进行响应并有选择性地透过光线，使得每一像素有选择地记录某一种颜色的入射光线强度，以复现人眼见到的色彩。

▌ 数码相机拍摄得到的数字信号在变为适于观察的图像前经过了哪些处理？

进入相机的场景光线在经过 CFA 以及图像传感器模拟前端转换为 10 ～ 16 位的数字信号之后，成为不适合人眼直接观看的原始图像。经过 ISP 中的白平衡、去马赛克、去噪、色彩空间转换、色调再现和图像压缩等步骤后，才能形成适合人眼观看的 8 位去马赛克非线性 RGB 图像。

▌ 为什么有些计算摄像问题需要使用相机记录的原始图像，而非处理完毕的图像？

原始图像中像素的强度值与场景光照强度呈线性关系，且包含更完整的场景信息。

2.6 本章课程实践

1. 实现简易图像处理器

题目要求：补全 isp.py 以模拟相机内部简易图像处理器（ISP），并对给定的两张原始图像（相同场景、不同曝光）进行处理。原始图像的参考如图 2-30 所示。

a)   b)

图 2-30 Sony α7R Ⅲ 相机拍摄的 JPEG 图像，作为原始图像的参考

ISP 代码分为 7 步，其中 4 步需要补全（细节须阅读代码及注释）：

1）将输入的 14 位原始图像进行黑电平减法（black level subtraction），并将值域变为 $[0,1]$（无须补全）。

2）进行自动全局亮度调整（合理即可，例如令调整后绿色通道均值为 0.2）。需要补全代码，并定性比较两张原始图像在该步骤之后的结果。结果参考见图 2-31。

图 2-31　步骤 2）后的结果参考（原始图像对应图 2-30b）

3）使用摄得色板的白色色块计算白平衡系数，并使用该系数进行白平衡处理。需要补全 `calibrate_white_patch()` 函数。

4）进行双线性去马赛克。需要补全 `bilinear_demosaic()` 函数（请勿使用现成的去马赛克库函数）。

5）进行图像去噪。需要补全代码。可调用现成库函数，并选择认为能生成合理结果的参数。结果参考见图 2-32。

图 2-32　步骤 5）后的结果参考（原始图像对应图 2-30a）

6）进行色彩空间转换，将原始 RGB 空间（因相机而异）转换到 XYZ 空间，再转换到线性 sRGB 空间[⊖]（无须补全）。

7）进行伽马编码（$\gamma = 2.2$），将线性图像变为非线性图像，并转为 8 位（无须补全）。

2. 运行低光恢复算法

运行论文 LSID[8] 的非官方实现代码[⊖]（或者附件中提供的代码），试着对原始图像进行低光恢复。

1）在图 2-30b 对应的原始图像上，比较使用该算法进行低光恢复的结果与使用任务 1 简易 ISP 进行处理的结果。

2）使用其他自行拍摄或下载的原始图像对算法进行测试，如下载论文官方数据集[⊜]中给出的 Sony 相机拍摄图像。注意，图像存储格式不同，因此给出的代码可能在除.ARW 之外的其他格式（如.DNG 格式）上无法直接正常运行，需要自行对代码进行修改。

附件说明

请在链接^⑩中下载附件，附件包含了需要补全的简易 ISP 代码、依赖代码、环境配置文件及图像文件，以及任务 2 提供的非官方实现代码及任务步骤提示，详见 README文件。

本章参考文献

[1] GKIOULEKAS I. CMU 15-463: computational photography[EB/OL]. [2022-09-01]. http://graphics.cs.cmu.edu/courses/15-463/.

[2] BROWN M S. Understanding color and the in-camera image processing pipeline for computer vision[EB/OL]. (2019-10-27)[2022-09-04]. https://www.eecs.yorku.ca/~mbrown/ICCV2019_Brown.html.

[3] The RawTherapee Team. RawTherapee[EB/OL]. (2022-11-27)[2022-09-05]. https://www.rawtherapee.com/.

[4] LUKAC R. Single-sensor imaging: methods and applications for digital cameras[M]. Boca Raton: CRC Press, 2008.

[5] HE B, WANG C, SHI B, et al. Mop moiré patterns using mopnet[C]//Proc. of IEEE/CVF International Conference on Computer Vision. Seoul: IEEE, 2019.

⊖ 更多信息见 ICCV 2019 Tutorial: https://www.eecs.yorku.ca/~mbrown/ICCV2019_Brown.html.
⊜ 非官方 PyTorch 实现: https://github.com/cydonia999/Learning_to_See_in_the_Dark_PyTorch.
⊜ 官方数据集: https://github.com/cchen156/Learning-to-See-in-the-Dark.
⑩ 附件: https://github.com/PKU-CameraLab/TextBook.

[6]　MENON D, CALVAGNO G. Color image demosaicking: an overview[J]. Signal Processing: Image Communication, 2011, 26(8-9): 518-533.

[7]　FAN L, ZHANG F, FAN H, et al. Brief review of image denoising techniques[J]. Visual Computing for Industry, Biomedicine, and Art, 2019, 2(7): 1-12.

[8]　CHEN C, CHEN Q, XU J, et al. Learning to see in the dark[C]//Proc. of IEEE/CVF Conference on Computer Vision and Pattern Recognition. Salt Lake City, UT, USA: IEEE, 2018.

[9]　IGNATOV A, GOOL L V, TIMOFTE R. Replacing mobile camera ISP with a single deep learning model[C]//Proc. of IEEE/CVF Conference on Computer Vision and Pattern Recognition Workshops. Seattle, WA, USA: IEEE, 2020.

[10]　LIANG Z, CAI J, CAO Z, et al. CameraNet: a two-stage framework for effective camera ISP learning[J]. IEEE Transactions on Image Processing, 2021, 30: 2248-2262.

[11]　YU K, LI Z, PENG Y, et al. ReconfigISP: reconfigurable camera image processing pipeline [C]//Proc. of IEEE/CVF International Conference on Computer Vision. Montreal, QC, Canada: IEEE, 2021.

[12]　RONNEBERGER O, FISCHER P, BROX T. U-Net: convolutional networks for biomedical image segmentation[C]//Proc. of International Conference on Medical Image Computing and Computer-Assisted Intervention. Munich, Germany: Springer, 2015.

[13]　IGNATOV A, PATEL J, TIMOFTE R. Rendering natural camera bokeh effect with deep learning[C]//Proc. of IEEE/CVF Conference on Computer Vision and Pattern Recognition Workshops. Seattle, WA, USA: IEEE, 2020.

第 3 章

相机几何模型

上一章的图像传感器原理和 ISP 主要介绍了相机内部发生的"变化",本章将介绍相机与外部物理世界之间的关联,尤其是在几何方面的关系,即相机几何模型。相机几何模型描述了相机将三维物理世界的物体映射到二维平面图像的过程。本章首先介绍几种相机模型。然后以针孔相机模型为例,进一步介绍相机模型的数学表示法——相机矩阵。最后,为了对未知相机矩阵进行求解,将分别介绍如何使用传统方法和深度学习方法进行相机几何标定。本章将从计算摄像学的角度依次回答以下问题:

> 相机眼中的三维世界是什么样的?
> 对于给定的相机,如何操作才能标定出相机的几何参数?
> 对于常见的自然图像,深度学习方法能否推测相机的几何参数?

3.1 针孔相机模型

图像传感器具有采集二维平面像素亮度的能力,但单靠裸传感器(bare sensor)是不能将三维世界的场景清晰地展示在图像上的。裸传感器光路传播如图 3-1a 所示,由于三维世界的光线从物体表面向各个方向发出,传感器也会采集到沿着各个方向入射进来的光线。因此,一个三维世界的点发出的光,会沿着不同光路,落在传感器的不同像素上。裸传感器上每个像素点采集到的亮度,也是三维世界中不同点发出的光强叠加得到的,可以看到,塔的顶端和低端发出的光线都抵达了传感器上的所有像素点。通过移除数码相机的镜头,用裸传感器拍摄室外场景采集到的图像效果如图 3-1b 所示,只能非常模糊地感受到物理世界的光照变化,无法看清任何影像。

为了在二维平面图像中清晰地展示出三维物理世界,需要将物体的像呈现在传感器上,从而做到三维物理世界的点到传感器像素点的对应。如果在传感器前面开一个小孔,理想情况下只允许一束光线通过,便可以实现上述映射,这就是人们熟知的小孔成像现象。大约两千四五百年以前,我国的学者——墨翟(墨子)和他的学生做出了有记载的世界上最早的小孔成像实验，墨子及简单小孔成像实验如图 3-2 所示。在封闭的房间一侧开一个窗户，光线从窗户投射进来，照在对面的墙上，便形成了简单的小孔成像。《墨经》中对于这个现象的记录如下：

> "光之人，煦若射，下者之人也高；高者之人也下。足蔽下光，故成景于上；首蔽上光，故成景于下。在远近有端，与于光，故景库内也。"

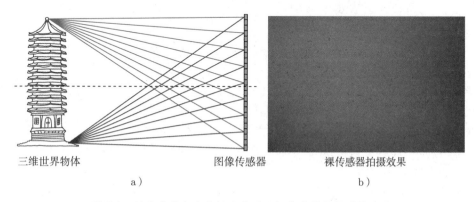

三维世界物体　　　　　　　　　图像传感器　　　　　裸传感器拍摄效果

a)　　　　　　　　　　　　　　　　　b)

图 3-1　裸传感器光路传播示意图及裸传感器拍摄图像效果

太阳

图 3-2　墨子及简单小孔成像实验示意图[1]

将小孔成像应用于相机上，便构成了一个针孔相机（pinhole camera），其对应的几何模型依然适用于多数现代相机。一个简易针孔相机包含以下几个组成部分：遮光板（barrier）、针孔（pinhole）和图像传感器（digital sensor）。理想小孔所在位置称为相机中心（camera center），传感器所在的平面称为图像平面（image plane），相机中心到图像平面的距离称为焦距（focal length），用 f 表示，过相机中心垂直于图像平面的直线称为主轴（principal axis）。针孔相机结构及各组成部分的名称如图 3-3 所示。针孔相机通过在传感器前加入遮光板的方法，限制了只有沿一定方向的光线才能到达传感器上对应的像素。因此，理想的针孔相机可以在传感器上成倒立的像。

接下来介绍针孔相机的成像模型，即三维世界的点发出的光线会抵达图像传感器上什么位置。影响针孔相机拍摄图像结果的相机内在变量有：针孔相机自身的焦距 f、针孔半径大小 r。每个因素对成像的影响如下：

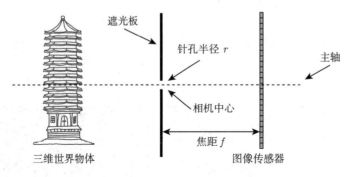

图 3-3 针孔相机结构及各组成部分的名称

焦距 f：根据小孔成像原理，图像平面上的像大小与焦距 f 成正比。如图 3-4 所示，当图像平面向前移动到 $0.5f$ 处时，像的大小也会相应缩小到原来的一半。

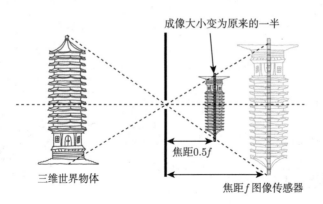

图 3-4 小孔成像与针孔相机焦距 f 的关系

针孔半径大小 r：为了让针孔相机呈现出清晰的像，理想的针孔相机模型需要假设小孔趋于无限小，并且只考虑光的粒子特性，不考虑波动特性。但在实际生活中，无限小的小孔是不存在的。设针孔的半径为 r，如果针孔半径过大，遮光板限制入射光方向的能力减弱，不同方向的光线汇聚到同一个像素点上，使得图像平面所成的像会像使用裸传感器那样变得模糊，如图 3-5 所示。

如果针孔半径过小，沿针孔进入传感器的光会减少，受暗光影响，传感器采集到的图像亮度很低。通过增大感光度（ISO）或曝光时间（exposure time）可以提升采集到的图像亮度，但同时采集到的图像质量也会受噪声和运动模糊影响而变差。除了进光量减少带来的问题，当针孔的半径过小，物体尺寸不再远大于光的波长 λ 时，入射光的波动特性不可忽略。沿单一方向入射的光线经过针孔后方向发生偏移，形成夫琅禾费衍射（Fraunhofer diffraction），在图像平面投影成一个大小反比于针孔半径的艾里斑（Airy disk）。此时得到的图像是理想小孔成像与艾里斑卷积的结果，图像变得模糊，如图 3-6 所示。

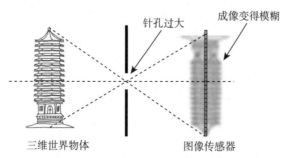

图 3-5 针孔半径大小 r 过大时出现的成像模糊现象

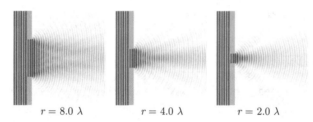

图 3-6 针孔半径 r 过小时出现的夫琅禾费衍射现象（图像为计算机仿真结果）

图 3-7a 为使用易拉罐针孔替代镜头的现代数码相机，图 3-7b 和图 3-7c 分别为使用镜头和针孔拍摄到同一场景的图像。可以看到，除了成像质量欠佳以外，图像内容是相同的（与使用裸传感器有本质的不同）。尽管针孔相机自身存在进光量小、存在衍射和成像模糊的缺点，但其将三维世界物体投影到二维平面图像的相机几何模型依然适用于现代的具有复杂镜头的相机。接下来以理想针孔相机为物理模型，建立相机投影数学模型。

a) 易拉罐针孔　　　　b) 使用镜头拍摄图像　　　　c) 使用针孔拍摄图像

图 3-7 针孔和镜头相机成像效果对比

3.2 透视投影与相机矩阵

相机的几何模型描述了三维世界的点到二维像素坐标的对应关系，接下来分相机内参和相机外参两部分推导这个对应关系的数学模型。为了后续描述方便，首先需要定义三个坐标系。

三维世界坐标系：该坐标系确定三维世界中物体的绝对位置，用坐标 (x_w, y_w, z_w) 表示。相机在三维世界坐标中有自己的位置和朝向，统称为相机位姿。物体坐标不随相机的位姿变化而改变。三维世界坐标通常选择右手坐标系。

三维相机坐标系：该坐标系确定三维世界物体和相机之间的相对位置，用坐标 (x_c, y_c, z_c) 表示。相机中心为相机坐标的原点，通常选取相机主轴方向为 z 轴，另外两个坐标轴垂直于主轴方向建立右手坐标系。这里设相机左方向为 x 轴，相机上方向为 y 轴。

二维像素坐标系：该坐标系确定二维平面图像像素坐标，用坐标 (u, v) 表示。每个图像像素位置可以用像素坐标系下的两个整数表示。通常以图像左上角为原点，图像右方向为 u 轴，图像下方向为 v 轴。

3.2.1 相机内参矩阵

相机内参矩阵（intrinsic matrix）描述了三维相机坐标下的点 (x_c, y_c, z_c) 到二维像素坐标 (u, v) 的转换关系。在相机坐标下，相机中心处于三维世界原点处，图像平面物理上处于 $z = -f$ 处，根据相似三角形原理，光线与 $z = f$ 平面的交点呈现出物体正立的像。后文为了方便推导，使用 $z = f$ 作为图像平面，如图 3-8a 所示。设图像平面与入射光线的交点为 (x', y', z')，利用相似三角形计算其坐标数值。从 x 轴方向观测，得到如图 3-8b 所示的二维图。将三维相机坐标下的点缩放到图像平面，得到点 (x', y', z') 的坐标为：

$$\begin{cases} x' = f\dfrac{x_c}{z_c} \\ y' = f\dfrac{y_c}{z_c} \\ z' = f \end{cases} \tag{3.1}$$

接下来将传感器上点 (x', y') 的坐标转换为实际图像的二维像素坐标 (u, v)。这个过程需要两步：先将传感器上点 (x', y') 的坐标进行平移和缩放变换，再四舍五入得到最近的整数坐标。这个变换将物理上的长度转换为图像像素数量。设图像平面横向纵向缩放比例相同，均为 s 倍，图像中心点像素坐标为 $(\hat{p}_x, \hat{p}_y)$。二维像素坐标 (u, v) 为：

$$\begin{cases} u = fs\dfrac{x_c}{z_c} + \hat{p}_x \\[2mm] v = fs\dfrac{y_c}{z_c} + \hat{p}_y \end{cases} \tag{3.2}$$

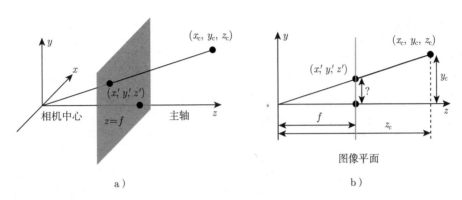

图 3-8 针孔相机中三维相机坐标到二维像素坐标的变换

为了简化式 (3.2)，得到线性变化的表示形式，在式 (3.2) 两端同时乘以 z_c，等式变为：

$$\begin{cases} z_c u = fsx_c + \hat{p}_x z_c \\[2mm] z_c v = fsy_c + \hat{p}_y z_c \end{cases} \tag{3.3}$$

式 (3.3) 右侧为三维相机坐标的线性变换。在齐次坐标（homogeneous coordinates）下，式 (3.3) 可以写为如下的矩阵形式：

$$z_c \begin{bmatrix} u \\ v \\ 1 \end{bmatrix} = \begin{bmatrix} fs & 0 & \hat{p}_x \\ 0 & fs & \hat{p}_y \\ 0 & 0 & 1 \end{bmatrix} \begin{bmatrix} x_c \\ y_c \\ z_c \end{bmatrix} = \begin{bmatrix} \hat{f} & 0 & \hat{p}_x \\ 0 & \hat{f} & \hat{p}_y \\ 0 & 0 & 1 \end{bmatrix} \begin{bmatrix} x_c \\ y_c \\ z_c \end{bmatrix} \tag{3.4}$$

在式 (3.4) 中，将物理焦距 f 和缩放比例 s 的乘积定义为 $\hat{f}$，其单位为像素数量，含义为：与焦距 f 长度相等的传感器像素长度数量。等式右侧的系数矩阵称为透视投影矩阵（perspective projection matrix），通常用 P 表示。使用透视投影矩阵计算像素坐标需要两步：首先使用矩阵 P 对三维相机坐标 (x_c, y_c, z_c) 进行变换，得到一个三维坐标。再对得到的三维坐标进行齐次坐标归一化，即除以坐标最后一维的数值，使其变为 1，得到二维像素齐次坐标 $(u, v, 1)$。此处的归一化系数为 z_c，后文中使用 α 表示。由于公式中的系数矩阵仅表示相机焦距、图像投影中心等自身的属性，因此称为相机内参矩阵，用符号 K 表示。理想针孔相机内参矩阵如下：

$$K = \begin{bmatrix} \hat{f} & 0 & \hat{p}_x \\ 0 & \hat{f} & \hat{p}_y \\ 0 & 0 & 1 \end{bmatrix} \tag{3.5}$$

3.2.2　相机外参矩阵

接下来介绍相机在三维世界里的位置关系，这个关系可以用相机外参矩阵（extrinsic matrix）表示。相机外参矩阵大小为 3×4，可以描述三维世界坐标 $(x_\text{w}, y_\text{w}, z_\text{w})$ 到三维相机坐标 $(x_\text{c}, y_\text{c}, z_\text{c})$ 映射中的任意旋转、平移变换。一般相机外参矩阵可以用旋转矩阵 $\boldsymbol{R}$ 和平移向量 $\boldsymbol{t}$ 表示：

$$\begin{bmatrix} x_\text{c} \\ y_\text{c} \\ z_\text{c} \\ 1 \end{bmatrix} = \left[\begin{array}{c|c} \boldsymbol{R}_{3\times3} & \boldsymbol{t}_{3\times1} \\ \hline \boldsymbol{0}_{1\times3} & 1 \end{array} \right] \begin{bmatrix} x_\text{w} \\ y_\text{w} \\ z_\text{w} \\ 1 \end{bmatrix} \tag{3.6}$$

使用旋转矩阵 $\boldsymbol{R}$ 和平移向量 $\boldsymbol{t}$ 表示的相机外参矩阵包含两个变换步骤：首先进行旋转变换 $\boldsymbol{R}$，变换中心为世界坐标原点；接下来进行平移变换 $\boldsymbol{t}$。如果保持相机中心位置不变，对相机朝向角度进行旋转，平移向量 $\boldsymbol{t}$ 会随之发生变化。另外一种表示方法是先平移物体坐标，再进行旋转。这样平移变换代表了相机中心坐标 $\boldsymbol{c}$ 的变化，旋转变换代表了相机朝向的变化，物理意义更加明确。采用后面这种表示方法的相机外参矩阵形式如下：

$$\begin{bmatrix} x_\text{c} \\ y_\text{c} \\ z_\text{c} \\ 1 \end{bmatrix} = \left[\begin{array}{c|c} \boldsymbol{R}_{3\times3} & \boldsymbol{0}_{3\times1} \\ \hline \boldsymbol{0}_{1\times3} & 1 \end{array} \right] \left[\begin{array}{c|c} \boldsymbol{I}_{3\times3} & -\boldsymbol{c}_{3\times1} \\ \hline \boldsymbol{0}_{1\times3} & 1 \end{array} \right] \begin{bmatrix} x_\text{w} \\ y_\text{w} \\ z_\text{w} \\ 1 \end{bmatrix} = \left[\begin{array}{c|c} \boldsymbol{R}_{3\times3} & -\boldsymbol{R}\boldsymbol{c}_{3\times1} \\ \hline \boldsymbol{0}_{1\times3} & 1 \end{array} \right] \begin{bmatrix} x_\text{w} \\ y_\text{w} \\ z_\text{w} \\ 1 \end{bmatrix}$$

$$\tag{3.7}$$

最终，相机矩阵 $\boldsymbol{P}$ 可以表示为内参矩阵 $\boldsymbol{K}$、旋转变换矩阵 $\boldsymbol{R}$ 和平移向量 $\boldsymbol{t}$ 的共同作用，其一般表示如下：

$$\boldsymbol{P} = \boldsymbol{K} \left[\begin{array}{c|c} \boldsymbol{R} & \boldsymbol{t} \end{array} \right] = \left[\begin{array}{c|c} \boldsymbol{R} & -\boldsymbol{R}\boldsymbol{c} \end{array} \right] \tag{3.8}$$

使用完整形式的相机矩阵 $\boldsymbol{P}$ 对三维世界坐标 $(x_\text{w}, y_\text{w}, z_\text{w})$ 做变换并进行齐次坐标归一化，便可以推算出其对应的像素坐标 (u, v)。相机矩阵描述了三维世界到二维图像的映射，回答了本章一开始提出的第一个关于"相机眼中的三维世界"的问题。

3.2.3 透视投影现象与应用

从式 (3.1) 可知，三维世界中的物体在图像中的大小受两个因素影响：相机焦距 f 和物体到相机的距离 z_c。如果使用相同的相机进行拍摄，即在相机焦距固定的情况下，物体在图像上的大小与 z_c 成反比，这就是平时所说的"近大远小"的现象。如图 3-9 所示，通过调整物体到相机的距离，可以改变物体的缩放比例来达到神奇的艺术效果，这种方式叫作强制透视（forced perspective）。这种方式设计的场景只能在特定的视角才能看到想要的效果，其他视角下拍摄到的场景往往是比较滑稽的场面。

图 3-9 透视投影现象：强制透视（图片来源于网络）
左图：https://www.pinterest.com/pin/433049320425264022
右图：https://www.pinterest.com/pin/909727193460449518

在物体到相机距离 z_c 一定的情况下，可以通过改变物体的大小来制造出物体远近的错觉。通过这种手段，可以在平面上画出三维错觉立体画（3D optical illusion art），如图 3-10 所示。和强制透视相同，三维错觉立体画也只能在特定的视角下观察到。

图 3-10 透视投影现象：三维错觉立体画（图片来源于网络）
左图：https://www.pinterest.com/pin/246712885825633499
右图：https://www.pinterest.com/pin/292382200778512779

艾姆斯房间（Ames room illusion）也是一种应用透视投影产生视觉错觉的例子。如

图 3-11 所示，在倾斜的房间中，人体存在近大远小的现象，而房间的设计使得看起来像是立方体，从而产生视觉错觉。

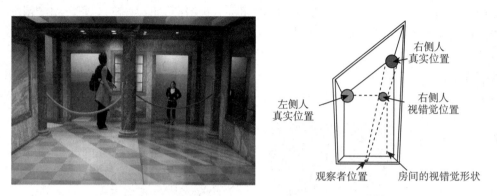

图 3-11 透视投影现象：艾姆斯房间（基于维基百科的插图重新绘制）
https://en.wikipedia.org/wiki/Ames_room

在上面的几个应用中，都是使用相同的相机，保持焦距 f 恒定进行拍摄。如果保持物距 z_c 不变，将相机焦距 f 缩短为 $0.5f$，物体成像大小将相应缩小到原来的一半。这时如果同时向前移动相机，将物距 z_c 也缩小到 $0.5z_c$，使用 $0.5f$ 和 $0.5z_c$ 拍摄出的照片应该与使用 f 和 z_c 拍摄到的照片具有相同的大小。如果只关注一个物体，并且物体上的点处处具有相同的物距，即物体是一个平行于相机的平面，那么两张照片应完全相同，如图 3-12 所示。

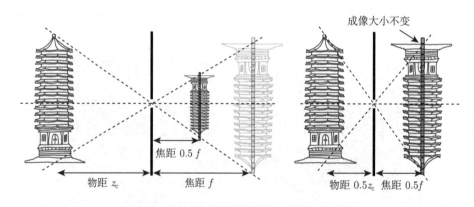

图 3-12 同时改变物距和像距，成像大小不变

但在实际生活中拍摄的物体往往不是理想的平行于相机的平面，而是具有一定厚度的物体。同样地，拍照时不仅要关注前景物体，还要考虑到物体和背景之间的关系。在考虑到场景中存在不同物距的物体时，这两种焦距拍摄的照片就不完全相同了。如

图 3-13 所示，三张照片为使用三种不同焦距 f 的镜头拍摄相同人脸的效果，从左到右相机焦距 f 逐渐缩短，同时向前移动相机以保持人脸大小相同。可以看到，尽管三张照片中的人像大小相同，五官的占比却有较大的差异。这是因为人脸不是一个平面，相比人脸四周，五官部位物距更短一些。在使用长焦距镜头在较远的距离拍摄时，这种差异相对于总物距来说不是很明显，而当使用短焦距，在较近的距离进行拍摄时，这种物距的差距就会显现出来，在图片上产生更大的形变。图像的背景缩放在这三张图像上也不同，从左到右背景视野逐渐变宽。这种形变叫透视形变（perspective distortion）。在本书的 4.3 节会进一步介绍焦距与镜头的选用。透视形变经常会给图像带来不理想的扭曲效果，但合理使用透视形变在影视领域可以实现名为滑动变焦（dolly zoom）或者眩晕（vertigo）的特效。这种特效的拍摄往往需要给相机布设前后移动的轨道，移动的同时使用变焦镜头改变相机焦距。

a）长焦距（远距离拍摄）　　　b）中焦距（中等距离拍摄）　　　c）短焦距（近距离拍摄）

图 3-13　不同焦距和距离拍摄人脸效果的差异

3.2.4　特殊相机模型

除了理想的针孔相机模型，对于不同的镜头和成像方式，还有其他几何模型来描述它们，本小节统称其为特殊相机模型。与针孔相机的透视投影较为接近的是正交投影模型。在前面的介绍中提到，如果通过向后移动相机的方式同时增加物距 z_c 和相机焦距 f，图像"近大远小"的特点越不明显。假设 f 与 z_c 按照某个固定的比例放大到无穷远，物距之间的差异可以忽略不计，正交投影像素位置示意图如图 3-14 所示。在这种情况下，图像上物体大小是真实世界物体大小的等比例缩放，与物体自身的 z_c 坐标无关。这种投影方式叫作正交投影（orthographic projection）。设 $\lim_{z_c \to +\infty} \hat{f}/z_c = d$，正交投影下相机内参矩阵见式 (3.9)。

$$\boldsymbol{K}_{\mathrm{o}} = \begin{bmatrix} d & 0 & \hat{p}_x \\ 0 & d & \hat{p}_y \\ 0 & 0 & 0 \end{bmatrix} \tag{3.9}$$

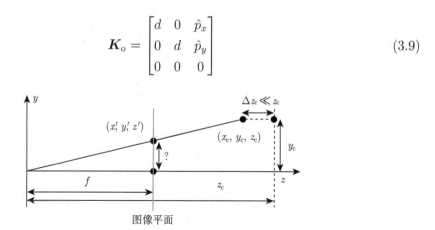

图 3-14　正交投影像素位置示意图

在正交投影下，不同远近的物体有着相同的缩放比例，很多三维"不可能"的图案要在正交投影上才能达到效果。比如在著名的彭罗斯三角（Penrose triangle）中，远近不同的两个立方体有相同的图像大小，因此可以制造出两者相连的错觉，如图 3-15 所示。

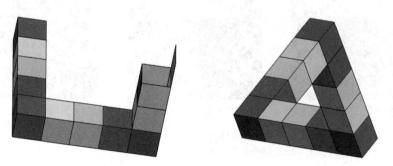

图 3-15　彭罗斯三角示意图（基于维基百科的插图重新绘制）
https://en.wikipedia.org/wiki/Penrose_triangle

另外一种比较常见的相机模型是全景（panorama）相机模型。全景相机模型以三维世界中的某个点为中心，可以采集到各个方向的图像。为了得到这种图像，通常需要使用位置相近的多个相机朝不同方向拍照，再进行拼接，使用极坐标表示图像。此外还有鱼眼相机等需要用不同几何模型来描述的情形，这里不再展开。

3.3　相机几何标定

变换矩阵 $\boldsymbol{P}$ 可以将三维世界中的点 $(x_{\mathrm{w}}^{(i)}, y_{\mathrm{w}}^{(i)}, z_{\mathrm{w}}^{(i)})$ 投影到图像平面像素坐标 $(u^{(i)}, v^{(i)})$，但在实际拍照过程中，矩阵 $\boldsymbol{P}$ 往往是未知的。通过拍摄特定物体，可以

用数学的方法求解相机几何参数，这个过程叫作几何标定（geometric calibration）。相机标定的方法不止一种，本节将介绍常见的几种相机标定方法。

3.3.1　三维对应点标定法

三维对应点标定法假设有 N 组对应关系已知的三维世界坐标点和二维像素坐标点的点对 $\left\{\left(x_{\mathrm{w}}^{(i)}, y_{\mathrm{w}}^{(i)}, z_{\mathrm{w}}^{(i)}\right),\left(u^{(i)}, v^{(i)}\right)\right\}, i=1,2,\cdots,N$。该方法通过这些点对矩阵 $\boldsymbol{P}$ 的参数进行估计。这里将整个标定步骤分为以下三个环节：建立相机矩阵线性方程组、最小化误差求解相机矩阵、相机矩阵归一化。

1. 建立相机矩阵线性方程组

将矩阵 $\boldsymbol{P}$ 写成三个行向量 $\boldsymbol{p}_1^{\mathrm{T}}$、$\boldsymbol{p}_2^{\mathrm{T}}$、$\boldsymbol{p}_3^{\mathrm{T}}$ 的形式，将三维世界齐次坐标 $\left(x_{\mathrm{w}}^{(i)}, y_{\mathrm{w}}^{(i)}, z_{\mathrm{w}}^{(i)}, 1\right)$ 写成坐标向量 $\boldsymbol{x}^{(i)}$。那么二维像素齐次坐标 $\left(u^{(i)}, v^{(i)}\right)$ 可以用以下等式计算：

$$\alpha\begin{bmatrix}u^{(i)}\\v^{(i)}\\1\end{bmatrix}=\begin{bmatrix}\boldsymbol{p}_1^{\mathrm{T}}\\\boldsymbol{p}_2^{\mathrm{T}}\\\boldsymbol{p}_3^{\mathrm{T}}\end{bmatrix}\begin{bmatrix}x_{\mathrm{w}}^{(i)}\\y_{\mathrm{w}}^{(i)}\\z_{\mathrm{w}}^{(i)}\\1\end{bmatrix},\qquad i=1,2,\cdots,N \tag{3.10}$$

可以看到，图像上点的像素坐标 $u^{(i)}$、$v^{(i)}$ 是由三维世界坐标 $\left(x_{\mathrm{w}}^{(i)}, y_{\mathrm{w}}^{(i)}, z_{\mathrm{w}}^{(i)}\right)$ 经过 $\boldsymbol{P}$ 矩阵对应的线性变换和齐次坐标归一化得到的，展开形式如下：

$$\begin{cases}u^{(i)}=\dfrac{\boldsymbol{p}_1^{\mathrm{T}}\boldsymbol{x}^{(i)}}{\boldsymbol{p}_3^{\mathrm{T}}\boldsymbol{x}^{(i)}}\\[3mm]v^{(i)}=\dfrac{\boldsymbol{p}_2^{\mathrm{T}}\boldsymbol{x}^{(i)}}{\boldsymbol{p}_3^{\mathrm{T}}\boldsymbol{x}^{(i)}}\end{cases} \tag{3.11}$$

这里 $\boldsymbol{x}^{(i)}$、u、v 是已知数，$\boldsymbol{p}_1^{\mathrm{T}}$、$\boldsymbol{p}_2^{\mathrm{T}}$、$\boldsymbol{p}_3^{\mathrm{T}}$ 是待求解的变量。相机拍摄到的点都位于相机前方，满足 $z_{\mathrm{c}}>0$。所以式 (3.11) 可以整理为标准线性方程组的形式：

$$\begin{cases}\boldsymbol{p}_1^{\mathrm{T}}\boldsymbol{x}^{(i)}-\boldsymbol{p}_3^{\mathrm{T}}\boldsymbol{x}^{(i)}u^{(i)}=0\\\boldsymbol{p}_1^{\mathrm{T}}\boldsymbol{x}^{(i)}-\boldsymbol{p}_2^{\mathrm{T}}\boldsymbol{x}^{(i)}v^{(i)}=0\end{cases} \tag{3.12}$$

进一步将线性方程组转换成如下矩阵形式：

$$\begin{bmatrix}\boldsymbol{x}^{(i)\mathrm{T}} & \boldsymbol{0} & -u^{(i)}\boldsymbol{x}^{(i)\mathrm{T}}\\\boldsymbol{0} & \boldsymbol{x}^{(i)\mathrm{T}} & -v^{(i)}\boldsymbol{x}^{(i)\mathrm{T}}\end{bmatrix}\begin{bmatrix}\boldsymbol{p}_1\\\boldsymbol{p}_2\\\boldsymbol{p}_3\end{bmatrix}=\boldsymbol{0} \tag{3.13}$$

对于多组点对的情况，将每个点对的方程联立，得到线性方程组矩阵表示如下：

$$\begin{bmatrix} \boldsymbol{x}^{(1)\mathrm{T}} & \boldsymbol{0} & -u^{(1)}\boldsymbol{x}^{(1)\mathrm{T}} \\ \boldsymbol{0} & \boldsymbol{x}^{(1)\mathrm{T}} & -v^{(1)}\boldsymbol{x}^{(1)\mathrm{T}} \\ \vdots & \vdots & \vdots \\ \boldsymbol{x}^{(N)\mathrm{T}} & \boldsymbol{0} & -u^{(N)}\boldsymbol{x}^{(N)\mathrm{T}} \\ \boldsymbol{0} & \boldsymbol{x}^{(N)\mathrm{T}} & -v^{(N)}\boldsymbol{x}^{(N)\mathrm{T}} \end{bmatrix} \begin{bmatrix} \boldsymbol{p}_1 \\ \boldsymbol{p}_2 \\ \boldsymbol{p}_3 \end{bmatrix} = \boldsymbol{0} \tag{3.14}$$

2. 最小化误差求解相机矩阵

在这个线性方程组中，未知数有 12 个，方程数量为 $2N$。匹配点数量跟图像像素数量有关，实际问题中通常会选取很多对匹配点，使得方程数量远大于未知数数量。设线性方程组的参数矩阵为 $\boldsymbol{A}$，解向量为 $\boldsymbol{x}_p$，则求解的问题可以表示为

$$\boldsymbol{A} = \begin{bmatrix} \boldsymbol{x}^{(1)\mathrm{T}} & \boldsymbol{0} & -u^{(1)}\boldsymbol{x}^{(1)\mathrm{T}} \\ \boldsymbol{0} & \boldsymbol{x}^{(1)\mathrm{T}} & -v^{(1)}\boldsymbol{x}^{(1)\mathrm{T}} \\ \vdots & \vdots & \vdots \\ \boldsymbol{x}^{(N)\mathrm{T}} & \boldsymbol{0} & -u^{(N)}\boldsymbol{x}^{(N)\mathrm{T}} \\ \boldsymbol{0} & \boldsymbol{x}^{(N)\mathrm{T}} & -v^{(N)}\boldsymbol{x}^{(N)\mathrm{T}} \end{bmatrix}, \qquad \boldsymbol{x}_p = \begin{bmatrix} \boldsymbol{p}_1 \\ \boldsymbol{p}_2 \\ \boldsymbol{p}_3 \end{bmatrix} \tag{3.15}$$

$$\hat{\boldsymbol{x}}_p = \arg\min_{\boldsymbol{x}_p} \|\boldsymbol{A}\boldsymbol{x}_p\|^2, \qquad \text{s.t.} \quad \|\boldsymbol{x}_p\|^2 = 1$$

这里 $\boldsymbol{x}_p = 0$ 是方程组的一个平凡解，但不满足上文中 $z > 0$ 的条件，因此需要求解 $\boldsymbol{x}_p$ 一个非平凡解。由于求解得到的像素坐标会经过齐次坐标归一化，这里 $\boldsymbol{x}_p$ 的数值可以任意缩放而不影响最终结果。因此加入 $\|\boldsymbol{x}_p\| = 1$ 作为约束条件。后面会对得到的相机矩阵进行归一化，来得到满足透视投影矩阵形式的相机矩阵。接下来使用奇异值分解（Singular Value Decomposition, SVD）法求解方程组的一个平凡解。设 $\boldsymbol{A}$ 矩阵可以进行如下奇异值分解：

$$\boldsymbol{A} = \boldsymbol{U}\boldsymbol{\Sigma}\boldsymbol{V}^{\mathrm{T}} \tag{3.16}$$

式中，$\boldsymbol{U}$ 和 $\boldsymbol{V}$ 为正交矩阵；$\boldsymbol{\Sigma}$ 为对角矩阵。用分解后的 $\boldsymbol{A}$ 矩阵代入最小化目标函数，得到如下优化目标：

$$\|\boldsymbol{A}\boldsymbol{x}_p\|^2 = \boldsymbol{x}_p^{\mathrm{T}}\boldsymbol{V}\boldsymbol{\Sigma}\boldsymbol{U}^{\mathrm{T}}\boldsymbol{U}\boldsymbol{\Sigma}\boldsymbol{V}^{\mathrm{T}}\boldsymbol{x}_p = \boldsymbol{x}_p^{\mathrm{T}}\boldsymbol{V}\boldsymbol{\Sigma}\boldsymbol{\Sigma}\boldsymbol{V}^{\mathrm{T}}\boldsymbol{x}_p = \|\boldsymbol{\Sigma}\boldsymbol{V}^{\mathrm{T}}\boldsymbol{x}_p\|^2, \qquad \text{s.t.} \quad \|\boldsymbol{x}_p\|^2 = 1 \tag{3.17}$$

由于 $\boldsymbol{V}$ 为正交矩阵，$\|\boldsymbol{V}^{\mathrm{T}}\boldsymbol{x}_p\|^2 = \|\boldsymbol{x}_p\|^2 = 1$。假定 $\boldsymbol{\Sigma}$ 中有唯一的最小值，那么当且仅当 $\boldsymbol{V}^{\mathrm{T}}\boldsymbol{x}_p$ 为 $\boldsymbol{\Sigma}$ 中最小值对应的单值向量时，目标函数取得最小值，即 $\boldsymbol{x}_p$ 为最小奇异值在 $\boldsymbol{V}$ 中所对应的列。

3. 相机矩阵归一化

通过 SVD 的方法得到的解是最小化投影误差的矩阵 $\boldsymbol{x}_p$，但这个矩阵还不是最终想要的相机矩阵。由前面的章节可以知道，透视投影模型是由相机焦距 $\hat{f}$、投影中心点 $(\hat{p}_x, \hat{p}_y)$、旋转变换矩阵 $\boldsymbol{R}$ 和平移向量 $\boldsymbol{t}$ 构成的参数化模型，不是任意矩阵都满足透视投影模型。下一步需要从一般相机矩阵 $\boldsymbol{x}_p$ 中恢复这些参数。注意通过相机几何标定只能得到以像素为单位的相机焦距 $\hat{f}$。如果焦距 f 和像素大小同时缩放，得到的几何模型是完全相同的，因此物理上焦距的长度 f 无法通过几何标定得到。

首先考虑相机矩阵最右侧的一列，这一列的三个参数描述了相机的平移变换。这一列可以直接定义为平移向量 $\boldsymbol{t}$，也可以从一般相机矩阵 $\boldsymbol{x}_p$ 中恢复相机原点坐标 $\boldsymbol{c}$，用相机原点坐标 $\boldsymbol{c}$ 间接表示平移变换。相机原点坐标 $\boldsymbol{c}$ 的齐次坐标经过相机外参矩阵变化后，在相机坐标下处于坐标原点的位置。因此满足以下线性方程组：

$$\begin{bmatrix} p_1 & p_2 & p_3 \\ p_5 & p_6 & p_7 \\ p_9 & p_{10} & p_{11} \end{bmatrix} \boldsymbol{c} = \begin{bmatrix} -p_4 \\ -p_8 \\ -p_{12} \end{bmatrix} \tag{3.18}$$

求解线性方程组即可得到相机原点坐标 $\boldsymbol{c}$。由透视投影相机矩阵定义可知，式 (3.19) 中系数矩阵应为可逆的：

$$\boldsymbol{c} = \begin{bmatrix} p_1 & p_2 & p_3 \\ p_5 & p_6 & p_7 \\ p_9 & p_{10} & p_{11} \end{bmatrix}^{-1} \begin{bmatrix} -p_4 \\ -p_8 \\ -p_{12} \end{bmatrix} \tag{3.19}$$

接下来分析相机矩阵的左上角 3×3 的区域。根据式 (3.8)，左上角矩阵为相机内参矩阵 $\boldsymbol{K}$ 和旋转矩阵 $\boldsymbol{R}$ 的乘积。旋转矩阵是一个正交矩阵，从式 (3.5) 中可以看到，理想正交投影的内参矩阵是一个上三角矩阵，因此可以通过 RQ 分解（QR 分解的一个变种）将一般相机矩阵分解为 $\boldsymbol{K}$ 和 $\boldsymbol{R}$：

$$\begin{bmatrix} p_1 & p_2 & p_3 \\ p_5 & p_6 & p_7 \\ p_9 & p_{10} & p_{11} \end{bmatrix} = \begin{bmatrix} \hat{f}_x & k_s & \hat{p}_x \\ 0 & \hat{f}_y & \hat{p}_y \\ 0 & 0 & \alpha \end{bmatrix} \boldsymbol{R} = \hat{\boldsymbol{K}} \boldsymbol{R} \tag{3.20}$$

通过 RQ 分解得到的内参矩阵 $\hat{\boldsymbol{K}}$ 有 6 个参数，而理想的透视投影内参矩阵只有 3 个参数。首先是右下角的 α，在理想内参矩阵 $\boldsymbol{K}$ 中右下角元素应为 1。这个差异是引入了 $\|\boldsymbol{x}_p\|^2 = 1$ 这一约束条件导致的，因此需要对 SVD 得到的相机矩阵 $\boldsymbol{x}_p$ 进行归一化，使得 $\alpha = 1$。另外在 RQ 分解得到的内参矩阵中，相机焦距使用两个参数 $\hat{f}_x$、$\hat{f}_y$ 来表

示。一般情况下标定得到的两个焦距参数数值相似。但如果图像经历过不对称的缩放，或者由于相机的非理想性，可能会遇到 $f_x \neq f_y$ 或者 $k_s \neq 0$ 的情况。f_x 与 f_y 描述了图像横向纵向缩放比的不同。另外 k_s 描述了两个坐标轴的耦合程度，称为偏斜（skew），一般情况下接近 0。

使用匹配点法进行相机几何标定需要若干对三维世界坐标和图像坐标已知的点对，并且三维空间内的点不能处于同一平面，否则 SVD 求解参数矩阵会遇到退化的情况。因此人们设计了一些三维标定物体进行拍照标定，所使用的标定物体如图 3-16 所示。

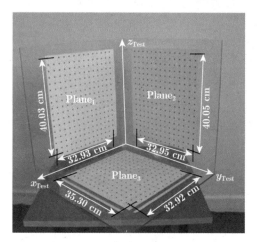

图 3-16　三维对应点标定法所使用的标定物体[2-3]

3.3.2　多图棋盘格标定法

三维标定物体在制造和使用中存在诸多的不便，而多图棋盘格标定法从不同角度拍摄二维棋盘格进行相机标定，极大地简化了标定物体的复杂度。从多个不同角度拍摄同一个物体时，相机视角在三维空间的变化弥补了二维标定板维度的缺失。

假定棋盘格的尺寸已知，对于每一张输入图像，棋盘格的 4 个顶点坐标确定了棋盘格在图像中的位置（实际求解会使用所有交点来减小误差，但所能提供的约束数量不变）。每个顶点有 2 个坐标，因此每张图片总共有 8 个自由度。相机的外参矩阵描述了相机自身的平移旋转关系。三维空间中的平移和旋转各具有 3 个自由度。因此，去掉额外引入的自由度，每张图像可以为内参矩阵 $\boldsymbol{K}$ 提供 2 个约束。仅依赖一张图像是无法完整恢复出内参矩阵的，但使用多张图像拍摄同一个棋盘格，就能够通过联合优化求解每一张图像的相机外参矩阵和同一个相机内参矩阵。"A flexible new technique for camera calibration"[4] 一文发表于 TPAMI 2000，这篇文章提出的方法也被称为张氏标定法。文中给出了多棋盘格相机标定问题的严格数学解，但其形式比较复杂，感兴趣的读者可以阅读论文原文。在知道多张图的约束可以求解内参矩阵的情况下，还可以使用一般的非线性优化方法来进行求解，即最小化重投影误差（minimizing reprojection error）。

首先需要对待求解变量进行初始化。待求解变量包括相机内参矩阵 K、每张图像的旋转矩阵 R_i 和每张图像的平移向量 t_i。这里的 K 是齐次空间的上三角矩阵，只有 5 个未知数待求解。旋转矩阵 R_i 需要使用长度为 3 的向量来生成，比如使用欧拉角（Euler angles）表示旋转矩阵。欧拉角通常用翻滚（roll）ψ、俯仰（pitch）θ 和偏摆（yaw）ϕ 三个参数表示相机的旋转角，这样保证只有三个待求解参数。接下来使用 3.2 节中提到的相机矩阵变换方法 [式 (3.4)，式 (3.6)]，将棋盘格的顶点坐标映射到图像坐标。由于图像坐标需要归一化，以及欧拉角计算存在非线性部分，所以需要非线性优化算法来进行求解。设总共拍摄了 N 张图片，棋盘格共有 M 个顶点，顶点的三维坐标为 $\left(x_{\mathrm{w}}^{(j)}, y_{\mathrm{w}}^{(j)}, z_{\mathrm{w}}^{(j)}\right), j=1,2,\cdots,N$，每张图像上对应点的坐标为 $\left(u^{(i,j)}, v^{(i,j)}\right), i=1,2,\cdots,M, j=1,2,\cdots,N$，损失函数如下：

$$L = \sum_i^N \sum_j^M \left\| \begin{bmatrix} u^{(i,j)} \\ v^{(i,j)} \end{bmatrix} - F(x_{\mathrm{w}}^{(j)}, y_{\mathrm{w}}^{(j)}, z_{\mathrm{w}}^{(j)}, R_i, t_i) \right\|^2 \tag{3.21}$$

这里 F 为世界坐标到图像坐标的投影函数，包括矩阵计算和齐次坐标归一化。在选择合适的初始化和非线性优化器的情况下，可以达到最小化投影误差的最优内参矩阵。示意图如图 3-17 所示。

 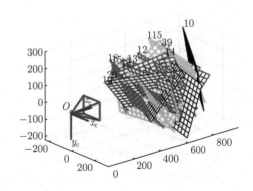

图 3-17　多图棋盘格标定法示意图

3.3.3　径向畸变标定法

以上两种标定方法都假设相机使用小孔成像模型，在这种模型下，三维世界中的直线会映射为图像平面上的直线（或单点）。而实际相机中，镜头往往会存在径向畸变（radial distortion），常见的径向畸变有桶形畸变（barrel distortion）和枕形畸变（pincushion distortion），棋盘格在径向畸变下的变形如图 3-18 所示。这种畸变会影响到对相机内参矩阵的标定，因此在标定内参矩阵前，需要进行畸变矫正。

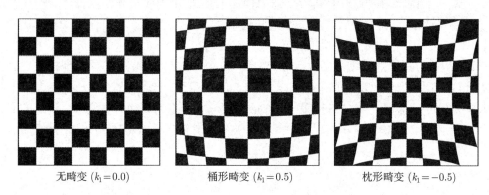

无畸变 ($k_1 = 0.0$)　　　　桶形畸变 ($k_1 = 0.5$)　　　　枕形畸变 ($k_1 = -0.5$)

图 3-18　棋盘格在径向畸变下的变形

这里同样用 (u, v) 来表示图像坐标下的一个点坐标。设畸变后的点坐标为 (u', v')，通常用以下形式来描述畸变后的点坐标与原始点坐标的关系：

$$\begin{cases} u' = \dfrac{1}{\lambda} u \\ v' = \dfrac{1}{\lambda} v \\ \lambda = 1 + k_1 r^2 + k_2 r^4 + \cdots \\ r = \sqrt{u^2 + v^2} \end{cases} \tag{3.22}$$

式中，k_1、k_2 等为待定系数。由于镜头带来的径向畸变一般是中心对称的，因此畸变大小仅与原图像上的点到投影中心的距离相关，并且多项式拟合仅使用偶数次方。通常选择保留一项或两项多项式进行拟合。

如果使用非线性优化算法，最小化投影误差，径向畸变矫正参数可以一起代入优化项，进行联合优化。这也是最小化投影误差方法的另一个优势。以上几种相机几何标定方法通过操作相机拍摄特定的标定物体来获得相机几何参数，回答了本章开头的第二个关于"相机几何参数标定"的问题。

3.4　利用深度学习的相机几何标定

从前面的章节中可以看到，使用传统方法进行相机标定不仅需要特殊的标定物体，还需要提前标出点之间的对应关系，甚至有的算法需要多张不同角度的图像才能完成标定。可以说传统相机标定方法操作步骤是比较复杂的。近年来研究者尝试用深度学习方法，利用单张图像进行相机标定。接下来介绍一些这类方法。

由于单图相机几何标定问题有很大的局限性，深度学习方法通常使用简化的相机矩阵——投影中心点在主轴上、图像横向纵向焦距相同以及图像没有偏斜。对于相机外参矩阵，由于输入只有一张图像，没有一个给定的世界坐标系，所以难以明确定义世界坐标系和相机坐标系的关系。通常取垂直于地面的方向为 z 轴。对于相机位置，平行于地面的平移在单张图像上是不可区分的；对于相机的朝向，沿 z 轴方向的旋转是不可区分的。因此，单图相机几何标定一般求解的参数为：相机焦距 f，两个旋转角参数 ψ、θ，以及相机距离地面高度 z。

3.4.1　直接回归相机焦距法

早期的深度学习方法尝试直接从图像中拟合相机焦距。比如 "DEEPFOCAL: a method for direct focal length estimation" [5] 一文发于 ICIP 2015，文中使用卷积神经网络回归计算自然图像和拍摄时使用的相机焦距的关系（文章中回归计算的变量是相机的视场，视场与焦距之间有明确的转换关系，因此这里统一称为直接回归相机焦距）。为了得到有相机焦距标注的图片数据，文章使用运动恢复结构（Structure from Motion, SfM）的数据集。这种数据集包含多张世界著名地标景点的照片，需要将照片按地标分成训练集和测试集。

这种回归计算相机参数的方法虽然最为直接，但从特征点到相机参数的变换通常需要复杂且精确的非线性计算，使用卷积神经网络拟合这种计算限制了内参估计的准确性和网络的泛化能力。因此需要考虑引入更多的场景几何约束，进一步增强基于深度学习的相机几何标定法的稳定性。

3.4.2　地平线辅助标定法

在介绍接下来的内容之前，先引入一些消失点（vanishing point）的背景知识。

由于单图深度学习方法没有使用已知的标定物体，只能从图片上找在自然界常出现的特征进行分析。对于一条三维空间内的无限长的直线，在透视投影下可能映射为无限长的直线（三维直线垂直于相机主轴方向），也可能映射为有端点的线段（三维直线不垂直于相机主轴，三维直线的一个方向汇聚到一个点，另一个方向从图像边缘离开），这个端点称为消失点，如图 3-19a 所示。

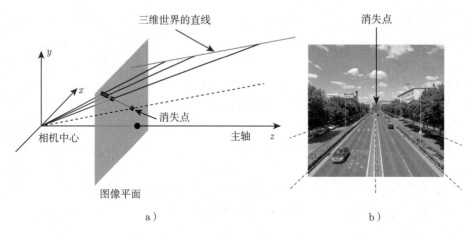

a）　　　　　　　　　　　　　b）

图 3-19　透视投影下的消失点示意图和场景示例

由于消失点定义在点的坐标趋于无穷远的情况，因此消失点在图像中的位置只与两个因素有关：直线的方向和相机的内参矩阵，与相机的平移和直线的位置无关。对于三维世界方向为 (x_r, y_r, z_r) 的直线，其消失点图像坐标 (u_r, v_r) 的数学形式如下：

$$\alpha \begin{bmatrix} u_r \\ v_r \\ 1 \end{bmatrix} = \boldsymbol{K} \begin{bmatrix} \boldsymbol{R} & | & \boldsymbol{t} \end{bmatrix} \begin{bmatrix} x_r \\ y_r \\ z_r \\ 0 \end{bmatrix} \tag{3.23}$$

如图 3-19b 所示的公路几乎是直线的并且延伸到很远，因此可以直接从图片中找到公路对应的消失点。当场景中存在平行线时，即使图像中出现的线段长度有限，也可以用于推断其消失点的位置。由于直线的消失点和图像的位置无关，因此两条平行线具有相同的消失点。设三维世界中有两条平行线段，延长图像坐标中的线段并计算其交点，这个交点即为消失点。

对于三维世界中的一个平面，可以在平面上找到多组平行线，这些平行线的消失点共线，这条直线称为这个平面所对应的消失线（vanishing line），如图 3-20 所示。通过消失线，可以计算该平面上任意线段的消失点，即线段延长线和消失线的交点。

在自然图像中，地面是最常见的平面。地面所对应的消失线为地平线。在已知相机焦距和一个平面所对应的消失线的情况下，可以计算该平面在相机坐标的法线方向。规定地面法线为向上正方向，因此在给定地平线的情况下，可以唯一确定相机的两个旋转角参数 ψ、θ。"A perceptual measure for deep single image camera calibration"[6] 一文发表于 CVPR 2018，这篇文章就是利用这样的思路，使用卷积网络预测拍摄图像的相机视场和图像中的地平线位置，进而得到相机焦距 f 和两个旋转角参数 ψ、θ。为了得到多组已知相机内参和旋转的图像用于训练，作者从校准的全景照片数据集中截取透视投影图片。

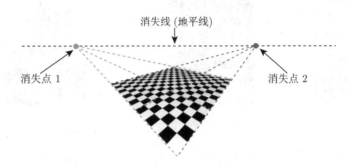

图 3-20　平面对应的消失线示意图

3.4.3　垂直消失点辅助标定法

在上面的几种深度学习方法中，相机的焦距都是使用卷积神经网络直接预测的。为了能在焦距预测中加入物理约束，需要了解消失点和相机内参的关系。首先需要在三维世界坐标找到三条互相垂直的直线。当场景中存在较多的建筑，或场景为室内场景时，找到三条互相垂直的直线还是比较容易的。设这三条直线的方向分别为 e_1、e_2、e_3，三个与之对应的消失点的坐标为 x_1、x_2、x_3，那么根据式 (3.23)，可以得到：

$$\alpha_i \boldsymbol{x}_i = \boldsymbol{K} \left[\begin{array}{c|c} \boldsymbol{R} & \boldsymbol{t} \end{array} \right] \begin{bmatrix} \boldsymbol{e}_i \\ 0 \end{bmatrix}$$

$$\boldsymbol{e}_i = \boldsymbol{R}^{\mathrm{T}} \boldsymbol{K}^{-1} z_i \boldsymbol{x}_i$$

$$(3.24)$$

由于 e_1、e_2、e_3 表示三条互相垂直直线的方向，$\boldsymbol{e}_i \cdot \boldsymbol{e}_j = 0$　　s.t.　$i \neq j$，可以得到以下推论：

$$\boldsymbol{x}_i z_i \boldsymbol{K}^{-\mathrm{T}} \boldsymbol{R} \boldsymbol{R}^{\mathrm{T}} \boldsymbol{K}^{-1} z_j \boldsymbol{x}_j = 0 \qquad \text{s.t.} \quad i \neq j$$

$$\boldsymbol{x}_i \boldsymbol{K}^{-\mathrm{T}} \boldsymbol{K}^{-1} \boldsymbol{x}_j = 0 \qquad \text{s.t.} \quad i \neq j$$

$$(3.25)$$

可以看到，场景中的每一对垂直的直线都会给内参矩阵加入一组约束。这里直接给出消失点数量与内参矩阵可解性的对应关系，如图 3-21 所示，当场景中存在三条互相垂直的直线时，只要能找到至少 2 个直线对应的消失点，就可以确定相机的焦距和投影中心坐标。使用 3 个互相垂直的消失点求解相机内参的具体数学形式可以在一些经典的论文[7] 中找到，这里不再展开。

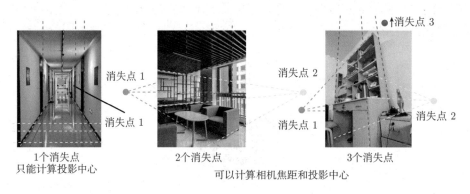

图 3-21   消失点数量与内参矩阵可解性的对应关系

"CTRL-C: camera calibration transformer with line-classification"[8] 一文发表于 ICCV 2021，这篇文章便是将这样的思路引入到了基于深度学习的相机几何标定中。为了找到三对互相垂直的直线，除了地平线，作者还在图片中寻找垂直于地面的直线和这条直线所对应的消失点。从上面的结论可以知道，确定相机内参矩阵需要至少 2 个互相垂直直线的消失点，因此除了竖直线的消失点，作者还在地平线上找到两条垂直线对应的消失点。为了计算这条竖直线所对应的消失点，需要找到和这条直线平行的其他直线，从它们之间的关系中找到消失点。所以，作者首先使用线段分类的方法，将直线按照平行关系进行分类，从中找出平行于地面的直线和垂直于地面的直线。如图 3-22 所示，从左到右分别为，输入图像，线段分类的两个结果，网络预测的地平线和一条竖直线。

图 3-22   线段分类方法示意图及地平线、竖直线预测结果[8]

为了分析三维世界中的平行线在图像上的位置关系，作者使用了 Transformer 网络结构，这种结构可以通过自注意力（self-attention）和交叉注意力（cross-attention）的方法提取出跟竖直线消失点和水平线消失点相关的线段，并通过前馈网络（feed-forward network）进行处理。对于竖直线，由于所有竖直线相互平行，它们具有同一个消失点，作者用网络预测了竖直消失点的位置。但对于在水平面上的直线，地平线上的每个点都是消失点，需要在地面上找到一对互相垂直直线的消失点。作者首先从图像中的线段提取任意方向直线的消失点，由于地面上直线的消失点一定在地平线上，与地平线距离较远的消失点会首先被筛选掉。接下来根据平行线段的总长度选出最主要的两个方向的消失点作为水平方向的两个消失点。地平线消失点寻找方法如图 3-23 所示。

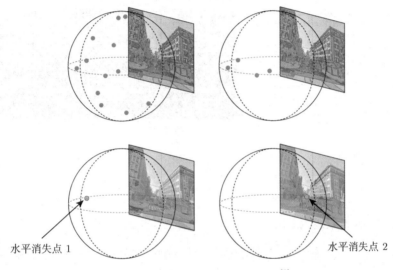

图 3-23　地平线消失点寻找方法示意图（基于论文[8]的插图重新绘制）

　　由于在场景中寻找消失点的难度较大，而且不是所有场景都存在三对互相垂直的直线作为参考，使用消失点计算相机内参矩阵只是用于辅助相机焦距估计。当场景中存在较多的建筑物时，使用消失点法可以提升相机内参估计的精度。但对于自然场景，作者还保留了单图直接估计的方式以提高算法的鲁棒性。

3.4.4　径向畸变下的标定问题

　　上文中介绍的深度学习方法都没有考虑存在径向畸变时相机标定的问题。"Deep single image camera calibration with radial distortion"[9] 一文发表于 CVPR 2019，这篇文章在估计相机内参矩阵时也考虑了径向畸变的影响。文章中同样使用了式 (3.22) 中的表示形式，只使用了 k_1、k_2 两个参数表示。为了进一步降低问题难度，作者发现一般相机的径向畸变参数 k_1、k_2 不是相互独立的，而往往服从一定的关系。作者收集了大量实拍数据的径向畸变参数并认为 k_2 是 k_1 的二次函数，如图 3-24a 所示。这样深度学习方法只需要预测一个径向畸变参数，从而避免预测出与常见相机差异很大的 k_1、k_2 参数。

　　径向畸变在图像上的直观体现是原本世界中的直线会变得弯曲，但弯曲程度还与直线到相机原点距离和相机焦距有关。当相机焦距较小、直线与相机原点距离较远时，直线弯曲更为明显。所以作者使用 $\hat{k_1} = k_1/f^2$ 的关系映射神经网络预测到的 k_1 数值和真实 $\hat{k_1}$ 数值之间的关系。使用网络预测到的相机焦距和径向畸变参数进行矫正，可以得到无畸变的图像，如图 3-24b 所示。

图 3-24　镜头径向畸变 k_1、k_2 参数关系及畸变矫正效果（基于论文[9] 的插图重新绘制）

3.4.5　利用特殊场景进行标定

　　以上是对于一般自然图像的相机标定方法。除此之外，如果对相机拍摄的几何有一些先验知识，可以用一些针对性的设计来进行相机标定。比如：

　　"What does plate glass reveal about camera calibration?"[10] 一文发表于 CVPR 2020，这篇文章假设拍摄场景中存在平面玻璃反射。由于玻璃反射强度与光线入射角、反射角有关，文章通过玻璃镜面反射强度的变化推算相机视场大小和玻璃的朝向。

　　"Learning perspective undistortion of portraits"[11] 一文发表于 ICCV 2019，这篇文章专门针对人像照片设计，以恢复相机焦距和径向畸变。

　　"Focal length and object pose estimation via render and compare"[12] 一文发表于 CVPR 2022，这篇文章在拍摄物体三维几何已知的情况下，通过渲染对比的方法计算物体的 6 自由度坐标和相机焦距。

3.5　本章小结

　　本章的每一节依次回答了章前提出的问题。

▌ 相机眼中的三维世界是什么样的?

通过相机内参矩阵和外参矩阵,可以用数学的形式将三维世界中的点映射到二维像素点,从而可以通过计算的方法得到三维世界对应的二维图像。

▌ 对于给定的相机,如何操作才能标定出相机的几何参数?

多种不同方法都可以实现相机几何标定。通过操作相机拍摄确定的三维/二维标定物体,可以计算得到完整的相机内参、外参矩阵。

▌ 对于常见的自然图像,深度学习方法能否推测相机的几何参数?

单张自然图像中包含的信息非常受限,通过深度学习方法,可以推测相机内参矩阵和外参矩阵中的部分参数,实现简化后的相机几何标定。引入物理约束可以达到更精准的标定结果。

至本书截稿,在基于深度学习的相机标定方面仍旧有新的工作不断涌现,感兴趣的读者可参考其他学者整理的网络资源[⊖]。

3.6 本章课程实践

1. 经典相机标定方法

借助打印的棋盘格图案,使用传统的相机标定方法,计算出相机的内外参数与畸变参数,编程语言不限(推荐使用 Python+OpenCV)。该任务包含如下 4 个部分:

1)熟悉针孔相机成像模型,实现经典的相机标定方法,使用附件 chessboard_example.zip 中的 20 组黑白棋盘格数据进行测试。简要步骤如下:

① 读取所有测试图像,对每一张图像,使用 cv2.findChessboardCorners() 函数来找到棋盘格的角点。

② 对找到角点的图像,使用 cv2.drawChessboardCorners() 函数在图像中画出棋盘格角点。

③ 在得到棋盘格三维点和二维点坐标的对应后,使用 cv2.calibrateCamera() 函数对相机进行标定,得到相机的内参数矩阵、畸变系数、平移向量和旋转向量(将旋转向量输入 cv2.Rodrigues() 函数得到旋转矩阵)。

④ 在测试数据中选择一张畸变较为明显的图像,使用 cv2.undistort() 函数对图像进行去畸变,与原图进行对比,观察去畸变前后的变化。

⊖ https://github.com/KangLiao929/Awesome-Deep-Camera-Calibration。

2）打印黑白棋盘格 `chessboard.jpg` 并贴于平面上，使用相机/手机拍摄 20 张左右的棋盘格图像，使用摄得的图像对相机/手机进行标定（步骤与任务 1）相同，不要求去畸变）。

3）使用任务 2）得到的相机参数，通过 `cv2.projectPoints()` 函数进行反投影，将三维点的世界坐标投影到二维图像坐标上，得到相应的二维点。计算反投影得到的坐标点与图像中检测到的相应坐标点之间的误差，如图 3-25 所示，展示重投影误差的分布，评估相机标定结果的质量。在此基础上，讨论标定使用的图像数量对于相机标定质量的影响。

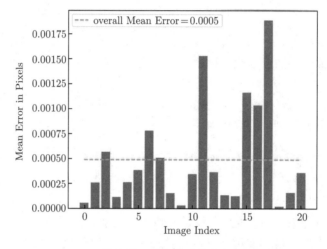

图 3-25　重投影误差分布

4）从任务 2）拍摄的棋盘格图像中选择 3 张，使用对应的相机参数，如图 3-26 所示，将附件中的素材图像 `ar_pic.jpg`（亦可使用自己喜欢的其他图像作为素材）分别投影至棋盘格上，实现简单的增强现实效果。需要自己编程实现，不可以使用 `cv2.findHomography()` 与 `cv2.warpPerspective()` 函数。

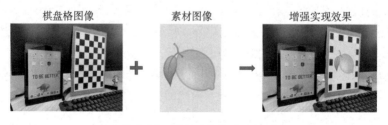

图 3-26　增强现实效果示例

2. 基于深度学习的相机标定

从以下两篇论文任选其一：

（1）DeepCalib[9]⊖　任务要求：阅读论文，保持任务 2）中相机/手机的设定不变，拍摄 5 组数据，使用官方代码中 `./prediction/Classification/Single_net/predict_classifier_dist_focal.py` 文件进行测试，利用网络输出的焦距计算 FoV（Field of View，视场），并使用任务 2）中的相机标定结果计算 FoV，对比二者的性能差异。

任务提示：按照附件中 `requirement_d.txt` 中的要求配置环境。

（2）GlassCalib[10]⊖　任务要求：阅读论文，从官方代码提供的 WILD 数据集中挑选 5 组数据进行测试，将网络输出结果与数据集提供的真值进行比较和分析。

任务提示：按照附件中 `requirement_g.txt` 中的要求配置环境。

附件说明

请在链接⊜中下载附件，附件中包括相机标定工具箱提供的棋盘格数据、素材图像和环境配置文件，详见 README 文件。

本章参考文献

[1]　WU L A, LONG G L, GONG Q, et al. Optics in ancient China[J]. AAPPS Bulletin, 2015, 25(4).

[2]　ZELLER N, QUINT F, STILLA U. A synchronized stereo and plenoptic visual odometry dataset[J]. arXiv preprint arXiv:1807.09372, 2018: 1-17.

[3]　BESDOK E. 3D vision by using calibration pattern with inertial sensor and RBF neural networks[J]. Sensors, 2009, 9(6): 4572-4585.

[4]　ZHANG Z. A flexible new technique for camera calibration[J]. IEEE Transactions on Pattern Analysis and Machine Intelligence, 2000, 22(11): 1330-1334.

[5]　WORKMAN S, GREENWELL C, ZHAI M, et al. DEEPFOCAL: a method for direct focal length estimation[C]//Proc. of IEEE International Conference on Image Processing. Quebec City, QC: IEEE, 2015.

[6]　HOLD-GEOFFROY Y, SUNKAVALLI K, EISENMANN J, et al. A perceptual measure for deep single image camera calibration[C]//Proc. of IEEE/CVF Conference on Computer Vision and Pattern Recognition. Salt Lake City, UT, USA: IEEE, 2018.

[7]　CAPRILE B, TORRE V. Using vanishing points for camera calibration[J]. International Journal of Computer Vision, 1990, 4(2): 127-139.

⊖　官方实现：https://github.com/alexvbogdan/DeepCalib。

⊜　官方实现：https://github.com/q-zh/GlassCalibration。

⊜　附件：https://github.com/PKU-CameraLab/TextBook/。

[8]   LEE J, GO H, LEE H, et al. CTRL-C: camera calibration transformer with lineclassifica-tion[C]//Proc. of IEEE/CVF International Conference on Computer Vision. Montreal, QC, Canada: IEEE, 2021.

[9]   LOPEZ M, MARI R, GARGALLO P, et al. Deep single image camera calibration with radial distortion[C]//Proc. of IEEE/CVF Conference on Computer Vision and Pattern Recogni-tion. Long Beach, CA, USA: IEEE, 2019.

[10]   ZHENG Q, CHEN J, LU Z, et al. What does plate glass reveal about camera calibration? [C]//Proc. of IEEE/CVF Conference on Computer Vision and Pattern Recognition. Seattle, WA, USA: IEEE, 2020.

[11]   ZHAO Y, HUANG Z, LI T, et al. Learning perspective undistortion of portraits[C]//Proc. of IEEE/CVF International Conference on Computer Vision. Seoul: IEEE, 2019.

[12]   PONIMATKIN G, LABBÉ Y, RUSSELL B, et al. Focal length and object pose estima-tion via render and compare[C]//Proc. of IEEE/CVF Conference on Computer Vision and Pattern Recognition. New Orleans, LA, USA: IEEE, 2022.

第 4 章

镜头与曝光

上一章介绍了针孔相机模型，描述了如何通过针孔将光线从场景映射到传感器平面上，然而真实的针孔相机会遇到图像亮度低、边缘模糊等问题。现实中，镜头实现了类似的映射功能，同时能够汇聚更多的光线，利用镜头代替针孔能够实现效率更高的成像。本章将依次介绍镜头模型、视场和镜头选用、曝光控制等基本概念，并简单介绍无镜头成像、虚拟大光圈摄像等技术。本章将依次回答以下问题：

什么是镜头？相机如何通过镜头成像？
什么是景深和视场，它们与什么因素相关？
如何调节相机参数得到一张合理曝光的图像？
是否有不需要镜头的其他成像范式？

4.1 理想透镜与真实透镜

镜头由一系列透镜组成，它将场景中发出的光线汇聚到传感器平面上进行成像，是相机的重要组成部分。透镜由玻璃或树脂等材质制成特定形状，利用折射原理以特定的方式改变光路，以达到聚光的目的，其汇聚光线的能力由透镜的材质和形状决定。理想透镜（又称为薄透镜）模型是对现实中设计良好的真实透镜的简化，回顾中学物理的知识，接下来的讲述需要用到理想透镜的两个重要性质：

1）穿过透镜中心的光线不改变传播方向。

2）入射的平行光穿过透镜后在焦平面上汇聚于一点，将透镜到焦平面的距离定义为焦距（focal length，如图 4-1a 所示）。

透镜的焦距 f 与第 3 章中介绍的针孔相机的焦距并不相同，它衡量了透镜汇聚光线的能力，焦距越大，透镜汇聚光线的能力越弱，焦距越小，透镜汇聚光线的能力越强。根据上述两条性质，对于透镜前一物点发出的任一方向的光线，可根据如下方法确定其穿过透镜后的传播方向：其穿过透镜中心的平行光线不改变传播方向，在焦平面上交于一点；根据第二条性质，连接原光线在透镜上入射位置和该点即可得到其穿过透镜后的传播方向，如图 4-1 所示。如此便可以得到一物点发出的一束光线穿过透镜后的传播情况。

更进一步，稍加推导后不难得到理想透镜的对焦性质，如图 4-1b 所示：

1）物体上某一点发出的光线经过理想透镜后汇聚在像方另一点上。

2）平行于透镜的平面上各点发射的光束经过透镜后汇聚在同一平面。

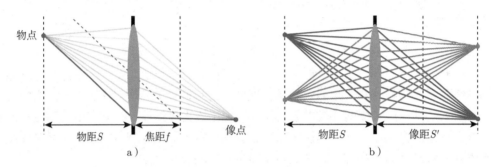

图 4-1   理想透镜对焦性质

透镜前物点（object point）发出的光线穿过透镜后汇聚的点称为像点（image point），如图 4-1b 所示，物点在平面上从上到下移动时，像点在成像平面上从下到上移动，即成像平面上所成的像是倒立的。透镜焦距确定后，可以利用上述方法确定像点位置，即像点位置由焦距和物点位置决定。物点到透镜平面的距离称为物距（object distance），像点到透镜平面的距离称为像距（image distance）。

考虑理想透镜模型下的一对像点和物点，其中物距为 S，物体高度为 y；像距为 S'，图像高度为 y'。图 4-2 展示了如何利用相似三角形建立 (S, y) 和 (S', y') 之间的联系，可以得到如下关系式：

$$\frac{y}{y'} = \frac{S}{S'}, \quad \frac{y}{y'} = \frac{f}{S' - f} \tag{4.1}$$

将图像高度和物体高度之间的比值 $\dfrac{y'}{y}$ 定义为放大率（magnification），放大率越大，所成的像相较于物体越大。根据式 (4.1)，透镜成像的放大率等于像距 S' 和物距 S 之间的比值。联合式 (4.1)，即可得到理想透镜公式：

$$\frac{1}{S} + \frac{1}{S'} = \frac{1}{f} \tag{4.2}$$

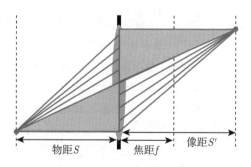

图 4-2　利用相似三角形建立物点和像点的联系

下面考虑几个特殊的成像情况: 当物距 $S = S' = 2f$, 成像放大率 $m = 1$, 像和物体大小相等, 即倒立等大的像。以此为分界线, $S > 2f$ 时, 成倒立缩小的像; $2f > S > f$ 时, 成倒立放大的像。当入射光为平行光时, 即物距 $S = \infty$, 根据式 (4.2) 即可得到 $S' = f$, 即平行光成像在焦平面上, 符合理想透镜的第二条性质。利用该特殊的成像情况也可以得到透镜的焦距, 现实生活中太阳光可以近似作为平行光, 将透镜放到阳光下成像, 当光斑汇聚到一点时, 透镜平面到成像平面的距离即为焦距。

理想透镜模型是 "想象中的" 完美模型, 不考虑透镜厚度等因素, 这在现实中是不可能存在的。由于真实透镜和理想透镜之间的差距, 真实透镜成像结果和理想透镜中的模型存在一定偏差, 称为像差 (aberration)。图 4-3 展示了色差、球面像差两种常见的像差及其光传播方式与理想透镜的差异, 其他常见的像差还包括彗形像差、散光等。

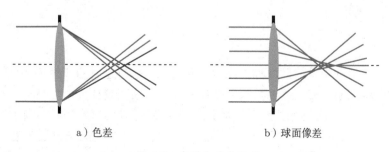

a) 色差　　　　　　　　　　　b) 球面像差

图 4-3　色差和球面像差

1) 色差 (chromatic aberration): 由于透镜材质对不同波长的光具有不同的折射率, 透镜对不同波长的光线的焦距不一样, 从而导致入射光中不同波长的光对焦在不同位置, 使得图像存在颜色偏移等现象。

2) 球面相差 (spherical aberration): 球面透镜容易制造因而非常普遍, 但球面透镜不能完美成像。球面透镜边缘汇聚光线能力较强, 焦距较短, 从而导致透镜中心位置和边缘位置的光线无法聚焦在一点, 在成像平面上形成散开的圆斑。

3）彗形像差（coma aberration）：偏离透镜光轴的点光源所发出的光，穿过透镜以后，在像面上所得到的像除了像点外还有成彗尾形状的亮斑，故称彗形像差。

考虑到真实透镜存在的像差问题，真实的成像系统中往往是通过一系列精确设计的透镜组合来减弱各种像差，从而近似得到理想透镜的光学性质。生活中近视、散光等视力问题也可以视为一种像差，当佩戴眼镜时，镜片和晶状体组成了多透镜系统减弱了像差的影响。如图 4-4 所示，现在的单反镜头和手机上的镜头都采用多透镜的组合，以多个镜片近似地模拟理想透镜效果，尽可能减少像差，得到更好的成像质量。在实际使用中，虽然镜头中包含很多透镜，但整个镜头光学系统可以被抽象为一个理想透镜模型，并从该复杂透镜组中求出等效的焦距和光圈等参数。

图 4-4　单反镜头和手机镜头上的透镜组（图片来源于 CMU 15-463[1] 课程讲义）

4.2　光圈与景深

1. 光圈

镜头用来控制进光量的部件称为光圈（aperture）。它通常位于镜头中间，由多个金属片组成的孔状光栅构成，通过控制金属片的开合，改变开孔大小。镜头制造好后其直径大小是固定的，光圈通过改变开孔大小，改变镜头的进光量。对于不同焦距的镜头，同一大小的光圈带来的影响是不同的，因此一般以 F 值（f-number）来表示光圈的大小，F 值为镜头焦距 f 和镜头光圈直径 L 的比值，其计算公式如下：

$$N = \frac{f}{L} \tag{4.3}$$

F 值是一个比值，F 值越小，光圈越大，镜头的进光量越大；F 值越大，光圈越小，镜头进光量越小。常见的光圈大小有 f/1.4、f/2、f/2.8 和 f/4 等，图 4-5 展示了不同 F 值下光圈的大小，以 50mm 标准镜头举例，假设其最大光圈口径为 36mm，那么镜头的最大光圈值为 f/1.4。值得注意，光圈大小由开孔直径来表示，而镜头的进光量和光圈面积成正比，因此 f/1.4 光圈的进光量大约是 f/2 光圈的两倍（光圈面积和开孔直径平方成正比，$\sqrt{2} \approx 1.414$）。可以看到常见的光圈大小之间，进光量以 1/2 递减。

图 4-5　不同 F 值下光圈的大小（图片来源于 CMU 15-463[1] 课程讲义）

2. 失焦模糊

相比于针孔相机，虽然镜头可以汇聚更多的光，达到更高质量的成像效果，但通过镜头成像也会产生一些其他问题。根据镜头成像模型，在镜头和图像传感器平面固定时，物体侧只有一个深度平面上的点是完美对焦的，其他深度平面上的物体所反射的光线经过镜头后无法汇聚在图像传感器平面上，出现不同程度的失焦模糊（out-of-focus blur）。相比之下，理想的针孔相机则不会出现失焦现象，理想状况下所有深度上的物体都能在传感器上对焦。失焦现象产生的弥散圆如图 4-6 所示，某一深度的物体完美对焦在传感器平面上，其他深度上的物体所发出的光线汇聚在其他平面上，从而在传感器上形成一个弥散圆（circle of confusion，也可以翻译为模糊圈）。弥散圆的形状取决于光圈的形状，光圈开口形状通常为圆形或者等多边形，有时候摄影师为了创造特定的艺术效果，会特意在镜头前贴上一定形状的遮挡物以改变开口形状，从而获得特定形状失焦模糊的图像。

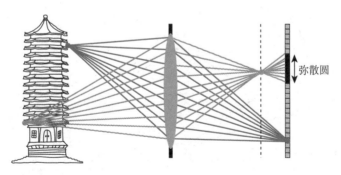

图 4-6　失焦现象产生的弥散圆

因为失焦模糊的存在，一个很自然的问题是：

∎ 如何控制相机对焦到目标物体？

在不改变镜头焦距和相机到物体距离的情况下，要想相机对焦到目标平面上，只能改变镜头和传感器平面的距离。增大透镜和传感器平面的距离，对焦平面变近，减小透镜和传感器平面的距离，对焦平面变远。镜头上的对焦环就是依照此原理设计，转动对焦环时透镜和传感器平面距离改变，从而控制对焦距离。

3. 弥散圆大小

失焦模糊造成的弥散圆的大小与物体距离对焦平面的距离、光圈大小等因素有关。弥散圆大小和景深如图 4-7 所示，假设镜头焦距为 f，对焦距离为 S，传感器平面到镜头距离为 S'，光圈大小为 L，尝试计算距镜头 S_1 平面上一物点发出的光束在传感器平面上形成的弥散圆直径大小 b。利用透镜像侧三角形相似关系可以推导出：

$$\frac{b}{L} = \frac{|S' - S_1'|}{S_1'} \tag{4.4}$$

再根据理想透镜公式有：

$$S' = \frac{Sf}{S - f}, \quad S_1' = \frac{S_1 f}{S_1 - f} \tag{4.5}$$

将式 (4.5) 代入式 (4.4) 得：

$$b = Lf \left| \frac{S - S_1}{S_1(S - f)} \right| = \frac{f^2}{N} \left| \frac{S - S_1}{S_1(S - f)} \right| \tag{4.6}$$

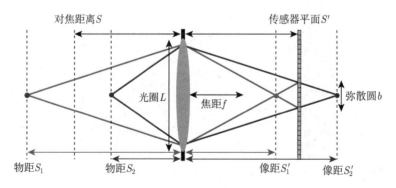

图 4-7　弥散圆大小和景深

根据弥散圆大小的计算，弥散圆大小和物体到对焦距离、光圈大小等因素有关。物体到对焦距离越大，弥散圆越大，失焦模糊越明显，且对焦平面到镜头平面这一段距离内弥散圆大小增长较快。镜头光圈越大，弥散圆直径越大，失焦模糊越明显，相反地，光圈越小，弥散圆越小，失焦模糊越不明显。举一个近视同学都有体会的例子，如果摘了眼镜，眯着眼睛看远处的物体会稍微清楚一点，这就是在通过调节光圈大小来减小失焦模糊。

4. 景深

对于理想透镜模型，只有一个深度平面上的物体是完美对焦的，但是注意到传感器平面上各像素是有一定大小的，只要弥散圆的面积足够小那么这些物体在人眼看起来就是对焦的，例如弥散圆小于几个像素。因此，在完美对焦的距离前后有一段范围弥散圆的大小在几个像素之内，这个范围内的物体人眼看起来是清晰的，这个范围称为景深（Depth of Field，DoF），如图 4-8 所示。如图 4-7 所示（采用 Sony α7R III 相机在 105mm | f/2.8 | 1/80s |ISO 800 参数下拍摄），假设其弥散圆直径 b 恰好为可接受的弥散圆大小，则 S_1 和 S_2 分别对应最远和最近的对焦平面，这个范围内的物体在传感器平面上所成的弥散圆直径不超过 b，S_1 和 S_2 之间即为景深范围。根据式 (4.6) 可以得到，景深前后两平面的深度 S_1 和 S_2 满足如下条件：

$$b = \frac{f^2}{N} \frac{S_1 - S}{S_1(S - f)}, \quad b = \frac{f^2}{N} \frac{S - S_2}{S_2(S - f)} \tag{4.7}$$

前后两平面深度相减即得到景深大小：

$$S_1 - S_2 = \frac{2bSNf^2(S - f)}{f^4 - b^2N^2(S - f)^2} \tag{4.8}$$

由此可以得出，景深和光圈、焦距和对焦距离几个因素都有关联。一般来说，光圈越大，镜头焦距越长，对焦距离越近，景深越小；光圈越小，镜头焦距越短，对焦距离越远，景深越大。

图 4-8　景深（DoF）范围示意图

4.3 视场与镜头选用

前面两节介绍了镜头在深度层面的对焦性质，这一节将介绍通过镜头能够观察到的场景高度和宽度是多少，即视场（Field of View，FoV），并基于此简要介绍镜头的选用。视场是指光学仪器的视觉范围，通常以视场角来表示。图 4-9 展示了一个相机视场角与传感器大小和镜头到传感器距离关系的示意图，传感器成像平面边缘与镜头中心连线所成夹角即为该成像系统的视场角，其垂直视场角为

$$\varphi = 2\arctan(h/2S') \tag{4.9}$$

式中，h 为传感器高度，S' 为镜头到传感器距离。假设图像传感器的宽度为 w，则类似地有该相机水平视场角为 $\theta = 2\arctan(w/2S')$。下面简单讨论一下改变视场大小的影响因素。

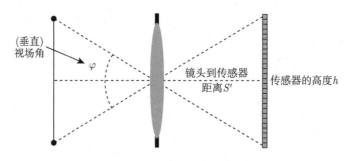

图 4-9　相机视场角示意图

1. 视场和对焦距离的关系

对焦距离对相机视场的影响如图 4-10 所示，当要对焦到更近处的物体时（即对焦距离更小），根据式 (4.2) 物距 S 减小，像距 S' 增大，因此视场减小；反之，若对焦到更远的物体，则物距 S 增大，像距 S' 减小，视场增大。

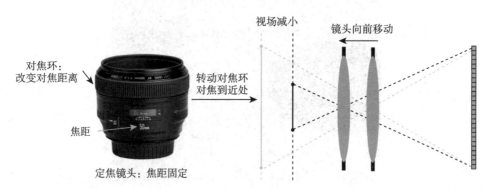

图 4-10　对焦距离对相机视场的影响

2. 视场和焦距的关系

焦距对相机视场的影响如图 4-11 所示，若增大焦距（例如采用更薄的透镜），为保持对焦在物距为 S 的平面上，需要增大像距 S'，视场减小；相反地，若减小焦距，为保持对焦在同一位置，需要减小像距，视场增大。因此注意到，随着焦距的增大，视场逐渐减小，从图像表现上来看，增加焦距的效果与图像裁切类似，但由于存在 3.2 节中介绍的透视形变，它又不完全等价于图像裁切。

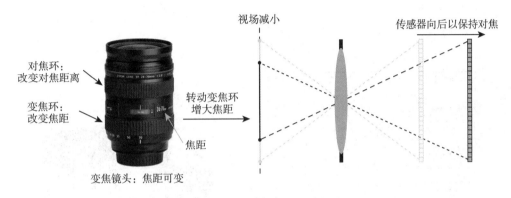

图 4-11 焦距对相机视场的影响

在这里需要特别注意区分变焦（zooming）即改变镜头的焦距与改变对焦距离（focus distance）是两个不同的概念。在单反镜头中，它们分别对应镜头上的变焦环和对焦环。

3. 视场和传感器大小的关系

传感器大小对相机视场的影响如图 4-12 所示，在不改变焦距和对焦距离的情况下，减小传感器面积大小，视场减小；增大传感器面积大小，视场增大。在了解视场和传感器大小的关系后，还需要进一步建立起对传感器大小的一些基本认知。图像传感器大小一般用对角线长度来表示，图 4-13 展示了一些常见的传感器尺寸及其对应的视场大小。其中，全画幅是针对传统 35mm 胶卷的尺寸来说的，35mm 为胶卷的高度，其有效画幅大小为 36mm×24mm。APS 画幅指的是基于 "APS"（Advanced Photo System）的成像面积，是 1996 年几大摄影器材厂家推出的不同于传统 35mm 胶卷尺寸的摄影系统规范，分为标准（Classic，C）、高清（High Definition，H）和全景（Panoramic，P）三种尺寸，其中 APS-C 画幅大小约为 24mm×16mm。一般来说，手机上传感器面积要小于单反相机，近年来在索尼等传感器供应商以及各手机厂商的努力下，手机也用上了越来越大的图像传感器，现在部分厂家旗舰手机的图像传感器尺寸已经可以达到 1in（1in=0.0254m）。

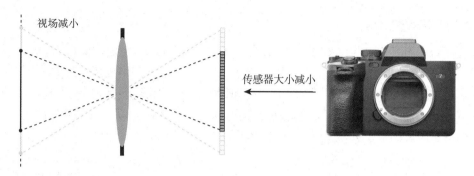

图 4-12　传感器大小对相机视场的影响

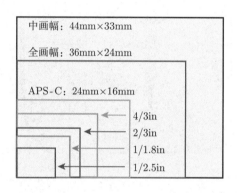

图 4-13　常见传感器尺寸

　　结合前面介绍的镜头基础概念，可以针对被拍摄场景的特点选取合适的镜头。实际上，摄影是一门高度专业化、体系化的学问，面向艺术创作的镜头种类繁多，选取标准远非三言两语所能道尽，对这方面感兴趣的读者可以自行查阅学习相关资料。下面只是从与本节相关的视场角概念出发，简单谈谈常见的几种镜头类别，以及相关应用。

　　在拿到一款相机后，根据相机传感器大小以及具体的拍摄场景，大致确定所需要的视场大小后，则可以推出大概需要的镜头焦距范围。根据前面的介绍，总的来说，短焦段镜头的视场角大，对应广角镜头，长焦段镜头视场角小。

　　1）广角镜头（wide-angle lens）：焦距小于或等于 35mm 的镜头，一般具有大且弯曲的镜头表面。其中，超广角镜头可以将视场变得很宽，鱼眼镜头甚至可达到 180° 的视场，这类镜头获得了很大的视场，但是拍出来的图像存在严重的几何畸变。

　　2）远摄镜头（telephoto lens）：焦距大于或等于 85mm 的镜头，其尺寸可以非常大。从技术上讲，"远摄"是指特定的镜头设计而非焦距，但这种设计最适用于长焦距，所以它也指具有这样焦距的镜头。除了日常生活遇到的各种远摄镜头"炮筒"，望远镜也是一类特殊的长焦镜头，以哈勃望远镜举例，其口径达 2.4m，焦距 57.6m。

近年来，随着手机拍照技术的日益进步，多摄像头模组已经成为普遍的情况。除开一个成像质量较好的主摄外，通常还包括广角镜头和潜望镜长焦镜头等，通过多种镜头选择以及多摄像头之间的配合，利用计算摄像技术极大地提高了成像质量（回顾本书第 1 章开篇手机摄像的例子）。

除了广角和长焦镜头的区分之外，镜头还可以分为变焦镜头（zoom lens）和定焦镜头（prime lens）两大类。图 4-10 和图 4-11 分别展示了两款典型的定焦镜头和变焦镜头，定焦镜头焦距固定，上面只有对焦环用于改变对焦距离；而变焦镜头上还存在一个变焦环用于改变镜头的焦距。虽然变焦镜头可以改变镜头的焦距增加了灵活度，但是变焦镜头需要更加复杂的透镜组，相比于定焦镜头一般来说像差较大，如果拍摄场景所需要的焦段相对固定，那么定焦镜头一般作为首选。

4.4　曝光控制

照相机曝光使一定量的光照到图像传感器上成像，曝光决定了拍摄图像的亮暗程度。曝光取决于快门速度、光圈和感光度（ISO）三方面因素。简单来说，对于固定的场景，拍摄图像的亮暗程度为曝光时间、进光面积和感光度三者的乘积。本节将依次介绍快门速度、光圈和感光度对于曝光的影响。

1. 快门速度和曝光时长

快门是相机中控制光线进入相机的装置，图 4-14 展示了快门开启和关闭的两个状态，快门关闭阻止光线进入，快门打开允许光线进入，光线与传感器上感光元件接触得到图像。快门速度（shutter speed）即相机中快门开启的有效时间长度，是摄影中表示曝光时间的术语，通常以秒为单位，常见的快门速度有 1/250s、1/125s、1/60s 和 1/30s 等。快门速度越快表示快门开启的时间越短，曝光时间越短，拍摄图像的亮度越低；快门速度越慢表示快门开启的时间越长，拍摄图像的亮度越高。

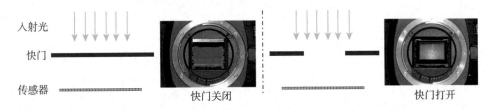

图 4-14　快门关闭和打开

拍摄运动场景时，采用较慢的快门速度容易出现运动模糊现象，需要提高快门速度以获得清晰图像。如图 4-15 所示（采用 Sony α7R Ⅲ 相机在 24mm | f/5.6 参数下拍摄，快门速度分别为 1/500s、1/250s、1/100s、1/50s、1/5s，通过设置不同 ISO 使得

图像达到接近亮度），快门速度越慢，运动模糊越严重，随着快门速度的加快，图像逐渐清晰。所以，在拍摄高速运动的物体时，快门速度直接决定了图像清晰程度，需要对物体运动速度做大概判断，选择合适的快门速度，以获得清晰的图像。在手持相机拍摄时，人手大概只能在 1/60s 内不发生抖动，很难长时间保持稳定，如果快门速度过慢也会产生由于抖动产生的模糊。

图 4-15　不同快门速度下的运动模糊

　　有时，采用长曝光模式可以获得充满艺术感的图像，利用长曝光拍摄的星轨道图如图 4-16 所示（采用 Sony α7 Ⅲ 相机在 24mm | f/2.8 | ISO 100 参数下拍摄于燕园未名湖，曝光时间大概在 30min），长曝光模式拍摄夜晚的星空可以得到十分漂亮的星轨图。

图 4-16　利用长曝光拍摄的星轨图「摄影：朱成轩」

2. 光圈

　　光圈大小决定了单位时间内镜头的进光量，同时也影响相机拍摄的景深。增大光圈可以提高拍摄图像的亮度，减小光圈，拍摄图像亮度降低。一个常用的概念是镜头速度（lens speed），指代镜头最大的光圈大小，也即最小的 F 值。光圈大的镜头称为快镜头，这是因为其进光量大，获得同等亮度的图像，所需要的曝光时间较短。大光圈镜头通常体积庞大且价格昂贵，在消费级镜头市场上，光圈最大的镜头可达 f/0.9，利用大光圈镜头可以在光线较暗的场景下完成拍摄。

3. 感光度

感光度是胶片时代的概念，表示胶卷对光线的敏感程度，通过 ISO 加数字的方式表示，例如 ISO 100、ISO 200、ISO 400，数字越大表示胶片对光线越敏感。为了统一，数码相机上感光度也表示传感器对光线的敏感程度，但是数码相机上 ISO 可以调整。感光度 ISO 在 2.1 节中简单提过，在模拟前端中，通过信号放大器对模拟信号进行直接放大，从而满足设定的感光度要求。提高 ISO 可以提高拍摄图像的亮度，在暗光环境或者需要短曝光时间或小光圈的情况下，可以通过调整相机感光度进行拍摄。然而模拟信号经过放大器后，其中的噪声也被放大，因此在高 ISO 设置下，图像噪点变多，图像质量较差。

4. 相机模式

快门、光圈和感光度三个因素决定了曝光，为得到正常曝光的图像，需要调整三个因素的参数。单反相机中一般有如下几个调整参数的模式：

（1）光圈优先（Aperture priority，A）　拍摄者设置光圈大小，相机设置其他参数。光圈优先模式可以直接控制景深，当需要大景深时把光圈调小，需要浅景深时调大光圈。如果光圈设置不合理，例如在光线较暗情况下设置极小的光圈，相机可能无法设置出合适的快门速度等参数。

（2）快门优先（Shutter speed priority，S）　拍摄者设置快门速度，相机设置其他参数。拍摄快速运动场景时，快门优先模式较为合适，通过设置较小的曝光时间可以保证图像中运动模糊在可接受范围之内。同样地如果快门速度设置不合理，相机难以调整出其他参数。

（3）自动模式（Automatic，AUTO）　自动模式相机自动调整所有参数，这样拍摄起来最方便，且不需要摄影经验，但是相机也经常无法自动设置出最符合拍摄者意图、场景特性的参数组合。

（4）手动模式（Manual，M）　拍摄者自行设置所有参数，可以完全掌控拍摄过程。但是设置参数比较烦琐，且需要一定经验。在拍摄计算摄像实验用的图像数据时，通常使用手动模式，因为经常需要只改变某个特定参数拍摄一个图像序列。例如 6.1 节相机辐射响应标定中介绍的自标定方法，需要只改变曝光时长（其他参数均保持不变）的图像序列，必须在手动模式下才可以实现。

4.5　虚拟大光圈摄像

失焦所来的模糊效果有时也能给人带来很好的视觉体验，图 4-17 展示了两组采用 Sony α7 Ⅲ 相机拍摄的大光圈摄像样张，其中图 4-17a 在 118mm | f/2.8 | 1/50s 参数下拍摄，利用浅景深虚化背景，把人物从背景中凸显出来；图 4-17b 在 50mm | f/1.2 |

1/80s | ISO 100 参数下拍摄，实现前后景分离。因为通常通过调整光圈来改变景深，摄影时的浅景深（shallow depth-of-field）效果也被更通俗地称为"大光圈"效果。当前手机拍照能力越来越强，逐渐成为普通用户拍照的主要设备，但是手机摄像头由于空间限制，往往焦距短、光圈小，拍摄得到的图像近似全对焦（all-in-focus，可以简单理解为相机的景深是无穷大的，即每个像素都是清晰、不存在失焦模糊的，其具体概念将在下一章展开），很难从光学上实现大光圈效果。为了在手机上实现大光圈效果，研究人员尝试利用计算摄像的方法从手机上拍摄到的近似全对焦图像渲染出虚拟大光圈效果（synthetic shallow depth-of-field）。

 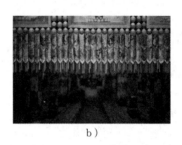

a)　　　　　　　　　　　　b)

图 4-17　大光圈摄像样张举例「摄影：朱成轩」

根据理想透镜模型和式 (4.6) 弥散圆大小计算结果，失焦模糊的程度与相机的光圈大小以及物体深度到对焦平面的距离相关。因此，在得到场景深度的情况下，即可利用理想透镜模型，提高图像中各深度平面失焦模糊程度，渲染出大光圈效果。

▌ 手机上如何实现虚拟大光圈摄影呢？

为了在手机上实现虚拟大光圈效果，可大致分为如下两步：

1）利用拍摄得到的全对焦图像估计出场景深度。

2）利用估计得到的深度图，在全对焦图像上渲染大光圈效果。

当前的工作也主要集中在提高这两步的准确性上，本节首先简要介绍一下利用深度图渲染大光圈效果的基本方法；随后介绍虚拟大光圈效果的具体实现，包括在手机可以利用何种硬件以及何种算法去估计得到场景深度信息，并对深度信息针对虚拟大光圈渲染任务进行优化。虚拟大光圈摄像技术主要应用于手机设备上，为了让算法在手机上可用，在设计时应该考虑手机上的相机硬件和计算资源条件。

值得注意的是，利用深度图渲染大光圈效果是从光学角度出发，尽可能渲染贴近真实的大光圈效果。但是，手机上的虚拟大光圈效果本质上还是为了获得与选用适当的光学系统成像接近的视觉体验，并不追求完全符合基于光传播的成像原理。因此，在一些场景下对算法做一些简化处理，也能得到不错的效果。例如，手机前置摄像头一般都是用来人脸自拍，这种情况下人脸距离镜头很近，且处于相对一致的深度平面上，而背景离镜头较远。在这种人脸自拍场景下，可以通过人脸分割网络对图像进行人脸分割，然后对背景施加一个全局一致的模糊，保留清晰的人脸前景，即可得到效果上不错的大光圈效果[2-3]。

4.5.1　虚拟大光圈效果渲染方法

根据 4.2 节的介绍，非对焦平面上一物点发出的光线，经过镜头后在图像传感器平面上形成一个弥散圆，弥散圆的大小和物体深度到对焦深度平面距离相关。弥散圆的形状和光圈形状相关，后续描述中默认弥散圆形状为圆形。式 (4.6) 展示了弥散圆大小的计算，更进一步有：

$$b = Lf \left| \frac{S - S_1}{S_1(S - f)} \right| = \frac{Lf}{1 - f/S} \left| \frac{1}{S} - \frac{1}{S_1} \right| = a \left| \frac{1}{S_1} - \frac{1}{S} \right| \tag{4.10}$$

式中，控制模糊圆大小的参数表示为 a，式 (4.10) 建立了弥散圆大小和场景到对焦平面深度倒数差之间的线性关系。在具体应用中往往通过估计多视角图像之间的视差（disparity，可以近似理解为和场景深度呈倒数关系）得到场景深度信息，两个概念也经常一起使用，在给定视差信息时，式 (4.10) 可以改写为

$$b = a |d - d_f| \tag{4.11}$$

式中，d_f 为对焦平面的视差。大光圈效果渲染领域有非常丰富的研究，下面介绍几种有代表性的利用全对焦图像渲染大光圈图像的方法。

算法 4.1: 基于散射的大光圈渲染

　　输入: 全对焦图像 I，视差图 D，对焦平面对应视差 d_f
　　输出: 大光圈图像 I_b

1　$C \leftarrow [0]$;
2　$W \leftarrow [0]$; // 归一化系数
3　for pixel $p_i \leftarrow$ TraverseImage(I) do
4　　　$r_i \leftarrow a \cdot |D(i) - d_f|$; // 弥散圆大小
5　　　for pixel $p_j \leftarrow$ Neighbor(p_i, r_i) do
6　　　　　$w_{ij} \leftarrow$ Weight(p_i, p_j, r_i); // 散射系数
7　　　　　$W(j) \leftarrow W(j) + w_{ij}$;
8　　　　　$C(j) \leftarrow C(j) + w_{ij} \cdot I(i)$;
9　$I_b = C \oslash W$;

---

1. 基于散射的渲染

基于散射的渲染方法（scattering-based rendering）就是将全对焦图像上每个像素值按照一定系数散射到弥散圆范围内的像素上，这种方法比较接近弥散圆形成模型，其算法流程如算法 4.1 所示。其中 $\oslash$ 表示逐元素除，Neighbor() 表示像素 p_i 弥散圆范围内像素，函数 Weight() 计算 p_i 散射到各点的系数，通常随着 p_i 和 p_j 之间距离增加而减小。基于散射的渲染方法十分直观，同时对于弥散圆形状以及大小的改动十分灵活，然而它需要对图像逐像素进行操作，计算开销较大。

算法 4.2: 分层大光圈渲染

　　输入: 全对焦图像 I，视差图 D，对焦平面对应视差 d_f，视差分界
　　　　$d_j, 0 \leqslant j \leqslant n$
　　输出: 大光圈图像 I_b

1　$C \leftarrow [0]$;
2　$W \leftarrow [0]$;
3　**for** $i \leftarrow 0$ **to** n **do**
4　　$W^i \leftarrow \mathtt{Mask}(D, d_i)$; // 第 i 张子图分割
5　　$r \leftarrow a \cdot |d_i - d_f|$;
6　　$C \leftarrow C \odot (1 - W^i) + K(r) * (I \odot W^i)$;
7　　$W \leftarrow W \odot (1 - W^i) + K(r) * W^i$;
8　$I_b = C \oslash M$;

---

2. 分层大光圈渲染

分层大光圈渲染（layered depth of field rendering）是一种常见的简化渲染方法，其核心思想在于将深度离散化分成不同的近似同一深度的子图，对每张子图渲染不同程度的失焦模糊然后合成在一起。由于每层假设深度一致，可以用卷积模糊来替代散射渲染，这极大地提高了算法的效率。算法流程如算法 4.2 所示，其中 $\odot$ 表示逐元素乘，$K(r)$ 表示弥散圆直径为 r 时的卷积核大小，$*$ 表示卷积操作，$\mathtt{Mask}(D, d_i)$ 为对应视差 d_i 的子图分割，不同子图之间往往设置一定的重叠区域以提高最后合成结果的平滑性。

3. 神经网络渲染

传统的大光圈渲染方法在深度不连续的边缘往往效果较差，为了进一步提高渲染效果，一些工作尝试利用神经网络来代替人工设计的渲染方法。"DeepLens: shallow depth of field from a single image"[4] 一文，利用神经网络预测出空间各异的失焦模糊

卷积核，并将卷积核作用于图像特征域上提高输出图像的质量。相比于传统方法，利用网络渲染难以控制失焦模糊的程度，为此该方法将深度图乘以一定系数以控制弥散圆大小。"Rendering natural camera bokeh effect with deep learning"[5]一文发表于 CVPR Workshops 2020，提出利用网络以全对焦图像和深度图作为输入直接端到端预测大光圈图像。该方法的效果十分依赖于训练数据集，且无法改动渲染大光圈图像，灵活性较差。

4. 结合传统渲染和神经网络渲染

传统渲染和网络渲染方法之间各有优劣，传统渲染方法灵活性较高，可以渲染出不同程度的失焦模糊，但是在深度变化边缘会产生颜色泄漏等问题；网络渲染方法可以提升图像边缘的质量，但是灵活性较差，且其渲染的失焦模糊与真实存在一定差异。"BokehMe: when neural rendering meets classical rendering"[6]一文发表于 CVPR 2022，提出了一种结合传统渲染和网络渲染的混合渲染方法。该方法分别利用基于散射的渲染方法和神经网络渲染得到两张虚拟大光圈图像，同时估计出基于散射的渲染方法结果中可能出现问题的区域，将两张图融合在一起得到最后的结果。

4.5.2　利用深度学习的实现方法

实现虚拟大光圈摄像包含深度估计和大光圈效果渲染两步，在这两个算法实现步骤上深度学习都取得了不错的效果。尤其是在深度估计上，深度学习方法相较于传统方法体现出巨大的性能优势。虚拟大光圈摄像的具体实现中，深度估计的准确性往往是限制最终渲染结果的关键因素。因此，越来越多的工作利用深度学习实现虚拟大光圈摄像，并取得了很大的性能提升。虚拟大光圈效果主要应用于手机摄像，因此为了渲染大光圈效果而进行的深度估计方法通常立足于当下智能手机已有的相机硬件支持（例如目前非常普遍的双摄像头），利用现有的摄像模组实现虚拟大光圈效果。本节中主要按照虚拟大光圈效果具体实现中用到的硬件来进行分类，介绍几种有代表性的实现方案，在主要介绍深度学习方法的同时穿插介绍几种传统方法，通过比较可以更好地体现出深度学习方法的优势。

1. 单摄像头实现虚拟大光圈效果

利用单摄像头实现虚拟大光圈效果，这对相机硬件需求最少，应用范围最为广泛。近年来，单图估计深度领域已经有了很大的进展[7]，然而相比于多图的深度估计方法，单图方法缺少足够的限制，其性能表现依赖于场景和训练数据。单图估计深度得到的结果用于大光圈效果渲染时，其最后渲染的结果往往不尽如人意。"Aperture supervision for monocular depth estimation"[8]一文发表于 CVPR 2018，提出利用同一视角下拍摄的大光圈图像作为监督进行单图深度估计。对同一场景拍摄不同光圈下的图像，从全对焦图像利用网络估计深度后，渲染大光圈图像，然后以拍摄的大光圈图像作为监督优化深度估计，其算法流程图如图 4-18 所示。该论文提出了光场渲染和合成渲染两个可微分的渲染过程，并进行端到端训练。通过直接利用大光圈图像进行监督，该方法估计得到的深度图在渲染大光圈任务有了明显的效果提升。

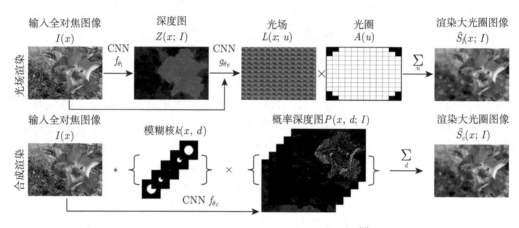

图 4-18　光圈监督的单图深度估计算法流程图（基于论文[8] 的插图重新绘制）

　　如图 4-18 所示，利用光场（light field，指某一点发出的各个角度的光线的集合，具体概念在第 5 章进行详细介绍）进行渲染时，首先从输入全对焦图像中利用网络 f_{θ_l} 估计出深度，并用另外一个网络 g_{θ_e} 将估计得到的深度图扩展到光场坐标下，进而估计得到光场信息，然后从光场渲染得到目标大光圈图像。合成渲染类似于分层大光圈渲染方法，不同的是该方法估计出每个像素点对应于各个离散深度平面的概率，各个离散深度平面对应不同大小的模糊卷积核，随后将不同大小卷积核模糊的图像通过概率图融合在一起。

　　单图深度估计是一个不适定问题（ill-posed problem），一些研究者探索利用单摄像头得到多视角的图像，提高深度估计准确性。在单相机模式下，移动相机拍摄一组图像即可得到对同一场景不同视角的图像，利用这一系列图像进行三维重建，即可得到场景深度。谷歌相机 Lens Blur 模式[9] 要求用户在拍摄时向上移动相机，还有一些方法[10] 利用了手持设备拍摄时的相机抖动，利用抖动过程中拍摄得到的一系列微小视角变换的图像进行三维重建。然而此类方法对于拍摄时的相机运动要求比较严格，若相机抖动不够大或者不符合要求就会严重影响三维重建的效果。同时，让用户在拍摄时移动相机本身就会带来一些不好的拍摄体验。

2. 双摄实现虚拟大光圈效果

当前手机上多摄模组几乎成了标配，与此同时双目估计深度也已经是一个比较成熟的领域，然而一般的双目深度估计方法并不会主动考虑渲染大光圈效果这个下游任务。直接利用传统的基于立体匹配的双目深度估计算法可能存在如下问题：① 当前手机摄像头分辨率普遍非常高，考虑到手机上的计算性能，要求双目深度估计算法适配高分辨率的情况，高效地估计得到深度信息；② 一般深度估计算法追求各像素深度估计的准确性，而忽略了图像边缘等局部特性，这样估计得到深度信息在渲染大光圈效果时会在图像边缘引入扭曲。为了解决上述问题，快速双边滤波（fast bilateral filtering）被引入双目深度估计，并被证明可以有效加速双目深度估计的算法[11]，该方法将像素空间转换为缩小的双边空间（bilateral space），可以高效地求解深度图，并且使得其视觉效果较为平滑。利用深度学习方法进行双目深度估计，能够进一步提高深度估计的准确性以及其在虚拟大光圈效果渲染任务上的表现[12]。

3. 双像素实现虚拟大光圈效果

近些年出现的一些高端智能手机的摄像头上配置了双像素（dual pixel）传感器，在一些像素微透镜下配置了 2 套光电二极管，一次拍摄可以得到两张存在一定视差的图像。双像素构成了一组基线很小（与手机上镜头光圈大小相当，约为 1mm）的双目系统，相比于双相机系统，双像素传感器的两张图像时空上同步，且采用了相同的拍摄参数和 ISP，这使得双像素图像用于双目立体匹配较为方便。研究者们尝试利用手机上的双像素传感器进行深度估计，进而实现虚拟大光圈效果。

> **拓展阅读：双像素**
>
> 双像素这种传感器设计最早由佳能在 EOS 70D 上推出，将传感器中一部分像素一分为二，配置独立的光电二极管用于成像，如图 4-19a 所示像素平面中的绿像素。如图 4-19b 所示，在这种设计下，镜头左半边的光线汇聚到右半边的子像素上，右半边的光线汇聚到左半边的子像素上，两张子图形成了一组不同视角的图像对。利用双像素传感器的两张子图可以实现较为快速的相位对焦（phase detection auto focus，PDAF，第 5 章会进行更详细的介绍），同时两个子像素信号相加即可得到原来的图像信号，这使得双像素传感器在数码相机和手机上越来越常见。
>
> 如图 4-19b 所示，在理想透镜模型下，对焦平面上物体在子像素所成的像相同，非对焦平面上的物体在两张子像素图像上的视差 d 与原图像的弥散圆大小 b 呈正比。

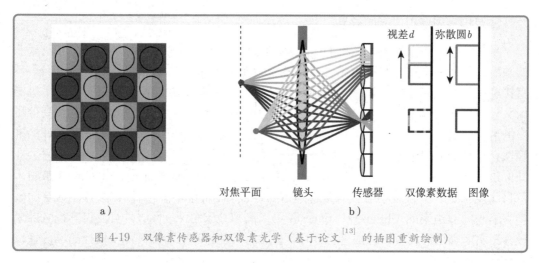

图 4-19　双像素传感器和双像素光学（基于论文[13] 的插图重新绘制）

"Synthetic depth-of-field with a single-camera mobile phone"[3] 一文，结合人脸图像分割和双像素深度估计实现了虚拟大光圈效果。该方法考虑了手机上多种应用情况，对于拍摄到的图像首先检测人脸，若检测到人脸则通过一个人脸分割网络的人脸分割；若该摄像头包含双像素系统，则利用双像素数据通过双目立体匹配算法进行深度估计，随后结合分割和深度渲染大光圈效果；否则直接利用分割对背景进行全局一致的高斯模糊。在同时得到人脸分割和深度图时，将人脸内平均深度定为对焦深度，并将人脸分割内赋以同一深度，以确保人脸被对焦上，随后利用双边滤波对深度图进行平滑。

双像素数据由于基线过小与普通双目图像存在很大不同，利用传统双目匹配的方法很难得到准确的深度估计结果。同时，图像中语义信息也没有被利用。"Learning single camera depth estimation using dual-pixels"[14] 一文发表于 ICCV 2019，利用深度学习方法从双像素数据中估计深度，进一步提高了性能。为了训练网络，如图 4-20 所示，该方法将 5 台同步的谷歌 Pixel 3 手机固定在一起，同时拍摄 5 张多视角的图像，并利用现有三维重建方法得到深度信息。

a）论文[14]中数据拍摄装置

b）三维重建得到深度

c）估计得到的深度

图 4-20　从双像素数据中估计深度

4. 双摄结合双像素实现虚拟大光圈效果

双摄和双像素估计深度方法之间存在一定的互补性：双摄图像之间视差较大，比较容易估计远处物体的深度，但是存在较大无法匹配的区域，遮挡边缘深度估计容易出现较大误差，极大地影响虚拟大光圈效果；双像素图像之间视差很小，很难估计远处物体深度，但是两张图像之间无法匹配的遮挡区域较小，遮挡边缘的深度估计较为准确。"Du²Net: learning depth estimation from dual-cameras and dual-pixels"[13] 一文发表于 ECCV 2020，结合双摄和双像素估计深度，可以实现更高质量的虚拟大光圈成像。该方法中双摄和双像素系统分别采用竖直和水平的基线方向，通过这种垂直基线设计，解决了双像素和双摄系统中都存在的难以估计与基线方向平行物体深度的问题，并设计了如图 4-21 所示的双摄结合双像素进行深度估计算法流程图，分别对双摄和双像素数据进行匹配，然后融合在一起，该方案是谷歌 Pixel 4 手机所采用的虚拟大光圈效果实现方案。

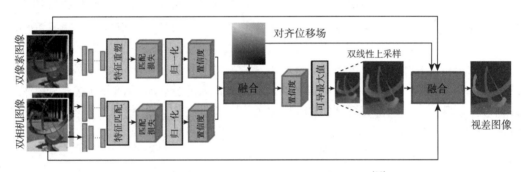

图 4-21　双摄结合双像素进行深度估计算法流程图（基于论文[13] 的插图重新绘制）

同时该方法特别考虑了动态范围对虚拟大光圈成像质量的影响，之前方法中直接对经过色调映射后的图像进行大光圈效果渲染，无法得到真实大光圈相机拍摄高动态范围场景时得到的明亮光斑。为了解决此问题，该方法先进行高动态范围成像（相关概念和原理会在本书第 8 章进行详细介绍）得到各像素位置的真实亮度值，在高动态范围图像上渲染大光圈效果后再进行色调映射。

4.6　无镜头成像

利用镜头替换针孔相机中的针孔，提高了相机的光线获取效率，进而改善了拍摄图像的质量。近百年来，相机传感器技术产生了很大的进步，经典的基于镜头的相机范式多年来仍保持不变。这一经典架构获得了极大的成功，但是镜头这一固有的形态也会限制其在某些场景中的使用。计算机视觉技术的发展使得其进入生活中越来越多的应用任务当中，通过相机获取图像是计算机视觉技术的起点，获取到的图像质量直接影响下游计算机视觉算法的性能。当前许多新兴的应用，例如可穿戴设备、体内成像和物联网等，都对相机的大小有着一定的限制。因此，在保持成像质量的同时减小相机体积变得十分重要。图像传感器通常较薄，但镜头会给整个相机额外增加许多体积、重量和成本。通过 4.1 节中的介绍可以知道，为了使镜头接近理想成像模型，镜头中通常包含多块透镜。同时，为了实现对焦，镜头和传感器之间需要保持一定的距离，这些都增大了相机的厚度。

为了满足一些特殊的视觉任务中对相机体积和重量的限制，可以对相机成像范式进行新的设计，去掉相机镜头，实现无镜头成像（lensless imaging）。近年来，研究者们在无镜头成像领域做出了许多突破性的工作，将相机镜头替换成轻薄的光学编码器，然后利用算法从传感器采样中恢复出目标图像[15-16]。传统相机中通过镜头实现对光线的汇聚，从而得到对焦的图像。本书 3.1 节展示过，在拿掉镜头之后裸传感器拍摄的图像中无法看清任何影像，为了从相机观测中恢复得到清晰图像需要利用其他光学器件对入射光线进行调制编码。值得注意的是，最简单的无镜头相机就是 3.1 节介绍的针孔相机，但由于其光线收集效率过低，在实际中很难使用，无镜头相机设计中光收集效率是一个很重要的考虑因素。

无镜头相机有体积小、重量轻、成本低和视场大等优势，同时可以适用于不同形状的图像传感器。整个无镜头相机包含光学硬件设计以及重建算法两部分，这充分体现了计算摄像学需要光学硬件和算法协同这一特点，本节也将从光学硬件设计和重建算法两方面介绍无镜头成像。

4.6.1　相机构造

为了使得传感器上的观测能够重建出图像，需要对场景入射光进行光学上的编码，即使得场景中不同的区域产生不同的点扩散函数（Point-Spread Function, PSF，可以理解为场景中各点在传感器平面上的映射，第 10 章会进行更为详细的介绍），从而可以利用算法从传感器获取的模糊图像求解出清晰图像。光学调制器（optical modulator）可以分为主动式以及被动式两种，主动式的调制器直接对光源进行调制，被动式的调制器通常在传感器前附加一层掩模，遮挡一部分入射光或者对入射光的相位进行调整。

一些无镜头成像系统直接在光源侧对光线进行调制，通过改变光照性质、光源位置等特性，拍摄得到一组不同的图像，进而重建出目标图像，其一个应用就是显微镜中的阴影成像（shadow imaging）[17]。在基于阴影成像的显微镜中，待观测的样品放置在十分靠近图像传感器的位置，光源发出光线穿过观测样品在传感器上得到一个阴影图像，通过拍摄多张阴影图像即可实现重构图像分辨率的提升。

调制光照对应用场景限制较多，相比较之下采用掩模对光线进行调制的方式更为通用。无镜头相机中不同掩模如图 4-22 所示，掩模主要分为光照强度调制器（amplitude modulator）以及光照相位调制器（phase modulator），其中光照强度掩模减弱部分入射光的强度，光照相位调制器则改变入射光线的相位。相比于光照强度掩模，光照相位调制掩模有如下几点优势：① 不减弱入射光强度，光效率更高；② 经过特殊设计后的光照相位调制掩模可以汇聚入射光，在传感器上得到高对比度的图案[18]，进而提高图像重建结果的质量。根据相位改变方式的不同，光照相位调制器又可以分为相位光栅（phase gating）、随机散射片（diffuser）以及相位掩模（phase mask）。相位光栅上不同位置被设计成两种不同厚度，根据透明材质的厚度改变光照相位 0 或者 π；相位掩模包含更多层级的厚度变化，相应地可以实现更多层级的相位改变；随机散射片则为连续的平面，可以实现对光照相位的连续变换。不同光照掩模产生的点扩散函数（Point-Spread Function，PSF，可以理解为场景中一点光源在传感器平面上的映射，第 10 章会进行更为详细的介绍），是描述采用光照掩模的无镜头相机的一个关键特征，其决定了一个无镜头相机的成像过程。点扩散函数的设计是和光照掩模的选择高度耦合的，图 4-23 展示了几种不同掩模下无镜头相机系统对应的点扩散函数，在本节中将结合几种具体的无镜头相机设计，说明不同光照掩模对应的点扩散函数。

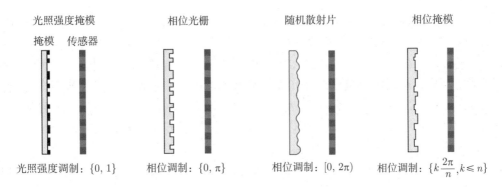

图 4-22　无镜头相机中不同掩模的示意图（基于论文[16]的插图重新绘制）

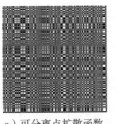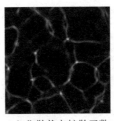

a）可分离点扩散函数　　　b）焦散状点扩散函数　　　c）边缘状点扩散函数

图 4-23　采用不同掩模的无镜头相机系统对应的点扩散函数（基于论文[18-19]的插图重新绘制）

　　通过无镜头相机的不同结构设计可以建立起传感器拍摄图像和实际场景之间的关系，称为前向模型。光学系统往往是十分复杂的，用模型准确地刻画传感器拍摄图像和实际场景之间的关系是十分困难的，通常采用线性关系来进行简化，传感器拍摄图像 y 和实际场景图像 x 之间的关系可以如下表示：

$$y = Ax + e \tag{4.12}$$

　　其中 A 为拍摄场景和传感器图像之间的转换矩阵，取决于无镜头相机的不同设计，其影响因素通常有传感器大小、掩模选择、掩模和传感器距离等。简单来说，矩阵 A 每一行表示场景中各点在传感器上形成的混合图像，每一列表示场景中各位置点光源在传感器上形成的图像，e 表示相机噪声。不难发现，线性模型是十分复杂的。举个例子，如果采用百万像素图像的传感器，且希望重建出百万像素的图像，即 y 和 x 包含百万级别元素的一维矩阵，此时矩阵 A 中包含 $10^6 \times 10^6$ 个元素，这是十分惊人的数据量。为了减少计算复杂度，无镜头相机设计中往往采用特殊图案的掩模[16] 对式 (4.12) 进行相当程度的简化。

1. 基于光照强度掩模的方法

　　"FlatCam: replacing lenses with masks and computation"[20] 一文发表于 ICCV Workshop 2015。FlatCam 相机设计如图 4-24 所示，该方法利用二维光照强度掩模替换相机镜头，并将掩模直接固定在图像传感器阵列上。传感器上得到的图像可以看作是一系列针孔相机图像的组合，其光线收集效率取决于传感器大小以及掩模上的透明区域所占的比例。为了提高后续重建算法效率，该方法采用计算上行列可分离的掩模（separable mask），即二维的掩模可以表示成两个一维掩模的外积，此时式 (4.12) 可以改写为

$$Y = \Phi_l X \Phi_r + E \tag{4.13}$$

　　式中，X 表示一个 $N \times N$ 的矩阵，表示场景实际图像；Y 是一个 $M \times M$ 的矩阵，表示传感器拍摄观测图像；Φ_l 和 Φ_r 分别表示对图像行和列的一维卷积操作。此时，对应百万像素传感器和百万像素的待重建图像，Φ_l 和 Φ_r 两个矩阵对应的参数量为 $10^3 \times 10^3$，这极大地减少了计算复杂度。该论文提出的相机系统对应图 4-23a 展示的行列可分离的点扩散函数。

2. 基于相位掩模的方法

　　"PhlatCam: designed phase-mask based thin lensless camera"[18] 一文发表于 TPAMI 2020，利用相位检索方法提出了一个实现目标点扩散函数的相位掩模（phase mask）设计通用框架。高效的相机系统点扩散函数可以有效地提高下游重建算法的性

能。通过该设计框架，该方法专门设计了一个高效的相位掩模，对应如图 4-23c 所示的高对比度边缘图案状点扩散函数。为了简化前向模型，该方法在掩模前使用一个足够小的光圈，使得场景亮度值和相机观测图像之间是近似平移不变的，此时线性模型可以简化为如下的卷积模型：

$$Y = P * X + E \tag{4.14}$$

式中，P 是一个二维卷积核，对应系统的点扩散函数。卷积模型需要的参数更少，且可以利用傅里叶变换进一步减少计算复杂性。该方法中图像传感器和相位掩模之间的距离约为 2mm，利用其专门设计的相位掩模，可以从二维的传感器观测中恢复出二维高分辨率图像，实现重对焦以及三维成像。

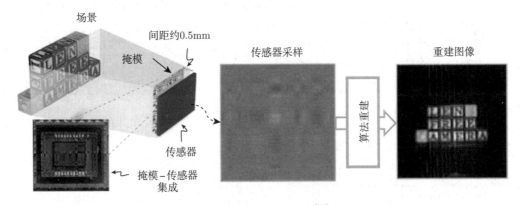

图 4-24　FlatCam 相机设计（基于论文[20] 的插图重新绘制）

3. 基于随机散射片的方法

"Video from stills: lensless imaging with rolling shutter"[19] 一文发表于 ICCP 2019，结合无镜头成像、卷帘快门传感器以及压缩感知技术实现高速成像。其流程图如图 4-25 所示，该论文中采用随机散射片作为调制器，其点扩散函数对应图 4-23b 焦散状的点扩散函数。利用卷帘快门（rolling shutter）传感器逐行曝光的特性，其每行图像都是对场景某一时刻的独立观测，可以从每一时刻的相机观测中恢复对应的图像。然而一行图像包含的信息过少，解码图像质量不佳，为了进一步提高重建质量，如图 4-25 所示，该方法使用了一个双向卷帘快门传感器，即上下两端图像向中间行逐行曝光。从每两个同时曝光的像素行中即可恢复一张图像，若传感器包含 M 行，则该方法可以得到 $M/2$ 倍帧率的高速图像。

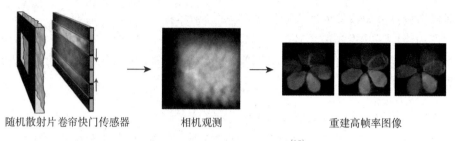

随机散射片卷帘快门传感器　　　相机观测　　　重建高帧率图像

图 4-25　Video from Stills 流程图（基于论文[19]的插图重新绘制）

拓展阅读：卷帘快门

　　CMOS 图像传感器中存在全局快门和卷帘快门两种快门方式，如图 4-26 所示，全局快门相机所有像素同一时间开始和结束曝光，然后再逐行读出，而卷帘快门相机采用逐行曝光的方式，每行像素曝光时间之间存在一定偏移。相比之下，卷帘快门传感器的读取方式更加简单，传感器电路相对简单，热噪声和电子噪声也更少。但是由于卷帘快门这种逐行曝光的模式，在拍摄运动场景时会使得图像中产生扭曲，这称为卷帘快门效应（rolling shutter effect）。

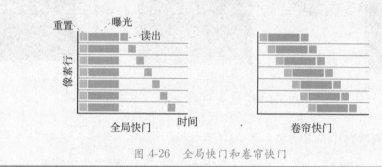

图 4-26　全局快门和卷帘快门

4. 基于可编程掩模的方法

　　固定掩模的无镜头相机很难处理深度变化较大的场景，"SweepCam —depth-aware lensless imaging using programmable masks"[21] 一文发表于 TPAMI 2020，利用可编程的掩模，通过对同一场景拍摄不同掩模下的图像解决这一问题。该工作通过移动掩模，拍摄不同视角下的观测图像，对得到的观测图像进行处理可以近似得到场景经过掩模编码后的焦点堆栈（focal stack，指对同一场景对焦到不同深度平面的一组图像，具体概念在第 5 章进行详细介绍），进而实现场景深度估计和重对焦。SweepCam 实现图像重对焦如图 4-27 所示，该方法可将多张传感器观测以一定方式平移后融合，使其对焦到不同深度平面，随后从观测中重建出对应的图像。

图 4-27　SweepCam 实现图像重对焦[21]

4.6.2　图像重建算法

在前一节中，场景亮度值和传感器拍摄图像之间通过前向模型建立了联系，包含线性模型、可分离模型和卷积模型三个模型。当掩模和掩模—传感器距离等信息已知时，模型中的参数可以计算得到，然而光学仪器生产和装配过程包含了一定程度的误差，因此就需要对实际搭建的无镜头相机系统进行标定，估计出模型参数。

标定过程通常需要对一个已知场景利用实际搭建的相机拍摄一组图像，利用拍摄的图像和场景信息恢复出模型参数。对于线性模型，当相机分辨率较大时，由于其参数量巨大，通过拍摄图像的方式标定参数是不现实的。相比之下，可分离模型和卷积模型参数量大大减少，可以通过拍摄图像的方法估计模型参数。

可分离的模型需要估计出 $\boldsymbol{\Phi}_l$ 和 $\boldsymbol{\Phi}_r$，通常拍摄多组可分离的条状图像，将条状图案投影到传感器上，估计出参数。例如，FlatCam[20] 中采用了可分离阿达玛矩阵图案，通过拍摄 N 组显示器上放映的不同图案标定参数。

卷积模型中需要的参数更少，标定过程更加容易，由于相机的特殊设计，每个深度平面上的点扩散函数接近拥有平移不变性，因此只需要拍摄一张点光源图像。对于存在深度变化的场景，则可以通过在不同深度平面上拍摄点光源图像得到不同深度平面对应的点扩散函数。对于更一般的情况，如果点扩散函数在整个视场中变化较大，无法近似成全局一致时，可以在不同位置上估计点扩散函数，得到一个局部卷积模型。

1. 传统优化方法

对于一个特定的无镜头成像系统，选择合适的前向模型，并估计出对应的参数。为了叙述方便，在本小节中都采用式 (4.12) 展示的线性模型。无镜头成像中图像重建通常都可以表示成如下的优化问题：

$$\hat{\boldsymbol{x}} = \arg\min_{\boldsymbol{x}} \|\boldsymbol{y} - \boldsymbol{A}\boldsymbol{x}\|_2 + \lambda\mathcal{R}(\boldsymbol{x}) \tag{4.15}$$

式中，$\mathcal{R}(\boldsymbol{x})$ 为正则项，通常引入重建图像上的先验来提高图像质量。普遍使用的正则项包含吉洪诺夫（Tikhonov）正则项、全变分（Total Variation，TV）正则项以及图像转换空间（例如傅里叶转换）上的稀疏性，这些正则项都是为了提高重建图像的平滑性，在第 9 章中会有更加详细的描述。

在采用前面提到的参数模型和正则项时，式 (4.15) 通常为一个凸优化问题，可以通过直接求解或者迭代优化的方式重建图像。

2. 深度学习方法

传统优化方法取得了不错的效果，但仍然存在一些问题。传统优化问题十分依赖于前向模型的准确性，如果近似模型偏差较大或者参数标定不准确，会极大地影响重建图像的质量。同时，传统方法很难处理噪声，极大地影响了重建图像的质量。基于以上问题，一些研究者尝试将深度学习引入无镜头成像领域，提高重建算法的性能和稳定性。

"FlatNet: towards photorealistic scene reconstruction from lensless measurements"[22] 一文发表于 TPAMI 2022，提出一个两阶段的网络模型，相比于传统方法重建出更真实的图像。其算法流程图如图 4-28 所示，第一个阶段网络为可训练的相机逆转（trainable camera inversion），用于将无镜头相机拍摄得到的观测转换到图像域，得到中间重建结果；第二个阶段为感知优化（perceptual enhancement），通过一个全卷积网络优化第一阶段得到的中间结果。

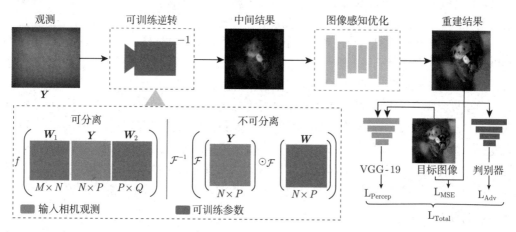

图 4-28　FlatNet 算法流程图（基于论文[22] 的插图重新绘制）

第一阶段可训练的相机逆转分别为可分离的无镜头成像模型和不可分离的无镜头成像模型设计了两种转换方法。

（1）可分离模型　对于式 (4.13) 中的可分离模型，该方法将两层可训练的转换矩阵作用于相机观测上，得到如下中间结果：

$$\boldsymbol{X}_{\text{interm}} = f(\boldsymbol{W}_1 \boldsymbol{Y} \boldsymbol{W}_2) \tag{4.16}$$

式中，$\boldsymbol{X}_{\mathrm{interm}}$ 为该阶段的输出结果；f 为激活函数（该方法中采用 leaky ReLU）；$\boldsymbol{Y}$ 为相机观测；$\boldsymbol{W}_1$ 和 $\boldsymbol{W}_2$ 为第一阶段的参数矩阵。从直观理解来看，$\boldsymbol{W}_1$ 和 $\boldsymbol{W}_2$ 分别对应于 $\boldsymbol{\Phi}_l$ 和 $\boldsymbol{\Phi}_r$ 的广义逆矩阵。

$\boldsymbol{W}_1$ 和 $\boldsymbol{W}_2$ 的初始化十分重要，该方法采用两种初始化方法，分别是标定初始化和非标定初始化。对于标定初始化，首先对相机进行标定得到 $\boldsymbol{\Phi}_l$ 和 $\boldsymbol{\Phi}_r$，并将 $\boldsymbol{W}_1$ 和 $\boldsymbol{W}_2$ 分别初始化为 $\boldsymbol{\Phi}_l$ 和 $\boldsymbol{\Phi}_r$ 的转置。对于非标定初始化，该方法发现 FlatCam[20] 的前向模型中，$\boldsymbol{\Phi}_l$ 和 $\boldsymbol{\Phi}_r$ 接近常对角矩阵，通过相机几何信息即可构建出随机的常对角矩阵作为初始化。相比之下，矫正初始化训练收敛更快，但是需要复杂的标定；非矫正初始化相对收敛更慢，但是免去复杂标定过程，且避免了标定误差对最后图像重建效果的影响。

（2）不可分离模型　对于不可分离模型，该方法采用卷积模型来近似，在点扩散函数空间上变化较大时，采用区域分块的卷积模型以减少近似误差。在卷积模型下，传感器观测到图像的转换不能用矩阵乘法来表示，为此该方法将卷积模型下的转换表示成傅里叶域上的阿达玛积：

$$\boldsymbol{X}_{\mathrm{interm}} = \mathcal{F}^{-1}(\mathcal{F}(\boldsymbol{W}) \odot \mathcal{F}(\boldsymbol{Y})) \tag{4.17}$$

式中，$\mathcal{F}$ 为离散傅里叶变换，$\odot$ 表示阿达玛积。

参数初始化对于不可分离模型同样重要，在进行标定的情况下，假设 $\boldsymbol{H}$ 为标定的点扩散函数的傅里叶变化结果，则参数 $\boldsymbol{W}$ 通过初始化为 $\mathcal{F}^{-1}\left(\dfrac{\boldsymbol{H}^*}{K + |\boldsymbol{H}|^2}\right)$，其中 K 是正则化参数。非标定初始化仅适用于可以利用参考文献 [18] 中的方法从掩模图案估计点扩散函数的情况。

4.7　本章小结

本章各小节依次回答了章前提出的问题。

▌ 什么是镜头？相机如何通过镜头成像？

镜头由一系列精确设计的透镜组成，相较于针孔以更大的光效率将场景中各点发出的同心光束汇聚在图像传感器上成像，其成像模型通常近似为理想透镜模型。

▌ 什么是景深和视场，它们与什么因素相关？

拍摄图像中失焦模糊足够小的场景深度范围称为景深，景深与光圈大小、焦距和对焦平面距离等几个因素相关。视场是指光学仪器的视觉范围，通常以视场角表示，视场大小和对焦距离、焦距以及传感器大小等因素相关。

▌ 如何调节相机参数得到一张合理曝光的图像？

相机曝光控制相关的参数通常包括快门、光圈以及感光度，根据目标景深和场景亮度、运动快慢等因素调整不同的参数组合，得到合理曝光的图像。

▌ 是否有不需要镜头的其他成像范式？

在一些对相机有特殊要求的领域中，研究者们已经设计出许多新颖的无镜头相机，利用调制器对入射光进行调制并利用算法重建出图像，相信未来还会提出更多相机成像范式。

4.8　本章课程实践

1. 传统虚拟大光圈渲染算法实现

熟悉失焦模糊形成的物理过程，结合 4.5 节中的内容实现一种传统虚拟大光圈渲染算法，从单张全对焦图像渲染得到大光圈效果，体验手机上的虚拟大光圈摄像。具体实验内容如下：

1）给定一张图像和它对应的深度图，实现一种传统的利用深度信息渲染大光圈效果的算法，包括但不限于基于散射的渲染（算法 4.1，具体实现可参考论文[6]）和分层大光圈渲染（算法 4.2，具体实现可参考论文[3,12,23]）。

2）附件中包含几组 RGB 图像和对应深度图，在该测试数据上测试所实现的虚拟大光圈渲染算法性能，并尝试改变渲染的参数，例如调整对焦平面深度（对焦位置）、失焦模糊程度和弥散圆形状等。

3）挑选合适的场景，利用手机拍摄三组以上真实数据，测试所实现的虚拟大光圈渲染算法性能。为得到深度信息，可自行选择合适的现有单图深度估计方法（例如 MiDaS[24]⊖）估计得到深度信息。

4）应用自己实现的渲染算法对拍摄得到的图像渲染虚拟大光圈效果，并和手机上自带的虚拟大光圈摄像算法（例如人像模式）对比，尝试分析性能差异产生的原因，阐述可能的改进方案。

2. 基于深度学习的虚拟大光圈效果实现

从以下三篇论文任选其一：

（1）DeepLens[4]⊖

⊖ 官方实现：https://github.com/isl-org/MiDaS。
⊖ 官方实现：https://github.com/scott89/deeplens_eval。

（2）PyNET-Bokeh[5] ⊖
（3）BokehMe[6] ⊖

完成如下任务：

阅读论文，在附件测试数据和自己手机拍摄的图像上测试方法效果，提交测试结果。与任务 1 中实现的传统渲染方法得到的结果进行对比，并分析传统方法和该方法的结果哪个更合理，尝试分析性能差异产生的原因。

附件说明

请从链接⊜中下载附件，附件中包含四组 RGB 图像和其对应的深度图，用于测试所实现的渲染算法性能，详见 README 文件。

本章参考文献

[1] GKIOULEKAS I. CMU 15-463: computational photography[EB/OL]. [2022-09-01]. http://graphics.cs. cmu.edu/courses/15-463/.

[2] SHEN X, HERTZMANN A, JIA J, et al. Automatic portrait segmentation for image stylization[J]. Computer Graphics Forum, 2016, 35(2): 93-102.

[3] WADHWA N, GARG R, JACOBS D E, et al. Synthetic depth-of-field with a single-camera mobile phone[J]. ACM Transactions on Graphics, 2018, 37(4): 64.

[4] WANG L, SHEN X, ZHANG J, et al. DeepLens: shallow depth of field from a single image [J]. ACM Transactions on Graphics, 2018, 37(6): 245.

[5] IGNATOV A, PATEL J, TIMOFTE R. Rendering natural camera bokeh effect with deep learning[C]//Proc. of IEEE/CVF Conference on Computer Vision and Pattern Recognition Workshops. Seattle, WA, USA: IEEE, 2020.

[6] PENG J, CAO Z, LUO X, et al. BokehMe: when neural rendering meets classical rendering [C]//Proc. of IEEE/CVF Conference on Computer Vision and Pattern Recognition. New Orleans, LA, USA: IEEE, 2022.

[7] LI Z, SNAVELY N. MegaDepth: learning single-view depth prediction from internet photos [C]//Proc. of IEEE/CVF Conference on Computer Vision and Pattern Recognition. Salt Lake City, UT, USA: IEEE, 2018.

[8] SRINIVASAN P P, GARG R, WADHWA N, et al. Aperture supervision for monocular depth estimation[C]//Proc. of IEEE/CVF Conference on Computer Vision and Pattern Recognition. Salt Lake City, UT, USA: IEEE, 2018.

⊖ 官方实现：https://github.com/aiff22/PyNET-Bokeh。
⊜ 官方实现：https://github.com/JuewenPeng/BokehMe。
⊜ 附件：https://github.com/PKU-CameraLab/TextBook。

[9]　HERNÁNDEZ C. Lens blur in the new google camera app[EB/OL]. [2022-09-15]. https://ai.googleblog. com/2014/04/lens-blur-in-new-google-camera-app.html.

[10]　HA H, IM S, PARK J, et al. High-quality depth from uncalibrated small motion clip[C]// Proc. of IEEE Conference on Computer Vision and Pattern Recognition. Las Vegas, NV, USA: IEEE, 2016.

[11]　BARRON J T, ADAMS A, SHIH Y C, et al. Fast bilateral-space stereo for synthetic defocus [C]//Proc. of IEEE Conference on Computer Vision and Pattern Recognition. Boston, MA, USA: IEEE, 2015.

[12]　BUSAM B, HOG M, MCDONAGH S G, et al. SteReFo: efficient image refocusing with stereo vision[C]//Proc. of IEEE/CVF International Conference on Computer Vision Work-shop. Seoul: IEEE, 2019.

[13]　ZHANG Y,WADHWA N, ORTS-ESCOLANO S, et al. Du^{2}Net: learning depth estimation from dual-cameras and dual-pixels[C]//Proc. of European Conference on Computer Vision. Glasgow, UK: Springer, 2020.

[14]　GARG R, WADHWA N, ANSARI S, et al. Learning single camera depth estimation using dual-pixels[C]//Proc. of IEEE/CVF International Conference on Computer Vision. Seoul: IEEE, 2019.

[15]　BOOMINATHAN V, ADAMS J K, ASIF M S, et al. Lensless imaging: a computational renaissance[J]. IEEE Signal Processing Magazine, 2016, 33(5): 23-35.

[16]　BOOMINATHAN V, ROBINSON J T, VEERARAGHAVAN A, et al. Recent advances in lensless imaging[J]. Optica, 2022, 9(1): 1-16.

[17]　OZCAN A, MCLEOD E. Lensless imaging and sensing[J]. Annual review of biomedical engineering, 2016, 18: 77-102.

[18]　BOOMINATHAN V, ADAMS J K, ROBINSON J T, et al. PhlatCam: designed phase-mask based thin lensless camera[J]. IEEE Transactions on Pattern Analysis and Machine Intelligence, 2020, 42(7): 1618-1629.

[19]　ANTIPA N, OARE P, BOSTAN E, et al. Video from stills: lensless imaging with rolling shutter[C]//Proc. of IEEE International Conference on Computational Photography. Tokyo, Japan: IEEE, 2019.

[20]　ASIF M S, AYREMLOU A, VEERARAGHAVAN A, et al. FlatCam: replacing lenses with masks and computation[C]//Proc. of IEEE International Conference on Computer Vision Workshops. Santiago, Chile: IEEE, 2015.

[21]　HUA Y, NAKAMURA S, ASIF M S, et al. SweepCam—depth-aware lensless imaging using programmable masks[J]. IEEE Transactions on Pattern Analysis and Machine Intelligence, 2020, 42(7): 1606-1617.

[22]　KHAN S S, SUNDAR V, BOOMINATHAN V, et al. FlatNet: towards photorealistic scene reconstruction from lensless measurements[J]. IEEE Transactions on Pattern Analysis and Machine Intelligence, 2022, 44(4): 1934-1948.

[23]　ZHANG X, MATZEN K, NGUYEN V, et al. Synthetic defocus and look-ahead autofocus for casual videography[J]. ACM Transactions on Graphics, 2019, 38(4): 30:1-30:16.

[24]　RANFTL R, LASINGER K, HAFNER D, et al. Towards robust monocular depth estimation: mixing datasets for zero-shot cross-dataset transfer[J]. IEEE Transactions on Pattern Analysis and Machine Intelligence, 44(3): 1623-1637.

第 5 章

焦点堆栈与光场摄像

通过上一章的介绍可知，镜头可以汇聚光线、提高成像质量，但是在场景中只有某一深度平面上的点是完美对焦的，其他深度平面上的点则会呈现不同程度的失焦现象。大光圈带来的景深效果为摄影艺术增添了独特魅力，但有时摄影师也希望能拍摄出各个深度上的物体都清晰锐利的照片。这往往就要依赖于本章将要介绍的焦点堆栈和光场这两个概念。在此基础上，本章还会简单介绍现代相机是如何实现自动对焦以方便用户拍摄的。本章内容将主要围绕以下几个问题展开：

焦点堆栈是什么？如何拍摄？怎样利用焦点堆栈制作全聚焦照片？
如何从对焦和失焦效果来估计深度？
光场是什么？如何表示、拍摄？光场能够完成什么应用？
现代相机是如何实现自动对焦的？

5.1 焦点堆栈

5.1.1 基本概念

本书第 4 章提到，在镜头和图像传感器平面固定时，物体侧只有一个深度平面上的点是完美对焦的，其他深度平面上的点所反射的光线经过镜头后无法汇聚在图像传感器平面上，会出现不同程度的失焦模糊。在不改变镜头焦距和物距的前提下，可以通过转动镜头上的对焦环改变透镜到传感器平面的距离，从而控制对焦距离，得到不同深度平面上对焦的图像。这样得到的一组对焦于不同深度平面的图像叫作焦点堆栈（focal stack），如图 5-1 所示。

图 5-1　焦点堆栈示意图（图片来源于 CMU 15-463[1] 课程讲义）

5.1.2　拍摄与合并

为了得到不同深度平面对焦的图像，可以转动对焦环改变透镜到传感器平面的距离，也可以移动相机改变透镜到物体的距离。除了利用传统的变焦镜头，还可以利用液体镜头（liquid lenses），通过改变液体压力来调整焦距[2]。在实际拍摄时，拍摄者应尽量用三脚架等设备固定相机，以防止因相机抖动等因素导致的额外误差；同时应关闭自动曝光，以防止镜头自行调整影响曝光的各种属性（曝光时间、光圈和 ISO 等）。

正常拍摄的图像往往只有一个深度平面成功对焦，其他平面则出现不同程度的失焦模糊。与之相对地，一张处处对焦成功没有模糊的图像被称为全聚焦图片（all-in-focus image）。显然，焦点堆栈提供了合成这种图片所需的全部信息，一个直观的想法是将焦点堆栈中所有图片对焦成功的部分拼接起来，同时设计更加精细的算法处理以优化拼接效果。最终，一张各深度区域都清晰锐利的全聚焦图片就产生了，这一利用焦点堆栈生成全聚焦图片的过程被称作焦点堆栈合并（focus merging）。具体的合并过程往往按照如下三个步骤进行：

1）图像对齐：将焦点堆栈中的图像进行逐像素对齐。

2）权重分配：对图像不同区域根据对焦程度进行权重分配。

3）加权平均：根据权重进行图像像素值的平均。

图像对齐（image alignment）是焦点堆栈合并的第一步，也是十分重要的一步，凡是需要处理图像序列的算法一般都需先进行图像对齐以尽可能避免实验误差。不同对焦距离下拍摄的图像如图 5-2 所示，仔细观察图 5-2 中的两张图像，可以发现它们是并未对齐的，从而无法直接进行拼接处理。造成图像不对齐的原因主要有两个：首先，对于手持的拍照设备，往往不可避免地产生抖动，使不同图片间并非逐像素的对应，即使是借助稳定的三脚架拍摄，也难以完全避免抖动的发生；其次，回顾一下 4.3 节中的内容（参考图 4-10），改变对焦距离等价于传感器前后移动，这将使得视场发生对应的改变。具体而言，当对焦到更近些的物体时，视场将减小；反之，若对焦到更远些的物体时，视场将增大。

图 5-2   不同对焦距离下拍摄的图像

回顾 4.1 节的内容，假定焦距 f 和所有的像距 V 已知，可以借助式 (5.1) 计算并将图片缩放至同一比例，从而实现图片对齐。其中 S 为物距，y 为物体高度，y' 为图像高度。

$$\frac{y}{y'} = \frac{f}{V - f}, \quad \frac{1}{S} + \frac{1}{V} = \frac{1}{f} \tag{5.1}$$

每一张图片都有其对应的对焦区域，为了得到各个深度区域都清晰的图片，需要度量焦点堆栈每张图片中每个像素多大程度上被"对焦"。那么：

- 该如何度量"对焦程度"这一属性呢？又该如何为其分配权重呢？

一般而言，被对焦的区域往往更加清晰锐利，可以利用拉普拉斯算子（Laplacian operator）和高斯模糊来进行求解。拉普拉斯算子属于空间锐化滤波操作的一种，是多维欧几里得空间中的一个二阶微分算子，对主要边缘有较高的响应度。不过，考虑到对焦区域是连续的，而边缘检测只对锐利的轮廓边缘敏感，这使得结果带有一定的"噪声"。为了克服这一缺点，可以对检测后的结果使用高斯模糊，以起到平滑效果。焦点堆栈的权重图如图 5-3 所示，图 5-3a 为原图，图 5-3b 为其对应的权重图，图 5-3c 为高斯模糊作用后的权重图。

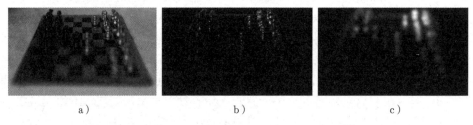

a)   b)   c)

图 5-3   焦点堆栈的权重图（图片来源于 CMU 15-463[1] 课程讲义）

在得到每张图片每个像素对应的权重分配后，只需将图片各像素值与其对应权重相乘，即可得到从该图片中提取出的聚焦区域。将每一张图片对应的聚焦区域提取后叠加在一起，平均处理后即可得到最终的全区域清晰的全聚焦图片，焦点堆栈的加权平均如图 5-4 所示。类似的通过（加权平均）融合多张图像、扩展单张图像不能承载的信息的方法，还有高动态范围成像，在第 8 章会进行详细的介绍。

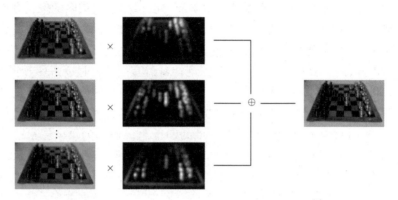

图 5-4　焦点堆栈的加权平均（图片来源于 CMU 15-463[1] 课程讲义）

焦点堆栈在景深非常浅的微距摄影中有着很大的作用，过于浅的景深可能让小目标物体的细节无法看清楚，通过焦点堆栈合并生成全聚焦图片可以很好地解决这一问题。

5.1.3　对焦与离焦的深度测量

焦点堆栈的拍摄、焦点堆栈的合并以及利用焦点堆栈生成全聚焦图片的过程中，可以利用如图 5-5 所示的方法对焦点堆栈计算得到的权重图进行可视化；一个很有趣的现象是，该可视化结果与深度图有很大程度的相似，但在精度上稍显逊色，只能区分有限的深度层级，并未产生连续的变化，也没有清晰的边缘分界。事实上，深度与焦距是一对关联非常强的变量，这一特性引出了基于对焦（离焦）的深度测量（depth from (de)focus）研究。

图 5-5　焦点堆栈权重图可视化（图片来源于 CMU 15-463[1] 课程讲义）

　　对焦深度测量（depth from focus）可以通过动态更改相机参数的方式来估计物体的三维表面，也即物体的深度，其关键在于对焦标准的选择和峰值检测。对于一组焦点堆栈图像，可以通过合并的方式生成一张全聚焦图片，其间可以得到堆栈中图片的权重图，权重越大，表示该部分对焦程度越好，从而可以根据该权重图的像距和焦距计算物距，得到物体表面的对应深度。但由于在处理权重的时候应用了如高斯模糊等平滑算子，最终得到的深度图往往损失了一定的精度呈块状分布。为了得到更加精细的深度估计，可以在深度图的基础上加入一些其他的对深度的分辨有用的信息，进一步提升精度。

　　"Confocal stereo"[3] 一文发表于 ECCV 2006 并获得最佳论文提名，旨在利用对焦距离和光圈调整得到的二维图像矩阵来分析估计精确的表面深度。传统的利用对焦估计深度的方法只利用对焦距离的改变得到一维的图像组，通过为每个像素选择对焦程度最好的图片得到像距，进一步得到该处的深度估计。但这种选择往往缺乏足够的精度，产生的结果仅仅只是差强人意。共焦恒常性（confocal constancy）表明，在对焦成功的情况下，被聚焦的像素点的颜色和强度不会随光圈的大小改变而改变，这启发作者将这些数据按一像素一图的方式组织成一组光圈—焦点距离图像（Aperture-Focus Image, AFI），如图 5-6 所示，用于全面描述单个像素的外观如何随光圈和焦点距离变化。再根据上述共焦恒常性，计算像素的深度被简化为处理其光圈—焦点距离图像以找到与共焦恒常性最一致的焦点设置，竖直方向图片恒定不变所对应的焦点距离即为所求像距，据此可根据焦距求出物距，即该像素所对应的深度。

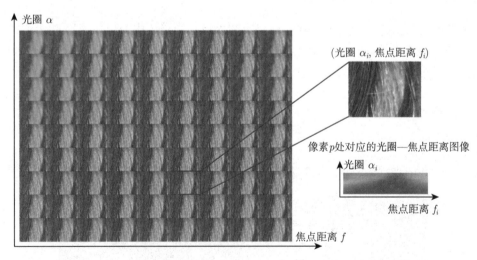

图 5-6　光圈—焦点距离图像（基于论文[3]的插图重新绘制）

　　光圈—焦点距离图像通过增加变化的光圈这一维度，极大增加了所求最佳对焦距离的精确程度，提升了深度估计的精度。同时，由于该算法可以独立于所有其他像素处理每个像素的光圈—焦点距离图像，能够实现接近传感器分辨率计算深度图，可以对非常复杂的几何（例如头发等）进行精细的深度估计，共焦立体视觉深度预测效果示意如图 5-7 所示，其估计效果显著优于只改变对焦距离的深度估计方法。

图 5-7　共焦立体视觉深度预测效果示意[3]

　　离焦深度测量（depth from defocus）是指凭借场景的两个不同聚焦图像，利用深度、相机参数和图像弥散圆之间的几何关系，从可直接测量的参数中推导出深度的技术。本书 4.2 节指出，根据理想透镜模型，非对焦平面上一物点的反射光线经过镜头后在图像传感器平面上会形成一个弥散圆，弥散圆的大小和物体深度到对焦深度平面的距离相关，弥散圆的形状和光圈形状相关。在实际应用中，一般可以将弥散圆建模为具有不同 σ 的模糊核（blur kernel）（通常为高斯核，具体内容参见第 10 章），利用两张不同对焦图片来估计每个像素在不同深度间模糊范围的大小变化，从而得到图片每个像素对应的弥散圆大小，最后利用式 (4.6) 即可求出对应的预测深度。

5.2　光场

　　上一节介绍了焦点堆栈的基本概念，并展示了如何通过焦点堆栈实现重对焦，而实现重对焦的另外一种方法是借助于光场（light field）这一概念。相较于焦点堆栈，光场能够记录下更多的信息，也能驱动更多的后续任务，除了重对焦之外还能够实现新视角合成、深度估计等。接下来，本节将介绍光场的基本概念、光场的表示方法、光场的拍摄方法、光场的可视化以及光场的一些初步应用。

5.2.1　基本概念

　　自照相技术问世以来，人们已经习惯了二维的平面图片。但是在实际生活中，人类视觉直接观察到的是三维的世界，即看到的并非是如图像般的一个单纯的平面，而是带有深度信息的立体场景。从几何上，根据第 3 章介绍的相机模型，二维照片是三维世界投影到图像平面形成的，相应地丢失了许多信息。固定位置的二维图像平面（即固定的视角）只能记录场景中到达该位置的光线，这一过程显然丢失了很多信息。

> ▌ 光场是空间中所有光线的集合，描述了空间中从每个点经过、射向每个方向的光线。

普通摄像与光场摄像对比如图 5-8 所示。对于一个普通相机而言，其在空间中的某个固定位置拍照，记录下了场景中各个点向相机位置发出的光线，如图 5-8a 所示。当然，这种摄像模式远不能记录下场景中的所有光线。为了捕捉更多的光线，需要不断移动相机，使其在空间中的不同位置拍摄得到多张图像，记录下场景中不同位置、不同方向的光线，如图 5-8b 所示。如此一来，相机就能够记录下所有位置、所有方向的光线，也就是完整的光场。

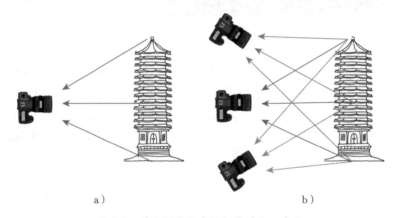

a ）   b ）

图 5-8　普通摄像与光场摄像对比示意图

5.2.2　表示方法

在最理想的情形下，光场会记录下场景中所有位置、所有方向和所有波长的光线在所有时刻下的强度，这将使得光场模型变得极为复杂。如果用三维坐标 (x,y,z) 来表示相机位置，用 (θ,ϕ) 来表示光线的入射角度，用 λ 表示特定的光线波长，用 t 表示时间，那么就可以用函数 $L(x,y,z,\theta,\phi,\lambda,t)$ 来描述光场中特定光线的强度。这个函数就是著名的全光函数[4]（plenoptic function）⊖，是描述光场的主要数学模型。图 5-9a 展示了在忽略时间维度情形下的全光函数模型。

由全光函数的定义可知，其具有七个维度，分别描述了光线通过空间中的三维点坐标 (x,y,z)、光线的方向 (θ,ϕ)、光线的波长 λ 以及时间 t。如此描述的光场能够记录下

⊖ plen 前缀源自拉丁语，表示万、全之意，optic 源自希腊语，表示光、眼睛之意，两者合在一起就代表所有光线，即"全光"之意。

场景中所有光线的完整信息，进而能够驱动诸多下游的视觉任务，比如新视角合成、重对焦和深度估计等。

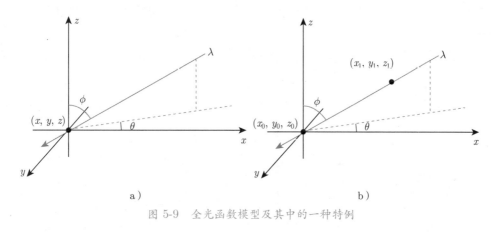

图 5-9　全光函数模型及其中的一种特例

　　然而，全光函数这种极高维度的表示模型太过复杂，限制了后续算法的发挥。仔细观察不难发现，全光函数中的各个变量并不是相互独立的，换言之 $L(x_0, y_0, z_0, \theta_0, \phi_0, t_0)$ 和 $L(x_1, y_1, z_1, \theta_1, \phi_1, t_1)$ 可能描述的是完全相同的光线。图 5-9b 展示了一种简单的特例情形：令 $\theta_0 = \theta_1, \phi_0 = \phi_1, t_0 = t_1$ 且 (x_0, y_0, z_0) 和 (x_1, y_1, z_1) 分别是该光线经过的两个不同的三维点坐标，那么此时 $L(x_0, y_0, z_0, \theta_0, \phi_0, t_0)$ 和 $L(x_1, y_1, z_1, \theta_1, \phi_1, t_1)$ 将完全相同。这说明全光函数的维度过高了，并不适合计算机图形学和计算机视觉中的实际应用，而且其维度确实可以进一步缩减。

　　通常，光线被视作随时间固定不变的状态，即默认场景是完全静态的。这一假设可以缩减全光函数中的时间维度 t。如果在单色情形下进行研究，那么还可以省略全光函数中的波长维度 λ。通过上述两种假设，可以得到精简后的全光函数：$L(x, y, z, \theta, \phi)$。这个函数只具有五个维度，忽略了光线的颜色以及时间的变化，仅关注静态场景下光线的位置和方向，相较于原始的全光函数已经简化了许多。然而，这种表示方式还是无法避免图 5-9b 所描述的特例情形。事实上，目前广泛使用的是进一步简化后的四维光场函数，由斯坦福大学的 Levoy 等人提出[5]，使用 $L(u, v, s, t)$ 来描述一种简单的光场。

　　四维光场模型利用了两点定线的基本思想，通过立体空间中两个平面上的两个点来确定光线的位置和方向。如图 5-10 所示，模型假设了立体空间中的两个平行的平面，分别记作 uv 平面和 st 平面。一条光线穿过这两个平面时将会分别产生两个交点，(u_i, v_i) 和 (s_i, t_i) 就是这两个交点在两个二维平面上的坐标。通过这两个交点就可以唯一地确定通过它们的光线 $L(u_i, v_i, s_i, t_i)$。

　　然而，四维光场模型 $L(u, v, s, t)$ 和 $L(x, y, z, \theta, \phi)$ 其实并不等价。可以预见四维光场模型不能描述和 uv 平面、st 平面平行的光线（比如图 5-10 中的 r_2 和 r_3），并且描

述的光线仅能从 uv 平面侧射向 st 平面侧，而无法表示相反方向的光线。这种极其不完备的表示模型之所以还能够在光场的发展中得到广泛应用，是因为这种四维光场模型损失掉的信息恰恰是很多实际应用场景下的冗余信息，而保留的信息足以完成目前光场研究中的大部分任务。

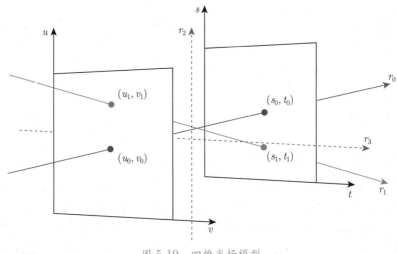

图 5-10　四维光场模型

图 5-11 所示是透镜成像下的四维光场模型。此时，使用透镜所在的平面作为 uv 平面，用 (u, v) 表示光线通过透镜所在二维平面时的位置；使用感光器所在的平面作为 st 平面，用 (s, t) 表示光线通过感光器所在二维平面时的位置。四维光场模型描述了所有从左到右经过透镜并且击中感光器的光线，且根据光路可逆原理，由 (u, v, s, t) 可以反推出光线穿过对焦平面时的位置 (s', t')。如此记录下的光场信息包含了所有从左到右的光线，是普通透镜相机摄像时记录下信息的超集，足以实现后续在该相机位置下的重对焦以及新视角合成等任务。

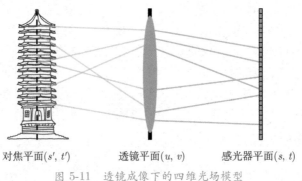

对焦平面(s', t')　　　透镜平面(u, v)　　　感光器平面(s, t)

图 5-11　透镜成像下的四维光场模型

四维光场的两种特例如图 5-12 所示，四维光场模型存在两种特殊的情形，分别是:

1）固定 $(u,v) = (u_0, v_0)$，得到光场子集 $L(u_0, v_0, s, t)$：这相当于在透镜平面上开了一个光孔，仅保留所有通过该光孔的光线。如图 5-12a 所示，得到的结果将是透过该小孔成像的光线集合。

2）固定 $(s,t) = (s_0, t_0)$，得到光场子集 $L(u, v, s_0, t_0)$：因为光场子集经过 st 平面上的 (s_0, t_0)，可以反推出所有光线都经过对焦平面上的一点 (s_0', t_0')，并且这些光线覆盖了透镜平面上的每个点 (u,v)。如图 5-12b 所示，得到的将是经过对焦平面上该点、射向各个方向的所有光线的集合。

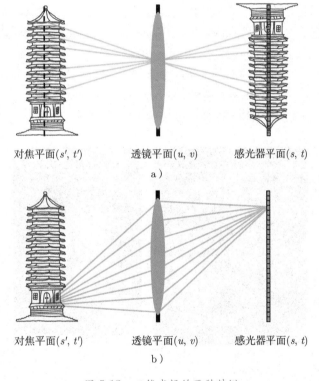

对焦平面(s', t')　　透镜平面(u, v)　　感光器平面(s, t)

a）

对焦平面(s', t')　　透镜平面(u, v)　　感光器平面(s, t)

b）

图 5-12　四维光场的两种特例

5.2.3　拍摄方法

作为比三维视觉还要高维度的视觉模型，光场能够捕获场景中的大量信息，但与此同时光场的拍摄也将会更加困难。通常的相机拍摄得到的是光场在二维平面上的投影，而光场的拍摄则需要记录完整的四维信息，这是通常的相机和拍摄方法所无法做到的。下面将介绍三种光场拍摄中的常见方法，分别是:

1）相机阵列：使用多个普通相机组成相机阵列，同一时刻在不同位置拍摄多张照片，合成光场图像。

2）移动相机：使用单个普通相机并移动到不同位置，不同时刻在不同位置拍摄多张照片，合成光场图像。

3）微透镜阵列：使用专门的基于微透镜阵列设计的光场相机，同一时刻在同一位置拍摄一张光场图像。

1. 相机阵列

光场就是相机在不同位置下捕捉到的所有光线，涵盖了经过各个点、各个方向的光线。如果用四维光场模型来严谨地描述，就是通过设置多个相机捕捉到在 uv 平面上不同位置的图像。基于这一种简单的思路，可以使用多个相机组成相机阵列，拍摄出一组照片，并用其合成一张最终的光场图像。从 20 世纪末到 21 世纪初，许多基于这一思路的相机阵列被设计出来，例如图 5-13a 展示的斯坦福大学 Wilburn 等人设计的用于光场拍摄的相机系统[6]。尽管这个相机系统以现在的视角来看显得有一些笨重，但是在十多年前要制造这样的系统需要解决很多难题。

a)　　　　　　　　　　b)

图 5-13　光场拍摄设备[6-7]

在 2000 年前后，计算机的各方面能力都远不及现在的水平，如此庞大的相机阵列产生的海量数据难以存储和处理。即使是采用了 JPEG 图像压缩算法，光场数据的量级依然难以接受。对此，研究人员在 2000 年实现了专门的光场数据编码压缩方法，使得整个相机系统能够拍摄最多 2.5min 的视频，产生大约 2GB 的数据文件。

除去数据量过大的问题，整个相机系统还需要进行各种各样的校正和对齐。庞大的系统需要精准对齐所有相机的时钟、恢复出每个相机的具体位置和参数。为了解决视差问题，相机的排列位置需要被精心设计，否则就要在后期通过软件算法来弥补。即使采用完全相同的高速视频相机型号，阵列中不同相机也可能产生不同的色差，以及相机在视角边缘处可能产生渐晕效应，这些可以通过第 2 章课程实践中提到的色板等工具来校正。

2. 移动相机

移动相机采用了与相机阵列相似的实现思路，也就是通过普通相机在不同位置采集多张图片合成一个完整的光场图像。相机阵列需要相当数量的相机，并且还需要小心翼翼地校正所有相机的参数。相对地，移动相机方案只使用一台普通相机，通过将其移动到不同的目标位置，拍摄多张图片来达到和相机阵列类似的功能。一个简单的移动相机方案如图 5-13b 所示，其通过乐高电机来控制相机的移动[7]。移动相机的方案可以保证所有视角的相机保持同样的参数，免去了同步、校正和对齐等操作。当然，移动相机方案也有自己的缺陷，比如其只能应用于静态场景并且无法像相机阵列一样拍摄具有时间维度的光场图像，精准地控制相机移动也并不容易。不过总体而言，移动相机还是给出了一种更廉价且易于实现的光场拍摄方案。

3. 微透镜阵列

上述的两种方案虽然能够拍摄光场，但采用的都不是完全为光场单独设计的相机，换言之其用到的相机还是基于前面章节中介绍的设计。但是光场相机 (plenoptic camera) 则重新改造了传统相机的内部设计，更好地适配了光场拍摄任务，能够直接拍摄得到光场图像。接下来将介绍如何通过微透镜阵列实现光场相机。

通过微透镜阵列拍摄光场图像的内在原理其实并不复杂。在图 5-12b 中，不同 u,v 的光线可能汇聚在传感器上的同一点 (s_0, t_0) 而无法区别。如图 5-14 所示，如果将 st 平面处的传感器替换为一个个小孔，转而将传感器移至更靠右侧的另一平面，那么原先在 st 平面上汇至一点的光线（即在四维光场模型中具有相同的 s,t 的光线）就会分离开来。如此，区别 (s,t) 相同、不同 (u,v) 的光线就成为可能。事实上，只要适当调整各个平面的间距以及小孔之间的距离，就可以使经过不同的 (s,t) 的光线簇互相分离。每个光线簇经过相同的 (s,t) 但是具有不同的 (u,v)。这样，使用一个传感器就可以拍摄下光场中具有完全不同的 u,v,s,t 的光线，用单个传感器实现了快照式的光场相机。当然，因为小孔成像的效率问题，图 5-14 中的小孔需要替换为透镜，得到基于微透镜阵列的光场相机。这样的光场相机具有两层镜头，分别是和普通相机类似的主镜头以及在成像传感器前新增的微透镜阵列。

基于微透镜阵列的光场相机的体积和普通相机相近，仅需单次拍摄即可得到完整的光场图像，这使得其在落地应用中具有其他方案无法具备的天然优势。但是这种光场相机也存在着明显的缺陷：因为使用一块传感器单次成像，光场能捕捉的总光线数量是有限的，相应地会严重损失单视点下的图像分辨率；采集光场的*视差范围*（Field of Parallax, FoP）比较小，即空间中每个点发向各个方向的光线中只有很小的一个角度内的光线进入相机光圈并被捕获，这使得后期只能在很小的范围内变换视点。微透镜阵列相机构成如图 5-15 所示。

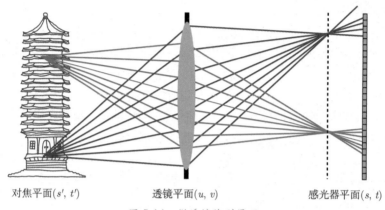

对焦平面(s', t')　　　　　　透镜平面(u, v)　　　　　　感光器平面(s, t)

图 5-14　微透镜阵列原理

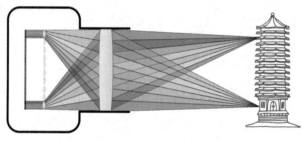

图 5-15　微透镜阵列相机构成

来自斯坦福大学计算图形实验室的 Ren Ng（吴义仁）创立了 Lytro 公司，并且基于上述的基本思想设计了两代 Lytro 光场相机，本书第 1 章图 1-3b 展示了第二代 Lytro 相机的照片。Lytro 在图像拍摄之后能够通过软件算法实现在任意景深上对焦，并且具有相当可观的图像分辨率。Lytro 光场相机在设计之初就主要面向的是广大普通消费者，是一台真正意义上的便携式计算摄像设备。但是最终迫于销量压力，Lytro 公司停止了光场相机的生产和销售。

5.2.4　可视化与应用

因为蕴含了足够丰富的信息，光场能够驱动许多下游任务，比如改变光圈、新视角合成和重对焦等。本小节将介绍如何通过引入光场这一概念实现这些下游任务。此外，在使用光场数据设计后续处理算法之前，往往需要先对光场数据进行观察分析。但是高维度的光场数据并不方便通过现有的显示设备完整、直观地表示出来，所以本小节还将介绍如何将高维的光场数据转化为二维图像进行可视化。

1. 可视化

光场数据由于其高维的特性，不能像普通照片一样直接展示。除了使用像 "Welcome to Light Field" 这样的专业软件通过 VR 设备展示光场之外，还可以将四维的光场数据转化为二维图像来可视化。下面将介绍两种常见的光场图像可视化方法。

> **拓展阅读："Welcome to Light Field"**
>
> 来自 Google 的 Debevec 团队在 Steam 平台上推出了一款通过光场预览软件，名为 "Welcome to Light Field"[8]，其画面如图 5-16 所示。读者可以自行下载并通过虚拟现实（Virtual Reality, VR）设备仔细观察其提供的示例场景光场图像，感受光场蕴含的信息之丰富。
>
>
>
> 图 5-16　"Welcome to Light Field" 画面

1）第一种可视化的方法将四维光场表示为不同视点下的多张图片。在四维光场模型中，(u,v) 代表了视点，而相同 (u,v) 下的所有 (s,t) 集合则描述了该视点下的单张图片。如图 5-17 所示，可以将光场图像转换为 $v_x \times v_y$ 张独立的图片，其中 v_x 和 v_y 代表了横纵方向上的视点数量，本示例中为 5×5；每个视点下的小图片的分辨率是 $r_x \times r_y$，本示例中为 200×300。视点图片的分辨率越高，其包含的信息就越多；单位角度内的视点数量越多，光场的角度分辨率就越高，视差过渡就越平滑。光场中任意两个视点间都存在视差，如图 5-17 所示，同行的视点图像间只有水平视差，而同列的视点图像间只有垂直视差。

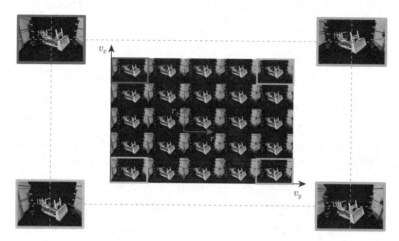

图 5-17　光场的可视化方法一（光场数据来自斯坦福大学计算图形实验室[7]）

2）第二种可视化的方法则是将第一种方法中遍历 (u, v) 和 (s, t) 的顺序交换，将相同 (s, t) 的光线组织为相邻的一簇，如图 5-18 所示。整张图像由 $r_x \times r_y$ 个大小为 $v_x \times v_y$ 的小簇组成，其宏观上接近于单视角下的普通照片，而微观上每个簇表示了对焦平面上一点向不同角度发射的光线的辐射度。

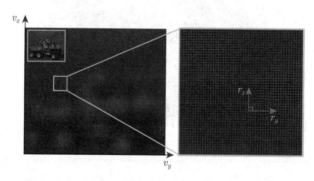

图 5-18　光场的可视化方法二（光场数据来自斯坦福大学计算图形实验室[7]）

2. 改变光圈

光圈效果可以视为在光场上对 u, v 的积分：

$$I(s, t) = \iint_D L(u, v, s, t) \mathrm{d}x \mathrm{d}y \tag{5.2}$$

那么只需要在光场图像中相同 (s,t)、不同 (u,v) 的光线簇内取一个连续的区域求和即可模拟光圈。图 5-19a 为光场图像按照图 5-18 的可视化方法处理后的结果，每个小正方形对应相同 (s,t)、不同 (u,v) 的光线簇，图 5-19b 是在每个簇内取中央区域内的像素平均值作为该簇的结果组合出的大光圈效果。

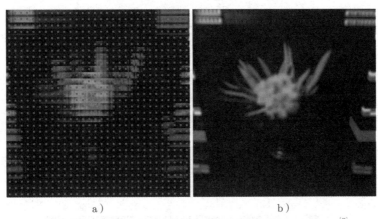

a) b)

图 5-19　改变光圈（图片来源于斯坦福大学计算图形实验室[7]）

3. 新视角合成

光场图像本身可以视为在不同视点下拍摄的图片，不论是通过何种方式拍摄得到的光场图片，得到这些视点下的图片是非常容易的。具体而言，对于光场 $L(u,v,s,t)$，固定 $(u,v)=(u_0,v_0)$ 就可以得到不同视点下的图像。然而，光场的新视角合成能力远不止如此，事实上光场还能合成在这些相机直接拍摄过的视点之外的位置的图像，这一应用叫作新视角合成（novel view synthesis）。其原理如图 5-20 所示，图 5-20a 中的蓝色点代表从未拍摄过的目标视点，每条通过这个视点的光线的对应 u,v,s,t 都可以计算得到。对于一条目标光线，如果其不属于光场拍摄得到的集合中，则可以通过在 16 条最相近的光线上插值来估测目标光线的辐射度，如图 5-20b 所示中的红线可以通过由 uv 平面和 st 平面上各 4 个点、共 16 条光线来估计。通过这种新视角合成的算法，光场可以提供比传统相机更强的能力，比如图 5-21a 为在相机矩阵拍摄位置的预览，可以看出相机矩阵和目标人物之间存在遮挡。但是通过新视角合成，可以从光场图像合成一张视点在目标人物和遮挡物之间的新图像，如图 5-21b 所示，绕过了遮挡物得到了更清晰的人物成像。

4. 重对焦

由于光场包含了空间中各个角度的光线，理论上合理地选取光线并进行平均就能够实现重对焦（refocus）的效果。其原理如图 5-22 所示，将重对焦任务简化到一维情形下进行分析，原本的 uv 平面退化为 v 线，原本的 st 平面退化为 s 线。如果希望聚焦在

s 线上，击中假想中成像平面 s_0 点的光线恰巧汇聚于 s 线上的 s_0 点，图像可以表示为

$$I_0(s_0) = \int_\Omega L(s_0 + v_i, s_0)\mathrm{d}v_i \tag{5.3}$$

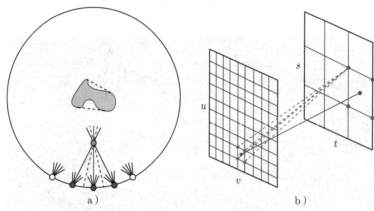

图 5-20 新视角合成原理示意图

a)   b)

图 5-21 新视角合成结果样例展示

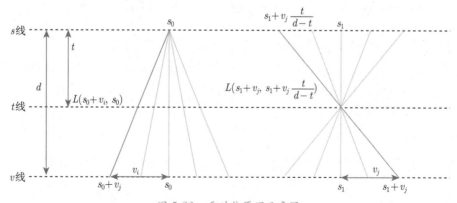

图 5-22 重对焦原理示意图

如果设 s 线和 v 线间距离为 d，希望聚焦在距离 s 线 t 单位长度的 t 线上，通过假想中成像平面 s_1 点的光线将会击中 s 线上的不同位置，当光线穿过 v 线上的 $s_1 + v_j$ 点时，将会击中 s 线上的 $s_1 + v_j \dfrac{t}{d-t}$ 点，所以图像可以表示为

$$I_t(s_1) = \int_{\Omega} L\left(s_1 + v_j, s_1 + v_j \frac{t}{d-t}\right) \mathrm{d}v_j \tag{5.4}$$

如此，只需要合理地设计积分函数就可以利用光场图像实现重对焦。

5.3　自动对焦

本章已经介绍了如何使用各种手段实现重对焦、全聚焦，可是在日常的摄影中这些技术并不常用。摄影师一般需要在拍摄图片时就调整好对焦距离使相机聚焦在目标物上，而这往往依赖于现代相机的自动对焦（Auto-Focus，AF）功能。如今，自动对焦已经成为现代相机不可或缺的重要功能，极大地方便了摄影师在拍摄中的对焦操作。本节将介绍目前相机自动对焦的几种主要方法。

5.3.1　主动对焦

主动式对焦（active auto-focus）的思想就是通过主动测量相机和目标物之间的距离，反推出最合适的对焦距离。这种自动对焦方式的典例是拍立得相机，如图 5-23 所示，其通过飞行时间传感器和超声波测量相机和人物之间的距离。主动式对焦有明显的缺陷，如较大的耗电量、非常有限的作用范围和受到实际场景中的回声干扰等。这些因素都使得主动式对焦没有成为现代单反相机和无反相机的选择。

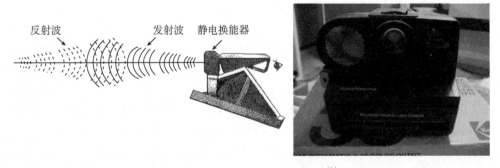

图 5-23　拍立得相机的主动式对焦（基于 CMU 15-463[1] 课程讲义插图重新绘制）

5.3.2　反差对焦

被动式对焦（passive auto-focus）和主动式对焦相反，在改变镜头和传感器间距离的过程中被动地寻找最佳的对焦距离。

反差对焦（contrast detection）是被动式对焦中较常见的一种，其基于对焦时相邻像素间的对比度最大，失焦时相邻像素间的对比度较小这一特性设计，通过在镜头调整的过程中寻找最大的对比度来判断聚焦的位置，原理示意如图 5-24 所示。早期的反差对焦往往依赖于多个传感器，但是现在的相机中一般通过主传感器就实现了反差对焦。具体方法是在镜头移动的过程中拍摄一组图像并以此计算最大对比度，这种思想和前面介绍的对焦与离焦的深度测量有异曲同工之妙。反差对焦的主要缺点是其对焦过程较为缓慢，需要镜头反复移动不断寻找最大对比度，在失焦时无法判断镜头应该移动多少距离才能聚焦，在聚焦时也不能立刻判断出当前位置就是最优情形。但是反差对焦的光学设计比较简单，因此往往在低端相机中采用。

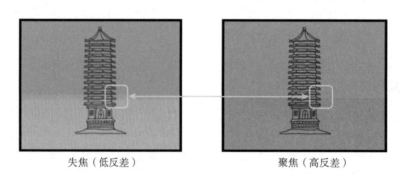

失焦（低反差）　　　　　　　　　聚焦（高反差）

图 5-24　反差对焦原理示意图

5.3.3　相位对焦

相位对焦（phase detection）是另一种常见的被动对焦方式，最早应用在单反相机上。在对焦过程中，入射光被反光镜拦截，部分向上分光到对焦屏（focusing screen），另一部分向下至自动对焦模块（简称 AF 模块）。自动对焦模块由两个迷你图像传感器组成，每个传感器上有一个迷你透镜。在失焦状态下，由同一点发出的两束光线会击中主传感器的不同位置，此时这两束光线在被反光镜反射之后分别照在两个迷你传感器的不同位置；在聚焦状态下，这两束光线将照射在两个迷你传感器的同一位置。如此一来，在失焦时两个传感器上的相位便无法重合，而聚焦时传感器上的相位必定重合，原理示意如图 5-25 所示。这样在镜头移动的过程中，相位重合就意味着聚焦。此外，相位对焦还能够通过相差计算出镜头需要向哪个方向移动多少距离才能聚焦，因此对焦速度也要快于反差对焦。但是由于光学设计更为复杂所以造价更为昂贵，因此往往在高端单反上应用。

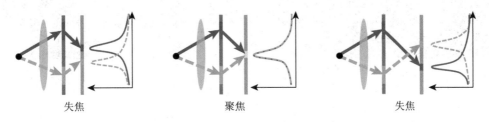

失焦　　　　　　　　　　　聚焦　　　　　　　　　　　失焦

图 5-25　相位对焦原理示意图

无反相机和手机无法像单反相机一样实现如此庞大的光学系统。实际上，无反相机通过在感光元件的表面使用微棱镜代替单反相机中的反光镜，将光线一分为二。手机则常常使用激光对焦、双核对焦等方法辅助实现自动对焦。

5.4　利用深度学习表示光场

虽然使用光场相机拍摄光场图像是最理想的方式，但是受限于其造价等因素，其目前仍然难以普及到日常摄影中。随着深度学习的出现，许多研究展示了通过普通相机拍摄得到的图像和视频重建光场图像的可能性，最近出现的神经辐射场更是实现了令人眼前一亮的新视角合成效果，也驱动了诸多其他领域的研究。

5.4.1　经典光场表示

"Learning to synthesize a 4D RGBD light field from a single image"（LLFS）[9] 一文发表于 ICCV 2017，Srinivasan 等人提出了一种基于单张图像恢复四维光场图像的深度学习算法，其将恢复光场问题定义为构造一个从四维光场的二维子集预测出四维光场信息的函数：

$$\hat{L}(\boldsymbol{x}, \boldsymbol{u}) = f(L(\boldsymbol{x}, \boldsymbol{0})) \tag{5.5}$$

式中，$L(\boldsymbol{x}, \boldsymbol{0})$ 表示中心视角下的输入图片。

如图 5-26 所示，LLFS 算法流程整体上分为三步。

1）通过一个卷积神经网络 θ_d 预测各个视角下的深度图片：$D(\boldsymbol{x}, \boldsymbol{u}) = d(L(\boldsymbol{x}, \boldsymbol{0}))$。

2）在朗伯假设下通过深度渲染出其他视角下的图片，得到初步的光场结果：$L_r(\boldsymbol{x}, \boldsymbol{u}) = r(L(\boldsymbol{x}, \boldsymbol{0}), D(\boldsymbol{x}, \boldsymbol{u}))$。

3）使用另一个卷积神经网络 θ_o 预测光线上的遮挡以及非朗伯的残差效果，得到完善后的光场结果：$\hat{L}(\boldsymbol{x}, \boldsymbol{u}) = o(L_r(\boldsymbol{x}, \boldsymbol{u}), D(\boldsymbol{x}, \boldsymbol{u}))$。

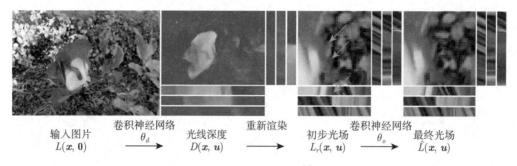

图 5-26 LLFS 算法流程（基于论文[9]的插图重新绘制）

该文作者使用 Lytro Illum 相机拍摄得到了大约 3000 张花卉植物的光场图像，制作了训练和测试用的数据集。训练中使用的监督策略除预测结果和真实光场之间的 $\mathcal{L}_1$ 损失之外，还包括两个正则项分别用于提升深度估计的一致性以及避免错误的深度预测导致过大的梯度。该算法不仅在单图深度估计和新视角合成问题上都展现出了优异的效果，而且还实现了通过预测得到的光场进行重对焦。算法的一些结果样例如图 5-27 所示。

原图　　　　　深度估计　　　　重对焦 (近景)　　　重对焦 (远景)

图 5-27 LLFS 结果样例展示（基于论文[9]的插图重新绘制）

LLFS 算法重点解决的问题是如何恢复出接近真实的光场图像，新视角合成是其后续实现的任务之一。而之后的许多研究工作则淡化了作为中间表示的光场的存在，直接着眼于如何实现更好的新视角合成效果。

在 Local Light Field Fusion（LLFF）中，Mildenhall 等人利用多平面图像（MultiPlane Image, MPI）的概念提出了另一种新视角合成算法[10]。图 5-28 展示了 LLFF 算法的主要流程，其接受一组按照特殊方式拍摄得到的图片，使用卷积神经网络将每张图片分解为多平面图像，最后使用临近视角下的多平面图像综合渲染得到新视角图像。

LLFF 算法需要用户如相机矩阵一般拍摄得到一组图像，然而图像的数量和密度远不及光场图像，所以要渲染新视角下的图片只能通过在已有的图像上预测合成。LLFF 算法首先会如图 5-29 所示将原始图片转化为多平面图像，而这并非是通过简单的深度估计算法实现的。LLFF 算法的卷积神经网络会接受每个原始图片和其相邻视角下的四张图片作为输入, 并预测出 D 个平面上的 RGB 颜色和透明度 α, 其中每个像素都由这共五张图片的像素颜色组合得到, 这使得卷积神经网络在一定程度上能避免因某个视角下的遮挡产生不期望的结果。多平面图像的一项优点是其可以直接投影到其他视角下, 产生近似新视角合成的图像, 但是如此渲染得到的结果可能存在较大的误差, LLFF 算法通过多视角融合避免误差如图 5-30 所示。为了修复这种误差, LLFF 算法最终会综合采用几个相邻视角下多平面图像的渲染结果, 根据透明度 α 将多个渲染结果间加权平均, 得到更好的新视角合成结果。

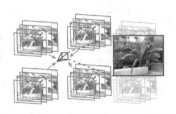

图 5-28 LLFF 算法流程 (基于论文[10] 的插图重新绘制)

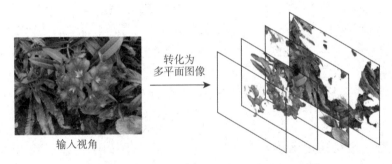

图 5-29 LLFF 算法将原始图像转化为多平面图像 (基于论文[10] 的插图重新绘制)

视角1 投影图像　视角1 透明度　视角2 投影图像　视角2 透明度　平均结果　透明度 加权平均结果　真实结果

图 5-30 LLFF 算法通过多视角融合避免误差 (基于论文[10] 的插图重新绘制)

5.4.2　基于神经辐射场的方法

"NeRF: representing scenes as neural radiance fields for view synthesis"[11] 一文发表于 ECCV 2020，基于光场表达和体素渲染，对新视角合成任务提出了新的算法，能够使用神经辐射场（neural radiance field）这种隐式表达通过不同视角下的多张图片重建出复杂的三维场景，获得了该年度 ECCV 最佳论文提名。NeRF 算法流程如图 5-31 所示。

输入多视角图像　　　　　优化神经辐射场　　　　　在新视角下渲染图像

图 5-31　NeRF 算法流程（基于论文[11] 的插图重新绘制）

在神经辐射场中，每个图片中的像素对应着一条从该视角下的相机原点 $\boldsymbol{o}$ 出发、按方向 $\boldsymbol{d}$ 射向远处的一条射线 $\boldsymbol{r}(t) = \boldsymbol{o} + t\boldsymbol{d}$，每个像素在图像中呈现的颜色就是由其对应的射线经过的空间中的点 $\boldsymbol{x}$ 的颜色 $c(\boldsymbol{x},\boldsymbol{d})$ 和体密度 $\sigma(\boldsymbol{x})$ 决定的，光线在点 $\boldsymbol{x}$ 处有 $\sigma(\boldsymbol{x})$ 的概率终止，$1 - \sigma(\boldsymbol{x})$ 的概率继续传播，最终按照如下的体渲染公式累积得到：

$$\boldsymbol{C} = \int_{t_n}^{t_f} T(t)\sigma(\boldsymbol{r}(t))c(\boldsymbol{r}(t),\boldsymbol{d})\mathrm{d}t,\ T(t) = \exp\left(-\int_{t_n}^{t}\sigma(\boldsymbol{r}(s))\mathrm{d}s\right) \tag{5.6}$$

NeRF 算法将体渲染公式改写为离散形式，并使用多层感知机模型来拟合空间中点的颜色函数 c 和体密度函数 σ。为了实现更好的渲染效果，其采用了分层采样策略（hierarchical volume sampling）和位置编码函数（positional encoding），最终仅需要渲染结果和真实图片之间的误差作为监督就可以驱动模型训练。

NeRF 算法突出的重建能力、优秀的渲染效果为许多其他视觉领域传统问题打破僵局提供了新思路，神经辐射场也成为时下热门的方向。以室外场景重光照任务为例，如果能够放松神经辐射场对静态场景和不变光照的要求，模型便可以充分利用互联网无约束数据对场景进行三维重建，并进一步实现重光照任务。"NeRF in the wild: neural radiance fields for unconstrained photo collections"[12] 一文发表于 CVPR 2021，通过对每张图片建立单独的瞬态神经辐射场处理场景中的瞬态物体，通过对每张图片设置独立的表观编码处理场景中的可变光照，实现了高质量的室外场景重建，自然场景中的 NeRF 网络结构设计如图 5-32 所示。得益于表观编码对环境光照信息的表征，模型可以通过更换图片对应表观编码进行重渲染以实现重光照效果。

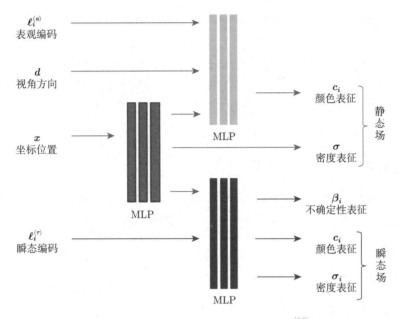

$\boldsymbol{\ell}_i^{(a)}$
表观编码

$\boldsymbol{d}$
视角方向

$\boldsymbol{x}$
坐标位置

MLP

c_i
颜色表征

$\boldsymbol{\sigma}$
密度表征

静态场

β_i
不确定性表征

$\boldsymbol{\ell}_i^{(\tau)}$
瞬态编码

c_i
颜色表征

σ_i
密度表征

瞬态场

MLP

图 5-32　自然场景中的 NeRF 网络结构设计（基于论文[12]的插图重新绘制）

5.5　本章小结

本章依次介绍了焦点堆栈、光场两个概念，并简单阐释了现代相机是如何实现自动对焦的。

▎ 焦点堆栈是什么？如何拍摄？怎样利用焦点堆栈制作全聚焦照片？

焦点堆栈是指一组聚焦于不同深度平面的图像。对传统相机而言，通过转动对焦环或移动相机位置，可以得到这样的一组图片。在焦点堆栈合并的过程中，根据焦点堆栈中照片像素的清晰程度分配权重，按权重进行平均即可得到全聚焦照片。

▎ 如何从对焦和失焦效果来估计深度？

从对焦效果来估计深度是利用一组对同一场景进行拍摄的对焦距离动态改变的照片（焦点堆栈），对每个像素，根据拍摄的清晰程度确定最为合适的对焦距离，进而计算出该点对应深度；从失焦效果来估计深度是利用焦点堆栈中两张图片同一像素弥散圆的大小变化估计弥散圆的大小，进而根据弥散圆的计算公式确定该点对应深度。

▎ 光场是什么？如何表示、拍摄？光场能够完成什么应用？

　　光场就是空间中所有光线的集合，描述了空间中从每个点经过、射向每个方向的光线。光场理想的表示模型是全光函数 $L(x, y, z, \theta, \phi, \lambda, t)$，广泛使用的是四维光场模型 $L(u, v, s, t)$。光场的一种拍摄思路是在不同的相机位置下拍摄多张图片来记录光场信息，为此可以构建相机阵列或使用可移动的相机。此外，借助微透镜阵列可以在一次曝光拍摄中记录下完整的四维光场信息。光场能够实现改变光圈、新视角合成、重对焦以及进一步的全聚焦等应用。

▌ 现代相机是如何实现自动对焦的？

　　现代相机的自动对焦方式分为主动式对焦和被动式对焦。主动式对焦即通过主动测距寻找最佳对焦距离。被动式对焦即相机在对焦距离改变的过程中检测聚焦时刻，主要包含反差对焦和相位对焦两种。

5.6　本章课程实践

1. 光场图像重对焦

　　使用给定的光场相机拍摄的图像 chessboard.png，如图 5-33 所示，实现三种不同的重对焦效果，编程语言不限。整个任务包含如下 4 部分。

图 5-33　chessboard 图像

　　1）读取光场图像，将其表示为五维数组 $L(u, v, s, t, c), u = v = 16$ 是相机矩阵的坐标，$s = 400/t = 700$ 是每张子图像的像素坐标，$c = 3$ 表示 RGB 颜色空间，其 16×16 子图像阵列如图 5-34 所示。

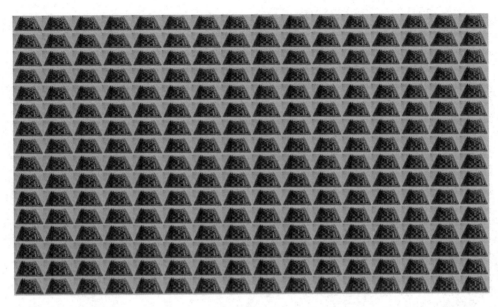

图 5-34　chessboard 的 16×16 子图像阵列

2）利用公式 $\dfrac{1}{uv}\displaystyle\int_u\int_v L(u,v,s,t,c)\mathrm{d}v\mathrm{d}u$，简单地将子图像求平均，得到顶部清晰的图像，结果应如图 5-35a 所示。

3）利用公式 $\dfrac{1}{uv}\displaystyle\int_u\int_v L(u,v,s+d\cdot u,t+d\cdot v,c)\mathrm{d}v\mathrm{d}u$，通过自设定一个偏移量 d，得到中部清晰的图像，结果应如图 5-35b 所示。$^{\ominus}$

4）更改偏移量 d，得到底部清晰的图像，结果应如图 5-35c 所示。

a）　　　　　　　　　　b）　　　　　　　　　　c）

图 5-35　chessboard 的重对焦结果

2. 焦点堆栈

光场图像可以通过改变偏移量生成对焦不同位置的图像，由此通过光场图像可以生成焦点堆栈，如图 5-36 所示。

⊖ 注意不同子图之间的偏移关系，$s+d\cdot u$ 和 $t+d\cdot v$ 中的 d 的值不一定相等。

图 5-36　chessboard 的焦点堆栈

　　焦点堆栈可以合并出一张全聚焦图像。为了能够生成一张全聚集图像，需要赋予不同对焦位置图像像素点权重。像素点权重的计算方式有多种方法，以下是其中一种：

　　1）对于每张图像，首先从 RGB 图像中抽取亮度通道：

$$I_{\text{luminance}}(s,t,d) = \text{get\_luminance}(I(s,t,c,d))$$

　　2）利用标准差为 σ_1 的高斯卷积核从图像中提取低频信息：

$$I_{\text{low-freq}}(s,t,d) = G_{\sigma_1}(s,t) * I_{\text{luminance}}(s,t,d)$$

　　3）将原始图像减去低频信息得到高频信息：

$$I_{\text{high-freq}}(s,t,d) = I_{\text{luminance}}(s,t,d) - I_{\text{low-freq}}(s,t,d)$$

　　4）利用标准差为 σ_2 的高斯卷积核从图像的高频信息中估计出图像的锐度权重：

$$\omega_{\text{sharpness}}(s,t,d) = G_{\sigma_2}(s,t) * (I_{\text{high-freq}}(s,t,d))^2$$

5）基于图像的锐度权重，可以生成全聚焦图像：

$$I_{\text{all-in-focus}} = \frac{\sum_d \omega_{\text{sharpness}}(s,t,d)I(s,t,c,d)}{\sum_d \omega_{\text{sharpness}}(s,t,d)}$$

最终合成的全聚焦图像如图 5-37 所示。

图 5-37　chessboard 的全聚焦图像

根据上面的指引编程实现从焦点堆栈生成全聚焦图像，编程语言不限。

3. 基于深度学习的光场生成

从以下两篇论文任选其一：

（1）LLFS[9]⊖　任务要求：阅读论文，通过论文作者提供的图像生成光场图像，再利用前面介绍的方法生成重对焦图像。读者也可以尝试自行拍摄图像，再利用该算法生成光场图像及重对焦图像。鼓励读者尝试不同类型的图片，探究该算法的泛化性能。由于原论文作者没有提供测试代码和预训练模型，读者可以使用本书提供的修改后的代码和预训练模型⊖。

任务提示：在尝试自行拍摄图片时，注意拍摄图像的景深不宜过浅。

（2）LLFF[10]⊜　任务要求：阅读论文，按照官方代码中 Setup and render a demo

⊖　官方实现：https://github.com/pratulsrinivasan/Local_Light_Field_Synthesis。
⊖　附件：https://github.com/PKU-CameraLab/TextBook。
⊜　官方实现：https://github.com/Fyusion/LLFF。

scene 小节的指导，使用论文作者给出的一组图片以及自己拍摄的一组图片合成新视角下的图片，并对模型的生成能力进行分析。

任务提示：下面是供读者参考的简要流程。

1）安装 Docker 和 nvidia-docker。

2）从 Github 上克隆官方仓库 https://github.com/Fyusion/LLFF.git。

3）运行 download_data.sh 下载预训练模型和论文作者给出的测试用图片，下载的图片保存在 data/testscene/images 目录下。

4）使用 bmildtf_colmap 镜像运行 demo.sh 脚本，在测试场景上合成新视角视频，生成的结果保存为 datatestsceneoutputstest_vid.mp4。

5）按照 Using your own input images for view synthesis 中的示例自己拍摄一组图片，将图片放到 datamysceneimages 下，修改 demo.sh 再次运行脚本，在自己拍摄的数据上合成新视角视频，生成结果保存为 datamysceneoutputstest_vid.mp4。

附件说明

从链接⊖中下载附件，附件包含了课程实践的相关文件，详见 README 文件。

本章参考文献

[1]   GKIOULEKAS I. CMU 15-463: computational photography[EB/OL]. [2022-10-01]. http://graphics.cs.cmu.edu/courses/15-463/.

[2]   MIAU D, COSSAIRT O, NAYAR S K. Focal sweep videography with deformable optics[C]//Proc. of IEEE International Conference on Computational Photography Cambridge, MA, USA: IEEE, 2013.

[3]   HASINOFF S W, KUTULAKOS K N. Confocal stereo[C]//Proc. of European Conference on Computer Vision. Graz, Austria: Springer, 2006.

[4]   BERGEN J R, ADELSON E H. The plenoptic function and the elements of early vision[J]. Computational Models of Visual Processing, 1991, 1(2): 3-20.

[5]   LEVOY M, HANRAHAN P. Light field rendering[C]//Proc. of the 23rd Annual conference on Computer graphics and interactive Techniques. New Orleans, LA, USA: ACM, 1996: 31-42.

[6]   WILBURN B, JOSHI N, VAISH V, et al. High performance imaging using large camera arrays[M]//Proc. of ACM SIGGRAPH. Los Angeles, CA, USA: ACM, 2005.

[7]   VAISH V, ANDREW A. The new Stanford light field archive[EB/OL]. [2022-10-07]. http://lightfie ld.stanford.edu/index.html.

⊖   附件: https://github.com/PKU-CameraLab/TextBook。

[8]　OVERBECK R S, ERICKSON D, EVANGELAKOS D, et al. A system for acquiring, processing, and rendering panoramic light field stills for virtual reality[J]. ACM Transactions on Graphics, 2018, 37(6): 1-15.

[9]　SRINIVASAN P P, WANG T, SREELAL A, et al. Learning to synthesize a 4D RGBD light field from a single image[C]//Proc. of IEEE International Conference on Computer Vision. Venice, Italy: IEEE, 2017: 2243-2251.

[10]　MILDENHALL B, SRINIVASAN P P, ORTIZ-CAYON R, et al. Local light field fusion: practical view synthesis with prescriptive sampling guidelines[J]. ACM Transactions on Graphics, 2019, 38(4): 1-14.

[11]　MILDENHALL B, SRINIVASAN P P, TANCIK M, et al. NeRF: representing scenes as neural radiance fields for view synthesis[C]//Proc. of European Conference on Computer Vision. Glasgow, UK: Springer, 2020.

[12]　MARTIN-BRUALLA R, RADWAN N, SAJJADI M S M, et al. NeRF in the wild: neural radiance fields for unconstrained photo collections[C]//Proc. of IEEE/CVF Conference on Computer Vision and Pattern Recognition. Nashville, TN, USA: IEEE, 2021.

第 6 章

光度成像模型

人们所处的现实世界是三维世界，而目前大多数相机只能得到二维的图像，用相机直接拍摄和记录现实世界物体的三维形状是相机进化过程中一直在追求的目标。一个可行的方案是使用基于激光的三维扫描仪，但这种方案的成本较高，且通常难以获得精细的表面形状。从第 3 章的介绍可知，相机拍摄的图片满足三维场景到二维平面的几何投影关系。此外，三维场景的明暗与二维图像的像素强度之间存在光度上的约束，这其中隐含着物体表面的形状和反射率与环境光照的相互作用关系。本章依次介绍了相机的辐射响应及其标定方法，光度成像模型及其基本要素，从明暗恢复形状的流程和经典方法，以及最近利用深度学习的环境光照估计方法。本章的内容主要围绕以下几个问题展开：

> 通过相机拍摄得到的图像如何定量地确定场景中的光照强弱信息？
>
> 人眼看见或相机拍摄的场景表观是由哪些要素所共同决定的？
>
> 计算机怎样从单张图像的明暗变化中感知物体形状？

6.1 相机辐射响应及其标定

第 3 章介绍了相机成像过程中的几何投影模型：通过相机的几何标定，可以得到图像中像素点与被摄场景中物体三维位置的对应关系。一张完整的相机图像，除了像素点的几何位置之外，还需要像素值的强度信息，也即需要确定被摄场景中的光照强度与相机读出的图像中像素点强度的对应关系。

光度成像模型流程如图 6-1 所示，在相机成像的过程中，光照强弱记录的过程大致可以分为两个阶段。首先，光线从场景通过相机镜头传播到达传感器，此时传感器上每一点接收的光照强弱与场景中对应位置发出的光照强弱呈线性关系（详见拓展阅读：辐射度量学的相关概念）。此后，传感器将接收到的光信号经过转换和处理，最终得到日常使用的数字图像。在这一过程中，图像上每一点的像素强弱与对应传感器像素所接收的光照强弱通常并不是线性关系，它们之间的关系可以用相机辐射响应（camera radiometric response）来描述。

拓展阅读：辐射度量学的相关概念

　　细心的读者可能注意到了，本章为了简化讨论定性地使用了"光照强弱"的说法，而并没有给出严格定义。由于光也属于电磁辐射的范畴，上述描述可以通过辐射度量学（radiometry）的相关概念给出定量的描述。

　　在辐射度量学的概念中，物体沿某一方向发出的光照强弱可以用辐射率 L 来衡量，其定义是每单位立体角（solid angle，单位为 sr）每单位投射表面出射及反射的辐射功率，单位为 $\mathrm{W \cdot sr^{-1} \cdot m^{-2}}$；而传感器所接收到的光照强弱可以用辐照度 E 来衡量，其定义是每单位入射表面接收到的辐射功率，单位为 $\mathrm{W \cdot m^{-2}}$。对相机系统来说，对图像传感器上每一点通常有如下关系成立[1]：

$$E = L \frac{\pi}{4} \left(\frac{d}{h} \right)^2 \cos^4 \phi \tag{6.1}$$

式中，h 是相机镜头的焦距；d 是光圈的直径；而 ϕ 则是该点接收光线方向与相机主轴之间的夹角。

　　可以注意到，尽管传感器上每一点的场景辐射率到传感器辐照度的映射关系会随位置变化（如 2.1 节中提到的图像暗角），但是这些映射都是线性映射。因此，当针对传感器上的某个像素进行讨论时，相机辐射率响应和传感器辐照度响应之间只相差一个常数项系数，在进行归一化后可以认为等价，本书中统称为相机辐射响应。

　　为了叙述方便，本章的讨论不涉及具体单位，感兴趣的读者可以自行查阅辐射度量学和基于物理的渲染（Physically Based Rendering, PBR）的相关资料[2]。

6.1.1　相机响应函数

　　相机辐射响应通常表示为图像亮度（image brightness）i 随传感器辐照度（irradiance）E 变化的函数 $i = f(E)$，即辐射响应函数（radiometric response function），或相机响应函数（camera response function）。在不考虑量纲的情况下，相机响应函数也可以认为是图像亮度随场景辐射率（radiance）L 变化的函数 $i = f(L)$。其中图像亮度为图像中表示相对光照强弱的无单位数值，辐照度是接收光照强弱的定量描述，辐射率是沿某一方向发出的光照强弱的定量描述。如图 6-2所示，在相机没有欠曝、过曝或噪声的情况下，相机响应函数是单调的，其反函数一定存在，称为逆响应函数（inverse response function），不引起歧义时也常用（逆）响应曲线一词指代。

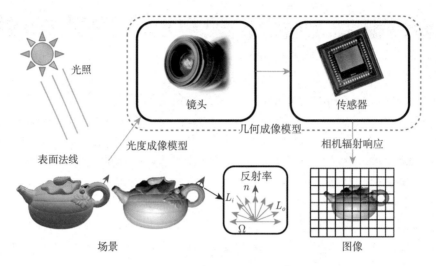

图 6-1　光度成像模型流程示意图

图 6-2　相机响应函数和逆响应函数

从明暗恢复形状（本章）、光度立体成像（第 7 章）和高动态范围成像（第 8 章）等计算摄像任务需要使用线性记录被摄场景发出的光照强弱的线性图像（linear image）。一般商用相机得到的图像是非线性的，当相机（逆）响应函数已知时，可以对图像进行线性化（linearization）操作，从而得到线性图像，图像的线性化如图 6-3所示。

6.1.2　相机辐射响应标定

为了获得上节中介绍的线性图像，可以使用不经过 ISP 的工业相机拍摄得到的图像作为线性图像；如果没有工业相机，也可以使用商用相机拍摄得到的 RAW 格式的图像作为线性图像（详见 2.3 节）。在没有工业相机或者 RAW 图像的情况下，可以采用上节中介绍的线性化的方法获得线性图像，此时需要预先确定用于拍摄的相机的响应曲线。相机响应曲线通常是非线性的，且不同厂商不同型号的相机乃至不同颜色通道对应的响应曲线都可能存在差别，因此这里需要对该相机进行另一种"相机标定"，即辐射响应标定（radiometric calibration）。需要注意的是，由于图像像素强度是一个无单位数值，因此一般只能进行相对值的标定（一般使用归一化到 [0,1] 的图像像素亮度和辐照度数值），如果需要确定场景中某一点的光照强度的绝对值，则需要借助光度计（photometer）或标准光源（standard light source）等专业仪器。当然，对于计算摄像中的绝大多数任务而言，保证线性关系成立的相对值已经能够满足需求。本节将介绍几种常见的辐射响应标定方法。

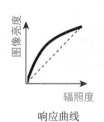

线性化操作前（正常图像）　　　　　响应曲线　　　　　线性化操作后（线性图像）

图 6-3　图像的线性化

1. 使用色卡进行标定

最常见的相机辐射响应标定方法是使用色卡（colorchecker）作为参照物。色卡上印刷了若干已知的标准颜色的色块，常用于摄影、印染等行业的色彩统一。摄影业常见的色卡有 24 色标准色卡和白平衡色卡等，如图 6-4所示。

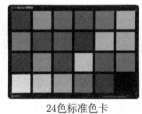

24色标准色卡　　　　　　　　　　白平衡色卡

图 6-4　24 色标准色卡和白平衡色卡

使用 24 色标准色卡，可以从单张相机图像中估计相机响应函数。24 色标准色卡的最下方一排为一个已知反射率灰度色块的序列[⊖]，即场景中灰度色块的相对亮度已知。使用相机对色卡进行拍照并计算不同灰度色块在图像中的像素强度均值，可以得到相机响应函数上的六个对应点 $f(E^{(n)}) = i^{(n)}$，从而拟合出一条相机响应曲线，使用 24 色标

⊖　关于 24 色标准色卡的更多详细参数可以参考维基百科页面 https://en.wikipedia.org/wiki/ColorChecker。

准色卡的灰度色块序列进行相机响应标定如图 6-5所示。需要注意的是不同品牌不同时期生产的色卡对应的数据可能有所差别，图中数字仅为示例。

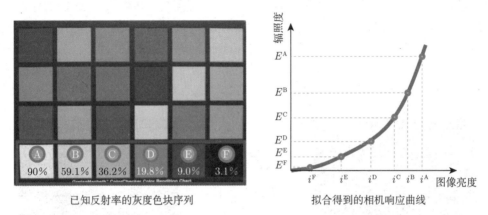

已知反射率的灰度色块序列　　　　　　　拟合得到的相机响应曲线

图 6-5　使用 24 色标准色卡的灰度色块序列进行相机响应标定

2. 调整曝光的自标定方法

如果没有已知标准颜色的色卡，可以通过使用相机拍摄多张不同曝光下的静态场景图像进行自标定（self-calibration）[3]。在相机手动模式下，影响相机曝光的设置有三个：光圈、曝光时间和 ISO（详见第 4 章），为了避免光圈改变带来的景深改变或者调节 ISO 带来的电路噪声，通常需要固定其余相机设置，只改变曝光时间（自动白平衡等选项均需要关闭），从而调节相机曝光，同一个静态场景在一组不同曝光时间下拍摄得到的照片如图 6-6所示。

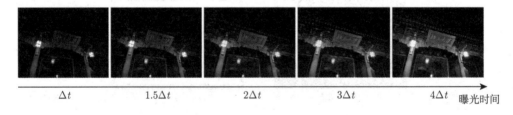

Δt　　　　$1.5\Delta t$　　　　$2\Delta t$　　　　$3\Delta t$　　　　$4\Delta t$　曝光时间

图 6-6　同一个静态场景在一组不同曝光时间下拍摄得到的照片

传感器接收的光照能量与曝光时间 e 呈线性关系，因此改变曝光时间等价于在相同曝光时间下改变场景的辐照度。基于这一原理，可以将问题用如下公式描述：现假设相机逆响应函数 g 可以表示为一个 K 次多项式函数（其中 c_k 为待求解多项式系数）。

$$E = g(M) = \sum_{k=0}^{K} c_k M^k \tag{6.2}$$

式中，M 为图像中任意点的归一化像素亮度（过饱和的点除外）；E 为该像素点对应的辐照度。已知序列中的第 q 张图片和第 $q+1$ 张图片的曝光时间比：

$$R_{q,q+1} = \frac{e_q}{e_{q+1}} \qquad (6.3)$$

等价于相机参数不变，对于每个像素 p，场景的辐照度成倍增减：

$$\frac{E_q(p)}{E_{q+1}(p)} = R_{q,q+1} \qquad (6.4)$$

也即

$$\frac{g(M_q(p))}{g(M_{q+1}(p))} = R_{q,q+1} \qquad (6.5)$$

展开可得

$$\frac{\sum_{k=0}^{K} c_k M_q^k(p)}{\sum_{k=0}^{K} c_k M_{q+1}^k(p)} = R_{q,q+1} \qquad (6.6)$$

由此可以设置优化目标为最小化误差：

$$\epsilon = \sum_{q=1}^{F-1} \sum_{p=1}^{P} \left(\sum_{k=0}^{K} c_k M_q^k(p) - R_{q,q+1} \sum_{k=0}^{K} c_k M_{q+1}^k(p) \right)^2 \qquad (6.7)$$

式中，F 为这组图片的数量；P 为图像中的像素数量。

求解最小化式 (6.7) 中的优化目标即可得到相机的响应函数。结合响应函数的性质，在求解的过程中还要引入以下约束：

1）端点约束（end point constraint）：由于已经对像素亮度和辐照度进行了 $[0,1]$ 区间的归一化处理，自然有 $g(0) = 0$ 和 $g(1) = 1$。

2）单调性约束（monotonicity constraint）：由于响应函数的单调性，约束 g 在 $[0,1]$ 上为单调递增函数。

3. 相机响应函数的表示空间

不同相机的响应函数之间存在差异，式 (6.2) 的多项式表示是一种基于经验的假设。

是否存在一个更符合物理现象的对于响应函数分布的解释？即存在一个空间，使得真实相机的响应函数分布都可以用这个空间中的基函数来表示？

哥伦比亚大学的学者通过对大量真实相机进行辐射响应标定[4]展现了 201 条实测的不同型号相机的相机响应曲线，覆盖范围既包括数码相机的传感器，也包括传统相机所使用的胶卷，部分数据如图 6-7所示。可以观察到，不同的相机（或胶卷）乃至不同的颜色通道都有着不同的响应曲线。

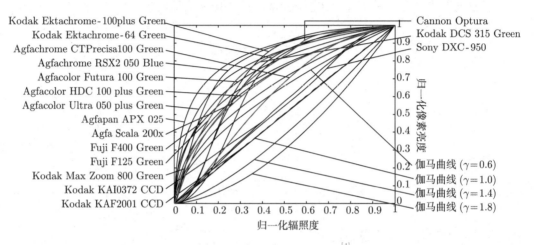

图 6-7　不同型号相机的相机响应曲线（基于论文[4]的插图重新绘制）

上述观测展示了真实相机的辐射响应之间可能存在较大的关联，即有可能存在更加紧致的表达。为此，该论文的作者首先尝试求这些曲线的一条平均曲线 f_0（图 6-8a），然后将每一条曲线与平均曲线作差得到对应的偏离值曲线，对于构成这些曲线的数据点进行主成分分析（Principal Component Analysis, PCA），得到了对应的特征曲线 h_i（图 6-8b），并分析了使用不同数量的特征曲线覆盖的能量百分比。结果发现仅需要前 3 个特征值对应的特征曲线就可以覆盖 98% 以上的响应曲线的能量（图 6-8c），说明这些数据集中不同的响应曲线基本上都可以近似表示为

$$\tilde{f} = f_0 + \boldsymbol{H}\boldsymbol{c} \tag{6.8}$$

式中，$\boldsymbol{H}$ 为特征曲线 h_i 组成的矩阵；$\boldsymbol{c}$ 为这些特征曲线对应的系数。因此不同相机的响应曲线都可以在建立的相机响应函数的表示空间下用较少的系数表示。用这样的表示拟合辐射响应，比利用基于多项式的经验表示，可以得到更符合真实相机辐射响应分布的结果。

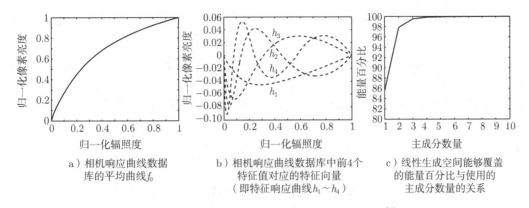

a）相机响应曲线数据　　　　b）相机响应曲线数据库中前4个　　　c）线性生成空间能够覆盖
库的平均曲线f_0　　　　　特征值对应的特征向量　　　　　　的能量百分比与使用的
　　　　　　　　　　　（即特征响应曲线$h_1 \sim h_4$）　　　主成分数量的关系

图 6-8　使用主成分分析建立相机响应函数的一般模型（基于论文[4]的插图重新绘制）

4. 基于低秩矩阵的鲁棒自标定方法

求解式 (6.7) 的最小二乘优化问题在图像存在噪声的情况下会出现过拟合等现象。可以采用更鲁棒的优化求解来缓解这一问题。例如，可以通过求解低秩矩阵优化[5-6]，得到比最小二乘法更加鲁棒的响应函数标定结果，基于低秩矩阵结构求解的响应标定方法如图 6-9所示。

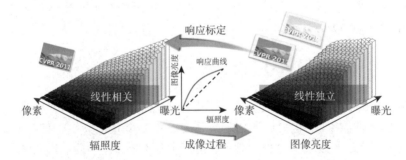

图 6-9　基于低秩矩阵结构求解的响应标定方法（基于论文[5]的插图重新绘制）

拍摄一组不同曝光的静态场景图片，可以将这些图片转换为一个 $\boldsymbol{D} \in \mathbb{R}^{P \times F}$ 的图像亮度矩阵，其中 P 是图像中的像素数量，F 是不同曝光的图像数量，即

$$\boldsymbol{D} = [\text{vec}(\boldsymbol{M}_1)|\cdots|\text{vec}(\boldsymbol{M}_F)] \tag{6.9}$$

式中，$\text{vec}(\boldsymbol{M}_i) = [\boldsymbol{M}_i(1),\cdots,\boldsymbol{M}_i(P)]$ 是列向量表示的第 i 张图像 $\boldsymbol{M}_i$，由于相机响应函数的非线性，这些向量通常是线性独立的。

假定相机响应函数为 g，那么可以从图像亮度矩阵 $\boldsymbol{D}$ 得到场景辐照度矩阵 $\boldsymbol{A}$：

$$\boldsymbol{A} = g \circ \boldsymbol{D} = [\text{vec}(\boldsymbol{E}_1)|\cdots|\text{vec}(\boldsymbol{E}_F)] \tag{6.10}$$

式中，。表示逐元素代入函数；$vec(\boldsymbol{E}_i)$ 表示第 i 张图像每个像素对应的场景等价辐照度。

由于改变曝光时间等价于改变场景辐照度 [式 (6.3) 和式 (6.4)]，因此在不存在欠曝、过曝或噪声的理想情况下，表示场景等价辐照度的向量 $vec(\boldsymbol{E}_i)$ 应该是线性相关的，即场景辐照度矩阵 $\boldsymbol{A}$ 的秩（rank）应该为 1。由此可以确定求解的优化目标为

$$\hat{g} = \arg\min_{g} \mathrm{rank}(\boldsymbol{A}) \quad \text{s.t.} \quad \boldsymbol{A} = g \circ \boldsymbol{D} \tag{6.11}$$

式 (6.11) 中的优化目标可以进一步转化和简化为

$$\hat{g} = \arg\min_{g} \kappa_2(\boldsymbol{A}) \quad \text{s.t.} \quad \boldsymbol{A} = g \circ \boldsymbol{D} \tag{6.12}$$

式中，$\kappa_i(\boldsymbol{A}) = \sigma_i(\boldsymbol{A})/\sigma_1(\boldsymbol{A})$，表示第 i 个奇异值（singular value）$\sigma_i(\boldsymbol{A})$ 的"相对大小"（这里奇异值从大到小排序），比直接使用奇异值更加适合未知绝对单位时的相机响应自标定。

求解式 (6.12) 即可得到相机的响应函数。为了求解的鲁棒性，在求解的过程中相较于使用最小二乘估计方法[3] 中的约束额外引入了平滑约束，即最小化函数 g 的二阶导数绝对值 $|\partial g^2/\partial^2 \boldsymbol{M}|$。

6.2   光度成像模型的三个基本要素

在得到了相机响应函数的标定结果后，可以通过相机图像反推得到线性空间下沿某一方向观察的场景辐射率，也可以通俗地称其为表观（appearance）。如图 6-1所示，观测得到的场景表观是光度成像过程的结果，由三个基本要素所决定，即物体的表面法线（surface normal）、反射率（reflectance）和环境光照 (environment lighting)。

现在考虑光线从场景中的光源出发到达相机的过程（图 6-1），光在均匀介质中沿直线传播，而在不同介质的边界处会发生反射（reflection）和折射（refraction）等现象。此外，对于蜡像和生物组织等物体可能还存在次表面散射（subsurface scattering）现象，在复杂场景中还存在多个物体之间互相反射光线的相互反射（interreflection）现象。上面提及的光传播现象在生活中都有体现，如图 6-10所示。为了简化讨论，本章只考虑不透明刚体在物体表面发生的反射现象。对于本章中没有考虑的物质形态以及光传播现象，感兴趣的读者可以自行查阅计算机图形技术相关资料[7]。

渲染方程[8] 是光度成像模型中的一个重要公式。假设物体本身不发光，则物体表面某点沿方向 $\boldsymbol{\omega}_r$ 反射光的辐射率 L_o 等于在半球面上来自不同方向 $\boldsymbol{\omega}_i$ 的入射光辐射率

$L_i(\boldsymbol{\omega}_i)$、该点的双向反射率分布函数 $f_r(\boldsymbol{\omega}_i, \boldsymbol{\omega}_r)$ 以及入射光余弦项乘积 $\boldsymbol{n} \cdot \boldsymbol{\omega}_i$ 的积分：

$$L_o(\boldsymbol{\omega}_r) = \int L_i(\boldsymbol{\omega}_i) f_r(\boldsymbol{\omega}_i, \boldsymbol{\omega}_r)(\boldsymbol{n} \cdot \boldsymbol{\omega}_i) \mathrm{d}\boldsymbol{\omega}_i \tag{6.13}$$

式 (6.13) 被积项的三个部分分别对应环境光照、反射率和表面法线的影响，下面对每一项进行展开分析。

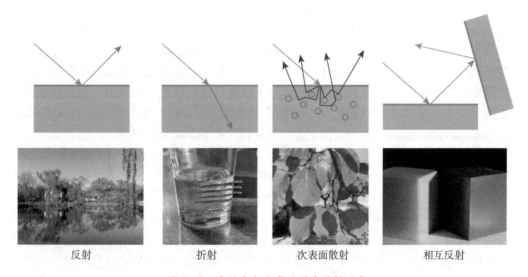

反射　　　　　　　折射　　　　　　次表面散射　　　　　相互反射

图 6-10　生活中部分常见的光传播现象

6.2.1　表面法线

对于具有确定形状的物体，可以将其表面视作一个连续曲面，其上每一点都有一个切平面，这个切平面的指向物体外部的法向量 $\boldsymbol{n}$（通常为单位向量）即为该点的法向量，也即物体的表面法线（也称表面法向量）。假设现在有一个球形的物体，那么该物体表面的每一点的表面法线的方向就是该物体球心到该点连线的方向。物体的表面法线表示物体表面上每一点的局部形状，影响着沿不同方向的光线在这一点的入射角（angle of incidence）和反射角（angle of reflection），也确定了物体在该点能够接收或发出光线的所有方向所构成的半球面。

6.2.2　反射率模型

当已知一个物体某一点的表面法线后，需要确定从不同方向离开物体表面的反射光线（reflected light）和不同方向射向物体表面的入射光线（incident light）之间能量的定量关系，这种关系被称为反射率模型。反射率代表了物体表面反射电磁辐射能力的强弱，是物体表面材质的一种固有的本征属性（intrinsic property）。

一种方向无关的反射率描述是物体表面某一点的半球面反射率（hemisphere reflectance），其定义为该点从表面法线 n 所确定的半球面的各个方向上反射的反射光线的总能量与各个方向上接收的入射光线的总能量的比值。

生活中常见的反射现象至少包含以下两类情况：①漫反射（diffuse reflection），光从一个方向射入，从多个不同方向均有反射光射出；②镜面反射（specular reflection），光从一个方向射入，只能在某个特定的角度下观察到反射光。此时，半球面反射率并不能够很好地描述这两类反射的差别。为了更准确地描述物体的反射性质，还需要考虑物体的方向反射率（directional reflectance），即给定入射光方向 ω_i 和反射光方向 ω_r，度量其反射能量与入射能量的比值。为了完整描述物体在不同入射反射方向组合下的方向反射率，通常使用双向反射率分布函数（Bidirectional Reflectance Distribution Function, BRDF）$f_r(\omega_i, \omega_r)$ 进行一般化的描述，其物理上的定义为

$$f_r(\omega_i, \omega_r) = \frac{\mathrm{d}L_r(\omega_r)}{\mathrm{d}E_i(\omega_i)} = \frac{\mathrm{d}L_r(\omega_r)}{L_i(\omega_i)\cos\theta_i\mathrm{d}\omega_i} \tag{6.14}$$

式中，$\cos\theta_i$ 为入射光余弦项，θ_i 为入射角；$\mathrm{d}\omega_i$ 为入射方向对应的立体角微元。

由于物体每一点的表面法线 n 以及由其确定的半球面随具体位置而变化，更常见的 BRDF 的描述方式是定义在半球面上的，其中每个方向 ω 在球面上对应两个自由度 θ 和 ϕ，此时 BRDF 的定义是一个四维函数 $f_r(\theta_i, \phi_i; \theta_r, \phi_r)$，如图 6-11a 所示（表面法线 n 为 z 轴的正方向）。对于各向同性（isotropic）反射的物体，可以进一步将 BRDF 简化为一个三维函数 $f_r(\theta_i, \theta_r, \phi)$，如图 6-11b 所示。各向同性反射与各向异性（anisotropic）反射的物体的例子如图 6-12所示。

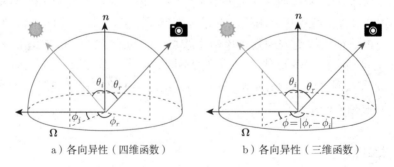

a）各向异性（四维函数）　　　　b）各向异性（三维函数）

图 6-11　BRDF 在半球面上的定义

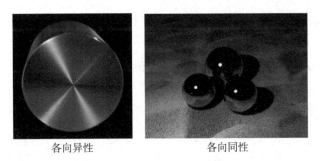

各向异性　　　　　　　各向同性

图 6-12　各向异性反射与各向同性反射的物体（图片来源于网络）

有了 BRDF 这一工具，可以对生活中感受到的发生漫反射与镜面反射的物体的材质进行更精确的描述。图 6-13展示了几类不同材质的渲染茶壶在同样光照下的表观以及对应的 BRDF 的可视化，可以看到镜面反射对应的 BRDF 成分是方向非常集中的一个尖峰，而漫反射通常对应半球面上比较均匀的分布。

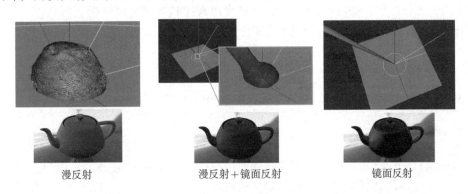

漫反射　　　　　　　漫反射+镜面反射　　　　　　　镜面反射

图 6-13　几类不同材质的渲染茶壶在同样光照下的表观以及对应的 BRDF 的可视化

注：BRDF 可视化的图片利用开源项目的代码生成（网址: https://github.com/wdas/brdf）。

朗伯反射（Lambertian reflection）是最常用的简化物体材质假设的一类理想漫反射模型，此时不论入射光和反射光的方向如何变化，反射率都是相同的，其 BRDF 可以表示为

$$f_{\mathrm{lamb}}(\theta_i, \phi_i; \theta_r, \phi_r) = \frac{\rho}{\pi} \tag{6.15}$$

式中，$\rho \in [0, 1]$ 对应该点的半球面反射率（通常也称为 albedo）。

6.2.3　光源模型

物体的表观除了与物体的形状和材质等本征属性有关，也与场景中的光照条件等外部属性有关。通常可以把场景的整体光照条件分解为若干光源贡献的总和。常见的几类

光源对应的模型如下，如图 6-14 所示。

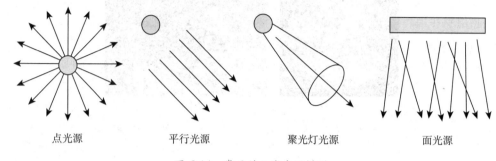

点光源　　　　　　　　平行光源　　　　　　　　聚光灯光源　　　　　　　　面光源

图 6-14　常见的几类光源模型

1）点光源（point light）：此时光源本身的大小可以被忽略成一个点，光线从这个点出发向所有方向发出同等强度的光。

2）平行光源（directional light）：当点光源被拉到无限远的时候，可以将点光源近似为平行光源，即图像表面每个像素接收到的光源方向都是相等的。

3）聚光灯光源（spotlight）：与点光源类似，但是光强在不同方向上的分布是不等同的，主要集中在一个圆锥范围内。

4）面光源（area light）：光从一个考虑面积的平面上的每个点向各个方向发出。

6.3　从明暗恢复形状

通过相机响应标定，得到了与场景辐照度呈线性关系的图像，而场景辐照度又可以分解为上面讨论的物体形状、反射率和光照条件三个基本要素的相互作用。当物体反射率和场景光照条件全部或部分已知时，从图像中反推物体的形状信息即成为可能，这也为计算机从图像的明暗变化中理解三维世界中的物体的形状提供了线索。下面介绍从单张图像中恢复物体形状的方法，即从明暗恢复形状。不失一般性地，这里只考虑单个颜色通道对应的情形。

从明暗恢复形状（Shape from Shading, SfS）的概念最早由 Horn 教授在 1975 年提出[9-10]。顺便一提，Horn 教授的另外一个重要学术贡献是将心理学中的光流（optical flow）概念引入了计算机视觉领域[11]。

现假设物体反射率满足朗伯反射模型，且场景中的光照为方向为 l 的单个平行光源，那么根据 6.2 节中的讨论 [将式 (6.15) 代入式 (6.13)]，从不同方向观察物体表面每一点的辐射率为

$$L_o(\boldsymbol{\omega}_r) = \int L_i(\boldsymbol{\omega}_i)\frac{\rho}{\pi}(\boldsymbol{n} \cdot \boldsymbol{\omega}_i)\mathrm{d}\boldsymbol{\omega}_i = \frac{\rho E_i}{\pi} = \frac{\rho J_l}{\pi}(\boldsymbol{n} \cdot \boldsymbol{l}) \tag{6.16}$$

式中，E_i 为该点接收的辐照度，正比于光源在方向 l 上发出的辐射度 J_l（可以理解为光源强度的度量）。由于相机图像记录的是相对值，可以认为能够通过调整相机曝光和图像量化使得观测到的对应像素点强度为

$$i = \cos \langle n, l \rangle = \cos \theta_i = n \cdot l \tag{6.17}$$

即入射光方向和表面法线夹角 $\langle n, l \rangle$（即入射角 θ_i）的余弦值。该图像体现了场景中不同位置的光照强弱，因此被称为明暗图（shading map）。

下面考虑从一个切平面推导表面法线的过程。三维坐标系下的平面可以表示为方程

$$Ax + By + Cz + D = 0 \tag{6.18}$$

则该平面对应的法线方向 $\hat{n}$ 可以求解为$^{\ominus}$

$$\hat{n} = \left(-\frac{\partial z}{\partial x}, -\frac{\partial z}{\partial y}, 1 \right) = \left(\frac{A}{C}, \frac{B}{C}, 1 \right) = (p_n, q_n, 1) \tag{6.19}$$

类似地，可以用 $\hat{l} = (p_l, q_l, 1)$ 来表示光照的方向，分别进行单位归一化后可得

$$n = \frac{(p_n, q_n, 1)}{\sqrt{p_n^2 + q_n^2 + 1}}, \quad l = \frac{(p_l, q_l, 1)}{\sqrt{p_l^2 + q_l^2 + 1}} \tag{6.20}$$

此时得到了在 pq 空间中的表面法线与光照方向表示，如图 6-15a 所示。

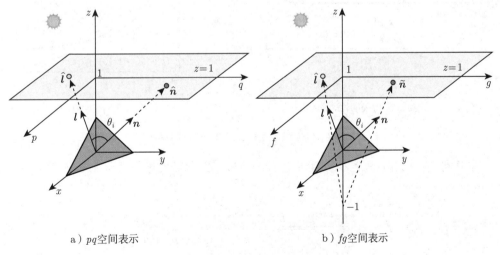

a）pq空间表示　　　　　　　　　b）fg空间表示

图 6-15　在 pq 空间和 fg 空间中的表面法线与光照方向表示

$\ominus$　此处的法线方向总是指向 z 轴正方向一侧，这也对应于相机光轴指向 z 轴负方向的惯例。

此时将式 (6.20) 代入式 (6.17) 中可以得到

$$i = \cos\theta_i = \boldsymbol{n} \cdot \boldsymbol{l} = \frac{(p_n p_l + q_n q_l + 1)}{\sqrt{p_n^2 + q_n^2 + 1}\sqrt{p_l^2 + q_l^2 + 1}} \tag{6.21}$$

因为假设光源方向 p_l 和 q_l 已知，明暗图上的像素强度 i 可以表示为 p_n 和 q_n 的函数：

$$i = s(p_n, q_n) \tag{6.22}$$

即明暗图上每一点强度只与该点物体法线有关，因此这个映射关系 $s(p, q)$ 也被称为明暗映射（在原始文献中的英文表述为 reflectance map，作者认为反射率映射图的描述容易与本章定义的反射率以及第 11 章使用的反射率图概念混淆，故特此区分）。

给定物体某一点的像素强度 i，可以反推得到夹角 θ_i，从而确定与光照方向 $\boldsymbol{l}$ 形成的等夹角锥面（cone of constant intersection angle）。该锥面上的任意方向均为该点可能的物体表面法线方向，该锥面投影到 pq 空间中即形成了一条等强度轮廓线（iso-brightness contour），如图 6-16a 所示。此时明暗映射 $s(p,q)$ 也可以看作一系列等强度轮廓线的组合，如图 6-16b 所示。

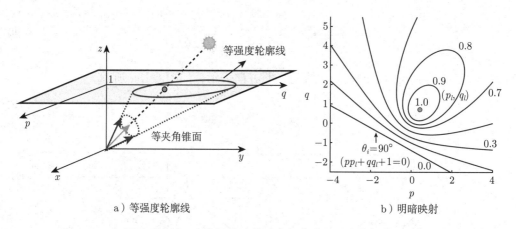

a）等强度轮廓线　　　　　　　　b）明暗映射

图 6-16　在 pq 空间中的等强度轮廓线与明暗映射图

注意到 $(p, q, 1)$ 无法表示垂直于 z 轴的方向，因此需要进行球极平面投影（stereographic projection）：

$$f = \frac{2p}{1 + \sqrt{p^2 + q^2 + 1}}, \quad g = \frac{2q}{1 + \sqrt{p^2 + q^2 + 1}} \tag{6.23}$$

从而将表面法线的描述从 pq 空间转换到如图 6-15b 所示的 fg 空间中。对应地，也可以在 fg 空间上定义明暗映射 $s(f, g)$ 和等强度轮廓线。

由上述讨论可知，当已知场景中的光照方向和对应的明暗映射时，只能从图像中每一点的像素强度确定其所有可能的表面法线所在的一条等强度轮廓线。为了唯一确定一个方向，一种方式是使用不同的光照方向得到不同的明暗映射，从而通过几条等强度轮廓线确定唯一的交点（详见 7.1 节），而另一种方式则是对物体形状增加约束，将在本章下文介绍。

从单张图像求解从明暗恢复形状的问题通常采用以下约束条件：

1）遮挡边界（occluding boundary）约束：即认为相机观察到的物体边缘处的表面法线 n 在图像上垂直于物体边界方向 e 且在现实世界中与相机光轴（即视角）方向 v 垂直，如图 6-17 所示。此时物体边界处的表面法线可以唯一确定，并作为求解的边界条件。

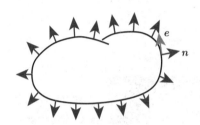 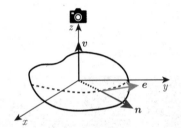

图像中的物体边界与表面法线　　　　　现实世界中的遮挡边界与表面法线

图 6-17　从明暗恢复形状问题中的遮挡边界约束

2）图像亮度约束（image irradiance constraint）：每一点计算得到的明暗图像素要尽量接近拍摄得到的图像亮度，即最小化：

$$e_{\mathrm{i}} = \iint_{\mathrm{image}} (i(x,y) - s(f,g))^2 \mathrm{d}x\mathrm{d}y \tag{6.24}$$

3）平滑约束（smoothness constraint）：认为物体的表面法线应当是连续变化而不应该有突变，即最小化：

$$e_{\mathrm{s}} = \iint_{\mathrm{image}} \left(\left(\frac{\partial f}{\partial x}\right)^2 + \left(\frac{\partial f}{\partial y}\right)^2 \right) + \left(\left(\frac{\partial g}{\partial x}\right)^2 + \left(\frac{\partial g}{\partial y}\right)^2 \right) \mathrm{d}x\mathrm{d}y \tag{6.25}$$

将上述三个约束条件进行联合迭代求数值解，可以从单张输入的灰度明暗图得到物体表面形状的恢复结果，利用遮挡边界信息、使用局部线性化近似的从明暗恢复形状的结果分别如图 6-18、图 6-19 所示。可以看到，由于问题本身的难度较大，只对于简单形状的物体效果不错，而对于复杂形状的物体则容易产生较大的法线错误。

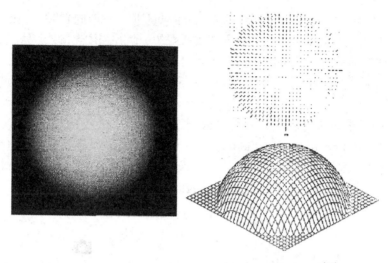

图 6-18　利用遮挡边界信息的从明暗恢复形状的结果[12]

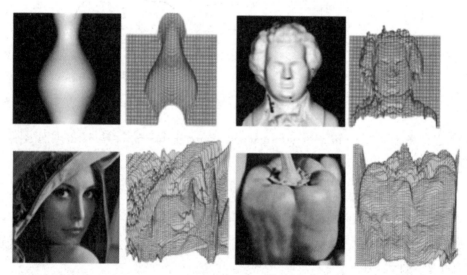

图 6-19　使用局部线性化近似的从明暗恢复形状的结果[13]

　　从明暗恢复形状的方法还可以与其他的计算机视觉技术相结合从而获得更好的效果。比如可以和多视角立体视觉（Multi-View Stereo, MVS）[14] 或 RGB-D 相机[15] 相结合，从粗糙的表面法线图（normal map，利用图像像素坐标系表示的表面法线方向）或深度图（depth map，利用图像像素坐标系表示的深度）作为基本约束改善整体形状恢复效果。此外还可以和深度学习的方法相结合，利用深度网络学习到的特定类别的物体形状的先验知识来约束物体形状的恢复（如 SfSNet[16]，具体可见 11.4 节）。

6.4　利用深度学习估计环境光照

除了恢复物体形状之外，也有很多工作聚焦于恢复环境光照的成分，此类工作最常见的设置是从单张视野有限（limited-FoV）的低动态范围（LDR）图像中恢复场景中各个方向的环境光照。其中全景的高动态范围（HDR）的环境光图（environment map）是全方向环境光照的一种常用可视化表示，环境光图中的每一个像素对应由一个方位角（azimuth angle）和天顶角（elevation angle）组合确定的方向上的光照，环境光照的全景环境光图表示如图 6-20所示。本章 6.2.3 节介绍的光源模型也都可以利用环境光图进行表示，例如点光源可以表示为一张全黑背景的环境光图中的一个亮点。

图 6-20　环境光照的全景环境光图表示

由于从单张图像推断光源是一个高度不适定的问题，对其进行相对可靠的求解十分具有挑战性。近年来，随着深度学习技术的发展以及大规模实拍环境光度数据的出现，该问题有了很大的进展。本节将重点介绍几类具有代表性的工作：使用参数化模型的室外环境光照估计[17-18]、使用自编码器的室外环境光照估计[19]、非参数化的全局一致室内环境光照估计[20] 及参数化的局部可变室内环境光照估计 [21-22]。表 6-1为基于深度学习的环境光照估计相关方法的总结对比，更详细的内容可以参考相关综述文献[23]。

6.4.1　参数化模型估计室外光照

"Deep outdoor illumination estimation"[17] 一文发表于 CVPR 2017，旨在使用一个较少参数的参数化模型来表示室外场景中来自天空穹顶（skydome）的光照，并利用神经网络从单张 LDR 输入图像估计对应场景中光照的参数化表示，使用参数化光照模型的室外环境光照估计流程如图 6-21所示。这篇文章使用了简化后的 Hošek-Wilkie 天空模型（HW 天空模型） [27-28]，该模型将来自天空穹顶中某一方向 l 的光照在 RGB 全景光图下的值 $C_{\mathrm{RGB}}(l)$ 表示为

$$C_{\mathrm{RGB}}(\boldsymbol{l}) = w f_{\mathrm{HW}}(\boldsymbol{l}, t, \boldsymbol{l}_{\mathrm{sun}}) \tag{6.26}$$

式中，$w \in \mathbb{R}$ 表示图像的不同曝光条件带来的缩放系数；t 为大气浑浊度（turbidity）系数，可以影响太阳光照和天空光照的相对强弱以及颜色，不同 t 对应的天空环境光图以及渲染物体的图像如图 6-22 所示；而 $\boldsymbol{l}_{\mathrm{sun}} \in \mathbb{R}^2$ 表示天空中太阳的位置（用球面坐标中的天顶角 θ_{sun} 和方位角 ϕ_{sun} 表示，$\boldsymbol{l}_{\mathrm{sun}} = [\theta_{\mathrm{sun}}, \phi_{\mathrm{sun}}]$）。

表 6-1　基于深度学习的环境光照估计相关方法的总结对比

方法	输入	输出	主要贡献	适用范围
室内场景				
Marc-André 等[22]	单张 LDR 图像	将室内光照表示为 N 个参数化漫反射面光源（文章里面使用 $N=3$）和背景光成分，每个光源用一组参数描述：方向、距离、立体角、颜色和光强度	首先在室内光照估计任务中使用参数化模型表示光照	场景级别
Mathieu 等[21]	单张 LDR 图像和图像中指定位置裁剪的一个局部（patch）	5 阶 SH 光照模型（共 108 个参数），以及指定局部的反射率和明暗图分解结果	使用相对简单的光照表示和网络结构实现了快速的室内随空间可变光照的估计	场景级别
Song 等[24]	单张 LDR 图像以及图中指定的需要估计局部光照的准确位置	在指定位置估计的 HDR 环境光图（非参数化）	将图像输入的信息通过几何投影到全景环境光图中，提供了更多先验	场景级别
Marc-André 等[20]	单张 LDR 图像	用 HDR 环境光图表示的光照（非参数化）	采用端到端的网络设计直接从输入图像估计环境光照	场景级别
Weber 等[25]	物体的 LDR 图像和表面法线图	用 HDR 环境光图表示的光照（非参数化）	直接从任意已知形状的物体估计环境光照	物体级别
室外场景				
Hold-Geoffroy 等[19]	单张 LDR 图像	使用自编码器学习到的 HDR 环境光图的编码（非参数化）	使用自编码器学习到 HDR 环境光图的一个压缩编码表示，并且可以表示不同天气条件的光照	场景级别
Zhang 等[18]	单张 LDR 图像	LM 天空光照模型的参数	提出了更适合表示室外不同天气光照的 LM 天空光照模型	场景级别
Hold-Geoffroy 等[17]	单张 LDR 图像	HW 天空光照模型的参数	首次提出使用网络估计一个参数化的天空光照模型的方案	场景级别
混合场景				
LeGendre 等[26]	单张 LDR 图像	HDR 球面光图（非参数化）	构建了一套拍摄不同材质 BRDF 基底的装置，可以在室内和室外场景采集大量数据	场景级别

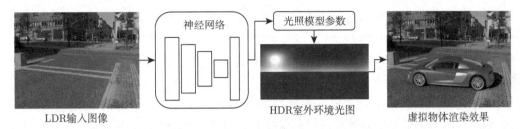

图 6-21　使用参数化光照模型的室外环境光照估计流程（基于论文[17]的插图重新绘制）

图 6-22　不同大气浑浊度系数 t 对应的天空环境光图（第一行）以及渲染物体的图像（第二行）[17]

All-weather deep outdoor lighting estimation[18] 一文发表于 CVPR 2019，其思路和流程与上一篇文章类似，但考虑了更多的天气情况（如多云、阴天等）下室外环境光照的变化。文章针对天气情况的多样性提出了 Lalonde-Matthews 天空模型（LM 天空模型）[29]，该模型将来自天空穹顶中某一方向 $\boldsymbol{l}$ 的光照 $f_{\mathrm{LM}}(\boldsymbol{l})$ 表示为该方向太阳光照 $f_{\mathrm{sun}}(\boldsymbol{l})$ 和天空光照 $f_{\mathrm{sky}}(\boldsymbol{l})$ 的总和：

$$f_{\mathrm{LM}}(\boldsymbol{l};\boldsymbol{q}_{\mathrm{LM}}) = f_{\mathrm{sun}}(\boldsymbol{l};\boldsymbol{q}_{\mathrm{sun}},\boldsymbol{l}_{\mathrm{sun}}) + f_{\mathrm{sky}}(\boldsymbol{l};\boldsymbol{q}_{\mathrm{sky}},\boldsymbol{l}_{\mathrm{sun}}) \tag{6.27}$$

LM 模型中的天空光照 $f_{\mathrm{sky}}(\boldsymbol{l})$ 为 Preetham 天空光照模型 $f_{\mathrm{P}}(\cdot)$[30] 和天空平均颜色 $\boldsymbol{w}_{\mathrm{sky}} \in \mathbb{R}^3$ 的乘积：

$$f_{\mathrm{sky}}(\boldsymbol{l};\boldsymbol{q}_{\mathrm{sky}},\boldsymbol{l}_{\mathrm{sun}}) = \boldsymbol{w}_{\mathrm{sky}} f_{\mathrm{P}}(\theta_{\mathrm{sun}},\gamma_{\mathrm{sun}},t) \tag{6.28}$$

式中，θ_{sun} 为太阳的天顶角；γ_{sun} 是环境光照的方向 $\boldsymbol{l}$ 和太阳位置 $\boldsymbol{l}_{\mathrm{sun}}$ 的夹角；t 为表示大气混浊度的系数。LM 模型中的太阳光照 $f_{\mathrm{sun}}(\boldsymbol{l})$ 被表示为一个经验性的二次指数衰减（double exponential falloff）分布和太阳平均颜色 $\boldsymbol{w}_{\mathrm{sun}} \in \mathbb{R}^3$ 的乘积：

$$f_{\mathrm{sun}}(\boldsymbol{l};\boldsymbol{q}_{\mathrm{sun}},\boldsymbol{l}_{\mathrm{sun}}) = \boldsymbol{w}_{\mathrm{sun}} \exp(-\beta \exp(-\kappa/\gamma_{\mathrm{sun}})) \tag{6.29}$$

式中，$\beta,\kappa \geqslant 0$ 为控制太阳形状的参数。综上所述，整个 LM 天空模型一共包含 11 个参数，即 $\boldsymbol{q}_{\mathrm{LM}} \in \mathbb{R}^{11} = \{\boldsymbol{w}_{\mathrm{sky}} \in \mathbb{R}^3, t, \boldsymbol{w}_{\mathrm{sun}} \in \mathbb{R}^3, \beta, \kappa, \boldsymbol{l}_{\mathrm{sun}} \in \mathbb{R}^2\}$。

为了使神经网络学习到图像到光照模型参数的映射，这两篇论文均使用 SUN360 全景图片数据集[31] 作为训练数据来源。由于大规模收集高分辨率 HDR 全景图像相当困难，SUN360 全景图片数据集中的数据均为 LDR 的图像，不能够直接用于光照模型参数的拟合。文章作者分别使用非线性拟合的方法[17] 和训练一个神经网络从 LDR 图像预测得到对应 HDR 图像的方法[18]，得到了用于训练的"图像—光照模型参数"对。为了更加准确地评估光照估计的效果（利用虚拟物体插入的渲染效果进行定性展示，更合理的光照估计对应视觉效果更为真实的渲染结果），文章作者自行拍摄了一个小规模的 HDR 全景图数据集用于测试，图 6-23 为室外光照估计用于虚拟物体渲染效果的对比，展示了两篇文章提出的方法的效果以及对应的真值标注（太阳的方位角被归一化至正前方）。

输入图像　　论文[17]　　论文[18]　　真值渲染　　输入图像　　论文[17]　　论文[18]　　真值渲染

图 6-23　室外光照估计用于虚拟物体渲染效果的对比（基于论文[18] 的插图重新绘制）

6.4.2　自编码器估计室外光照

"Deep sky modeling for single image outdoor lighting estimation"[19] 一文（Deep-Sky）发表于 CVPR 2019，这篇文章使用一个自编码器（autoencoder）通过数据驱动的方式学习一个天空光照的环境光图对应的低维的隐空间编码表示（即学习一个室外环境光照模型），然后从 LDR 图片中去估计学习到的隐空间中的光照编码，进而解码得到估计的环境光照，其主要流程如图 6-24所示。

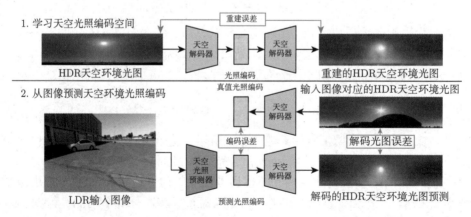

图 6-24　利用自编码器学习到的室外光照模型进行室外环境光照估计（基于论文[19] 的插图重新绘制）

拓展阅读：自编码器

　　自编码器（autoencoder, AE）概念一般认为最早是在 20 世纪 80 年代由 Rumelhart 和 Hinton 等人提出[32]，其设计目标是通过无监督的方式来学习一组数据的有效编码（或表示）。给定一组样本 $\boldsymbol{x}^{(n)} \in \mathbb{R}^D, 1 \leqslant n \leqslant N$，自编码器首先将这组数据映射到特征空间（feature space, 或 latent space）中从而得到每个样本对应的隐变量（latent vector 或 latent code）编码 $\boldsymbol{z}^{(n)} \in \mathbb{R}^M, 1 \leqslant n \leqslant N$，并预期这组样本的编码能够重建原始给定的样本。自编码器的结构可以分为两个主要部分：①编码器（encoder）$f : \mathbb{R}^D \to \mathbb{R}^M$；②解码器（decoder）$g : \mathbb{R}^M \to \mathbb{R}^D$。自编码器的学习目标是重建输入，也即最小化重建误差，如 L_2 误差：

$$\mathcal{L} = \frac{1}{N} \sum_{n=1}^{N} ||\boldsymbol{x}^{(n)} - g(f(\boldsymbol{x}^{(n)}))||^2 \tag{6.30}$$

在实际应用中，M 通常小于 D，此时编码器完成了数据降维的操作，能够更紧凑地表示原始样本中的有效信息，从而使得噪声等不重要的信息在重建过程中被去除。自编码器的一种常见实现是前馈（feed-forward）神经网络的结构，其编码器和解码器通常采用结构对称的网络层设计，使用对称结构神经网络实现的一维自编码器如图 6-25 所示。

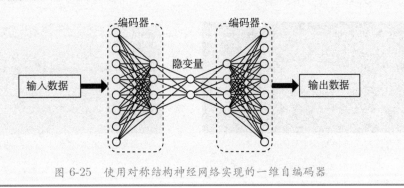

图 6-25　使用对称结构神经网络实现的一维自编码器

6.4.3　非参数化全局一致室内光照

　　除了使用参数化的模型表示环境光照外，也有相关工作直接通过深度学习的方式预测环境光图，这是一种非参数化的环境光照表示。相较于室外场景，室内场景的 HDR 全景图片更容易获得，因此直接利用室内 HDR 环境光图的数据集进行光照估计任务的训练是可行的。这里介绍一篇基于非参数化的环境光图表示的室内环境光照估计方法。

"Learning to predict indoor illumination from a single image"[20] 一文发表于 SIG-GRAPH Asia 2017，这篇文章训练神经网络从视野受限的室内 LDR 图片输入直接预测对应的室内 HDR 环境光图的像素值，对每个输入图像只预测一个全景 HDR 环境光图，即认为视野受限的 LDR 图片中的所有位置的光照是全局一致的。考虑到室内光照对于光源的距离变化较为敏感，直接对真值全景光图进行裁切得到视野受限的虚拟相机照片可能会造成光照条件的不对应，因此需要通过使用全景图"图像形变"（image warping）的方式来从单张室内全景图生成大量成对的"图像—环境光图"训练数据，使用全景图卷绕的方法生成室内场景训练数据如图 6-26所示，此时形变后的全景光图比原始的全景光图更能准确描述以虚拟相机位置为中心的光照条件，也避免了大量移动相机在不同位置实拍采集数据集的高昂代价。

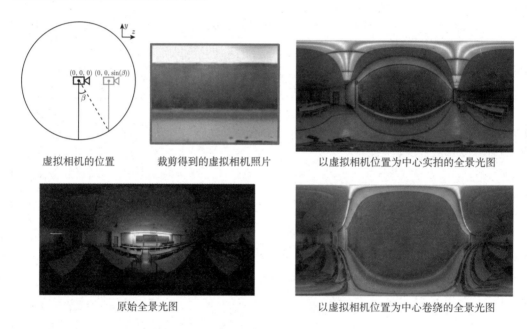

图 6-26　使用全景图卷绕的方法生成室内场景训练数据（基于论文[20] 的插图重新绘制）

6.4.4　参数化的局部可变室内光照

相较于室外场景中的光源，室内场景中的光源通常没有较强的先验知识，并且存在很多局部可变（spatially-varying）的光照现象（可以直观理解为在空间中的任何一个位置放置全景 HDR 相机拍摄到的环境光图是不一样的），这与室外场景光照估计中通常采用的全局一致（spatially-uniform）光照（所有光照都来自无穷远处，场景中任何一个位置观测到的全景 HDR 环境光图是一致的）假设存在较大差异。这里介绍两篇基于参数化模型的局部可变室内环境光照估计方法。

"Fast spatially-varying indoor lighting estimation"[21] 一文发表于 CVPR 2019，这篇文章通过渲染室内场景的方式采集大量局部可变的合成光照真值数据，使用 5 阶球谐函数（Spherical Harmonics, SH）来表示室内光照，并对于每一个给定图像点的位置都实时性地单独估计一个局部可变的 SH 的光照表示。基于球谐函数表示的局部可变室内环境光照估计如图 6-27 所示，除了预测 SH 系数表示的光照之外，还预测 SH 系数表示的室内深度估计。作者还使用了判别器分支和本征成分分解（见第 11 章）分支的设计以改善在真实数据上进行光照估计的效果。

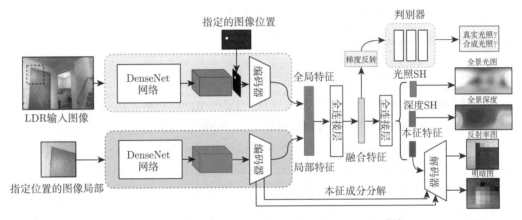

图 6-27　基于球谐函数表示的局部可变室内环境光照估计（基于论文[21]的插图重新绘制）

"Deep parametric indoor lighting estimation"[22] 一文发表于 ICCV 2019，这篇文章考虑到室内存在的接近点光源的高频光照成分，以球面高斯（Spherical Gaussian, SG）的组合和环境背景光的模型作为室内光照的参数化表示。由于采用的室内光照模型包含了与光源的距离这一因素，该方法能天然地表示室内光源局部可变的特性，基于球面高斯表示的局部可变光照特性及渲染效果对比如图 6-28 所示。

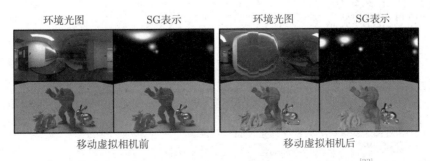

图 6-28　基于球面高斯表示的局部可变光照特性及渲染效果对比（基于论文[22]的插图重新绘制）

6.5　本章小结

本章各节依次回答了本章一开始提出的如下问题：

▎通过相机拍摄得到的图像如何定量地确定场景中的光照强弱信息？

通过相机的辐照响应标定，可以测量得到相机的辐射响应函数，从而建立图像中的像素亮度与真实世界中光照强度物理量的定量联系。

▎人眼看见或相机拍摄的场景表观是由哪些要素所共同决定的？

人眼或相机观察到的场景表观是由场景中物体的表面法线、反射率以及环境光照这三个基本要素按照光度成像模型所得到的。

▎计算机怎样从单张图像的明暗变化中感知物体形状？

在光照和反射率已知或部分已知时，通过场景明暗图恢复形状的问题是可以通过引入额外约束进行求解的，从而让计算机可以从图像明暗变化中感知到物体的形状。

此外，本章还介绍了环境光照的建模和求解的相关工作，目前大多基于深度学习的方法求解，通过学习数据驱动的先验解决光照估计问题中的不适定性。由于涉及较多本征分解的知识，本章暂未介绍局部可变的室外光照估计工作，相关内容详见 11.4 节。

6.6　本章课程实践

1. 图像级别渲染

给定相机矩阵（内外参矩阵的乘积）、图像坐标系下的场景材质参数（RGB 漫反射率、RGB 镜面反射率、光滑度、深度和法线）和两个点光源（XYZ 位置、RGB 发光强度），求解图像级渲染结果，具体步骤如下：

1）根据相机矩阵，计算图像中每个像素点对应的三维世界坐标。所有参数图及渲染图像均使用 1024×1024 分辨率，相机矩阵 C（内外参矩阵的乘积）的取值及像素点和三维世界坐标对应关系如下：

$$C = \begin{bmatrix} 512 & 0 & 512 & 0 \\ 0 & 512 & 512 & 0 \\ 0 & 0 & 1 & 0 \end{bmatrix} \tag{6.31}$$

$$d \begin{bmatrix} U \\ V \\ 1 \end{bmatrix} = C \begin{bmatrix} X \\ Y \\ Z \\ 1 \end{bmatrix} \tag{6.32}$$

式中，U、V 为每个像素的横、纵坐标，左上角为 $(0, 0)$，右下角为 $(1023, 1023)$；X、Y、Z 为世界坐标，相机摆放在坐标原点 $(0, 0, 0)$，X 轴正方向为相机右方向，Y 轴正方向为相机下方向，Z 轴正方向为相机前方向；d 由附件中提供的深度图提供，图像使用 16-bit 格式，$[0,65535]$ 线性映射至世界坐标中的 $[0.0,10.0]$ m。这一步需要将图像 UV 像素坐标映射至三维空间 XYZ 坐标。

2）根据 Blinn-Phong 反射模型，计算表面反射率，渲染图像。Blinn-Phong 反射模型包含漫反射和镜面反射两部分（忽略环境光照），对于每个像素点，计算漫反射明暗图 S_d 和镜面反射明暗图 S_s：

$$\boldsymbol{h}_m = \frac{\boldsymbol{l}_m + \boldsymbol{v}}{|\boldsymbol{l}_m + \boldsymbol{v}|} \tag{6.33}$$

$$S_d = \sum_{m \in \text{lights}} \frac{I_m}{D_m^2} \frac{1}{\pi} \max(\boldsymbol{n} \cdot \boldsymbol{l}_m, 0) \tag{6.34}$$

$$S_s = \sum_{m \in \text{lights}} \frac{I_m}{D_m^2} \frac{k_a + 2}{2\pi} \max(\boldsymbol{n} \cdot \boldsymbol{h}_m, 0)^{k_a} \tag{6.35}$$

相机拍摄到的反射强度 I_p 可以由式 (6.36) 得到：

$$I_p = k_d S_d + k_s S_s \tag{6.36}$$

式中，$\boldsymbol{l}_m$ 为该点（对应的三维世界点）到光源 m 的方向；$\boldsymbol{v}$ 为该点到相机的方向；I_m 为光源 m 的 RGB 发光强度；D_m 为光源 m 到相机的距离；k_d、k_s 由附件中漫反射率、镜面反射率图提供，$[0,255]$ 线性映射至 $[0.0,1.0]$，k_a 由光滑度图提供，$[0,255]$ 线性映射至 $[0.0,100.0]$，$\boldsymbol{n}$ 由法线图提供，$[0,65535]$ 线性映射至 $[-1.0,1.0]$。

3）使用 $\gamma = 1/2.2$ 的伽马变换将渲染得到的漫反射明暗图 S_d、镜面反射明暗图 S_s 和反射强度图 I_p 从线性空间光强转化为图像 RGB 值，将 $[0.0,1.0]$ 量化到 $[0,255]$，保存图像文件（样例代码中已提供）。

该任务提供一组样例数据，其渲染结果如图 6-29所示，原图和数值数据见附件。

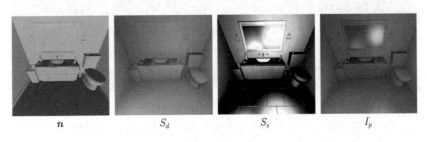

$\boldsymbol{n}$ S_d S_s I_p

图 6-29　图像级别渲染的一组样例数据

需要注意的是，使用上述过程产生的渲染图只考虑了光线一次反射的效果，没有多次反射效果。阴影只包含附着阴影（即因光源处于表面的背面而产生的阴影，attached shadow），不包含投射阴影（因光源被其他物体遮挡而产生的阴影，cast shadow）。由于使用理想点光源模型，光照强度与距离的二次方成反比。

2. 光源估计

附件中提供了 4 张渲染图，每张图保证对应场景中有且仅有 2 个点光源，其 XYZ 位置和 RGB 发光强度未知，场景的其余参数（相机矩阵、深度图、法线图、漫反射率图、镜面反射率图和光滑度图）与任务 1 相同。使用梯度下降类优化算法，求解每张图对应的光源 XYZ 位置和 RGB 发光强度，具体步骤如下：

1）读取输入图像，使用 $\gamma = 2.2$ 的伽马变换将图像 RGB 值转化为线性空间光强（样例代码中已提供）。

2）设计某种策略（高斯分布随机、均匀分布随机、多次随机和固定值等）初始化 2 个点光源的 XYZ 位置和 RGB 发光强度。

3）根据任务 1 的方法，以可导的方式求解渲染图片（仅需要在第二步计算 Blinn-Phong 反射模型时可导）。

4）与提供的图像比较，设计损失函数（L_1、L_2 等），梯度反传。

5）使用某种梯度求解器（SGD、AdaGrad 等）优化 2 个点光源的 XYZ 位置和 RGB 发光强度。

6）将恢复的 XYZ 位置和 RGB 发光强度按照空格分隔一行六个浮点数的形式保存文件。

注意：建议使用已有深度学习框架（PyTorch、TensorFlow 和 Keras 等）中的自动求导（autograd）工具和优化器来实现，使用矩阵运算来保证不同像素间的并行性。本任务可能受到局部最优值的影响，如果最终优化误差没有达到理想值，可以重新随机或改变初始化策略。该任务提供一组样例数据，其优化过程可视化如图 6-30 所示，数值结果见附件。

随机初始化光照　　　1次迭代优化　　　2次迭代优化　　　10次迭代优化

图 6-30　光照估计的一组样例数据的优化过程可视化

3. 基于深度学习的光源估计

使用现有的基于深度学习的方法[⊖]对任务 1 中渲染的图像进行光照估计，使用文章提供的预训练模型进行正向推导即可。对两种光源/光照表示方法的优劣进行分析，对两种方法的重建效果进行评价。

附件说明

请从链接[⊖]中下载附件，附件包含了 Python 代码的基础模板及相应文件输入输出方法和常数设定，详见 README 文件。其他语言可以参考 Python 模板进行实现。

本章参考文献

[1]   HORN B K P. Robot vision[M]. Cambridge: MIT Press, 1986.

[2]   PHARR M, JAKOB W, HUMPHREYS G. Physically based rendering: from theory to implementation[M]. 4th ed. San Francisco, CA, USA: Morgan Kaufmann Publishers Inc., 2023.

[3]   MITSUNAGA T, NAYAR S K. Radiometric self calibration[C]//Proc. of IEEE Computer Society Conference on Computer Vision and Pattern Recognition. Fort Collins, CO, USA: IEEE, 1999.

[4]   GROSSBERG M D, NAYAR S K. What is the space of camera response functions?[C]// Proc. of IEEE Computer Society Conference on Computer Vision and Pattern Recognition. Madison, WI, USA: IEEE, 2003.

[5]   LEE J Y, SHI B, MATSUSHITA Y, et al. Radiometric calibration by transform invariant low-rank structure[C]//Proc. of IEEE Conference on Computer Vision and Pattern Recognition. Colorado Springs, CO, USA: IEEE, 2011.

[6]   LEE J Y, MATSUSHITA Y, SHI B, et al. Radiometric calibration by rank minimization[J]. IEEE Transactions on Pattern Analysis and Machine Intelligence, 2013, 35(1): 144-156.

[7]   MARSCHNER S, SHIRLEY P. Fundamentals of computer graphics[M]. 5th ed. A K Peters/CRC Press, 2021.

[8]   KAJIYA J T. The rendering equation[C]//Proc. of ACM SIGGRAPH. Dallas, TX, USA: ACM, 1986.

[9]   HORN B K P. Image intensity understanding[J]. AI Memos, 1975: 1-82.

[10]   HORN B K P. Understanding image intensities[J]. Artificial Intelligence, 1977, 8(2): 201-231.

[11]   HORN B K P, SCHUNCK B G. Determining optical flow[J]. Artificial Intelligence, 1981, 17 (1-3): 185-203.

⊖ 官方实现: https://cseweb.ucsd.edu/~viscomp/ projects/CVPR20InverseIndoor/。

⊖ 附件: https://github.com/PKU-CameraLab/TextBook。

[12]   IKEUCHI K, HORN B K P. Numerical shape from shading and occluding boundaries[J]. Artificial Intelligence, 1981, 17(1-3): 141-184.

[13]   TSAI P S, SHAH M. A fast linear shape from shading[C]//Proc. of IEEE Computer Society Conference on Computer Vision and Pattern Recognition. Champaign, IL, USA: IEEE, 1992.

[14]   WU C L, WILBURN B, MATSUSHITA Y, et al. High-quality shape from multi-view stereo and shading under general illumination[C]//Proc. of IEEE Conference on Computer Vision and Pattern Recognition. Colorado Springs, CO, USA: IEEE, 2011.

[15]   YU L F, YEUNG S K, TAI Y W, et al. Shading-based shape refinement of RGB-D images [C]//Proc. of IEEE Conference on Computer Vision and Pattern Recognition. Portland, OR, USA: IEEE, 2013.

[16]   SENGUPTA S, KANAZAWA A, CASTILLO C D, et al. SfSNet: learning shape, reflectance and illuminance of faces 'in the wild' [C]//Proc. of IEEE/CVF Conference on Computer Vision and Pattern Recognition. Salt Lake City, UT, USA: IEEE, 2018.

[17]   HOLD-GEOFFROY Y, SUNKAVALLI K, HADAP S, et al. Deep outdoor illumination estimation[C]//Proc. of IEEE Conference on Computer Vision and Pattern Recognition. Honolulu, HI, USA: IEEE, 2017.

[18]   ZHANG J, SUNKAVALLI K, HOLD-GEOFFROY Y, et al. All-weather deep outdoor lighting estimation[C]//Proc. of IEEE/CVF Conference on Computer Vision and Pattern Recognition. Long Beach, CA, USA: IEEE, 2019.

[19]   HOLD-GEOFFROY Y, ATHAWALE A, LALONDE J F. Deep sky modeling for single image outdoor lighting estimation[C]//Proc. of IEEE/CVF Conference on Computer Vision and Pattern Recognition. Long Beach, CA, USA: IEEE, 2019.

[20]   GARDNER M A, SUNKAVALLI K, YUMER E, et al. Learning to predict indoor illumination from a single image[C]//Proc. of ACM SIGGRAPH Asia. Bangkok, Thailand: ACM, 2017.

[21]   GARON M, SUNKAVALLI K, HADAP S, et al. Fast spatially-varying indoor lighting estimation[C]//Proc. of IEEE/CVF Conference on Computer Vision and Pattern Recognition. Long Beach, CA, USA: IEEE, 2019.

[22]   GARDNER M A, HOLD-GEOFFROY Y, SUNKAVALLI K, et al. Deep parametric indoor lighting estimation[C]//Proc. of IEEE/CVF International Conference on Computer Vision. Seoul: IEEE, 2019.

[23]   EINABADI F, GUILLEMAUT J, HILTON A. Deep neural models for illumination estimation and relighting: a survey[J]. Computer Graphics Forum, 2021, 40: 315-331.

[24]   SONG S R, FUNKHOUSER T. Neural illumination: Lighting prediction for indoor environments[C]//Proc. of IEEE/CVF Conference on Computer Vision and Pattern Recognition. Long Beach, CA, USA: IEEE, 2019.

[25]   WEBER H, PRÉVOST D, LALONDE J F. Learning to estimate indoor lighting from 3D objects[C]//Proc. of International Conference on 3D Vision. Verona, Italy: IEEE, 2018.

[26] LEGENDRE C, MA W C, FYFFE G, et al. DeepLight: learning illumination for unconstrained mobile mixed reality[C]//Proc. of IEEE/CVF Conference on Computer Vision and Pattern Recognition. Long Beach, CA, USA: IEEE, 2019.

[27] HOSEK L, WILKIE A. An analytic model for full spectral sky-dome radiance[J]. ACM Transactions on Graphics, 2012, 31(4): 1-9.

[28] HOSEK L, WILKIE A. Adding a solar-radiance function to the Hošek-Wilkie skylight model[J]. IEEE Computer Graphics and Applications, 2013, 33(3): 44-52.

[29] LALONDE J F, MATTHEWS I. Lighting estimation in outdoor image collections[C]// Proc. of 2nd International Conference on 3D Vision. Tokyo, Japan: IEEE, 2014.

[30] PREETHAM A J, SHIRLEY P, SMITS B. A practical analytic model for daylight[C]// Proc. of ACM SIGGRAPH. Los Angeles, CA, USA: ACM, 1999.

[31] XIAO J, EHINGER K A, OLIVA A, et al. Recognizing scene viewpoint using panoramic place representation[C]//Proc. of IEEE Conference on Computer Vision and Pattern Recognition. Providence, RI, USA: IEEE, 2012.

[32] RUMELHART D E, HINTON G E, WILLIAMS R J. Learning internal representations by error propagation[M]//Parallel Distributed Processing: Explorations in the Microstructure of Cognition, Vol. 1: Foundations. Cambridge, MA, USA: MIT Press, 1986: 318-362.

光度立体视觉

截至第 6 章，计算摄像的基础知识与原理串讲已经完成。从第 7 章开始，进入计算摄像前沿课题的选讲。第 6 章中介绍了图像形成的正向过程，已知光度成像模型的三个基本要素（表面法线、反射率模型和光源模型）就可对通过三者相互作用形成的图像辐照度进行分析建模；在相机中，传感器感知的辐照度通过内部 ISP 变换（2.3 节）得到图像像素值。上述图像形成的逆过程中的通过图像明暗求解形状的方法在上一章也进行了分析。本章将继续这一问题的讨论，并且从单张图像扩展到多张图像：通过多张不同光照下的观测图像反向求解光度成像模型，推出物体的几何形状信息。与多视角立体视觉（multi-view stereo）方法不同，光度立体视觉（photometric stereo）利用不同光照下明暗信息变化的相互关系实现物体形状的恢复。通过单一视角在不同光照条件下对物体进行多次独立变化的观察，光度立体视觉方法能够在像素级别重建高精度的三维模型，准确捕捉物体的形状细节，表现出其他方法难以挑战的性能优势，典型案例如图 7-1 所示。但是，传统光度视觉算法的实现依赖于苛刻的拍摄（光照）条件，且应用往往限制于材质属性符合某些假设的单个物体。优异的性能表现与极具挑战性的算法泛化空间使光度立体视觉成为极富吸引力的研究方向。

GelSight - 微米级的三维形状估计　　利用Light Stage进行高精度人脸三维重建

图 7-1　光度立体视觉算法实现高精度三维形状恢复的典型案例（基于论文 [1-2] 的插图重新绘制）

本章将在明暗恢复形状的基础上引入光度立体视觉的基本概念与模型，介绍光度立体视觉的经典算法；基于经典方法，进一步介绍应对非理想条件，应用范围更广的泛化算法；最后，结合深度学习在光度立体视觉领域的应用对前沿算法进行综述。本章内容主要围绕以下几个问题展开：

> 如何利用不同光照条件下物体的多幅观测图像实现物体形状的估计？
> 物体表面的复杂反射率如何影响光度立体视觉算法的稳定性？
> 如果光源方向未知，光度立体视觉算法能否实现物体形状的准确恢复？

7.1 经典方法

第 6 章介绍了从明暗恢复形状的算法：在朗伯反射模型下，如果已知平行光照方向可以画出图像像素值的等强度轮廓线组成的反射率图（回顾 6.3 节 pq 空间与反射率图定义），如图 7-2a 所示，加粗红色轮廓线反映了像素强度值为 0.741 的点对应的表面法线解空间，该轮廓线对应的所有 (p,q) 点都是在图像明暗约束下的可行解。6.3 节已经介绍，明暗恢复形状通过引入其他先验知识或条件约束解空间，从单幅图像即可得到待求表面法线。

> 从等强度轮廓线图的角度出发，如果能增加在不同光照条件下图像的观测，表面法线的解空间能否缩小呢？

如图 7-2b 所示，绿色区分了在另一组光照方向下的图像像素值等强度轮廓线图，加粗的绿色和红色轮廓线对应同一位置点在不同光照下的像素值，可以看到，两条加粗线相交，将解的可行域从图 7-2a 的 "线" 减少到了两个相交的 "点"；继续增加一组不同光照条件下图像的观测，图 7-2c 中三条加粗轮廓线相交于一点 (p_n, q_n)，可以确定表面法线的唯一解。基于以上观察，1980 年 Woodham 首次提出了光度立体算法的概念，利用三张不同平行光照下的观测图像实现表面法线的求解[3]。

7.1.1 相关基本概念

首先对光度立体视觉的数据拍摄流程做简要介绍。实现高精度的物体形状恢复，光度立体图像数据的获取需要在暗室中进行，以避免环境光（ambient light）的影响，如图 7-3a 所示；为了模拟方向一致的平行光源（参考 6.2.3 节光源模型），使用一辐射率恒定的点光源（如 LED 灯）并将其放置在离物体足够远处，或者将 LED 灯放置在凸透镜焦点处，如图 7-3c 所示；同时，图 7-3b 所示光源装置有两个转轴，能够实现从上半球面内任意方向光源用近似的电光源照亮物体。使用如图 7-3 所示光源照射时，可

以近似认为物体上所有的点接收到的光照方向一致，均为 l，观测到的场景辐射率可以表示为

$$L_{\mathrm{o}} = L_{\mathrm{i}}(l)f_{\mathrm{r}}(l, nv)\max(n \cdot l, 0) \tag{7.1}$$

式中，n 为表面法线方向；v 为观测方向；$f_{\mathrm{r}}(\cdot)$ 为拍摄物体的 BRDF；L_{i} 表示光源的辐射率。光度立体视觉数据一般在单视角下进行，需要假设相机的几何模型为正交投影（回顾 3.2.4 节特殊相机模型），忽略物体深度带来的非线性变化。为满足上述条件，经典光度立体视觉方法处理的目标物体比较小，相机距离物体的距离远大于物体的直径，来满足与正交投影的近似。在正交投影下，各像素点对应的观测方向为一常量，通常设置 $v = [0, 0, 1]^{\mathrm{T}}$，BRDF 因此可简化表示为 $f_{\mathrm{r}}(l, n)$。当 $n \cdot l < 0$ 时，光源方向不在表面法线方向所在半球面内，因此该位置无法被光源照亮而产生附加阴影（attached shadow），观测到的辐射率为 0。使用辐射响应标定之后的相机在此辐射率 $L_{\mathrm{i}}(l)$ 恒定为 e 的光照条件下进行拍摄（即像素亮度与辐照度呈线性关系，回顾 6.1 节相机辐射响应及其标定），那么相机记录下的光照强度（像素值）可以表示为

$$i = ef_{\mathrm{r}}(l, n)\max(n \cdot l, 0) \tag{7.2}$$

在经典的光度立体算法中，采用了最简单、应用最广泛的 BRDF 模型——朗伯反射模型（回顾 6.2.2 节反射率模型，ρ 表示半球面反射率），将目标物体表面建模为理想漫反射模型：反射表面将入射光均匀地散射到各个方向。因此，式 (7.2) 中的 BRDF 可以简化为常数项 ρ（为了公式简洁省去式 (6.15) 中的系数 $1/\pi$），重写为

$$i = e\rho\max(n \cdot l, 0) \tag{7.3}$$

由式 (7.3) 可知，相机记录的图像像素值正比于法线方向与入射光方向的点积。

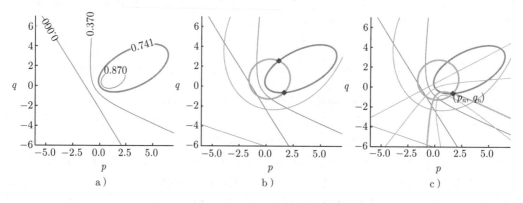

图 7-2 不同方向平行光照下的等强度轮廓线图

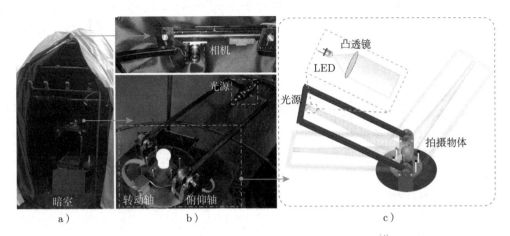

图 7-3　暗室中模拟平行光源的光度立体拍摄装置示意图（基于论文[4]的插图重新绘制）

7.1.2　基于最小二乘法优化的解法

假设物体表面反射能被近似为朗伯模型，在 F 个不同平行光照下相机拍摄得到的图像像素值可以表示为线性方程组的形式（忽略附加阴影）：

$$\begin{cases} i_1 = e\rho(\boldsymbol{n} \cdot \boldsymbol{l}_1) \\ i_2 = e\rho(\boldsymbol{n} \cdot \boldsymbol{l}_2) \\ \quad\vdots \\ i_F = e\rho(\boldsymbol{n} \cdot \boldsymbol{l}_F) \end{cases} \tag{7.4}$$

进一步地，将针对单个像素点的式 (7.4) 推广到图像中的 P 个像素点，可得：

$$\begin{bmatrix} i(x_1)_1 & i(x_1)_2 & \cdots & i(x_1)_F \\ i(x_2)_1 & i(x_2)_2 & \cdots & i(x_2)_F \\ & & \vdots & \\ i(x_P)_1 & i(x_P)_2 & \cdots & i(x_P)_F \end{bmatrix} = e\rho \begin{bmatrix} \boldsymbol{n}(x_1) & \boldsymbol{n}(x_2) & \cdots & \boldsymbol{n}(x_P) \end{bmatrix}^{\mathrm{T}} \begin{bmatrix} \boldsymbol{l}_1 & \boldsymbol{l}_2 & \cdots & \boldsymbol{l}_F \end{bmatrix}$$

$$\tag{7.5}$$

以上公式中，光源强度 e，物体表面反射率 ρ 都是相对值；而实际上，光度立体视觉期望求解的每个点的表面法线都是单位向量，式（7.5）中的 $e\rho \boldsymbol{n}(x)$ 最后输出时都被归一化为 $\boldsymbol{n}(x)$，因此，参数 e 和 ρ 可以忽略，式（7.5）可以简写为矩阵形式：

$$\boldsymbol{I} = \boldsymbol{N}\boldsymbol{L} \tag{7.6}$$

式中，I 表示不同光照下的图像像素矩阵，大小为 $P \times F$；N 为 $P \times 3$ 的物体表面法向量矩阵；L 为 $3 \times F$ 的光照向量矩阵。当已知平行光的强度和方向时，物体表面法线方向可以通过求解逆矩阵的方法得到：

$$N = IL^+ \tag{7.7}$$

式中，L^+ 表示矩阵 L 的伪逆（pseudoinverse）。待求的法线方向有 3 个未知数，因此要求至少取得 3 张不同光照下的图像保证法线解的唯一性。当恰好有 3 张不同光照下的图像，且保证 L 为非奇异方阵时（3 个不同的平行光源中不存在两两共线的情况），可以直接求 L^{-1}；当获取到大于 3 张不同光照下图像时，可以通过最小二乘法求解矩阵 L 的摩尔–彭若斯逆（Moore-Penrose inverse）：

$$N = I(L^{\mathrm{T}}L)^{-1}L^{\mathrm{T}} \tag{7.8}$$

如图 7-4所示，基于最小二乘法优化的光度立体视觉方法的完整流程可以概括为如下四步。

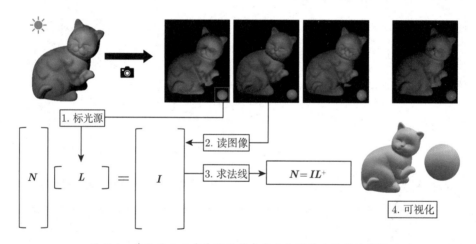

图 7-4　基于最小二乘法优化的光度立体视觉方法的流程图

1）标光源：利用光滑的镜面反射球标注使用的光源方向。

2）读图像：在不同方向平行光条件下拍摄物体，读取对应（线性相机辐射率响应）原始图像。

3）求法线：利用最小化二乘法求解朗伯成像模型的伪逆，并将求得的表面法线向量归一化。

4）可视化：将求得的法线图取值范围变换到 $[0, 255]$ 便于显示。一般采用的方法是利用普通图像的 RGB 通道分别存储法线向量 n 的 x、y、z 分量，先将值归一化到 $[0, 1]$，再

放缩到 $[0,255]$ 范围内，具体方法为 $(n+1)/2 \times 255$。

> 当输入不同光照下的图像时，可能会出现式 (7.6) 的退化解 $(\mathrm{rank}(\boldsymbol{L}) < 3)$，此时
> 对应的光照方向分布有何特点？

当 $\mathrm{rank}(\boldsymbol{L}) < 3$ 时，$\boldsymbol{L}$ 的向量只能形成一维或二维的线性空间。$\mathrm{rank}(\boldsymbol{L}) = 1$ 时，意味着只有一个有效的光照方向，此时光度立体视觉问题退化到明暗形状恢复；$\mathrm{rank}(\boldsymbol{L}) = 2$ 时，$\boldsymbol{L}$ 形成一个二维平面，每一个光照方向向量都位于该二维平面内，如图 7-5 所示。$\mathrm{rank}(\boldsymbol{L}) = 2$ 时的等强度轮廓线图与 $\mathrm{rank}(\boldsymbol{L}) = 3$ 时的等强度轮廓线图对比，虽然 $\mathrm{rank}(\boldsymbol{L}) = 2$ 时也有三条轮廓线相交，但三条曲线的交点不唯一，此时也无法得到表面法线的唯一解。

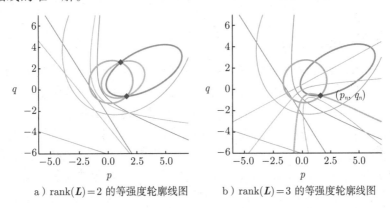

a）$\mathrm{rank}(\boldsymbol{L}) = 2$ 的等强度轮廓线图　　　　b）$\mathrm{rank}(\boldsymbol{L}) = 3$ 的等强度轮廓线图

图 7-5　不同光照方向下的等轮廓线图

7.2　泛化方法

基于最小二乘法优化的经典光度立体视觉算法[3] 本质上是求解一系列线性方程组的最优解问题，看似是一个很容易实现的问题。而这样的经典方法要求满足一系列理想条件：物体表面材质符合朗伯反射模型、每次拍摄需要标定平行光源方向、相机需要满足正交投影和线性辐射度响应等。实际数据不可能满足所有理想假设，且复杂的光源标定也使得其应用范围受限。针对经典光度视觉方法的局限性，提升算法的适用范围以及泛化性能成为光度立体视觉的主要研究方向：

> 如何将最简单的朗伯模型扩展到非朗伯模型，使得算法能够应对物体表面更复杂
> 的反射情形？
> 如何将算法推广至光源方向未标定的情况减少对标定操作的依赖，进而应用于更
> 广泛的光照场景？

7.2.1　应对非理想的反射率

理想朗伯模型只针对物体表面漫反射进行建模。在现实中容易观察到，光滑物体表面会观察到与光源方向相关的镜面反射亮斑（specular highlight），这些不符合朗伯反射模型的区域形状，显然无法通过经典的光度立体法直接求解；同时物体表面会有相互遮挡，使得在平行光照下部分区域出现投射阴影（cast shadow），使有效方程数量减少。反射率具有非朗伯性质时，在不同光照方向下物体表面的各点的 BRDF 是不同的，因此用 $P \times F$ 大小的 BRDF 矩阵 $\boldsymbol{P}(\boldsymbol{l}, \boldsymbol{n})$ 对反射率进行表示，那么可以从式 (7.6) 推广得到非理想反射率下图像像素矩阵的表达式：

$$\boldsymbol{I} = \boldsymbol{P}(\boldsymbol{l}, \boldsymbol{n}) \circ (\boldsymbol{N}\boldsymbol{L}) \tag{7.9}$$

式中，"$\circ$"表示矩阵逐元素相乘。接下来将讨论两类应对物体表面非理想反射率的光度立体视觉算法。

1. 基于离群点去除的方法

物体图像中少量的高光、阴影区域可以被看作光度立体问题中的离群点（outlier）。对于只有少部分区域出现非朗伯反射的物体，最直接的想法是拍摄更多不同平行光照下的图像，抛弃受到镜面反射亮斑、阴影的影响的图像像素，而选用其他符合模型假设的图像像素进行计算。早期的光度立体视觉方法拍摄四组不同平行光照下的物体图像，然后选取其中有效的三组图像计算表面法线[5-6]。利用镜面反射亮斑颜色接近光源颜色而与物体颜色不同的特点，可以利用 PCA 方法筛选出与正常朗伯反射色彩空间差异大的光照区域当作无效输入，而使用剩下与正常朗伯反射色彩空间一致的区域进行光度立体视觉求解法线的计算[6]；该算法仍需要人为设置多个阈值筛选高光和阴影区域，且依赖不同光照下高光和阴影不重叠的假设，仍具有较大局限性。

从另一个角度，拍摄图像中出现的反射亮斑与阴影只存在于小部分区域，故可以看作是朗伯反射模型中的稀疏噪声干扰项。为了与理想模型区别，如式 (7.6) 所示，将噪声矩阵写为 $\boldsymbol{E}$，那么相机实际观测得到的图像矩阵可以表示为

$$\boldsymbol{D} = \boldsymbol{N}\boldsymbol{L} + \boldsymbol{E} = \boldsymbol{I} + \boldsymbol{E} \tag{7.10}$$

由于法线方向和光照方向向量都是三维，那么在朗伯模型下解表面法线时有效方程的数目不会大于 3（$\mathrm{rank}(\boldsymbol{I}) \leqslant \min\{\mathrm{rank}(\boldsymbol{N}), \mathrm{rank}(\boldsymbol{L})\}$），观测矩阵 $\boldsymbol{D}$ 理论上应该具有低秩结构；而反射亮斑与阴影存在于小部分区域，具有的稀疏特征破坏了理想状态下 $\mathrm{rank}(\boldsymbol{D})$ 的低秩属性。因此，物体表面法线矩阵 $\boldsymbol{N}$ 的求解可以看作是低秩矩阵优化问题，能够通过鲁棒主成分分析（Robust Principal Component Analysis，RPCA）实现（WG10[7]⊖）。该问题可以转化为求解

⊖　本章对于光度立体方法的名称缩写（在作者没有提供方法名称缩写的情况下）采用了与论文[4,8]一致的"编码"方式，即第一、第二作者姓氏首字母和年代构成方法的简称。

$$\min_{\boldsymbol{I},\boldsymbol{E}} \operatorname{rank}(\boldsymbol{I}) + \lambda ||\boldsymbol{E}||_0 \tag{7.11}$$

式中，$||\cdot||_0$ 表示矩阵 0 范数（矩阵非零元素的个数）；λ 为平衡矩阵 $\boldsymbol{I}$ 的秩以及误差矩阵稀疏性的系数。求解最小秩矩阵问题可以转化为优化矩阵的核范数（nuclear normalization）问题[9]：

$$\min_{\boldsymbol{I},\boldsymbol{E}} ||\boldsymbol{I}||_* + \lambda ||\boldsymbol{E}||_1 \tag{7.12}$$

式中，$||\cdot||_*$ 表示矩阵核范数（矩阵奇异值的和）。在另一个方法 IW12[10] 中，利用反射高光与阴影的稀疏特性，表面法线估计被建模为稀疏回归（sparse regression）问题：

$$\min_{\boldsymbol{N},\boldsymbol{E}} ||\boldsymbol{E}||_0 \quad \text{s.t.} \ \boldsymbol{D} = \boldsymbol{N}\boldsymbol{L} + \boldsymbol{E} \tag{7.13}$$

式 (7.13) 引入了成像模型的硬约束式式 (7.10) 优化目标稀疏矩阵 $\boldsymbol{E}$。实际上，朗伯模型也只是对物体表面的漫反射的经验建模，直接使用硬约束可能会削弱算法在真实场景中的泛化能力，因此对式 (7.13) 进行调整，将式 (7.10) 的硬约束条件转入到优化的目标函数当中可得

$$\min_{\boldsymbol{N},\boldsymbol{E}} ||\boldsymbol{D} - \boldsymbol{N}\boldsymbol{L} - \boldsymbol{E}||_2^2 + \lambda ||\boldsymbol{E}||_0 \tag{7.14}$$

为了便于求解，一般可以使用凸的 $\mathcal{L}_1$ 范数代替上式中的 $\mathcal{L}_0$ 范数。而对于光度立体问题，采用稀疏贝叶斯学习（Sparse Bayesian Learning, SBL）的方法（IW12[10]），能够同时兼顾表面法向量与稀疏成分求解，同时比转化 $\mathcal{L}_1$ 范数更容易收敛到全局最优解。与 WG10[7] 不同，该方法使用了关于稀疏矩阵的约束函数，不需要显式最小化观测图像矩阵的秩就能实现朗伯成分的唯一分解，算法总结见表 7-1。

表 7-1　应对非理想反射率光度立体视觉算法总结（基于论文[8] 的结果整理）

$\boldsymbol{I} = \boldsymbol{P}(\boldsymbol{l},\boldsymbol{n}) \circ (\boldsymbol{N}\boldsymbol{L})$，基于不同的关于 $\boldsymbol{P}(\boldsymbol{l},\boldsymbol{n})$ 的约束 $\Rightarrow$ 求解 $\boldsymbol{N}$ $\boldsymbol{h} = (\boldsymbol{l}+\boldsymbol{v})/||\boldsymbol{l}+\boldsymbol{v}||,\ \theta_h = \arccos(\boldsymbol{n}^{\mathrm{T}}\boldsymbol{h}),\ \theta_d = \arccos(\boldsymbol{l}^{\mathrm{T}}\boldsymbol{h}),\ \boldsymbol{v} = [0,0,1]^{\mathrm{T}}$	
基线算法[3]	$\boldsymbol{P} \approx \boldsymbol{D}$，$\boldsymbol{D}$ 的每行为常数，表示朗伯物体表面的反射率
WG10[7]	$\boldsymbol{P} \approx \boldsymbol{D} + \boldsymbol{E}$，$\boldsymbol{E}$ 为稀疏矩阵，最小化 $\operatorname{rank}(\boldsymbol{I})$
IW12[10]	$\boldsymbol{P} \approx \boldsymbol{D} + \boldsymbol{E}$，$\boldsymbol{E}$ 为稀疏矩阵，$\operatorname{rank}(\boldsymbol{I}) = 3$
GC05[11]	$\boldsymbol{P}(\boldsymbol{n},\boldsymbol{l}) \approx \Sigma_m \boldsymbol{W}_m \circ \boldsymbol{P}_m(d_m, s_m, \alpha_m, \boldsymbol{n}, \boldsymbol{l})$
AZ08[12]	$\boldsymbol{P}$ 各向同性，仅与 θ_h、θ_d 相关
ST12[13]	$\boldsymbol{P}$ 各向同性，仅与 θ_h 相关，随 $\boldsymbol{n}^{\mathrm{T}}\boldsymbol{h}$ 单调变化
HM10[14]	$\boldsymbol{P}$ 各向同性，随 $\boldsymbol{n}^{\mathrm{T}}\boldsymbol{l}$ 单调变化；当 $\boldsymbol{n}^{\mathrm{T}}\boldsymbol{l} \leqslant 0$ 时，$\boldsymbol{P}(\boldsymbol{n},\boldsymbol{l}) = 0$
ST12[13]	$\boldsymbol{P}$ 低频部分为双多项式 $A(\cos\theta_h)B(\cos\theta_d)$，$A$、$B$ 为多项式函数
IA14[15]	$\boldsymbol{P} \approx \Sigma_i \boldsymbol{P}_i(\boldsymbol{n}^{\mathrm{T}}\boldsymbol{\alpha}_i)$，$\boldsymbol{\alpha}_i = (p_i\boldsymbol{l} + q_i\boldsymbol{v})/||p_i\boldsymbol{l} + q_i\boldsymbol{v}||$，$p_i$、$q_i$ 为非负未知参数

2. 基于反射率建模的方法

经典光度立体视觉算法泛化能力受限的另一重要原因是采用的反射率描述方法（BRDF 模型）过于简单。朗伯反射模型只针对物体表面漫反射进行经验性的近似建模，无法描述由于镜面反射产生的亮斑，也和实际中物体表面复杂漫反射情形大相径庭。因此，有一系列的研究尝试改进光度成像模型中使用的 BRDF 以提升算法的准确度和适用范围 [16–17]。Goldman 等研究者将物体 BRDF 建模为多个基础 BRDF 模型的线性组合，而每一个基础 BRDF 都使用非线性的参数化 Ward 模型 [18] 进行表示：

$$f_{\mathrm r}^m(\boldsymbol n, \boldsymbol h, \boldsymbol l) = \frac{d_m}{\pi} + \frac{s_m}{4\pi\alpha_m^2 \sqrt{(\boldsymbol n^{\mathrm T}\boldsymbol l)\,(\boldsymbol n^{\mathrm T}\boldsymbol v)}} \exp\left(\frac{1 - 1/\boldsymbol n^{\mathrm T}\boldsymbol h}{\alpha_m^2}\right), \tag{7.15}$$

式中，d_m、s_m 分别表示序号为 m 的基础材料的漫反射、镜面反射强度；α_m 为基础材料的粗糙程度；$\boldsymbol h$ 表示光照方向 $\boldsymbol l$ 与观测方向的角平分线方向的单位向量，即半程向量（halfway vector），可通过 $\boldsymbol h = (\boldsymbol l + \boldsymbol v)/\|\boldsymbol l + \boldsymbol v\|$ 进行计算。BRDF 矩阵表示为 $\boldsymbol P(\boldsymbol n, \boldsymbol l) = \Sigma_m \boldsymbol W_m \circ \boldsymbol P_m(d_m, s_m, \alpha_m, \boldsymbol n, \boldsymbol l)$，其中 $\boldsymbol W_m$ 为不同基础 BRDF 的权重图。求解时首先固定表面法线参数与材质信息，利用 LM（Levenberg-Marquardt）非线性优化算法求解各个 BRDF 参数；进而固定 BRDF 参数，反过来求解表面法线方向；如此循环交替求解，最后得到收敛的物体法线图以及反射率表示式（GC05[11]）。BRDF 参数化模型的高度非线性，再加上法线方向未知，使得整个问题的优化求解往往非凸且难以收敛，后续研究均衡 BRDF 模型复杂度与表示能力，提出了一系列双参数反射率模型用于近似各向同性的 BRDF，同时便于光度立体问题的分析（AZ08[12]、HM10[14] 以及 ST12[13]）。

进一步剖析反射率模型，物体表面的反射通常可分为两类：一类是物体粗砺表面散射入射光产生的漫反射；另一类是物体平滑子表面对入射光的镜面反射。在图形学中有大量研究致力于反射方程的准确建模，有代表性的是：基于经验的 Blinn-Phong 模型 [19]、物理上可解释的 Cook-Torrence 模型 [20]。对于镜面反射，目前被广泛认可的是使用微表面理论（microfacet theory）[21] 进行建模，在该模型中，反射率是和观测方向、入射光方向以及法线方向相关的复杂函数，直接代入光度立体视觉模型中求解困难。注意到镜面反射的高光亮度远大于普通漫反射，且只在表面法线方向和光照方向与观测方向的角平分线方向接近的小区域出现，因此可以通过设置阈值过滤的方法筛选出漫反射的区域进行研究。一般的光度立体视觉算法使用朗伯反射模型对物体漫反射部分建模，计算简单但准确度较差；双多项式函数（bi-polynomial）近似表示漫反射 BRDF 的方法 [17] 针对此问题进行了改进，分别用两个关于法线方向的多项式函数模拟光线入射和出射过程，能够拟合大多数物体材质的漫反射反射率。以双二次（biquadratic）函数的

BRDF 为例：

$$f_{\mathrm{r}}(\boldsymbol{n},\boldsymbol{h},\boldsymbol{l}) = \left(A_2\left(\boldsymbol{n}^{\mathrm{T}}\boldsymbol{h}\right)^2 + A_1\left(\boldsymbol{n}^{\mathrm{T}}\boldsymbol{h}\right) + A_0\right)\left(B_2\left(\boldsymbol{l}^{\mathrm{T}}\boldsymbol{h}\right)^2 + B_1\left(\boldsymbol{l}^{\mathrm{T}}\boldsymbol{h}\right) + B_0\right) \quad (7.16)$$

式中，$A_{0,1,2}$、$B_{0,1,2}$ 为双二次函数的系数。将双二次函数展开可得：

$$f_{\mathrm{r}}(x,y) = C_{22}x^2y^2 + C_{21}x^2y + C_{20}x^2 + C_{12}xy^2 + C_{11}xy + C_{10}x + C_{02}y^2 + C_{01}y + C_{00} \quad (7.17)$$

式中，$x = \boldsymbol{n}^{\mathrm{T}}\boldsymbol{h}$，$y = \boldsymbol{l}^{\mathrm{T}}\boldsymbol{h}$，和常数反射率的朗伯模型相比，使用双二次多项式函数近似的漫反射 BRDF 可以有效提升物体表面反射率的建模精度，同时反射率函数的参数 C_{22}、C_{21}、$\cdots$、C_{00} 为广义线性函数的权重系数，可以通过多幅不同光度立体图像拟合；得到反射率函数 $\rho(x,y)$ 之后，通过不同光照条件下的明暗约束构造目标函数，然后迭代优化求解表面法线方向，该算法在 100 种材质物体上的评测结果如图 7-6 所示。

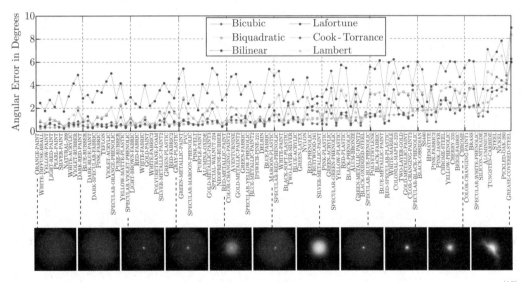

图 7-6　双多项式函数近似表示漫反射 BRDF 的光度立体视觉算法在 100 种材质物体上的评测结果[17]

该文章是第一次使用 MERL BRDF 数据集[22] 中 100 种真实材质采集的反射率渲染合成数据，并展示了所提出的光度立体视觉算法在这 100 种材质上超过当时已有方法的结果，将光度立体视觉应用于一般反射率材质的问题难度推向了一个新的阶段。与之类似的双参数 BRDF 模型也在发表于 CVPR 2014 中的一篇论文中（IA14[15]）被提出：

$$\boldsymbol{P} \approx \sum_i \boldsymbol{P}_i\left(\boldsymbol{n}^{\mathrm{T}}\boldsymbol{\alpha}_i\right), \quad \boldsymbol{\alpha}_i = \frac{(p_i\boldsymbol{l} + q_i\boldsymbol{v})}{\|p_i\boldsymbol{l} + q_i\boldsymbol{v}\|} \quad (7.18)$$

式中，p_i、q_i 为非负未知参数。该反射率表达式也是关于 $\boldsymbol{n}^{\mathsf{T}}\boldsymbol{l}$ 的函数，与朗伯模型中法线向量与光照方向内积耦合的形式一致，使得光度成像模型保持为简单的二次函数，既增强了反射率模型的表达能力，也降低了物体表面法线求解的复杂度。上面介绍的应对非朗伯反射模型的典型光度立体视觉算法总结见表 7-1。

7.2.2   应对非标定情况的解法

1. 矩阵分解及其不确定性

以上讨论的光度立体视觉算法均在光照强度和方向已标定的前提下进行。在光照未知的条件下设计算法同时恢复物体表面法线以及光照强度和方向，对数据拍摄的要求较低，具有更大的应用场景，是可以令光度立体更易于使用的研究课题，这一问题叫作非标定光度立体视觉（uncalibrated photometric stereo）。回顾光度立体视觉的方程：

$$\boldsymbol{I} = \boldsymbol{N}\boldsymbol{L} \tag{7.19}$$

应对非标定情况，需要从已知的图像矩阵 $\boldsymbol{I}$ 中分解得到表面法线矩阵 $\boldsymbol{N}$ 以及光照方向矩阵 $\boldsymbol{L}$，这样的形式和矩阵特征值分解（SVD）有异曲同工之处（3.3.1 节介绍相机矩阵求解时也使用过 SVD）。基于特征值分解解决光度立体问题最初使用如下的形式表示[23]：

$$\boldsymbol{I} = \boldsymbol{U}\boldsymbol{\Sigma}\boldsymbol{V}^{\mathsf{T}} \tag{7.20}$$

理论上只需选取矩阵 $\boldsymbol{\Sigma}$ 中最大的 3 个特征值及其对应的特征向量组成矩阵 $\boldsymbol{U}'$、$\boldsymbol{V}'$、$\boldsymbol{\Sigma}'$ 来近似观察图像中的朗伯成分：

$$\boldsymbol{I}' = \boldsymbol{U}'\boldsymbol{\Sigma}'\boldsymbol{V}'^{\mathsf{T}} \tag{7.21}$$

然后直接将对角矩阵 $\boldsymbol{\Sigma}'$ 开平方根拆解为两部分，分别与 $\boldsymbol{U}'$、$\boldsymbol{V}'$ 组合计算表面法线矩阵以及光照方向矩阵：

$$\hat{\boldsymbol{N}} = \boldsymbol{U}'\boldsymbol{\Sigma}'^{\frac{1}{2}}, \quad \hat{\boldsymbol{N}} = \boldsymbol{\Sigma}'^{\frac{1}{2}}\boldsymbol{V}'^{\mathsf{T}} \tag{7.22}$$

显然，这样的分解方法并不唯一，对于任意的三维可逆矩阵 $\boldsymbol{A}$ 都有：

$$\boldsymbol{I} = \hat{\boldsymbol{N}}\hat{\boldsymbol{L}} = (\hat{\boldsymbol{N}}\boldsymbol{A})(\boldsymbol{A}^{-1}\hat{\boldsymbol{L}}) = \boldsymbol{N}^{*}\boldsymbol{L}^{*} \tag{7.23}$$

上式说明，得到的结果可能无法对应真实的表面法线以及光照方向，仅仅依赖式 (7.19) 中的明暗约束，实际上可以得到表面法线以及光照方向的一组解集 $\{\boldsymbol{N}^{*}, \boldsymbol{L}^{*}\}$；由于可逆矩阵 $\boldsymbol{A}$ 的任意性，理论上有无穷多个 $\boldsymbol{N}^{*}$、$\boldsymbol{L}^{*}$ 的组合。分解得到的 $\boldsymbol{N}^{*}$ 并非对应真实的 $\boldsymbol{N}$，因此称为伪表面法线（pseudo-normal），$\boldsymbol{A}$ 是一个不确定矩阵（ambiguity matrix）。直观上理解矩阵分解的不确定性：不同的光照方向、表面法线组合可能会产生同样一组相机观测图像，特征值分解不确定性如图 7-7 所示。对于一类物体（例如人脸），其表面法线方向的分布满足一定的先验条件，可以利用 SVD 计算标定光源方向下原型模型（prototype model）的不确定矩阵，然后将其应用到非标定光源方向下同类的物体的光度立体视觉算法，能在一定程度上缓解 SVD 求解的不确定性[24]，但这种方法显然不具有普遍性。

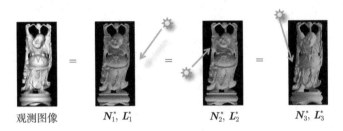

观测图像　$\quad\quad\boldsymbol{N}_1^*, \boldsymbol{L}_1^*$　$\quad\quad\quad\boldsymbol{N}_2^*, \boldsymbol{L}_2^*$　$\quad\quad\quad\boldsymbol{N}_3^*, \boldsymbol{L}_3^*$

图 7-7　特征值分解不确定性示意图

事实上，任取随机的方向向量组合在一起并不能表示有意义的物体表面，现实中物体表面大都是平滑连续的。假设研究的物体表面是可积分的，在可积性约束（integrability constraint）之下 [25-26]，观察平面 (xOy) 上定义的物体表面深度（高度）$z(x, y)$ 应当满足：

$$\frac{\partial^2 z}{\partial x \partial y} = \frac{\partial^2 z}{\partial y \partial x} \tag{7.24}$$

不确定矩阵受此条件约束后，退化为只有三个自由度的 GBR 不确定（Generalized Bas-Relief ambiguity）矩阵[27]：

$$\boldsymbol{G} = \begin{bmatrix} 1 & 0 & 0 \\ 0 & 1 & 0 \\ \mu & \nu & \lambda \end{bmatrix} \tag{7.25}$$

式中，μ、ν 和 λ 是三个不确定的参数。对于物体表面的点 $\boldsymbol{p} = [x, y, z(x, y)]$，在经过 GBR 矩阵变换之后，其深度表达式为

$$\tilde{z}(x, y) = \mu x + \nu y + \lambda z(x, y) \tag{7.26}$$

从式 (7.26) 可以看出，GBR 矩阵就是先将三维空间的点沿着 z 轴缩放了 λ，再根据 x、y 位置沿着 z 轴进行平移，GBR 不确定性如图 7-8 所示。

可积分性约束大大收缩了非标定光度立体视觉的求解空间（9 个未知数缩减到 3 个未知数），为此许多光照方向非标定的光度立体视觉算法都是基于以上思路实现：首先进行特征值分解，再利用可积性约束将不确定性矩阵自由度限制到 GBR 不确定性，最后利用图像中的其他信息求解 GBR 变换中的 3 个未知数。

图 7-8　GBR 不确定性示意图[27]

2. 不确定性的求解

利用图像局部的特征有助于解决全局的 GBR 不确定。定义 $\boldsymbol{s} = a\boldsymbol{n}$，表示反射率加权法线方向后得到的表面分量，那么对表面分量进行 GBR 变换有 $||\boldsymbol{Gs_i}|| = a$。筛选出有相同反射率 a 但对应不同表面法线的像素点，都将满足以下公式：

$$\boldsymbol{s}_i^{\mathrm{T}} \boldsymbol{C} \boldsymbol{s}_i = a^2, \quad \boldsymbol{C} = \boldsymbol{GG}^{\mathrm{T}} = \begin{bmatrix} 1 & 0 & \mu \\ 0 & 1 & \nu \\ \mu & \nu & \mu^2 + \nu^2 + \lambda^2 \end{bmatrix} \tag{7.27}$$

如果能从图像中选取至少 4 个具有相同反射率、不同法线方向的像素点，则式 (7.27) 中含三个未知数的 GBR 矩阵以及表面反射率 a 都可以解出[28]。为了方便筛选符合上述条件的像素组合，有必要对图像像素分别按法线方向、表面反射率进行分组。观察到具有同样的法线方向的像素强度轮廓（intensity profiles）存在高度的相关性，因此可以利用皮尔逊相关函数（Pearson correlation）衡量像素之间的法线相关程度，然后使用 K 均值聚类（K-means clustering）算法对像素值进行分组；另一方面，各个像素点的表面反射率与色度关联，那么按照色度差异可以近似对不同反射率的像素点进行聚类，结果如图 7-9所示。完成法线方向以及反射率聚类之后，随机选取相同反射率、不同法线方向的像素点，利用最小二乘估计即可解决 GBR 不确定问题（SM10[28]）。

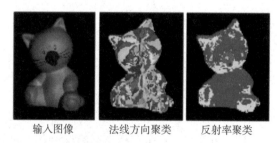

输入图像　　　　法线方向聚类　　　　反射率聚类

图 7-9　法线方向与物体表面反射率聚类示意图（基于论文[28]的插图重新绘制）

通过引入其他先验知识，也能为降低非标定光源方向的光度立体视觉问题不适定性提供辅助约束：自然场景的反射率分布总是被少数几个值所主导（假设常见的物体表面只有离散的几种颜色），通过最小化反射率分布的熵有助于解决 GBR 不确定性（AM07[29]）；考虑图像中的高亮区域，借助镜面反射双向反射分布函数的对称特性可得光源方向与表面法线的唯一解（WT13[30]）；法线方向与平行光照方向恰好重合处对应着局部漫反射最大值，因此识别定位漫反射最大值位置（$n^Tl = 1$）能够有效约束不确定矩阵的解（PF14[31]）。上述应对非标定情况的典型光度立体视觉算法总结见表 7-2。

7.2.3 基准评测数据集

上面两个小节详述了光度立体视觉研究的多样性：基于不同的成像模型（朗伯/非朗伯模型）与光照条件（标定/非标定光源）。学术前沿的光度立体视觉算法致力于实现更高精度的形状重建、更稳定的泛化能力，针对更普遍的物体反射率，未标定光源方向，以及更丰富的环境光照，不同的相机透视原理等条件设计对应模型。因此，对领域内形式多样的方法进行合理的分类具有必要性（表 7-1 和表 7-2）；另一方面，如何对快速涌现的算法进行公平有效的性能评估也是极富挑战性的工作。在此背景下，光度立体视觉的基准评测数据集的提出对于领域的发展具有重要意义。本小节将简要叙述光度立体数据集建立发展概况，并详细介绍光度立体视觉中的两个重要的基准评测数据集：DiLiGenT[8, 32] 与 DiLiGenT10²[4]。

表 7-2 应对非标定情况的典型光度立体视觉算法总结（基于论文[8] 的表格整理）

$I = P(l, n) \circ (NL)$, L 未知 $\Rightarrow$ 求解 N 朗伯反射物体 $\Rightarrow I = D \circ (NL) = SL = SA^T AL = SG^T GL$	
AM07[29]	D 只包含几个主导的反射率值（S 的列向量只有几个不同长度值）
SM10[28]	物体表面不同的位置有相同反射率值（S 的列向量长度值相等）
PF14[31]	朗伯物体表面局部最大值点（对应 $n = l$ 的位置）
WT13[30]	$P(l, n) \approx D + P_s(\theta_h, \theta_d)$（镜面反射率 P_s 仅与 θ_h, θ_d 相关）

一些提出光度立体视觉新算法的论文作者会公开自己拍摄的真实数据集，由于只是为了评测作者论文的方法，一般规模不会太大。例如 Gourd&Apple 数据集[12]，包含了两组真实物体 HDR 图像，但是没有给出对应的法线图真值；Harvard 数据集[33] 中也仅仅是给出了 7 个物体的观测图像以及使用最小二乘光度立体视觉算法恢复的对应法线图，与真实形状相比可能会有较大误差；近年来，有一些适配于光度立体视觉具体研究分支的数据集提出：如应用于近场光度立体算法的 LUCES[34]，考虑了物体局部相互反射的 ETHz[35]，均给出了 3D 扫描并对齐之后的法线图真值。这些数据集包含了丰富的物体形状与材质，有的给出了法线图真值能够对不同光度立体算法进行定量比较，但是数据的整体规模受限，同时可能局限于特定的应用场景拍摄时光源数量参差不齐，并不适合作为基准数据集对现有算法进行全面有效评估。

1. DiLiGenT 数据集

"A benchmark dataset and evaluation for non-lambertian and uncalibrated photometric stereo"[32] 一文发表于 CVPR 2016（扩展版发表于 TPAMI 2019[8]），该论文提出了首个带形状（表面法线）"真值"的光度立体视觉基准评测数据集⊖，数据集名称"DiLiGenT"就源自该数据集三大特征的英文单词：Directional Lighting, General reflectance, ground Truth shape。其中，图像数据均在精确标定的光源方向下拍摄得到，且所有物体形状都使用激光 3D 扫描仪进行获取、对齐，能够为光度立体视觉算法的定量分析提供可靠真值。如图 7-10所示，该数据集共包含 10 个物体，其表面双向反射分布函数从漫反射（Cat）、粗砺表面（Pot1）、分布稀疏反射率高的镜面反射（Ball 和 Reading）、分布较均匀的镜面反射（Bear 和 Buddha）、反射率空间变化的表面（Pot2 和 Goblet）到均匀着金属漆（Cow）和非均匀着金属漆（Harvest）的表面，涵盖了生活中常见的物体材质；物体形状从简单到复杂，有简单的球面（Ball）、光滑的表面（Bear、Cat、Goblet 和 Cow）、大部分光滑有局部细节的表面（Pot1 和 Pot2）、有复杂细节的表面（Buddha 和 Reading）以及细节丰富且内凹的表面（Harvest），具有较强的代表性。

图 7-10　DiLiGenT 基准评测数据集[8, 32]

⊖　https://sites.google.com/site/photometricstereodata/。

为了得到原始图像，DiLiGenT[8,32] 使用具有线性响应曲线的工业相机（Point Grey Grasshopper: GRAS-50S5C-C）；拍摄的物体对象大小在 20cm 左右，被放置在距相机 1.5m 处，以近似正交投影；整个拍摄过程都在暗室中进行，同时除物体之外的所有物件均用黑布遮挡，消除环境光以及物体之间相互反射的影响。每一次拍摄平行光照下的物体时，都记录下四组不同曝光时间的图像并组合成一幅 HDR 图像，这样可以最大程度避免过曝进而准确获取高度镜面反射位置的像素值。

光源标定包括光源强度标定以及光源方向标定两个方面。光源强度标定时使用特制的标准白平衡白板（white balance chart）近似均匀的朗伯表面，调整白板与光源相对位置使光源垂直入射到白板，同时使用相机正对白板拍摄记录下光源强度值。在使用数据集图像前，所有 HDR 图像像素值均应采用光源强度值进行归一化。传统的光源方向标定使用一颗镜面反射的球作为光源探针，相机观测到亮点所在位置的法线方向可看作光源方向与相机光轴方向的角平分线，由此可以反推光源方向 $l = 2(n^T v)n - v$。为了保证光源方向标定的准确度，DiLiGenT[8,32] 的光源方向标定采用了多个镜面球根据提前确定的点光源位置以及采用的相机具体参数，通过求解最小二乘优化问题精确计算每一组光照的方向[8]。

DiLiGenT[8,32] 针对表 7-1 和表 7-2 中的非朗伯模型、光源未标定的光度立体视觉方法进行了评价，可以将光度立体算法在 10 类测试物体上的结果用统计直方图的形式展现，有助于形象地分析各个算法的优势与短板，其基准测评结果如图 7-11 所示。在该论文后续提出的几乎所有利用深度学习求解光度立体的方法，都采用了 DiLiGenT[8,32] 的数据和评测方法作为基准测试。

2. DiLiGenT10^2 数据集

随着深度学习的迅猛发展，越来越多基于深度学习的光度立体视觉模型被提出，而有监督深度模型对大规模数据的需求和光度立体真值数据获取的困难构成了亟待解决的矛盾。近年来提出的光度立体深度模型都尝试结合三维物体网格以及公开的物体材质数据（如 MERL[22]、Disney BSDF[36] 等），渲染生成大量的合成数据以满足模型训练的需要。在这一背景下，研究者提出了一系列有代表性的合成数据集 BlobbyPS[37]、SculpturePS[38] 以及 CyclePS-Train[39]，推动着光度立体深度模型的发展。

在海量数据驱动下，基于深度学习的光度立体算法性能相比传统的优化方法有了较大提升。然而 DiLiGenT 数据集[8,32] 中仅包含 10 个物体，很容易被神经网络模型过拟合；另外，数据集的 10 个基准物体均从日常生活中随机选取，虽然代表性很强但是缺乏标准化特征，对于神经网络模型的性能分析帮助不大。针对以上问题，"DiLiGenT10^2: a photometric stereo benchmark dataset with controlled shape and material variation" 一文发表于 CVPR 2022，提出了 DiLiGenT10^2 数据集⊖[4]。该数据集包含 10 种材质、

⊖ https://photometricstereo.github.io/diligent102.html。

10 类形状组成的 100 个物体，由高精度数控机床专门制造，使得物体的材质种类、形状复杂程度得以精准控制。物体形状的真值因此可通过 CAD 模型与拍摄图像时的相机参数计算获取。同时，该数据集涵盖了更丰富的物体材质：各向同性、各向异性和半透明材料，为全面、准确地分析神经网络模型性能提供了条件。DiLiGenT10$^{2[4]}$ 与现有光度立体视觉数据集的对比总结见表 7-3。

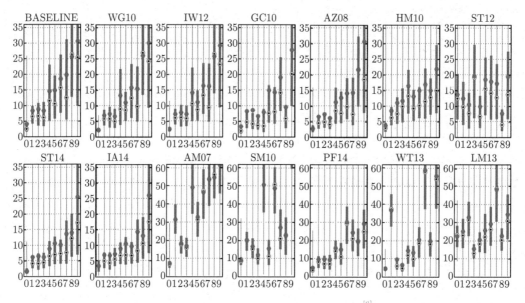

图 7-11　DiLiGenT 数据集基准评测结果[8]

表 7-3　现有光度立体视觉的数据集对比（基于论文[4]的表格重新绘制）

数据集	真值获取	类型	材质	形状数	光源数	视角数	数据量
Gourd&Apple[12]	-	真实	随机	2	102/112	1	2
Harvard[33]	光度法	真实	随机	7	20	1	7
LUCES[34]	扫描+对齐	真实	随机	5	52	1	14
ETHz[35]	扫描+对齐	真实	随机	3	260	1	3
DiLiGenT[8]	扫描+对齐	真实	随机	10	96	1	10
DiLiGenT-MV[40]	扫描+对齐	真实	随机	5	96	20	100
DiLiGenT10$^{2[4]}$	扫描+对齐	真实	可控	5	96	20	100
SculpturePS[38]	网格	合成	MERL	8	64	1296	59292
BlobbyPS[37]	网格	合成	MERL	8	96	1	800
CyclePS-Train[39]	网格	合成	Disney	15	1280/1000	1	45

　　数据集中的 100 个物体组成了 10×10 的 "形状—材质" 矩阵，如图 7-12所示，下面就形状和材质两个维度分别进行概述。10 种形状可大致分为 3 类，包括球类形状、多面体形状以及一般形状。

　　1）球类形状包含了球体及其三类变体，球体 Ball 是最基本的形状；高尔夫球 Golf 上有许多凹陷的小坑，能够产生局部区域内的阴影以及相互反射；刺球 Spike 上有一些突出的锥体结构，相对 Ball 形状上有更多的突变，能够形成和 Golf 不同的阴影特征；Nut 上有凹陷区域与突出区域，但整体仍保持较光滑的形状变化。

　　2）多面体形状共有 3 种：Square、Pentagon 和 Hexagon，它们在大多数光照下都会产生遮挡阴影，对于光度立体视觉算法是极大的挑战。

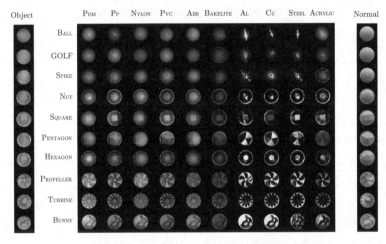

图 7-12　DiLiGenT10^2 基准评测数据集[4]

　　3）一般形状包含工业生产中常见的两类风扇叶片形状：Propeller 和 Turbine，以及日常生活中物体形状的代表——兔子 Bunny（受著名的斯坦福兔子模型启发），Propeller 和 Turbine 的扇叶结构由许多独立的、不连续的曲面组成，它们相互之间的遮挡、反射能够有效衡量光度立体视觉算法在非理想条件下的性能表现。

　　DiLiGenT10^2 数据集中的 10 种材质可以分为 3 类，包括 6 种塑料、3 种金属和 1 种半透明材料，其反射性质多样，从基本的漫反射材料到复杂的半透明材料均有涉及。10 种材质可分为各向同性、各向异性和有挑战性的反射率三类：

　　1）6 种塑料均为各向同性的材料，分别为聚甲醛、聚丙烯、尼龙、聚氯乙烯、ABS 树脂以及胶木，它们都是日常生活与工业制造中最常见的聚合物，具有不同的表面粗糙程度以及各异的漫反射/镜面反射系数，包含了现有光度立体数据集中的绝大多数材质。

2）3 种金属均为各向异性的材料，分别为铝合金、铜锌合金以及钢铁金属合金，它们的 BRDF 性质有较大差异且颇具代表性。这类金属物体的制作与前面的塑料物体不同，球体等简单物体经打磨加工成型，而其他复杂形状物体则使用车床铣削制成，在机械打磨制造过程中形成了金属物体的微表面结构，宏观上表现为各向异性的双向反射率，弥补了大多数光度立体数据集金属物体的空白。

3）最后 1 种半透明材料为亚克力，其透射特性与次表面散射特性在现有算法中涉及较少，很有挑战，有利于推动光度立体视觉领域的前沿发展。

在拍摄 DiLiGenT 数据集时，LED 光源从若干预先固定好的位置发出光照，无须移动光源，简化了数据的获取流程。但是由于不同光源的光照强度不同，需要对每个位置 LED 光源进行烦琐的光源强度标定（即便这些 LED 光源来自同一生产批次也无法避免）。为了解决光源强度标定的难题，DiLiGenT10^2 将光源安装在一套转轴装置上，转轴装置有两个旋转中心，可以自由改变方位角（azimuth angle）和天顶角（elevation angle），从而保证了不同光源方向下光源强度的一致性。此外，LED 光源还有一面凸透镜，可以确保光线为平行光。DiLiGenT10^2[4] 采用与 DiLiGenT [8,32] 相同的方法进行光照方向标定。为确保光照方向均匀，DiLiGenT10^2 数据集对每个物体拍摄了至少 300 个不同光照方向下的图像，再参照斐波那契网格[41] 尽可能地进行均匀采样，挑选出 100 个相对均匀的光照方向。在相机的选择上，DiLiGenT10^2 数据集同样使用线性响应的工业相机（装配 50mm 镜头的 DaHeng Image MER-503-36U3C，图像分辨率 2448×2048 像素）进行数据拍摄。

在多数光度立体视觉数据集中，为获取物体表面法线图的真值，需要进行"激光扫描—点云修复—网格重建—图像对齐—法线生成"五个步骤。但是，这种方法获得的真值精度主要受限于 3D 激光扫描仪的精度，同时高反射的金属物体也不适合通过激光扫描获得点云。由于 DiLiGenT10^2 中的物体均使用预先设计好的 CAD 模型通过高精度数控机床制造，实际的机械制造误差在 10μm 左右，远远小于相机观测误差。因此可以直接使用 CAD 模型作为网格，在与实际拍摄的图像对齐后，生成法线图作为真值。使用此法能获取真值，能够排除实际物体材质的干扰，且比激光扫描的结果精度更高。

DiLiGenT10^2 对 12 种有代表性的光度立体视觉算法统一进行了测试，每个算法的测评结果可以表示为一张 10×10 的热力图，从而可以从形状和材质两个维度对算法结果进行可视化表达与分析，其基准评测结果如图 7-13 所示，在热力图的左上方，物体形状光滑、材质各向同性，恢复出的法线图误差较小，呈现出大面积的蓝色；而在热力图的右侧和下方，随着物体的形状和材质逐渐变得复杂，恢复出的法线图误差较大，呈现出红色。

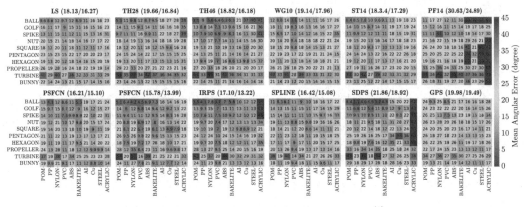

图 7-13　DiLiGenT10^2 数据集基准评测结果[4]

7.3　光度立体视觉的深度学习解法

近年来深度学习的快速崛起给计算机视觉、计算摄像学的研究带来了巨大冲击。在数据驱动的模式下,深度神经网络在众多计算摄像问题的性能提升方面发挥了重要的作用。本节将介绍深度光度立体视觉算法的发展脉络以及主要思想。根据光源的特点,可以将算法分类整理,基于深度学习求解光度立体视觉的方法归类如图 7-14所示。

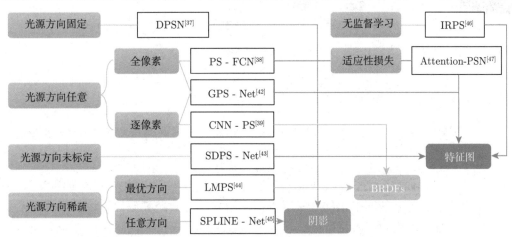

图 7-14　基于深度学习求解光度立体视觉的方法归类

7.3.1　光源方向固定的方法

"Deep photometric stereo network"[37] 一文发表于 ICCV 2017 Workshops,该论文构建了首个光度立体深度模型 DPSN[37],将 L 个光源下的不同图像作为输入,估计物体表面法线图作为输出。在输入网络的图像中，可能存在若干像素点位于阴影区域，对于法线估计而言这些点可以视为噪声点从而应该被网络忽略。基于该思想，DPSN[37] 的网络结构由阴影层和密集连接层两个全连接模块组成，阴影层中引入随机失活（dropout）机制模拟网络丢弃阴影区域噪声点的过程；整个全连接网络实质上通过有监督学习，构造从"观测图像组"到"法线图"的一一映射，网络结构示意图如图 7-15所示，该网络采用预测法线与真实法线的均方误差（MSE）作为损失函数。该方法要求输入的 L 幅图像的光照方向符合特殊设定，同时输入图像的顺序不能任意更换（训练和测试数据保持一样的光源条件），网络结构的灵活性有所欠缺，但其作为第一个光度立体深度学习算法，仍具有开创性的意义。

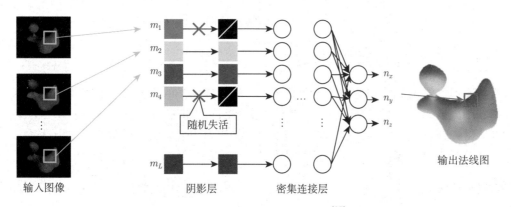

图 7-15   DPSN 网络结构示意图（基于论文[37] 的插图重新绘制）

7.3.2   应对任意方向光源的方法

面对 DPSN 输入图像对应固定光源方向的局限性，如何将网络输入扩展到任意方向光照下的图像？

"A flexible learning framework for photometric stereo"[38] 一文发表于 ECCV 2018，该论文设计了更巧妙的网络结构 PS-FCN：采用共享参数的编码器，将输入图像及其对应的光照方向编码为高阶特征图；设计了特征融合层筛选不同图像与光照方向的特征图中最有价值的信息，生成指定大小的融合特征图；最后利用法线回归网络对融合特征图进行解码操作，输出法线图。该论文的网络结构如图 7-16所示。该网络采用余弦损失函数，通过比较预测法线与真实法线的余弦距离，采用后向传播更新网络参数。在 DiLiGenT10^2[4] 数据集上的评测结果如图 7-13中 PSFCN 所示。该方法能够处理不同光照方向下的图像，其核心在于其将最大池化 (max-pooling) 操作作为不同光照图像特征的融合方式，推动网络从图像与光照方向的对应中学习对法线估计最有利的特征。

"CNN-PS: CNN-based photometric stereo for general non-convex surfaces"[39] 一文与 PS-FCN[38] 同年提出于 ECCV 2018，该论文开创了另一种思路，扩展光度立体神经网络模型处理任意光照方向下的图像。CNN-PS[39] 提出了新的不同光照下图像的表示形式，称为观察图 (observation map)，如图 7-17a 所示。观察图将不同图像同一位置的像素值进行编码，然后利用观察图与输出法线的旋转对应性设计网络结构，如图 7-17b 所示，最后取多个旋转结果的平均值作为输出法线图。该方法在 DiLiGenT10^2[4] 数据集上的评测结果如图 7-13中 CNNPS 所示。

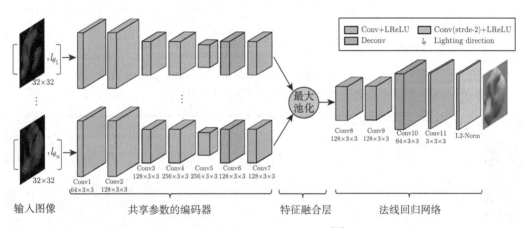

图 7-16　PS-FCN 网络结构示意图（基于论文[38]的插图重新绘制）

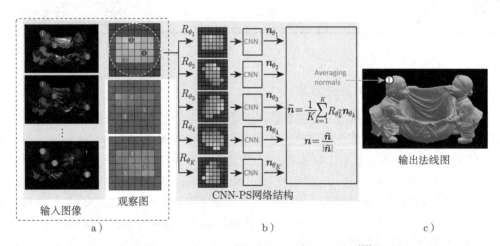

图 7-17　观察图生成与 CNN-PS 网络结构示意图（基于论文[39]的插图重新绘制）

PS-FCN[38] 与 CNN-PS[39] 是光度立体视觉神经网络模型设计的两类代表性工作：PS-FCN[38] 从卷积网络编码的高阶特征图入手处理不同光照下的整张图像（全像素，

all-pixel），而 CNN-PS[39] 是从单点位置在不同光照下的像素值与单点法线方向（逐像素，per-pixel）的对应关系入手，两者开启了深度光度立体视觉算法的两种典型思路[48]。

从全像素着手提取特征图和逐像素处理观察图两种模式在光度立体视觉中都表现出优异的性能。"GPS-Net: graph-based photometric stereo network"[42] 一文发表于 NeurIPS 2020，该论文结合这两种思路分别设计两个子网络以实现更高精度的形状恢复：在逐像素处理上，提出非结构化特征提取层（UFE-Layer）将任意数量的"光度立体图像—光源方向"数据对聚合为图结构，使用结构感知图卷积层（SGC filters）处理这些拓扑非连续的图结构并提取像素级别的特征向量，如图 7-18（左）所示，将像素级特征在空间维度上拼接可得完整的特征图；该论文进一步从全像素尺度处理特征图，使用多支路、多尺度的法线回归网络（Normal Regression Network, NR-Net）进行表面法线估计，尽可能地减少了大尺度卷积核对空间域的过度平滑，从而得到具有丰富细节的结果，如图 7-18（右）所示。该论文同样采用余弦相似度损失函数监督网络的训练过程。

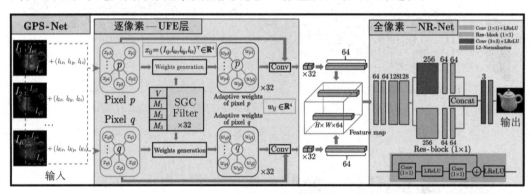

图 7-18　GPS-Net 网络结构示意图（基于论文[42] 的插图重新绘制）

7.3.3　应对光源方向未标定的方法

应对光源方向未标定情况，大多数非深度学习的光度立体视觉方法借助高光阴影等线索或者其他先验条件约束不确定性，并同时迭代优化求解光源方向与法线图。观察到光源方向的未知数（3）远小于物体表面法线图（小于 $3 \times H \times W$），"Self-calibrating deep photometric stereo networks"[43] 一文（SDPS-Net）发表于 CVPR 2019，该论文提出了两步求解的深度学习框架，首先利用光源标定网络（Light Calibration Network, LCNet）分别回归估计光源方向的天顶角、方位角以及光源的强度；然后将"光源—图像"数据对输入法线估计网络（Normal Estimation Network, NENet），最终得到表面法线图，网络结构如图 7-19所示，SDPS-Net[43] 也属于利用全像素进行形状恢复的方法，不同输入图像的编码器共享权值，利用最大值池化方法进行不同分支间的特征融合，最后解码全局特征图输出表面法线。该论文提出的两步求解方法具有很强的灵活性

与广泛的适用范围：光源标定网络与法线估计网络均能独立运行；法线估计网络也单独
适用于光源标定的情形。

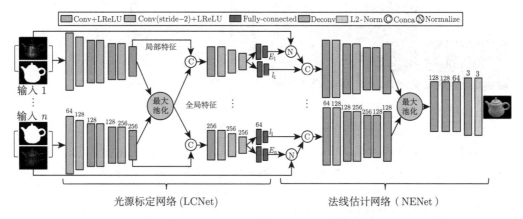

图 7-19　SDPS-Net 网络结构示意图（基于论文[43]的插图重新绘制）

7.3.4　应对光源方向稀疏的方法

光度立体视觉算法要实现高精度表面法线恢复，往往需要数十甚至数百幅不同光
照方向下的图像作为输入，可以想象数据采集难度较大。因此如何减少光度立体视觉
算法所需图像数目，同时尽量保证恢复的法线方向精度也成为研究热点。"Learning to
minify photometric stereo"[44] 一文（LMPS）提出于 CVPR 2019，该论文尝试从 144
个光照方向下的完整观察图中筛选对法线估计贡献最大的最优光照方向构成稀疏观察
图，再从稀疏观察图中完成法线估计最大限度保证恢复精度。具体而言，该论文提出了
参数可学习的连接表（connection table），其值非负且具有稀疏特性，通过和完整观察
图的逐元素相乘能够筛选出少量有效的观察值。网络训练过程中同时监督连接表和法线
恢复网络的学习，采用的损失函数为

$$\mathcal{L} = ||\boldsymbol{N} - \boldsymbol{N}^*||_2^2 + \lambda g(C), \quad g(C) = \sum_{i,j} \left(2C_{i,j} - \frac{C_{i,j}^2}{2\alpha} \right) \tag{7.28}$$

式中，$\boldsymbol{N}$、$\boldsymbol{N}^*$ 分别为法线图真值与预测值；C 为和观察图同样大小的连接表，$g(C)$
为推动连接表稀疏化的正则表达式；α 为连接表中的最大值，即 $\alpha = \max(C_{i,j}), \forall i, j$。
另外，作者注意到观察图中的遮挡阴影并非随机出现，而往往分布连续并有清晰的边
界，如图 7-20a 展示的观察图。基于以上观察，在训练网络中加入了遮挡层（occlusion
layer）模拟遮挡阴影，以提升生成数据的真实性：随机选取观察图的两条边上的两个点
并连线将观察图划分为两个区域，将小面积区域中的观察值置零作为遮挡阴影。该方法
整体网络结构如图 7-20b 所示。

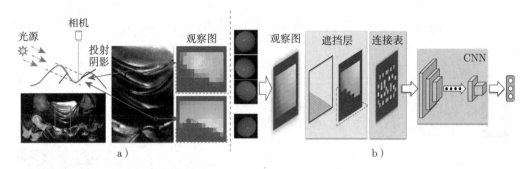

图 7-20 LMPS 网络结构示意图（基于论文[44] 的插图重新绘制）

LMPS[44] 应对少量光源方向的思路是"稠密 → 稀疏"，设法从冗余的光源方向中筛选出最有效的几个；反向思考"稀疏 → 稠密"，如果能将稀疏的光源方向插值补全完整，也能够实现高精度法线恢复。但是要从"稀疏"的数个光源恢复到数量逾百的"稠密"光源也是高度不适定问题，如何对问题进行更深入的分析建模至关重要。根据双向反射分布函数，对于具有各向同性反射率的物体表面，其观察图应当关于法线方向对称；同时，由于遮挡产生的阴影、表面相互反射等非理想因素影响，实际的观察图可能会表现出非对称性质，如图 7-21a 所示。"SPLINE-Net: sparse photometric stereo through lighting interpolation and normal estimation networks"[45] 一文发表于 ICCV 2019，该论文在相关观察与推导的基础上提出了对称损失、非对称损失函数监督光源插值网络的训练，并利用插值后的观察图实现法线估计，网络结构如图 7-21b 所示。其中对称损失函数（symmetric loss）为

$$\mathcal{L}_s(\boldsymbol{D}, \boldsymbol{n}) = |\boldsymbol{D} - r(\boldsymbol{D}, \boldsymbol{n})|_1 \tag{7.29}$$

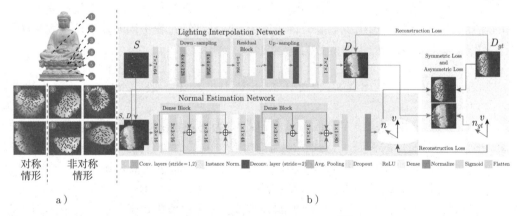

图 7-21 SPLINE-Net 网络结构示意图（基于论文[45] 的插图重新绘制）

式中，$\boldsymbol{D}$ 为补全的观察图，$r(\boldsymbol{D}, \boldsymbol{n})$ 方程将观察图 $\boldsymbol{D}$ 按对称轴 $\boldsymbol{n}$ 作对称变换。与之对

应，非对称损失函数（asymmetric loss）为

$$\mathcal{L}_a(\boldsymbol{D}, \boldsymbol{n}) = ||\boldsymbol{D} - r(\boldsymbol{D}, \boldsymbol{n})|_1 - \eta|_1 + \lambda_c \, ||p(\boldsymbol{D}) - r(p(\boldsymbol{D}), \boldsymbol{n})|_1 - \eta|_1 \tag{7.30}$$

式中，η 为非对称性的度量；$p(\cdot)$ 为平均池化操作，以保证观察图的空间连续性；λ_c 为权重超参数。该论文引入以上对称/非对称损失函数利用了物体表面法线与光照方向的物理先验，更有效地约束了光源插值的解空间，具有代表性。

7.3.5 利用其他约束的方法

"Neural inverse rendering for general reflectance photometric stereo"[46] 一文（IRPS）提出于 ICML 2018，该论文利用图像逆渲染的思路建立了一套无监督学习框架实现光度立体算法，其网络结构如图 7-22所示。考虑到物体形状与反射率相互独立，该论文设计了两个子模块：光度立体网络（Photometric Stereo Network, PSNet）与图像重建网络（Image Reconstruction Network, IRNet），分别抽取输入图像的特征估计物体表面法线图以及物体表面反射率，加上标定的光照条件，即可利用渲染方程合成图像。进一步，通过重建损失将输出合成图像与输入的观察图像联系，建立"预测—反馈"的闭环以实现无监督学习。模型不需要训练数据也不需要提供物体表面法线真值，避免了采集大规模数据的烦琐操作与合成数据中非理想特性。该方法损失函数由两部分组成，图像重建损失与最小二乘先验：

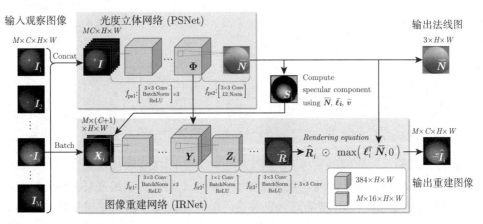

图 7-22 IRPS 网络结构示意图（基于论文[47]的插图重新绘制）

$$\mathcal{L} = \frac{1}{M} \sum_{i}^{M} ||I_i - I_i^*||_1 + \lambda_t ||\boldsymbol{N}' - \boldsymbol{N}^*|| \tag{7.31}$$

式中，M 为不同光照方向下的图像数；I_i、I_i^* 分别为输入观察图像与输出合成图像；N'、N^* 分别为最小二乘法恢复的表面法线图与 IRPS[46] 预测的表面法线图；λ_t 为最小二乘先验的权重超参数。

"Pay attention to devils: a photometric stereo network for better details"[47] 一文（Attention-PSN）发表于 IJCAI 2020，该论文提出了自适应注意光度立体学习框架以提升光度立体视觉算法在细节形状恢复上的性能。在通常的表面法线恢复网络之外，它额外加入了注意力网络输出注意力图（attention map）对法线梯度损失与法线余弦损失进行加权，促使网络对表面法线的高频分量赋予更高权重以提升局部区域形状恢复的准确度。Attention-PSN[47] 的网络结构如图 7-23所示。

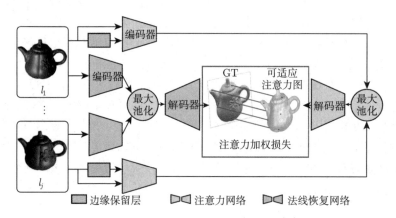

图 7-23　Attention-PSN 网络结构示意图（基于论文[47] 的插图重新绘制）

7.4　本章小结

本章各小节依次回答了章前提出的问题。

▌ 如何利用不同光照条件下物体的多幅观测图像实现物体形状的估计？

对于符合朗伯反射模型的物体，不同光照方向下的图像能够提供关于物体形状信息的独立观察，作出图像像素值的等强度轮廓线图后可以发现，增加观察图像的数量可以约束物体表面法线的解空间/增加解的稳健性。理论上，至少需要三组相互独立的像素值及其光源方向才能恢复对应位置的法线方向；最小二乘估计是最简单、经典的光度立体视觉算法。

▌ 物体表面的复杂反射率如何影响光度立体视觉算法的稳定性？

朗伯模型是基于经验的漫反射率模型，能够近似模拟现实中多数物体表面漫反射但无法应对复杂反射情形（镜面反射亮斑、金属的各向异性反射等）。由于实际情形与先验条件不符，基于朗伯模型的光度立体视觉算法在反射情况复杂区域的性能表现可能会大打折扣。应对复杂反射率的常见解决方案包括：将复杂反射视为噪声，把法线恢复问题转化为低秩矩阵优化，采用更复杂的 BRDF 建模方法等。随着深度学习方法的迅速发展，大数据驱动与大容量模型的应用使光度立体视觉算法在复杂反射率物体形状恢复上表现出更大的性能优势。

▎ 如果光源方向未知，光度立体视觉算法能否实现物体形状的准确恢复？

当光源方向未知时，从观测图像同时恢复光照方向与物体表面法线类似于矩阵分解问题，理论上有任意数量的解。但受表面法线的可积性约束，光照方向与物体表面法线解的不确定性退化为三个自由度的 GBR 矩阵，观测图像中的高光区域、物体不同位置的相同反射率等条件都能为求得唯一的"光照—表面法线"解提供线索。通过设计结构更复杂、针对性更强的多级模型，合成生成大规模数据训练神经网络，应对未标定光源的光度立体视觉算法发展如火如荼。

7.5　本章课程实践

1. 光度立体视觉算法的基本实现

尝试用多种光度立体视觉算法（从基于最小二乘法和朗伯反射模型的经典算法，到基于深度学习的最新算法）计算给定数据集物体的表面法线，编程语言不限。

按照下面任务要求的描述，用几种不同的方法得到物体的法线图（normal map），MATLAB 中使用 `imshow(uint8((N+1)*128))` 语句来展示法线图预测结果。整个任务包含如下 3 部分。

1）使用传统的朗伯反射模型实现基于最小二乘法的光度立体视觉算法，对附件中的 5 组数据进行测试得到法线图。可以参考 Github 上的代码，鼓励自己实现算法。

2）下载 DiLiGenT 数据集[⊖]，使用任务 1）的传统朗伯反射模型的光度立体算法在该数据集的 `Main Dataset` 上进行测试，得到每组数据的法线图，并计算所得到的法线图与数据集提供的真值（每组数据下的 `Norma_gt.mat` 或 `normal.txt` 文件）之间的平均角度误差（Mean Angle Error，MAE）（取所有像素点角度误差的均值），观察结果，对比分析在不同物体上结果有何不同。

注意：角度误差即为两个向量之间的角度误差，首先计算两个向量内积的反余弦函数，再转换成角度的形式。MATLAB 中可用一行代码实现：

⊖　数据集下载地址：https://sites.google.com/site/photometricstereodata/。

```
angular_err=real((180.*acos(dot(vec 1, vec 2)))./pi)
```

3）实现 Thresholding 算法。在实际应用光度立体视觉算法的时候，一般会用多于 3 张的图片来实验。因为当图片数量较多的时候，就可以通过分析某个像素在不同光源下的强度值（intensity），剔除明显不符合理论模型的观测（outlier），而只是保留"靠谱"的观测（inlier）来进行计算。最简单的想法就是对于每一个像素点，将其在不同图片中的强度值按照从小到大的顺序排列，设定一个阈值（例如在 8 比特图像中，设定阈值为 $30 \leqslant B \leqslant 215$）。认为小于设定阈值下界的像素点，其拍摄时可能处于阴影中，认为大于设定阈值上界的像素点，图像在拍摄时可能存在过曝、非朗伯（如镜面反射）等情况，因此这些值都不可靠，将被舍弃掉。而处在设定阈值中间的像素点被认为是更加符合理想情况的观测，只用它们来做法向量的计算。例如：对每个像素点，只对留下的光源进行最小二乘法求解朗伯反射的光度立体视觉。

参考 DiLiGenT 数据集原文 [8] 4.1 节中的"A position threshold method"，编程实现 Thresholding 算法，并在 DiLiGenT 数据集上进行测试，对任务 2）中没有应用 threshold 的结果，分析结果发生了怎样的变化及原因。

2. 基于深度学习的光度立体视觉算法实现

从以下两篇论文任选其一：

（1）PS-FCN[38] ⊖

（2）CNN-PS[39] ⊜

完成如下任务：

阅读论文，在附件中的 5 组数据和 DiLiGenT 数据集上进行测试，提交测试结果。与任务 1) 中传统朗伯反射模型的结果进行对比，找出问题，并分析传统方法和该方法的结果哪个更合理，如果后者结果比较差，阐述可能的改进方案。（提示：因为附件中的 5 组数据没有法线图真值，因此可以绘制一个球体的法线图作为参考，进行定性的对比分析。）

附件说明

请从链接⊜中下载附件，附件包含了不同光照图像、掩码以及对应的光照信息等数据，详见 README 文件。

⊖ 官方实现：https://github.com/guanyingc/PS-FCN。

⊜ 官方实现：https://github.com/satoshi-ikehata/CNN-PS。

⊜ 附件：https://github.com/PKU-CameraLab/TextBook。

本章参考文献

[1] JOHNSON M K, COLE F, RAJ A, et al. Microgeometry capture using an elastomeric sensor[J]. ACM Transactions on Graphics (Proc. of ACM SIGGRAPH), 2011, 30(4): 46.

[2] METALLO A, ROSSI V, BLUNDELL J, et al. Scanning and printing a 3D portrait of president barack obama[C]//SIGGRAPH: Studio. New York, USA: ACM, 2015.

[3] WOODHAM R J. Photometric method for determining surface orientation from multiple images[J]. Optical Engineering, 1980, 19(1): 139-144.

[4] REN J, WANG F, ZHANG J, et al. DiLiGenT10^2: A photometric stereo benchmark dataset with controlled shape and material variation[C]//Proc. of IEEE/CVF Conference on Computer Vision and Pattern Recognition. New Orleans, USA: IEEE, 2022.

[5] JR E N C, JAIN R. Obtaining 3-dimensional shape of textured and specular surfaces using four-source photometry[J]. Computer Graphics and Image Processing, 1982, 18(4): 309-328.

[6] BARSKY S, PETROU M. The 4-source photometric stereo technique for three-dimensional surfaces in the presence of highlights and shadows[J]. IEEE Transactions on Pattern Analysis and Machine Intelligence, 2003, 25(10): 1239-1252.

[7] WU L, GANESH A, SHI B, et al. Robust photometric stereo via low-rank matrix completion and recovery[C]//Proc. of Asian Conference on Computer Vision. Queenstown, New Zealand: Springer, 2010.

[8] SHI B, MO Z, WU Z, et al. A benchmark dataset and evaluation for non-Lambertian and uncalibrated photometric stereo[J]. IEEE Transactions on Pattern Analysis and Machine Intelligence, 2019, 41(2): 271-284.

[9] CANDÉS E J, PLAN Y. Accurate low-rank matrix recovery from a small number of linear measurements[C]//47th Annual Allerton Conference on Communication, Control, and Computing (Allerton). Monticello, USA: IEEE, 2009.

[10] IKEHATA S, WIPF D, MATSUSHITA Y, et al. Robust photometric stereo using sparse regression[C]//Proc. of IEEE Conference on Computer Vision and Pattern Recognition. Providence, USA: IEEE, 2012.

[11] GOLDMAN D B, CURLESS B, HERTZMANN A, et al. Shape and spatially-varying BRDFs from photometric stereo[C]//Proc.of 10th IEEE International Conference on Computer Vision. Beijing, China: IEEE, 2005.

[12] ALLDRIN N G, ZICKLER T E, KRIEGMAN D J. Photometric stereo with non-parametric and spatially-varying reflectance[C]//Proc. of IEEE Conference on Computer Vision and Pattern Recognition. Anchorage, USA: IEEE, 2008.

[13] SHI B, TAN P, MATSUSHITA Y, et al. Elevation angle from reflectance monotonicity: photometric stereo for general isotropic reflectances[C]//Proc. of 12th European Conference on Computer Vision. Florence, Italy: Springer, 2012.

[14] HIGO T, MATSUSHITA Y, IKEUCHI K. Consensus photometric stereo[C]//Proc. of IEEE Computer Society Conference on Computer Vision and Pattern Recognition. San Francisco, USA: IEEE, 2010.

[15] IKEHATA S, AIZAWA K. Photometric stereo using constrained bivariate regression for general isotropic surfaces[C]//Proc. of IEEE Conference on Computer Vision and Pattern Recognition. Columbus, USA: IEEE, 2014.

[16] SHI B, TAN P, MATSUSHITA Y, et al. A biquadratic reflectance model for radiometric image analysis[C]//Proc. of IEEE Conference on Computer Vision and Pattern Recognition. Providence, USA: IEEE, 2012.

[17] SHI B, TAN P, MATSUSHITA Y, et al. Bi-polynomial modeling of low-frequency reflectances[J]. IEEE Transactions on Pattern Analysis and Machine Intelligence, 2014, 36 (6): 1078-1091.

[18] GOLDMAN D B, CURLESS B, HERTZMANN A, et al. Shape and spatially-varying BRDFs from photometric stereo[J]. IEEE Transactions on Pattern Analysis and Machine Intelligence, 2010, 32(6): 1060-1071.

[19] BLINN J F. Models of light reflection for computer synthesized pictures[C]//Proc. of ACM SIGGRAPH. San Jose, USA: ACM, 1977.

[20] COOK R L, TORRANCE K E. A reflectance model for computer graphics[J]. ACM Transactions on Graphics (Proc. of ACM SIGGRAPH), 1982, 1(1): 7-24.

[21] TORRANCE K E, SPARROW E M. Theory for off-specular reflection from roughened surfaces*[J]. Journal of the Optical Society of America, 1967, 57(9): 1105-1114.

[22] MATUSIK W, PFISTER H, BRAND M, et al. A data-driven reflectance model[J]. ACM Transactions on Graphics, 2003, 22(3): 759-769.

[23] HAYAKAWA H. Photometric stereo under a light source with arbitrary motion[J]. Journal of the Optical Society of America, 1994, 11(11): 3079-3089.

[24] YUILLE A L, SNOWD, EPSTEIN R, et al. Determining generative models of objects under varying illumination: shape and albedo from multiple images using SVD and integrability [J]. Springer International Journal of Computer Vision, 1999, 35(3): 203-222.

[25] HORN B K P, BROOKSMJ. The variational approach to shape from shading[J]. Computer Vision, Graphics, and Image Processing, 1986, 33(2): 174-208.

[26] YUILLE A L, SNOW D. Shape and albedo from multiple images using integrability[C]// Proc. of IEEE Computer Society Conference on Computer Vision and Pattern Recognition. San Juan, Peurto Rico: IEEE, 1997.

[27] BELHUMEUR P N, KRIEGMAN D J, YUILLE A L. The bas-relief ambiguity[J]. Springer International Journal of Computer Vision, 1999, 35(1): 33-44.

[28] SHI B, MATSUSHITA Y, WEI Y, et al. Self-calibrating photometric stereo[C]//Proc. of IEEE Computer Society Conference on Computer Vision and Pattern Recognition. San Francisco, USA: IEEE, 2010.

[29] ALLDRIN N G, MALLICK S P, KRIEGMAN D J. Resolving the generalized bas-relief ambiguity by entropy minimization[C]//Proc. of IEEE Conference on Computer Vision and Pattern Recognition. Minneapolis, USA: IEEE, 2007.

[30] WU Z, TAN P. Calibrating photometric stereo by holistic reflectance symmetry analysis [C]//Proc. of IEEE Conference on Computer Vision and Pattern Recognition. Portland, USA: IEEE, 2013.

[31] PAPADHIMITRI T, FAVARO P. A closed-form, consistent and robust solution to uncalibrated photometric stereo via local diffuse reflectance maxima[J]. Springer International Journal of Computer Vision, 2014, 107(2): 139-154.

[32] SHI B, WU Z, MO Z, et al. A benchmark dataset and evaluation for non-Lambertian and uncalibrated photometric stereo[C]//Proc. of IEEE Conference on Computer Vision and Pattern Recognition. Las Vegas, USA: IEEE, 2016.

[33] XIONG Y, CHAKRABARTI A, BASRI R, et al. From shading to local shape[J]. IEEE Transactions on Pattern Analysis and Machine Intelligence, 2015, 37(1): 67-79.

[34] MECCA R, LOGOTHETIS F, BUDVYTIS I, et al. LUCES: A dataset for near-field point light source photometric stereo[C]//Proc. of British Machine Vision Conference. Online: BMVA Press, 2021.

[35] KAYA B, KUMAR S, OLIVEIRA C, et al. Uncalibrated neural inverse rendering for photometric stereo of general surfaces[C]//Proc. of IEEE/CVF Conference on Computer Vision and Pattern Recognition. Virtual: IEEE, 2021.

[36] BURLEY B. Physically-based shading at Disney[C]//SIGGRAPH Course. New York, USA: ACM, 2012.

[37] SANTO H, SAMEJIMA M, SUGANO Y, et al. Deep photometric stereo network[C]// Proc. of IEEE International Conference on Computer Vision Workshops. Venice, Italy: IEEE, 2017.

[38] CHEN G, HAN K, WONG K K. PS-FCN: A flexible learning framework for photometric stereo[C]//Proc. of European Conference on Computer Vision. Munich, Germany: Springer, 2018.

[39] IKEHATA S. CNN-PS: CNN-based photometric stereo for general non-convex surfaces [C]//FERRARI V, HEBERT M, SMINCHISESCU C, et al. Proc. of European Conference on Computer Vision. Munich, Germany: Springer, 2018.

[40] LI M, ZHOU Z, WU Z, et al. Multi-view photometric stereo: a robust solution and benchmark dataset for spatially varying isotropic materials[J]. IEEE Transactions on Image Processing, 2020, 29: 4159-4173.

[41] GONZÁLEZ Á. Measurement of areas on a sphere using fibonacci and latitude-longitude lattices[J]. Mathematical Geosciences, 2009, 42(1): 49-64.

[42] YAO Z, LI K, FU Y, et al. GPS-Net: Graph-based photometric stereo network[C]//Proc. of 34th International Conference on Neural Information Processing Systems. Virtual: Curran Associates, Inc., 2020.

[43] CHEN G, HAN K, SHI B, et al. Self-calibrating deep photometric stereo networks[C]// Proc. of IEEE/CVF Conference on Computer Vision and Pattern Recognition. Long Beach, USA: IEEE, 2019.

[44]   LI J, ROBLES-KELLY A, YOU S, et al. Learning to minify photometric stereo[C]//Proc. of IEEE/CVF Conference on Computer Vision and Pattern Recognition. Long Beach, USA: IEEE, 2019.

[45]   ZHENG Q, JIA Y, SHI B, et al. SPLINE-Net: Sparse photometric stereo through lighting interpolation and normal estimation networks[C]//Proc. of IEEE/CVF International Conference on Computer Vision. Seoul: IEEE, 2019.

[46]   TANIAI T, MAEHARA T. Neural inverse rendering for general reflectance photometric stereo[C]//Proc. of International Conference on Machine Learning. Stockholm, Sweden: PMLR, 2018.

[47]   JU Y, LAM K, CHEN Y, et al. Pay attention to devils: a photometric stereo network for better details[C]//Proc. of the 29th International Joint Conference on Artificial Intelligence. Yokohama, Japan: International Joint Conference on Artificial Intelligence Organization, 2020.

[48]   ZHENG Q, SHI B, PAN G. Summary study of data-driven photometric stereo methods[J]. Virtual Reality and Intelligent Hardware, 2020, 2(3): 213-221.

第 8 章

高动态范围成像

现实世界的光影亮暗变化极其丰富多彩，然而相机对此的表达能力却有所局限。多数情况下，相机拍摄的照片能够忠实地记录场景的完整亮暗细节（图 8-1a，使用 Sony ILCE-7M3 拍摄于燕园）；然而，在场景亮部和暗部亮度差别较大的情况下（例如，海边的落日、夜晚的灯光，如图 8-1b 所示，使用 Sony ILCE-6400 拍摄于景山），一种曝光设置只能记录一部分的场景信息，使得拍摄整个场景的明暗细节变得困难。高动态范围成像是计算摄像学中解决这些场景下成像问题的主要手段，能够保留更丰富的层次和色彩信息。本章将围绕基于图像的高动态范围成像依次回答以下问题。

a）低动态范围场景　　　　　　　　b）高动态范围场景

图 8-1　不同动态范围场景图像实例

为什么一次曝光无法记录场景亮暗的完整信息？
怎样获得极端光照场景下的完整的亮暗信息？
如何存储和显示这些动态范围宽广的光照场景信息？

在本章最后，还将介绍部分基于非传统传感器和深度学习的高动态范围成像算法。

8.1　动态范围的定义

同时在一张照片中拍摄到极亮、极暗的场景是一个非常困难的问题，首先需要思考造成这个问题的可能原因：考虑相机内部图像处理流程（ISP，第 2 章）的几个步骤，影响图像细节的因素有欠曝、过曝和模数转换。在曝光过程中（见 2.1 节），欠曝会导致暗部细节丢失，过曝会导致亮部细节丢失，模数转换的截断操作也会进一步导致细节丢失。

然而造成上述困难的因素还是场景相关的，这些场景有一个共同的特点：亮暗部亮度差距较大。在图 8-1b 中，如果让最亮的地方取最大值（8 比特图像最大值为 255）、保留亮部细节，需要调低曝光，但暗部会由于欠曝丢失大量细节，实际拍摄结果如这一组图片的最左图所示；如果要保留暗部的细节，则需要调高曝光，那么亮部会过曝，细节必然会有所损失，实际拍摄结果如这一组图片的最右图所示；在正常曝光的区域，由于模数转换的截断操作，不同像素点之间细微的差别被抹去，导致细节丢失，后期也无法通过调亮图像得到该部分的细节差异。这说明，单张图像能够记录的细节是有限的，它能记录的最亮和最暗处辐照度的比值称为它的动态范围（Dynamic Range，DR）。类似地，场景本身所具有的动态范围定义为场景中最亮和最暗部分辐照度的比值。一般使用分贝（dB）作为动态范围的单位，即对于场景 I，其动态范围可表示为

$$DR(I) = 20 \log_{10} \frac{\max(I)}{\min(I)} (\text{dB}) \tag{8.1}$$

在不考虑相机辐射响应函数的情况下，一张 8 比特图像的动态范围为

$$DR(I_{8\text{bits}}) = 20 \log_{10} \frac{256}{1} \approx 48.16(\text{dB}) \tag{8.2}$$

当场景动态范围低于图像动态范围时，一定存在合适的曝光设定能够一次性记录场景的完整亮暗信息。

然而，现实世界有着极高的动态范围，不同场景的亮度有着极大的差异，图 8-2（使用 Sony ILCE-7RM3 拍摄）展示了一些常见场景的相对辐照度。低光、正常室内灯光、阴天、晴天和直视太阳等场景的辐照度差异有几万甚至几十、几百万倍，远超相机的动态范围，给成像带来了极大的困难：不论是 8 比特的普通图像，还是高端相机可以存储的 12 乃至 14 比特的 RAW 图像，都难以通过一次曝光记录场景的完整亮暗信息。

室内关灯	室内开灯	室外树荫下	室外阳光下	直视太阳
1	1500	25,000	400,000	2,000,000,000

图 8-2 不同场景相对辐照度示意图

与传感器不同，人眼具有极强的自适应能力，不论是在低光还是高光场景下，都能

进行自动调节，有着远超传感器的动态范围。图 8-3展示了人眼、传感器、显示器及不同曝光的单张图像能够覆盖的辐照度范围对比。可以看出，它们之间存在着巨大的动态范围差异。要达到人眼的动态范围、追求"所见即所得"的拍摄效果，高动态范围（High Dynamic Range，HDR）成像技术不可或缺。

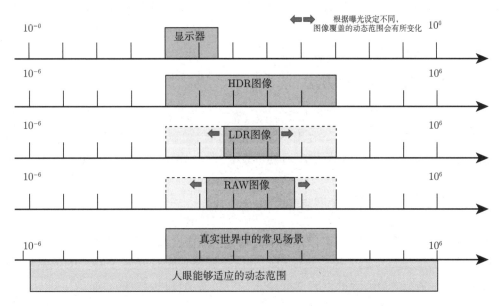

图 8-3　人眼、传感器、显示器及图像覆盖辐照度范围对比图

高动态范围成像的目的，是使用各种拍摄方式和算法得到高动态范围图像（即能记录场景更多甚至完整亮暗细节，过曝、欠曝现象较弱或不存在），并在显示设备上显示，所能使用的信息包括但不限于传统相机拍摄的低动态范围（Low Dynamic Range，LDR）图像（即可能存在过曝、欠曝，无法记录场景完整亮暗细节）及各种非传统图像传感器拍摄的视觉信号。为了得到 HDR 图像，最简单的方法是：在固定相机的情况下，通过调整曝光要素，得到同一场景、不同亮度的 LDR 图像，使其覆盖不同的辐照度范围。如图 8-3中 LDR 图像可覆盖的辐照度区间所示，根据曝光设置不同，单张 LDR 图像可以覆盖不同辐照度区间；而 RAW 图像能够覆盖相对 LDR 图像更长的辐照度区间，拥有相对更高的动态范围。接着可以通过一些 HDR 成像算法 [1-2] 融合这些 LDR 图像，得到一张 HDR 图像，满足"所见即所得"的拍摄需要。该方法只需要一个相机，并且不需要对相机进行复杂的操作，硬件要求和成本最低，应用也更为普遍。8.2 节将详细讲述该种多次曝光融合的经典方法。

在成功扩展图像的动态范围之后，原本 8 比特的 LDR 图像存储方式已经无法存储 HDR 图像的完整亮暗细节，需要用新的存储方式、以更高的精度来记录 HDR 图像，尽可能避免存储不当导致的动态范围丢失。8.3 节将介绍 HDR 图像常用的几种存储格式。

同时，由于成本与工艺所限，液晶显示器等显示设备也有其动态范围限制。与图像类似，显示设备的动态范围也远低于真实世界的动态范围，往往是用 8 比特或是 10、12 比特来显示图像。如何利用显示器有限的比特数来尽可能多地呈现真实世界的动态范围、并真实反映现实世界的场景，也是高动态范围成像技术需要解决的一个问题。8.4 节将讲述用于动态范围压缩的几种色调映射算法。

8.2 多次曝光融合的经典方法

如图 8-3所示，不同曝光能够拍摄辐照度范围的不同部分，多张不同曝光图像就能得到场景中不同辐照度的细节。利用不同曝光 LDR 图像中不同辐照度的最佳细节，就能合成动态范围更广、图像细节更丰富的 HDR 图像。多次曝光融合的经典方法[1] 分为两步：

1）多次曝光：拍摄多张不同曝光的 LDR 图像。

2）图像融合：将多张 LDR 图像合成为一张 HDR 图像。

对四项曝光要素进行调整可以得到不同曝光的图像，调整方法可参考 4.4 节。为了使不同曝光的图像尽可能可控，最简单的方法是调整曝光时间或 ISO。由于调整 ISO 会放大噪声，多数 HDR 成像方法都选择融合不同曝光时间的图像。那么：

> 要选择多少个不同的曝光时间才能记录场景的完整亮暗信息？如何选择合适的曝光时间？

理论上讲，不同曝光时间的差异越大，能覆盖的动态范围就越大；不同场景需要的不同曝光时间的长度和次数是不同的，曝光次数和曝光时长的选取取决于场景的动态范围。一般选取 5 个不同的曝光时间、相邻曝光间隔两档⊖；曝光时间的选取，一般是在相机测量给出的曝光值基础上进行加减曝光档：选取一张大部分区域正常曝光的、两张过曝更严重的和两张欠曝的图像，保证曝光时间最长的图像能够看见暗部细节，曝光时间最短的图像可以看见亮部细节即可。图 8-4为 LDR 线性 RAW 图像融合生成 HDR 图像，展示了覆盖了场景完整亮暗信息的五张 LDR 图像，以及利用 HDR 成像算法得到的 HDR 图像。那么：

> 要如何融合这些 LDR 图像，得到 HDR 图像？

⊖ 快门时间服从幂级数，每一档为前一档的 2 倍。

为了融合 LDR 图像，首先需要考虑不同 LDR 图像中包含的相同信息：虽然曝光时间变了，但场景是固定不变的。考虑图像处理流程，如果能够得到 12 比特的 RAW 图像，在不考虑过曝与欠曝的情况下，RAW 图像的响应函数是线性的，可以直接利用 RAW 图像像素值重建 HDR 图像；假设拍摄某个场景到达相机传感器的辐照度为 E，曝光时间为 t，传感器在曝光时间内不停接收光子（其数量与场景辐照度正相关），并受到传感器噪声的影响。设总噪声为 N，噪声程度与 E 相关，则该次曝光得到的线性 RAW 图像值为（相关定义见 6.1 节）

$$I_{\text{linear}} = \text{clip}[E \cdot t + N(E)] \tag{8.3}$$

式中，clip 是截断操作；N 表示噪声，它们都是非线性操作，主要与过曝和欠曝相关。在忽略式(8.3)中的非线性操作后，可以将式(8.3)近似转化为

$$E \approx \frac{1}{t} I_{\text{linear}} \tag{8.4}$$

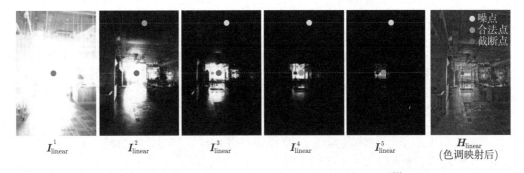

图 8-4　LDR 线性 RAW 图像融合生成 HDR 图像示意图（基于论文[3]的插图重新绘制）

假设多张不同曝光的图像是完全对齐的，那么可以单独考虑每个像素如何通过融合多个 LDR 像素值得到 HDR 像素值。最直接的考虑是剔除过曝和欠曝的 LDR 像素值，再将其余像素值加权求和。考虑式(8.3)，在给定 I_{linear} 的情况下，希望恢复 E，很容易看出，需要使用权值 $\frac{1}{t}$ 来进行加权融合。因此，对于每一个像素（像素值归一化到 $[0,1]$ 区间内），最直接的融合步骤是：

1）找到该像素正常曝光的图像：像素值 p 满足 $0.05 < p < 0.95$，去除噪点和截断值。

2）选择合适的权值为不同图像加权：第 i 张图像的权值为其曝光时间 t_i 的倒数 $w_i = \frac{1}{t_i}$。

3）加权求和得到最终的融合图像。

即，在得到 N 张曝光时间为 $\{t_i\}_{i=1}^N$ 的 LDR 线性 RAW 图像 $\{\boldsymbol{I}_{\text{linear}}^i\}_{i=1}^N$ 后，可以得到融合后的 HDR 图像为

$$\boldsymbol{H}_{\text{linear}} = \sum_{i=1}^N w_i \boldsymbol{I}_{\text{linear}}^i [0.05 < \boldsymbol{I}_{\text{linear}}^i < 0.95] \tag{8.5}$$

图 8-4展示了一个由五张 LDR 线性 RAW 图像利用式(8.5)融合得到 HDR 图像的例子，并标注了同一个像素在不同曝光下的噪点、合法点（正常曝光的像素点）和截断点，对合法点加权求和即可得到 $\boldsymbol{H}_{\text{linear}}$。

然而，在某些情况下 RAW 图像是无法获取的，只能得到经相机 ISP 处理之后的图像（例如，JPEG 图像）。2.3 节提到，经相机辐射响应函数处理的图像往往是非线性的，图 6-5中也展示了由色卡⊖辐照度标定得到的相机输出 JPEG 图像的响应函数图。式(8.3)中得到了线性的 RAW 图，假设相机辐射响应函数为 f（考虑 6.1 节中提到的相机辐射响应函数），则非线性的图像像素值标定方法为

$$\boldsymbol{I}_{\text{nonlinear}} = f[\boldsymbol{I}_{\text{linear}}] \tag{8.6}$$

如果要得到线性图像，则需要先进行辐照度响应标定，估计逆相机辐射响应函数 f^{-1}，将图像像素值转化为线性辐照度再进行融合，即估计的线性图像为

$$\boldsymbol{I}_{\text{Est}} = f^{-1}[\boldsymbol{I}_{\text{nonlinear}}] \tag{8.7}$$

接着将式(8.5)中的 $\boldsymbol{I}_{\text{linear}}$ 替换为 $\boldsymbol{I}_{\text{Est}}$ 即可类似得到非线性图像融合的 HDR 图像。标定相机辐射响应函数的方法可以参考 6.1 节。

此外，式(8.5)中权值 $\boldsymbol{w}_i$ 也有其他的选取方式，例如：

$$\boldsymbol{w}_i = \exp\left(-4\frac{(\boldsymbol{I}_{\text{linear}}^i - 0.5)^2}{0.5^2}\right) \tag{8.8}$$

即通过建模传感器噪声得到权重 w_i，认为像素值越靠近 0.5 则该像素越可信、受噪声影响越少。

多次曝光融合的方法同样存在缺陷。考虑该融合方法中的假设：多张 LDR 图像是完全对齐的。如果 LDR 图像是不对齐的，首先会给估计相机辐射响应函数带来困难，不准确的响应函数也会在一定程度上影响权值的选取；更严重的是，由于是逐像素融合，不对齐的 LDR 图像无法保证该像素记录的是同个信息在不同曝光下的表达，导致融合

⊖ 色卡（Macbeth Color Checker）是辐照度和颜色标定的工具。

后该像素信息混乱，融合图像出现重影或者模糊现象。因此，多次曝光融合的 HDR 成像方法仅能应用于场景静止、相机固定的情况，例如风景照的拍摄，且对摄影设备和技巧有着一定的要求；此外，随着手机拍照功能的发展，对设备便携度的要求进一步提高，三脚架等设备往往不能满足便携性的要求。为了提高多次曝光融合技术的普适性，近年来研究 HDR 成像要重点解决的问题之一就是如何进行图像对齐或者处理包含运动目标的场景，8.5 节中将对相关方法进行介绍；目前多数手机拍摄软件中内置的 HDR 成像算法也会在融合多次曝光图像前进行图像对齐配准，减弱融合结果中的重影效应。

本节介绍的多次曝光融合的 HDR 成像算法需要传感器固定，对稳定设备要求较高；对传感器厂商而言，可以对传感器做一些设计，使其能够通过一次曝光得到相对更高动态范围的图像，避免使用三脚架等稳定设备，例如：使用图 8-5a 所示的空间可变曝光时间像素阵列，以牺牲空间分辨率为代价利用一次拍照捕捉不同曝光的像素；或是使用图 8-5b 所示的大小不同的像素阵列，通过改变像素大小改变像素的进光量，进而达到 HDR 成像的目的。

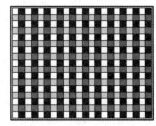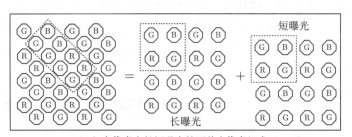

a）四种具有不同曝光时间的像素　　　　b）大像素由长短曝光的两种小像素组成

图 8-5　HDR 传感器设计示意图（基于论文[4-5]的插图重新绘制）

8.3　高动态范围图像的存储

每个通道 8 比特的图像对于每个通道仅能记录 0~255 这 256 个值，而 HDR 图像有着更大的值域范围，需要更高的精度来记录细节，通常使用浮点数来表示。为了与 HDR 图像极大的值域范围相匹配，HDR 存储格式通常会使用科学计数法的存储方式。下面将介绍三种常见的 HDR 存储格式，如图 8-6 所示。

1. PFM（Portable Float Map，可移植浮点图）格式

PFM 格式的后缀名为.pfm，它是最简单直接的 HDR 存储格式。如图 8-6a 所示，它将每个像素按照 RGB 三通道分别存储，每个颜色通道的值存储为 4 字节即 32 比特的浮点数，1 像素共需 12 字节。PFM 是相对更精准的 HDR 存储格式，但所需字节数较多。尽管 PFM 格式能以更高的精确度存储 HDR 图像，但由于所需存储空间较大，传输较为不便，因此并未得到广泛应用。

2. RGBE 格式

RGBE 格式的后缀名为.hdr，全称为 Radiance RGBE。如图 8-6b 所示，它将每个像素存储为 RGBE 四个通道，E 代表指数（exponential），每个通道为 1 字节即 8 比特，每像素共 4 字节即 32 比特。假设像素值存储为 (r,g,b,e)，则真实的 RGB 辐照度值 (R,G,B) 为：如果 $e=0$，则 $R=G=B=0$；否则 $e\neq 0$

$$R=r\cdot 2^{e-128}, G=g\cdot 2^{e-128}, B=b\cdot 2^{e-128} \tag{8.9}$$

后缀为.hdr 的图像可以使用 MATLAB 直接读取。虽然使用共享指数大量减少了存储所需的字节数，但也降低了 RGB 格式能够表达的精度范围。很容易看出，如果 RGB 三通道的辐照度差异较大，很难找到一个合适的底数避免信息丢失。但 RGBE 格式已经足以覆盖较大的值域范围，满足日常所需，得到了较为广泛的应用。

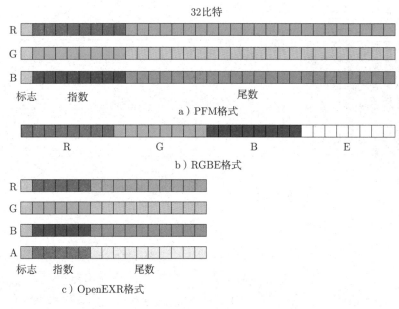

图 8-6　三种常见的 HDR 存储格式示意图

3. OpenEXR 格式

OpenEXR 是一种开源的 HDR 存储格式，后缀名为.exr，除了存储图像外，还能存储一些后期处理所需的其他数据。如图 8-6c 所示，OpenEXR 格式的存储类似于 PFM 格式，分为 RGBA 这 4 个通道，每个通道存储一个 2 字节即 16 比特的浮点数，其中 1 比特存储指数符号、5 比特存储指数值、10 比特存储科学计数法的尾数，其中 A 通道代表透明度。与 PFM 相似的数据存储方式带来了极高的精度，虽然减少各通道存储所需的比特位减少了所能表示的值域范围，但 OpenEXR 格式降低后的值域范围也足够覆盖并超过人眼的动态范围，而且在设计上还通过增加尾数位在一定程度上提高了表达精度。OpenEXR 还提供了多种压缩算法，能够对图像进行有损或无损压缩，减少了存储空间需求。该格式在影片制作、后期渲染等精度要求较高的场合得到了广泛应用。

上述三种存储方式各有优缺点，从存储精确度上讲 PFM>OpenEXR>RGBE，从存储效率上讲 RGBE>OpenEXR>PFM，可以根据具体需求选择格式进行存储。

8.4　高动态范围显示与色调映射

在融合得到 HDR 图像后，如果知道某一点的绝对辐照度，就可以将 HDR 图像转化为绝对辐照度图。某一点辐照度的绝对数值可以使用测光计得到。HDR 辐照度可视化及不同色调映射方法结果如图 8-7 所示，辐照度图可以使用着色图来可视化表示。但可视化表示的结果与人类视觉感知极其不同，为了与人类视觉感知一致，仍需要利用 RGB 三通道来显示图像。

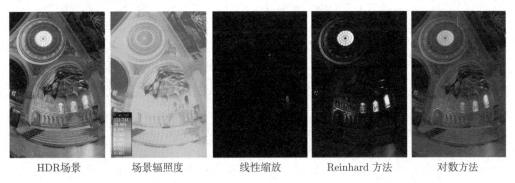

　　HDR场景　　　　　　场景辐照度　　　　　　线性缩放　　　　　Reinhard 方法　　　　　对数方法

图 8-7　HDR 辐照度可视化及不同色调映射方法结果（基于论文[1] 的插图重新绘制）

8.4.1　色调映射方法

数码世界的存储、读取和显示都基于比特数，只能表达一定范围内的值，例如 8 比特只能表达 0~255 的这 256 个正整数。要显示 HDR 图像，需要将 HDR 图像的值域变为显示器能够显示的值域范围，例如使用 8 比特显示器显示 HDR 图像需要将其值域转化为 $[0, 255]^{\ominus}$。最直接的方法是线性缩放，使用最大值或对图像进行归一化将值域缩放到 $[0, 1]$，即

$$\boldsymbol{I}_{\max} = \frac{\boldsymbol{I}}{\max(\boldsymbol{I})} \tag{8.10}$$

　⊖　本节以缩放到 $[0, 1]$ 为例，不同值域的值可用 $\lfloor \boldsymbol{I} \times \max_v \rfloor$ 得到，其中 $\max_v$ 为值域上界。

或

$$I_{\text{norm}} = \frac{I - \min(I)}{\max(I) - \min(I)} \tag{8.11}$$

由式(8.1)可知，在动态范围较高时，图像的最大值与最小值之间有着极大的数值差异：在动态范围为 100dB 时，图像最大值与最小值的比值为 100000 : 1，需要 17 比特（$2^{17} = 131072 > 100000$）才能逐一表示该动态范围下图像中的全部像素值，而显示器多为 8 比特或 10 比特，所能显示的数值范围极其有限。显然，使用线性压缩无法减少显示图像所需的比特数，线性压缩得到的图像往往如图 8-7所示，仅能保留亮部的细节，暗处的细节由于截断误差而丢失。那么：

> 要如何使用低比特显示器显示高比特图像，用有限的比特数来表示无限的动态范围？

色调映射（tone mapping）是指压缩图像动态范围，使其在有限动态范围媒介（显示、投影和打印）上显示 HDR 图像的技术。考虑显示过程中动态范围丢失的原因，多是由于压缩后转化为对应值域范围时的下取整操作而丢失了大量暗部的细节。直观来看，提升暗处的亮度能够减少下取整时的细节丢失，也就能够减少表达所需的比特数；同时，也需要保证图像中相对亮度一致，以保留图像的真实性。

最简单的非线性色调映射方法（简化版 Reinhard 方法[6]）为

$$I_{\text{display}} = \frac{I_{\text{HDR}}}{1 + I_{\text{HDR}}} \tag{8.12}$$

该方法能够将所有像素值缩放到 $[0,1]$，使亮处无限接近 1 防止饱和、暗处保持曲线斜率为 1 突出细节。该非线性色调映射的曲线图如图 8-8所示，其近似于人眼响应曲线。

此外，也有一些方法对线性压缩到 $[0,1]$ 的图像进行处理，使其能够用更少的比特数表达更多的信息，即提高暗部的亮度、减少截断误差，对数方法是这种方法的一种，$a = 1000$ 时，其曲线如图 8-8所示：

$$I_{\text{display}} = \frac{\log(1 + a \cdot I_{\text{norm}})}{\log(1 + a)} \tag{8.13}$$

2.3.4 小节中的伽马校正也是色调映射的一种，使用人工设定的非线性色调曲线对图像进行操作，使其能够使用 8 比特图像存储较高动态范围的信息，其曲线近似于上述对数方法的曲线。

摄影中有区域系统（zone system）的概念，将图像亮度分为 0~X 共十一级，是安塞尔·亚当斯（Ansel Adams）为电影发展制定的技术，至今仍应用于数码摄影。如

图 8-9所示（使用 Sony ILCE-7M3 拍摄于燕园），在十一级图像亮度中，0 代表纯黑，X 代表纯白，一般摄影时会进行反射光测量，希望让关注区域的亮度大概落入 V 区，以保证细节清晰可见。同样，也可以利用区域系统进行色调映射，通过增加或降低某个区域的亮度，凸显出该区域的更多细节，具体公式为

$$\boldsymbol{I}_{\text{display}} = \frac{\boldsymbol{L}_\alpha}{1 + \boldsymbol{L}_\alpha} \left(1 + \frac{\boldsymbol{L}_\alpha}{(\max(\boldsymbol{I}))^2} \right) \tag{8.14}$$

分别定义 $\text{avg}(\boldsymbol{I})$、$\max(\boldsymbol{I})$、$\min(\boldsymbol{I})$ 为图像均值、最大值和最小值，$\boldsymbol{L}_\alpha$ 为 $\boldsymbol{I}$ 根据 α 放缩得到：

$$\boldsymbol{L}_\alpha = \frac{\alpha}{\text{avg}(\boldsymbol{I})} \boldsymbol{I} \tag{8.15}$$

α 为超参数，可以根据需要凸显细节的区域手动定义，Reinhard 也提出一种从 HDR 图像中自动计算 α 的方式[7]：

$$\alpha = 0.18 \times 4^{\frac{2\log_2 \text{avg}(\boldsymbol{I}) - \log_2 \min(\boldsymbol{I}) - \log_2 \max(\boldsymbol{I})}{\log_2 \max(\boldsymbol{I}) - \log_2 \min(\boldsymbol{I})}} \tag{8.16}$$

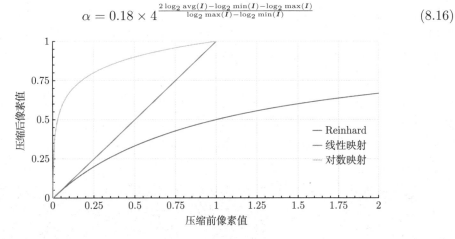

图 8-8　不同色调映射方法曲线图

由于对所有通道应用了相同的色调映射函数，在对强度通道（即 YUV 图像的 Y 通道）进行动态范围压缩时也压缩了颜色通道（即 YUV 图像的 U 通道和 V 通道）的动态范围，使图像颜色的层次感较低，导致图像颜色整体偏灰。如图 8-7对数方法结果图和图 8-10（第一行中间）全局色调映射结果图所示，虽然保留了场景的完整亮暗细节，但整体颜色暗淡、色彩不够饱和，这也是上述全局色调映射方法存在的普遍问题。

既然全局色调映射会影响色彩饱和度，由于强度通道更多地反映图像细节，直观的解决方法是仅仅对图像强度通道进行色调映射，保留颜色通道值不变，如图 8-10（第二行左边）仅强度通道色调映射结果图所示；与全局色调映射结果图相比，颜色更为丰富真实，但却由于强度通道的对比度降低，丢失了部分细节（例如，天空中云彩的边缘不够清晰）。

图 8-9　区域系统示意图

　　图像的高频分量一般对应图像强度变换剧烈的地方，低频分量一般对应图像强度变换平缓的地方。由于人眼对高频分量更为敏感，为了保留细节，可以保留高频强度分量的像素值不变，仅对低频强度分量进行色调映射，再保留原来的颜色，结果如图 8-10（第二行中间）仅低频强度色调映射结果图所示，其保留了图像的细节和颜色，但存在一些类似光晕的伪影。

　　双边滤波（bilateral filtering）能在不模糊边缘的情况下提取图像的高频和低频分量。使用双边滤波，仅减少低频分量的对比度，可以解决光晕伪影的问题，如图 8-10（第二行右边）双边滤波仅基本层色调映射结果图所示，使用双边滤波得到的色调映射图像更自然、色彩更丰富。

图 8-10　局部色调映射方法效果图（基于 CMU 15-463 课程讲义[8] 的插图重新绘制）

拓展阅读：双边滤波

双边滤波由 Tomasi 等人于 1998 年提出[9]，是一种非线性的滤波方法。与使用方形邻域像素值加权平均的均值滤波不同，双边滤波在考虑空间距离的同时还考虑了灰度相似性，其滤波公式为

$$h(\boldsymbol{x}) = k^{-1}(\boldsymbol{x}) \int_{-\infty}^{\infty} \int_{-\infty}^{\infty} \boldsymbol{f}(\boldsymbol{\xi}) c(\boldsymbol{\xi}, \boldsymbol{x}) s(\boldsymbol{f}(\boldsymbol{\xi}), \boldsymbol{f}(\boldsymbol{x})) \mathrm{d}\boldsymbol{\xi} \tag{8.17}$$

式中，$\boldsymbol{x}$ 为滤波中心像素位置；$\boldsymbol{f}(\boldsymbol{x})$ 为初始图像；$\boldsymbol{h}(\boldsymbol{x})$ 为滤波后图像；c、s 分别为衡量空间距离和灰度相似性的函数；$k(\boldsymbol{x})$ 为标准化系数。c、s 一般取高斯函数，依赖于两个给定的标准差参数 σ_d、σ_r，即：

$$c(\boldsymbol{\xi}, \boldsymbol{x}) = e^{-(\boldsymbol{\xi}-\boldsymbol{x})^2/(2\sigma_d^2)}, s(\boldsymbol{f}(\boldsymbol{\xi}), \boldsymbol{f}(\boldsymbol{x})) = e^{-(\boldsymbol{f}(\boldsymbol{\xi})-\boldsymbol{f}(\boldsymbol{x}))^2/(2\sigma_c^2)} \tag{8.18}$$

双边滤波引入了灰度差异 s，使对平滑区域的滤波效果类似均值滤波，而在灰度差异较大的边缘处赋予了灰度差异大的区域更小的权重，保留了边缘细节，图 8-11 为其效果图。

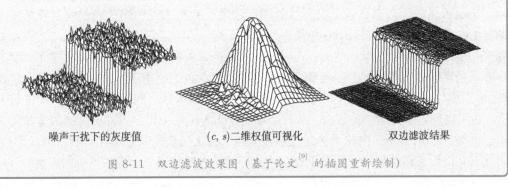

噪声干扰下的灰度值　　　　(c, s)二维权值可视化　　　　双边滤波结果

图 8-11　双边滤波效果图（基于论文[9]的插图重新绘制）

除了提取强度图像的不同部分进行色调映射外，还可以考虑从人眼感知场景的机制出发，利用图像梯度来进行色调映射。人类视觉系统对场景的绝对辐照度不敏感，而对局部的变化更为敏感。利用梯度进行色调映射的方法利用了人眼的这一机制，通过计算梯度衰减值为梯度值加权进而缓和剧烈的梯度变化，能够在保持图像相对亮度的前提下压缩图像的动态范围，得到色调映射后的梯度后通过解泊松方程（Poisson's Equation）即可得到最终的色调映射方法效果图，如图 8-12所示，梯度色调映射能够较好地保留图像细节。

低曝光LDR图像　　中曝光LDR图像　　高曝光LDR图像　　梯度衰减权值　　梯度色调映射结果

图 8-12　梯度色调映射方法效果图（基于论文[10]的插图重新绘制）

8.4.2　关于色调映射的一些讨论

在保持图像多数细节可见的前提下，哪种方法的结果最好是完全主观的，所有结果之间仅有颜色的少许不同和细节的少许差别，多数表现较好的算法结果之间都不存在极大的色调差异和细节差异。因此，在需要对图像进行色调映射时，选择个人主观感觉最好的色调映射方法即可。

现有的单反相机支持输出 10 比特或者 12 比特的 RAW 图像，可以看作单张拥有较高动态范围的 HDR 图像，直接对其进行色调映射即可得到保留有一定 HDR 信息、视觉效果优于 LDR 图像的结果。然而，由于比特位限制，RAW 图像的动态范围也是有限的，在希望保留亮部细节时可能造成暗部噪声较大，此时进行色调映射则会放大噪声，肉眼可见的噪声会严重影响图像的视觉效果。单张 RAW 图像色调映射效果图如图 8-13（使用 Sony ILCE-6400 拍摄于什刹海）所示，为了保留图像亮部细节，采用低曝光拍摄得到 RAW 图像；然而，在对图像进行色调映射后，虽然暗部被提亮了，但噪声非常严重，极大地影响了视觉效果。在 8.2 节中，由于使用了多张 LDR 图像来重建 HDR 图像，而图像暗部噪声多为光线不足带来的随机噪声，可以通过多帧平滑进行去噪，也可以通过降低暗部的权值，从其余曝光较高的图像中得到这部分区域的可靠像素值。然而，单张 RAW 图像无法进行多帧降噪，也无法借助其余曝光得到可靠像素值，因此对其进行色调映射需要格外小心，注意不要放大暗部噪声到肉眼可见的程度。

HDR 成像被广泛用于各类风光摄影、夜景摄影中，通过使用色调映射能够得到细节丰富、色彩绚丽的图像，视觉效果十分震撼。然而，由于色调映射会通过减少亮暗部差异压缩图像动态范围，错误色调映射效果示例如图 8-14（使用 Sony ILCE-6400 拍摄于中央电视塔）所示，如果亮度处理不当导致暗处过亮或是亮处过暗，会使图像不符合人类直觉、显得不自然；抑或是在色调映射的过程中对颜色处理不当，会使图像色温或色调出现奇怪的失真，造成令人啼笑皆非的视觉效果。这些问题都是色调映射造成的，而非 HDR 成像技术本身的问题；此外，在增加暗处亮度时，图像暗部本身存在一些原本肉眼不可见的模糊乃至于噪声等问题都会被放大，从而降低图像视觉效果。因此使用色调映射算法时需要注意，避免"画蛇添足"。

低曝光原始图像　　　　　　　　　　　色调映射后原始图像

图 8-13　单张 RAW 图像色调映射效果图

原图　　　　　　　正常色调映射效果　　　　　亮度处理不当效果　　　　　颜色处理不当效果

图 8-14　错误色调映射效果示例

8.5　利用深度学习扩展动态范围

　　传统的 HDR 成像算法能够得到较好的成像结果，但是也受到许多限制，例如需要融合多张不同曝光图像，主要适用于静态场景。近年来，随着深度学习的发展，如何利用深度学习解决以上问题逐渐成为计算摄像学的研究者们所关心的问题。本节将围绕深度学习，从解决上述问题的角度出发，介绍两类使用深度学习的 HDR 成像算法，分别是：使用单张 LDR 图像进行逆向色调映射（inverse tone mapping）的两种算法[11-12]、使用交替高低曝光估计 HDR 视频的算法[13]。

8.5.1　单张图像逆向色调映射

1. 生成包围曝光的方法

　　"Deep reverse tone mapping"（DrTMO）[11] 一文发表于 SIGGRAPH Asia 2017，旨在使用单张 LDR 图像进行逆色调映射，直接估计 HDR 图像。由于单张图像仅仅包含了有限的 LDR 信息，从 LDR 图像中恢复 HDR 图像是一个不适定问题，难以使用真实物理成像模型（融合不同曝光图像中真实拍摄到的不同段动态范围信息）来解决该问题。

　　限于此，该论文希望能够从单张 LDR 图像中生成包围曝光（bracketed exposures）的 LDR 图像，假设它们是真实拍摄得到的、具有可解的物理成像模型，再使用传统的多次曝光融合方法得到 HDR 图像，其算法流程图如图 8-15所示。这样的方法通过估计包围曝光的 LDR 图像，减少了直接估计 HDR 图像需要补充的大量细节信息，降低了直接预测 HDR 图像的难度，更低的难度也增加了最终生成 HDR 图像结果的稳定性。

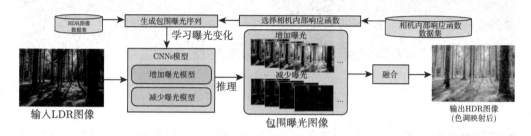

图 8-15　DrTMO 算法流程图（基于论文[11]的插图重新绘制）

为了从单张 LDR 图像生成包围曝光的 LDR 图像，最简单的方法是对该输入图像增加或减少曝光，以得到更亮或者更暗的图像，需要使用深度学习的就是增加曝光和减少曝光这两个模型，在有了这两个模型后就能够从单个 LDR 图像连续应用这两个模型得到一系列的不同曝光图像。使用深度学习来学习加减曝光模型首先需要生成一个足够大、尽可能包含更多现实情况的数据集。为了增加模型的泛化性，该论文引入了相机辐射响应函数数据集，从中挑选任意一个相机响应函数来生成不同曝光的 LDR 图像，极大地扩充了数据集的大小，也增加了模型的鲁棒性。在得到训练集生成的包围曝光 LDR 图像序列后，使用网络（U-Net[14]，2.4.1 节）来学习两张连续 LDR 图像之间的加减曝光模型。

然而，单张 LDR 图像始终只包含了有限的信息，要使用它得到包围曝光的 LDR 图像，需要极大依赖于数据集和模型的泛化能力，结果也极大依赖于数据集中已有的先验知识（例如天空的颜色、云彩等）。在使用同一个加减曝光模型进行连续预测时，如果一次预测得到的 LDR 图像存在一些细节问题，连续应用模型会放大这些问题，进而影响最后的融合结果。图 8-16展示了该算法在不同输入曝光下的结果，可以看出，在低曝光下算法结果与真实 HDR 图像最为接近，而在更高曝光的输入下甚至损失了原本 LDR 图像中较好的细节，天空中细微的颜色差别也无法恢复，说明该算法依然有其局限性。

在 DrTMO[15] 之后，也有一些算法[16]关注于使用单张 LDR 图像预测包围曝光图像，再使用传统融合算法进行融合，旨在使用新的网络或是新的处理流程来解决单张 LDR 图像预测包围曝光问题，得到相较 DrTMO[15] 表现更好的算法。

同年 SIGGRAPH Asia 2017 会议上还有一篇对单张图像进行逆向色调映射的方法 HDRCNN[17]，该方法使用了如图 8-17所示的类 U-Net[14] 结构对图像过曝部分进行预测，并引入过曝掩码 α 加权融合预测结果 $\hat{H}$ 与线性化后的输入图像。令输入图像为

$\boldsymbol{D}$，则过曝掩码 $\boldsymbol{\alpha}$ 为

$$\boldsymbol{\alpha} = \frac{\max(\boldsymbol{0}, \max_c \boldsymbol{D}_c - \tau)}{1 - \tau} \tag{8.19}$$

式中，c 表示颜色通道；τ 为超参数，在 HDRCNN 中取 $\tau = 0.95$。

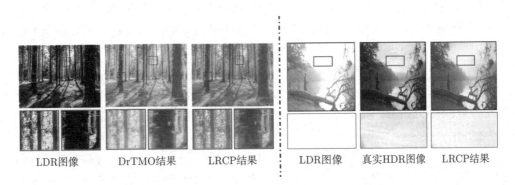

| LDR图像 | DrTMO结果 | LRCP结果 | LDR图像 | 真实HDR图像 | LRCP结果 |

图 8-16　DrTMO 算法结果图（基于论文[11] 的插图重新绘制）

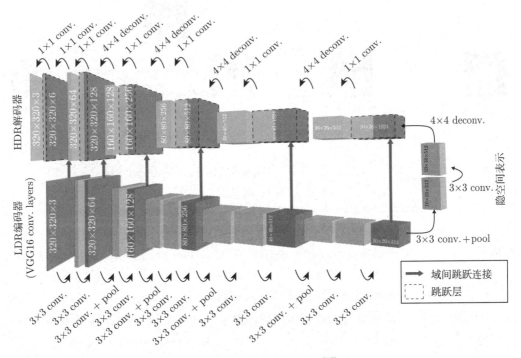

图 8-17　HDRCNN 网络结构图（基于论文[17] 的插图重新绘制）

2. 直接逆转相机流程的方法

"Single-image HDR reconstruction by learning to reverse the camera pipeline"（LRCP）[12] 一文发表于 CVPR 2020，旨在使用单张 LDR 图像，通过逆转相机内部处理流程的方式直接预测得到 HDR 图像。与 DrTMO[11] 期望引入真实物理模型、融合多图生成 HDR 图像不同，LRCP[12] 期望使用深度学习直接学到相机拍摄场景时的一系列流程的逆变化，将相机处理得到的 LDR 图像直接还原为真实的 HDR 图像，即直接模拟物理成像模型。

与直接进行端到端预测 HDR 图像[18] 或是引入置信度掩码端到端对过曝、欠曝区域预测[17] 不同，LRCP[12] 采用了一种分步训练再调整的方法，与 DrTMO[11] 相似，将其分为一些更为简单的任务再将其合并，降低训练的难度、增加最终结果的稳定性。考虑简化的相机内部图像处理流程式(8.3)，进行逆相机内部处理流程需要分三步：逆图像量化、逆相机辐射响应函数和逆动态范围裁剪。LRCP[12] 分别对这三步提出一种网络进行训练，针对性解决这三个问题，最后再使用一个调整网络对结果进行微调来完善生成的 HDR 图像，整体流程图如图 8-18 所示。

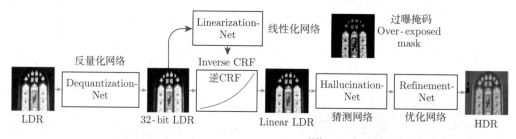

图 8-18　LRCP 算法流程图（基于论文[12] 的插图重新绘制）

首先考虑图像量化，这是一个单纯的信息量丢失过程，且完全不可逆，唯一已知的先验知识为丢失的像素值大小在 $[-1, 1]$ 的范围内（考虑噪声影响）。为了弥补量化过程中的信息损失，LRCP[12] 选择直接利用一个 6 层的 U-Net 作为反量化网络（Dequantization-Net）来学习丢失的像素值，使用 Tanh 作为激活函数将网络输出值限制在 $[-1, 1]$ 之间，网络输出加上原始 LDR 图像值即可得到逆图像量化过程的结果 $\hat{I}_{deq}$。

接着考虑相机辐射响应函数对图像进行的处理，LRCP[12] 使用了一个线性化网络（Linearization-Net）来估计逆相机辐射响应函数（Inverse CRF）。相机辐射响应函数 f 一般是一个单调上升的曲线，满足 $f(0) = 0, f(1) = 1$，逆相机辐射响应函数 f^{-1} 同理。为了方便表示相机辐射响应函数，可以从 $[0, 1]$ 中取 1024 个均匀样本，用 1024 维向量来表示 f。为了估计 LDR 图像的逆相机辐射响应函数，LRCP[12] 将图像边缘图、颜色直方图和 LDR 图像一同作为输入，使用 ResNet-18[19] 网络、一个全局平均池化层和一个全连接层预测得到 K 个 PCA（Principal Components Analysis）基向量，接着采用 EMoR（Empirical Model of Response）模型[20] 从 K 个基向量中得到估计的相机辐射响应函数 $f^{-1}(\cdot)$ 或 $g(\cdot)$，将 $g(\cdot)$ 的一阶导数减去其最小负导数，即可对 $g(\cdot)$ 应用单调上升假设，得到最终估计的相机辐射响应函数 $\mathcal{F}(\cdot)$。

拓展阅读：ResNet

　　ResNet 神经网络结构在 He 等人发表于 CVPR 2016 的论文[19] 中被提出，全称为残差网络（residual network），即网络通过学习残差函数 $F(x)$ 输出函数 $H(x) = F(x) + x$。残差学习能够在一定程度上避免网络层数增加导致的梯度消失现象，使得可以尝试加深网络层数改进网络。但不断增加网络层数增加参数量同样可能导致网络过拟合现象。ResNet-18 是 ResNet 中一种相对轻量级的简单网络，其包含了 18 个权值层和 8 个残差块，每个残差块包含了两个权值层和一个跳跃链接。ResNet-18 神经网络架构如图 8-19所示，其中 "7×7 conv, 64, /2" 表示核为 7×7、输出通道数为 64、步长为 2 的卷积层，如无特殊说明默认步长为 1；fc 表示全连接（fully connected）层。曲线表示跳跃链接（skip connection），虚曲线表示升维加下采样。

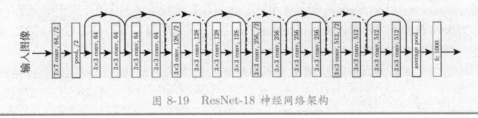

图 8-19　ResNet-18 神经网络架构

　　然后考虑动态范围裁剪，这相比量化会存在更大的动态范围损失，也不存在与量化类似的值域范围限制，因此 LRCP[12] 在此使用了一个猜测网络（Hallucination-Net），简单直接地利用网络在训练集中的泛化能力来猜测过曝区域的像素值。为了避免猜测过曝区域像素值时对正常曝光区域已修正像素值的影响，在此处引入了一个置信度掩码，仅仅只对像素值大于某个值的像素进行更改，将猜测出的像素值以一定的权值与裁剪之后的像素值进行融合。由于该部分目标与已有工作 HDRCNN[17] 一致，该部分直接使用了 HDRCNN 的网络结构，仅仅将其中的转置卷积层替换为插值卷积层。

　　最后引入优化网络（Refinement-Net）来解决前面的简化相机内部处理流程无法处理的一些问题，以提供更高质量的 HDR 图像。优化网络使用 U-Net 结构，通过残差学习来优化 HDR 图像结果。

　　LRCP 算法结果对比图如图 8-20所示，该算法有着比 DrTMO[15] 更优的重建效果，但依旧无法克服使用单张 LDR 图像进行预测的本质问题：输出动态范围信息不足，网络猜测无法准确可靠地弥补大范围的细节缺失。在面对极高动态范围场景时，依然无法重建得到高质量的 HDR 图像。

図 8-20　LRCP 算法结果对比图（基于论文[12] 的插图重新绘制并使用数据[21] 测试）

8.5.2　多图交替曝光的方法

"HDR video reconstruction: a coarse-to-fine network and a real-world benchmark dataset"[13]（HDRVR）一文发表于 ICCV 2021，旨在使用交替高低曝光的 LDR 视频通过一系列的对齐后生成 HDR 视频。交替高低曝光的 LDR 视频包含了场景的 HDR 信息，但要利用空间不对齐（可能存在运动）并且曝光时间也不一致（高低曝光以提供更高动态范围）的 LDR 视频来重建得到稳定的 HDR 视频，依旧需要解决传统多次曝光融合方法的不对齐问题，还需保证所生成的 HDR 视频的稳定性，即生成的 HDR 视频不能存在闪烁（flickering）效应。

传统多次曝光融合的方法利用了不同曝光所覆盖的不同动态范围的信息，使其能够从多张 LDR 图像重建 HDR 图像。然而，严格的像素对齐假设和静态场景限制使得该方法依旧存在较大的短板，难以得到广泛应用。为了拓宽多次曝光融合方法的应用场景，研究人员致力于从多个方面提高多次曝光方法的效果，例如使用多种方法来对齐多次曝光图像[22]，或是利用注意力（attention）机制为多次曝光图像加权[23]、抑制不对齐像素点对融合结果的影响。而为了更好地对齐 LDR 图像帧，该论文选择估计光流、对图像进行粗粒化对齐，再提取图像特征、利用可变形卷积网络（deformable convolution network）在特征层面进行细粒化对齐，再使用注意力模块进行特征融合，交替高低曝光 HDR 视频成像算法流程图如图 8-21所示。

为了避免运动过程中存在的遮挡影响动态范围提取，HDRVR[13] 方法使用了连续 5 帧 LDR 图像作为输入，最终得到 1 帧 HDR 图像，多帧的输入在一定程度上也提供了更稳定和准确的场景信息，使得最终合成得到的 HDR 视频较为稳定。但是，由于模型中不存在保持时序相关性的模块，如果连续的 LDR 图像帧之间有着较大的动态范围差异（例如，相邻 LDR 图像的曝光比过大），最终结果的 HDR 图像依旧会存在较为严重的闪烁效应。

在粗粒化对齐模块（Coarse Network）中，对于输入的 5 帧 LDR 图像，对每个连续 3 帧进行粗粒化对齐，得到 1 帧粗粒化对齐图像。在每 3 帧进行对齐时，由于使用了交替曝光，需要先对齐 3 帧图像的曝光；通过模拟相机内部处理流程的方式，根据相邻帧的曝光时间，调整第 2 帧的曝光以和其余两个相邻帧适配。在相同的曝光下，对每相邻两帧估计光流，再利用光流使第 1 帧和第 3 帧向第 2 帧变形（warp），得到初步对齐的两个中间帧，使用网络预测这 5 帧（3 个原始帧，2 个中间帧）分别的权重，再进行加权融合，即可得到粗粒化对齐的第 2 帧。

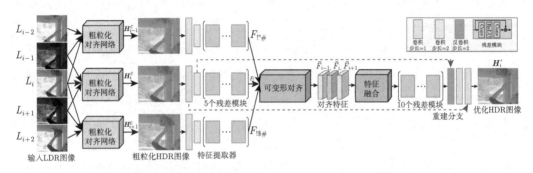

图 8-21　交替高低曝光 HDR 视频成像算法流程图（基于论文[13] 的插图重新绘制）

粗粒化对齐后，细粒化对齐融合网络（refinement in the feature space）将在特征层面对粗粒化融合后的 3 帧进行融合。先提取这 3 帧的图像特征，再使用可变形卷积网络将第 1 帧和第 3 帧的图像特征向第 2 帧的图像特征对齐，得到 3 个相互对齐的特征，再利用注意力机制进行融合和重建，得到 HDR 视频重建帧。该论文也使用了 HDRCNN[17] 网络中使用的置信度掩码，避免对正常曝光区域进行修正。

尽管 HDRVR[13] 方法利用交替曝光拍摄视频这一思路为 HDR 视频重建打下基础，交替曝光也提供了相比单张 LDR 图像更高的动态范围，但其也存在一些问题。例如，由于相邻帧之间存在动态范围差异，不同参考帧的对齐有着较大的差异，简单使用同一个网络来处理不同的参考帧对齐可能存在困难，使得最终的融合结果中一些动态范围差异未能得到弥补，或是在高曝光参考帧中成功融合的细节在低曝光参考帧中未能成功融合，这也会使得视频的闪烁效应更为严重。

8.6　用非传统传感器扩展动态范围

除了使用传统 LDR 图像进行 HDR 成像之外，制造或者利用适合于 HDR 成像的新型传感器来进行 HDR 成像，可以实现利用单张 8 比特（甚至更少的比特数）非传统图像超越传统相机的动态范围极限。本节将介绍三种基于非传统传感器的 HDR 成像算法，分别是：基于余数相机的马尔可夫随机场算法[24] 和深度学习算法[25]，并简要介绍一种神经形态相机引导的 HDR 成像算法[26]。

8.6.1　基于余数相机的方法

在 8.1 节中提到，单张普通相机拍摄图像的动态范围有限，其只能在有限的动态范围内表达场景信息；通过动态范围裁剪，普通相机舍弃了过曝区域的准确场景信息，保留图像的像素值大小关系不变。与普通相机通过裁剪舍弃过曝区域信息不同，对于过曝像素点，余数相机选择将已经累加到最大值的像素值归零、记录剩余部分的像素值，即记录像素值除以最大像素值的余数。例如，如果真实像素值为 I、最大像素值为 255，且 $I > 255$，则普通相机记录的像素值为 255，而余数相机记录的像素值为 $I \bmod 255 = I - \lfloor \frac{I}{255} \rfloor \times 255$。图 8-22 为余数相机原理及建图示例，余数相机记录过程可以看作是折叠（wrap）像素值，如图 8-22a 中 "Wrap" 箭头方向所示。

尽管余数相机这一操作影响了像素值之间的大小关系，使得余数图像不再适合人眼直接观察，但其保留了普通相机无法记录的过曝区域信息，相比之下更适合用于 HDR 成像。使用余数相机进行成像的方法需要对余数相机的折叠像素值进行展开（unwrap），如图 8-22a 中 "Unwrap" 箭头方向所示。下文将介绍两种使用余数相机的 HDR 成像算法，分别基于马尔可夫随机场[24] 及深度学习[25] 来从余数图像恢复 HDR 图像。

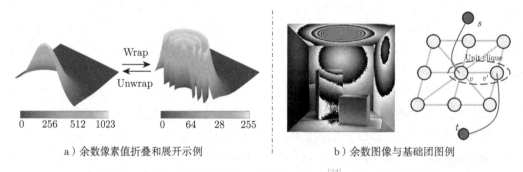

a）余数像素值折叠和展开示例　　　　b）余数图像与基础团图例

图 8-22　余数相机原理及建图示例（基于论文[24] 的插图重新绘制）

1. 利用马尔可夫随机场展开余数图像

"Unbounded high dynamic range photography using a modulo camera"[24]（UHDR）一文发表于 ICCP 2015（获得 Best Paper Runner-Up 奖），其提出了余数相机（modulo camera）这一概念并提出基于马尔可夫随机场（Markov Random Field，MRF）的 HDR 重建算法，利用网络流最小化能量从单张余数图像（modulo image）中进行重建。

该方法期望利用余数图像中过曝像素的余数信息，通过迭代展开的方式，根据普通图像的先验信息来恢复得到满足人类视觉需要的 HDR 图像。

首先观察余数图像在过曝区域的性质，可以看出它是高度区域化的，相邻像素间存在商的变化，进而导致余数图像在人类视觉看来存在区域性异常。基于此，考虑将 HDR 图像重建建模为最小化一阶马尔可夫随机场的能量：

$$C(\boldsymbol{K}|\boldsymbol{I}_m) = \sum_{(i,j)\in\mathbb{G}} V(|\hat{\boldsymbol{I}}_i - \hat{\boldsymbol{I}}_j|) \tag{8.20}$$

式中，$\hat{\boldsymbol{I}} = \boldsymbol{I}_m + 2^N \boldsymbol{K}$ 为恢复图像；$V(\cdot)$ 为势能函数；$\mathbb{G}$ 为马尔可夫随机场中成对点的图集合；(i,j) 为每个成对点集合的两个像素点。如图 8-22 所示，每个像素与其周围的 8 个像素点组成一个图，加上源点 s、汇点 t，以及基础团（unit clique）(v,v') 形成一个基本图，用于决策相邻像素点 v、v' 之间的大小关系。即，重建 HDR 图像的目标是找到最小化 $C(\boldsymbol{K}, \boldsymbol{I}_m)$ 的二维点阵 $\boldsymbol{K}$。

对于每个像素 v，$\boldsymbol{K}_v$ 是一个整数，式(8.20)实际是整数优化问题，可以简化为一系列的二重最小化问题，将其看作图最小割问题使用网络流求解。即，找一个最优的 $\boldsymbol{K}$ 最小化 $C(\boldsymbol{K}|\boldsymbol{I}_m)$ 可以简化为迭代找一个二维集合 $\boldsymbol{\delta} \in \{0,1\}$ 使得 $C(\boldsymbol{K}+\boldsymbol{\delta}|\boldsymbol{I}_m) < C(\boldsymbol{K}|\boldsymbol{I}_m)$，直到不存在这样的二维集合 $\boldsymbol{\delta}$，最终得到的 $\boldsymbol{K}$ 即为最小化 $C(\boldsymbol{K}|\boldsymbol{I}_m)$ 的最优解。

考虑图 $\mathcal{G} = \{\mathcal{V}, \mathcal{E}\}$ 的最小割，其将 $\mathcal{V}$ 划分为与源点 s 和汇点 t 联通的两个集合 $\mathcal{S}$、$\mathcal{T}$。根据 Kolmogorov 和 Zabih[27] 证明的类 $\mathcal{F}^2$ 定理，能量函数 $V(x)$ 能用图表示（graph-representable）的充分必要条件为

$$V(x + 2^N) + V(x - 2^N) \geqslant 2V(x) \tag{8.21}$$

在每个基本图中，添加 (s,v)、(v',t) 边，权值为 $V(x + 2^N)$，并给边 (v,v') 赋权值为 $V(x + 2^N) + V(x - 2^N) - 2V(x)$（建图参考论文[27]）。将所有基本图合并即可得到总图，可以使用网络流进行分割：令与 s 相连的点 $\delta = 1$，与 t 相连的点 $\delta = 0$ 即可得到一次分割。不断建图并进行分割，直到所有 $\delta = 0$，得到最终的 HDR 重建结果 $\hat{\boldsymbol{I}}_m$。UHDR 算法不同迭代次数下重建结果图与最右侧色调映射后结果图如图 8-23所示。

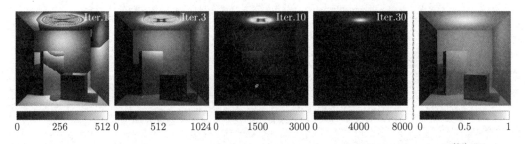

图 8-23　UHDR 算法不同迭代次数下重建结果图与最右侧色调映射后结果图[24]

同样，UHDR 一文还提出了利用多张余数图像恢复 HDR 图像的算法，相比单张余数图像恢复算法有着更高的准确度，能够得到更真实的结果。限于篇幅原因，在此不再赘述，感兴趣可查看论文原文第五节。

尽管基于马尔可夫随机场的算法能够针对大部分场景得到较好的重建结果，但依旧无法完全解决该问题。考虑需要最小化的能量函数式(8.20)，其度量的是相邻像素之间的差值之和，是基于"普通图像相较于余数图像更为平滑"这一人为观测得出的能量函数。但可能存在像素值为 0 和 $2^N - 1$ 的相邻像素，此刻难以辨别 0 是余数量还是强度量。同时也可能存在局部对比度极高的场景，尽管简单地增加 2^N 的像素值能使得 $C(\boldsymbol{K}|\boldsymbol{I}_m)$ 更小，却不足以恢复得到准确的细节；但增加更多的像素值会使得 $C(\boldsymbol{K}|\boldsymbol{I}_m)$ 更大，最终算法停止。

为了得到更好的重建结果，提出一个更能度量普通函数性质的优化函数可能是个比较好的想法，但依旧难以对多通道重建的图像颜色进行限制。随着深度学习的发展，引入深度学习得到展开次数是另一个更为直接和简便的方法，接下来进行介绍。

2. 利用深度学习展开余数图像

"UnModNet: learning to unwrap a modulo image for high dynamic range imaging"[25] 一文发表于 NeurIPS 2020，提出了一种使用深度学习分两阶段预测展开次数的算法，期望使用神经网络避免 UHDR 算法存在的部分问题，如无法分清余数量与强度量、无法处理局部高对比度场景及逐通道合并时存在颜色失真等。该方法提出的深度学习算法使用类似 UHDR 的迭代展开方式，但引入深度学习使其能够关注到马尔可夫随机场所无法观测到的区域信息与颜色信息，为最终重建提供更多的额外信息，以达到更好的重建效果。

神经网络需要预测的目标可以看作最大化 $P(\boldsymbol{K}|\boldsymbol{I}_m)$，即找到一个最优的展开次数矩阵 $\boldsymbol{K}$。将 $\boldsymbol{K}$ 定义为多次迭代展开的和，即 $\boldsymbol{K} = \sum_{i=1}^{\infty} \boldsymbol{M}^{(i)}$，那么 $P(\boldsymbol{K}|\boldsymbol{I}_m)$ 可以展开为在现有二值掩码序列的基础上预测一个新的二值掩码序列，即：

$$P(\boldsymbol{K}|\boldsymbol{I}_m) = \prod_{k=1}^{\infty} P(\boldsymbol{M}^{(k+1)}|\boldsymbol{M}^{(1)}, \cdots, \boldsymbol{M}^{(k)}, \boldsymbol{I}_m) P(\boldsymbol{M}^{(1)}, \boldsymbol{I}_m) \qquad (8.22)$$

这是一个马尔可夫链（Markov Chain），进一步可以简化为

$$\boldsymbol{I}_m^{(k)} = \boldsymbol{I}_m + 2^N \cdot \sum_{i=1}^{k} \boldsymbol{M}^{(i)}, P(\boldsymbol{K}|\boldsymbol{I}_m) = \prod_{k=0}^{\infty} P(\boldsymbol{M}^{(k+1)}|\boldsymbol{I}_m^{(k)}) \qquad (8.23)$$

神经网络的目标为不断在 $\boldsymbol{I}_m^{(k)}$ 的前提下预测 $\boldsymbol{M}^{(k+1)}$，直到 $\boldsymbol{M}^{(k+1)} = 0$。

UnModNet 算法流程如图 8-24所示，UnModNet[25] 网络包含余数边缘分割和展开掩码预测两个模块，不断迭代进行预测直到停止，累加预测结果后即可得到最终的 HDR 重建结果。余数边缘分割模块旨在提取出余数图像中的突变边缘，引导后续预测；展开掩码预测则是基于余数边缘与余数图像进行二值掩码预测，再利用掩码更新余数图像。

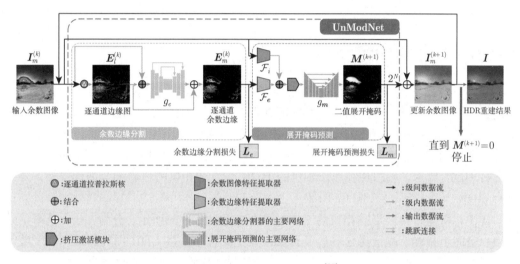

图 8-24　UnModNet 算法流程图（基于论文[25] 的插图重新绘制）

余数边缘 E_m 提取网络在设计上考虑了余数图像边缘 E_l 与最终重建图像边缘 E_n 之间的关系，即 $E_m = \text{bin}(E_l - E_n)$（bin 为二值化操作符），即将余数图像边缘中与重建图像边缘不一致的部分视作余数边缘。由上式，可以引入跳跃连接进行残差预测，预测时同时考虑余数图像及余数图像边缘。展开掩码预测模块使用余数边缘及余数图像作为输入，分别提取二者的特征后将其结合在一起，使用挤压激活模块（Squeeze-and-Excitation block，SE block）为特征加权后进行二值掩码预测，不断更迭得到最终 HDR 成像结果。

尽管在多数情况下能够得到比基于马尔可夫随机场的传统算法更为优秀的成像结果，但依旧存在一些尚未解决的问题。在图 8-25中展示了一个例子，选取了两个局部，其中一个局部 UnModNet[25] 算法能够恢复较好结果但 UHDR 算法失败，另一个局部 UHDR 算法能够恢复好但 UnModNet[25] 算法损坏了细节。可以看出，尽管 UnModNet[25] 算法在 UHDR 算法的基础上有所改进，但依旧存在难以处理的场景。同时，UnModNet[25] 也可能改变原有余数图像中的强度量，损坏余数图像中原本正常的局部。

| 余数图像 | 真值结果 | UHDR算法结果 | UnModNet算法结果 |

图 8-25 UHDR[24] 与 UnModNet[25] 算法结果对比

8.6.2 融合神经形态相机的方法

神经形态相机是一种新型基于人类视觉系统的传感器，有着许多普通相机所不具备的特质，包括高速、HDR 等，天然适宜用于解决 HDR 成像问题。"Neuromorphic camera guided high dynamic range imaging"[26] 一文发表于 CVPR 2020，旨在引入两种神经形态相机，事件相机（event camera）与脉冲相机（spike camera），辅助普通相机进行 HDR 成像，利用神经形态相机的 HDR 与普通相机的色彩细节进行互补，得到既有 HDR 又色彩丰富的 HDR 图像。

传统相机融合神经形态相机的 HDR 算法流程如图 8-26所示，分为三步：色彩空间转换、空间上采样、亮度融合和色度补偿；其主要思想是将 LDR 图像降维到强度域中与 HDR 的强度神经形态信号进行融合，再升维到 RGB 域进行色度补偿。

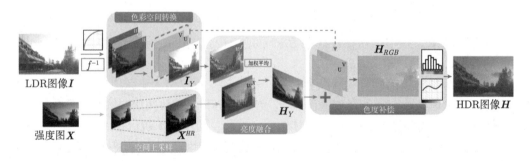

图 8-26 传统相机融合神经形态相机的 HDR 算法流程示意图（基于论文[26] 的插图重新绘制）

色彩空间转换（color space conversion）是对 LDR 图像 I 进行预处理，提取强度通道信息。大多数传统相机以 RGB 格式记录彩色图像，三个通道分别代表了红色、绿色和蓝色的色彩信息。为了与单通道的强度图进行光强层面的融合，需要将 LDR 图像从 RGB 色彩空间转换为 YUV 色彩空间，并使用 Y 通道的亮度信息进行融合等处理操作。而其他两个通道携带了场景的颜色信息，暂时搁置不用，在最后处理结束后再添加回来。

拓展阅读：色彩空间

　　色彩空间是对色彩的组织方式，通过一组数字来描述颜色（如 RGB 使用三元组、CMYK 使用四元组等），不同的色彩空间之间往往存在线性转换关系。RGB 色彩空间是数字图像表示与处理中最常用的色彩空间，它是根据人眼所能识别的颜色而定义出的色彩空间——三个通道分别表示红色、绿色和蓝色分量。

　　YUV 色彩空间是通过亮度-色度来描述颜色的。其 Y 通道表示亮度（Luminance），U、V 两通道表示色度（Chrominance）。人眼对物体形状（在某种程度上等同于光强）的感知和对颜色的感知是分开的，因此，在一些数字图像增强任务中，对亮度通道和颜色通道分开处理可以实现更好的效果。

除此之外，还有 HSL（色相、饱和度、亮度）色彩空间、L*a*b* 色彩空间等。图 8-27 为颜色空间。

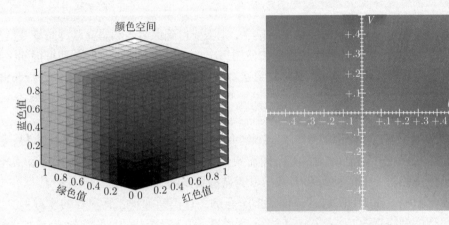

图 8-27　颜色空间示意图（图片来源于网络和维基百科）
左图：https://www.clear.rice.edu/elec301/Projects02/artSpy/color.html
右图：https://en.wikipedia.org/wiki/YUV

　　空间上采样是对神经形态重建得到的 HDR 强度图 H 的预处理。一般来讲，神经形态相机的空间分辨率低于传统相机（详见第 13 章），需要对 HDR 灰度图 X 进行上采样，使其具有与 LDR 帧 I（实际上要用到的是 I_Y）相同的空间分辨率。空间上采样过程可以采用简单的插值方法，也可以借助超分辨率的神经网络模型（详见第 9 章）等。

　　亮度融合和色度补偿是该模型实现 HDR 重建的关键步骤。亮度融合的基本思想来源于之前提到的多次曝光融合的经典方法[1]，是为了融合两张具有不同动态范围的图像得到 HDR 图像；色度补偿是为了弥补普通相机所提供的 LDR 颜色信息，得到色彩更丰富更真实的图像。

该方法的主要缺陷在于用于提供 HDR 的神经形态相机难以提供颜色信息，而普通相机能够提供的颜色信息有限，造成过曝和欠曝区域的色彩只能依靠网络进行预测，有较强的不适定性。关于神经形态相机的原理介绍及其在图像恢复中的应用参考第 13 章。

8.7　本章小结

本章对扩展 HDR 图像的方法进行了简要分类与介绍，也回答了章首所提出的问题。

▋　为什么一次曝光无法记录场景亮暗的完整信息？

一次曝光无法记录完整亮暗信息是由于图像动态范围低于场景动态范围；反之，当图像动态范围高于或近似于场景动态范围时，理论上能够调整相机设置在一次拍摄中获得场景的完整亮暗信息。

▋　怎样获得极端光照场景下的完整的亮暗信息？

要获得极端光照下场景的完整亮暗信息，则需要得到保留该场景完整亮暗细节信息的 HDR 图像，在对场景进行多次拍摄后，使用多次曝光融合方法进行融合即可得到极端光照场景下的完整亮暗细节信息，具体拍摄次数和曝光设置需要根据不同场景进行调整。

▋　如何存储和显示这些动态范围宽广的光照场景信息？

本章介绍了 HDR 图像的存储方式及存储格式，并指出了每种格式的优劣势；要显示这些包含极端光照信息的 HDR 图像需要首先使用色调映射算法压缩图像动态范围，使其能够使用相对更低的动态范围来尽可能显示更多的细节信息。

至本书截稿，在 HDR 成像方面仍旧有新的工作不断涌现，感兴趣的读者可参考其他学者整理的网络资源⊖。

8.8　本章课程实践

1. HDR 成像算法的基本实现

使用传统 HDR 成像算法（多次曝光融合的经典 HDR 重建方法，具体内容可参考 8.2 节或论文[1]）生成 HDR 重建图像。该任务包含以下 3 个部分：

1）熟悉相机内部处理流程，参考论文[1] 实现经典的拼接多张不同曝光图像的 HDR 重建方法，对附件中的 5 组数据进行测试。简要步骤如下：

① 对每组附件中的不同曝光的 JPEG 格式的图像用最小二乘法解出相机映射函数，将像素值反映射变换到线性空间。

⊖　https://github.com/vinthony/awesome-deep-hdr。

② 将几张变换到线性空间的 LDR 图像乘以不同的权重参数进行拼接，合成 HDR 图像。

③ 将 HDR 图像进行色调映射。建议使用 Reinhard tone mapping 方法（MATLAB 里没有自带，OpenCV 里有函数可以直接调用），可以自行挑选最合适的参数，让色调映射之后的图像看起来最舒服。

④ 利用附件中 HDRVDP-2.2-CP_Class.zip 文件（压缩包中包含使用方法）中的算法来评价重建的 HDR 图像的质量，与真值图像（.exr 文件和.hdr 文件）相比，计算出概率图和 Q 值。

2）选择一个动态范围较高的场景，自己使用相机（或手机）拍摄一组不同曝光的 LDR 图像（提醒：需设置全手动拍摄模式，除曝光时间外，其他参数均需要保持不变），应用上述算法合成 HDR 图像。可以和手机自带的 HDR 模式拍摄的照片对比一下效果。

3）基于上述两部分的实验效果，讨论对比融合不同张数的曝光图像的重建效果。如针对第一组数据，分别用 2 张和 9 张曝光图融合 HDR 图像。对比不同情况下的 HDR 重建效果，分析产生差别的原因，并讨论如果选取 2 张图像融合时，如何选择这 2 张图片会得到较好的结果。

2. 基于深度学习的 HDR 成像算法实现

从以下两篇论文任选其一：

（1）HDR-ExpandNet[18]⊖

（2）DrTMO[11]⊜

完成如下任务：

阅读论文，在附件中的 5 组数据上进行测试，计算概率图和 Q 值，提交测试结果。与任务 1 中传统的 HDR 重建方法的结果进行对比，找出差异，并分析传统方法和该方法的结果哪个更合理，如果后者结果比较差，阐述可能的改进方案。

附件说明

从链接⊜中下载附件，详见 README 文件。使用附件中的几组数据，按照以上任务要求，得到 HDR 重建图像，如图 8-28所示。

⊖ 官方实现：https://github.com/dmarnerides/hdr-expandnet。

⊜ 官方实现：http://www.npal.cs.tsukuba.ac.jp/~endo/projects/DrTMO/。

⊜ 附件：https://github.com/PKU-CameraLab/TextBook。

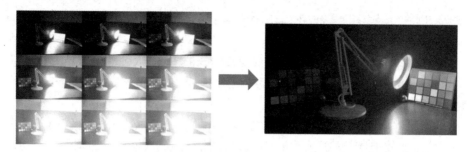

图 8-28 HDR 重建任务示例[28]

本章参考文献

[1] DEBEVEC P E, MALIK J. Recovering high dynamic range radiance maps from photographs[C]//Proc. of ACM SIGGRAPH. New York, NY, USA: ACM, 2008: 1-10.

[2] MERTENS T, KAUTZ J, VAN REETH F. Exposure fusion[C]//Proc. of 15th Conference on Computer Graphics and Applications. Maui, HI, USA: IEEE, 2007.

[3] DURAND F, DORSEY J. Fast bilateral filtering for the display of high-dynamic-range images[J]. ACM Transactions on Graphics (Proc. of ACM SIGGRAPH), 2002, 21: 257- 266.

[4] NAYAR S K, MITSUNAGA T. High dynamic range imaging: spatially varying pixel exposures[C]//Proc. of IEEE Conference on Computer Vision and Pattern Recognition. Hilton Head, SC, USA: IEEE, 2000.

[5] 小林誠, 田中誠二, 小田和也, 他. 「Super CCD EXR」の開発 (固体撮像技術および一般) [J]. 2009, 0(1-4).

[6] REINHARD E, STARK M, SHIRLEY P, et al. Photographic tone reproduction for digital images[J]. ACM Transactions on Graphics (Proc. of ACM SIGGRAPH), 2002, 21: 267-276.

[7] REINHARD E. Parameter estimation for photographic tone reproduction[J]. Journal of Graphics Tools, 2002, 7(1): 45-51.

[8] GKIOULEKAS I. CMU 15-463: computational photography[EB/OL]. [2022-10-02]. http://graphics.cs.cmu.edu/courses/15-463/.

[9] TOMASI C, MANDUCHI R. Bilateral filtering for gray and color images[C]//Proc. of IEEE International Conference on Computer Vision. Bombay, India: IEEE, 1998: 839-846.

[10] FATTAL R, LISCHINSKI D, WERMAN M. Gradient domain high dynamic range compression[C]//Proceedings of the 29th Annual Conference on Computer Graphics and Interactive Techniques. San Antonio, Texas, USA: Association for Computing Machinery, 2002.

[11] ENDO Y, KANAMORI Y, MITANI J. Deep reverse tone mapping[C]//Proc. of ACM SIGGRAPH Asia.[S.l: s.n.], 2017.

[12] LIU Y L, LAI W S, CHEN Y S, et al. Single-image HDR reconstruction by learning to reverse the camera pipeline[C]//Proc. of IEEE/CVF Conference on Computer Vision and Pattern Recognition. Seattle, Washington: IEEE, 2020.

[13]　CHEN G, CHEN C, GUO S, et al. HDR video reconstruction: a coarse-to-fine network and a real-world benchmark dataset[C]//Proc. of IEEE/CVF International Conference on Computer Vision. Montreal, QC, Canada: IEEE, 2021.

[14]　RONNEBERGER O, FISCHER P, BROX T. U-Net: Convolutional networks for biomedical image segmentation[C]//Proc. of International Conference on Medical Image Computing and Computer-Assisted Intervention. Munich, Germany: Springer, 2015.

[15]　ENDO Y, KANAMORI Y, MITANI J. Deep reverse tone mapping[J]. ACM Transactions on Graphics (Proc. of ACM SIGGRAPH), 2017, 36(6): 1-10.

[16]　LEE S, AN G H, KANG S J. Deep recursive HDRI: inverse tone mapping using generative adversarial networks[C]//Proc. of European Conference on Computer Vision. Munich, Germany: Springer, 2018.

[17]　EILERTSEN G, KRONANDER J, DENES G, et al. HDR image reconstruction from a single exposure using deep CNNs[J]. ACM Transactions on Graphics (Proc. of ACM SIGGRAPH), 2017, 36(6): 1-15.

[18]　MARNERIDES D, BASHFORD-ROGERS T, HATCHETT J, et al. ExpandNet: a deep convolutional neural network for high dynamic range expansion from low dynamic range content[J]. 2018, 37(2): 37-49.

[19]　HE K, ZHANG X, REN S, et al. Deep residual learning for image recognition[C]//Proc. of IEEE Conference on Computer Vision and Pattern Recognition. Las Vegas, NV, USA: IEEE, 2016.

[20]　GROSSBERG M D, NAYAR S K. What is the space of camera response functions?[C]//Proc. of IEEE Conference on Computer Vision and Pattern Recognition. Madison, WI, USA: IEEE, 2003.

[21]　FROEHLICH J, GRANDINETTI S, EBERHARDT B, et al. Creating cinematic wide gamut HDR-video for the evaluation of tone mapping operators and HDR-Displays[C]//San Francisco, CA, US: SPIE, 2014.

[22]　WARD G. Fast, robust image registration for compositing high dynamic range photographs from hand-held exposures[J]. Journal of Graphics Tools, 2003, 8(2), 17-30.

[23]　YAN Q, GONG D, SHI Q, et al. Attention-guided network for ghost-free high dynamic range imaging[C]//Proc. of IEEE/CVF Conference on Computer Vision and Pattern Recognition. Long Beach, CA, USA: IEEE, 2019.

[24]　ZHAO H, SHI B, FERNANDEZ-CULL C, et al. Unbounded high dynamic range photography using a modulo camera[C]//Proc. of International Conference on Computational Photography. Cluj-Napoca, Romania: IEEE, 2015.

[25]　ZHOU C, ZHAO H, HAN J, et al. UnModNet: learning to unwrap a modulo image for high dynamic range imaging[C]//Proc. of Advances in Neural Information Processing Systems: volume 33. Red Hook, NY, USA: Curran Associates, Inc., 2020.

[26]　HAN J, ZHOU C, DUAN P, et al. Neuromorphic camera guided high dynamic range imaging [C]//Proc. of IEEE/CVF Conference on Computer Vision and Pattern Recognition. Seattle, WA, USA: IEEE, 2020.

[27]　KOLMOGOROV V, ZABIN R. What energy functions can be minimized via graph cuts? [J]. IEEE Transactions on Pattern Analysis and Machine Intelligence, 2004, 26(2): 147-159.

[28]　FuntDataset. Funt et al. HDR dataset[EB/OL]. [2022-10-03]. https://www2.cs.sfu.ca/~colour/data/funt_hdr/#DESCRIPTION.

超分辨率

　　真实世界存在丰富的视觉信息，而相机拍摄图像的过程可以看作对真实世界的采样。但由于传感器自身像素大小和像素个数的限制，以及成像过程中相对运动、镜头失焦和系统噪声等因素带来的干扰，真实世界的连续信号只能在有干扰的环境中被离散采样，高频的图像信息常常在采样过程中丢失，导致获得的图像中缺少细节，降低了图像的空间分辨率。针对上述问题，图像超分辨率（super-resolution）利用一张（单帧）或一组低分辨率图像（多帧）重建出高分辨率图像，如图 9-1所示。本章将从输入图像数量以及获取方式的角度入手，介绍现有的图像超分辨率方法，并回答以下问题：

> 高分辨率图像与低分辨率图像间存在怎样的关联？
> 如何通过算法从低分辨率图像恢复高分辨率图像？
> 是否可以通过改变传感器的像素结构实现超分辨率？

图 9-1　超分辨率示例，从左到右：日常图像，监控图像，医学图像（部分图片来源于网络）
中图：https://www.infinitioptics.com/technology/thermal-imaging
右图：http://share.hamamatsu.com.cn/specialDetail/1348.html

9.1 基于子像素位移的多帧方法

基于子像素位移的多帧图像超分辨率方法是经典的超分辨率模型，主要基于以下前提：成像系统能够获取关于目标场景的低分辨率图像序列，这些低分辨率图像之间存在轻微的相对位移，代表成像系统从"略微不同"的方向对同一场景的不同观测，从而具有关于目标场景的互补信息。这类方法的思路非常直观：假设低分辨率传感器拥有较大的像素，如果可以对该传感器进行小于一个像素的位移，这些大像素就可以采样到它们之间的场景，进而捕获更多的高分辨率细节，这种方法的思路如图 9-2 所示，通过输入多帧关于同一场景的存在相对运动关系的低分辨率图像序列来重建高分辨率图像，充分利用多帧图像之间的互补信息，实现像素级的图像信息融合。在具体讲述基于子像素位移的超分辨率方法之前，首先介绍成像过程中由于相对运动、镜头失焦和系统噪声等因素引起的图像退化过程，并给出其数学建模。

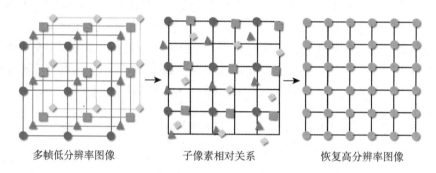

| 多帧低分辨率图像 | 子像素相对关系 | 恢复高分辨率图像 |

图 9-2 基于子像素位移的多帧图像超分辨率方法思路

9.1.1 图像退化模型

如图 9-3 所示，高分辨率场景 $\boldsymbol{X}$ 受几何变换（geometric warp）、图像模糊（image blur）、图像降采样（image downsampling）及图像噪声（image noise）影响，得到一系列低分辨率图像 $\{\boldsymbol{Y}_k\}_{k=1}^N$，这一系列图像退化过程可以表达为

$$\boldsymbol{Y}_k = \boldsymbol{D}_k \boldsymbol{H}_k \boldsymbol{F}_k \cdot \boldsymbol{X} + \boldsymbol{V}_k \tag{9.1}$$

假设高分辨率图像 $\boldsymbol{X}$ 和低分辨率图像 $\boldsymbol{Y}_k$ 的矩阵形式的维度分别为 $rL \times rL$ 和 $L \times L$，其中 r 表示超分辨率的放大倍率（magnification rate），即图像对应的边长为原来的 r（$r > 1$）倍。为方便计算，将图像矩阵"拉平"得到它们的向量形式，则对应向量的维度分别为 $r^2 L^2 \times 1$ 和 $L^2 \times 1$。

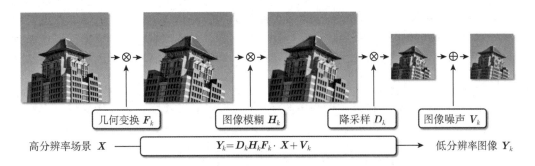

图 9-3　图像退化过程

$\boldsymbol{F}_k$ 为几何变换矩阵，维度为 $r^2L^2 \times r^2L^2$，如图 9-4a 所示，表示拍摄过程中低分辨率图像 $\boldsymbol{Y}_k$ 相对于高分辨率图像 $\boldsymbol{X}$ 的运动（包括平移与旋转）。低分辨率图像序列表示成像系统对同一场景的不同观测，它们之间存在相对运动，当这些相对运动为子像素级别时，则每张低分辨率图像都可为子像素级别的插值提供信息。这些图像帧的相对运动的产生可以是由于成像系统本身的受控运动，例如从轨道卫星获得的图像，也可以是由于目标场景中的不受控运动，例如在监控摄像头的视野内移动的物体。如果这些图像帧相对运动（也即各低分辨率图像的几何变换矩阵 $\boldsymbol{F}_k$）是已知的或是可以在子像素精度内进行估计的，那么超分辨率就是可以实现的。

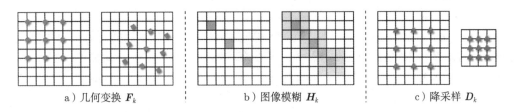

a）几何变换 $\boldsymbol{F}_k$　　　　　b）图像模糊 $\boldsymbol{H}_k$　　　　　c）降采样 $\boldsymbol{D}_k$

图 9-4　变换矩阵 $\boldsymbol{F}_k$、$\boldsymbol{H}_k$ 和 $\boldsymbol{D}_k$ 的作用示意

$\boldsymbol{H}_k$ 为图像模糊矩阵，维度为 $r^2L^2 \times r^2L^2$，如图 9-4b 所示，表示图像获取过程中由于成像系统的点扩散函数带来的图像模糊（在第 10 章会进行更为详细的介绍）。对于同一个成像系统获取的图像帧序列而言，其对应的点扩散函数是一致的，从而同一序列中不同低分辨率图像间的图像模糊矩阵可以看成是相同的，即 $\forall k$，$\boldsymbol{H}_k = \boldsymbol{H}$。

$\boldsymbol{D}_k$ 为图像降采样矩阵，维度为 $L^2 \times r^2L^2$，如图 9-4c 所示。图像降采样是高分辨率图像转化成低分辨率图像的一个重要步骤，一般情况下，降采样矩阵 $\boldsymbol{D}_k$ 是由放大倍率 r 唯一决定的。选择一个非常大的值作为放大倍率 r 将导致超分辨率问题严重不适定，而选择一个较小的值则会导致对已知信息的利用不足，但同时能够提升对超分辨率结果的噪声抑制效果。假设低分辨率图像序列的降采样过程是相同的，从而有 $\forall k$，$\boldsymbol{D}_k = \boldsymbol{D}$。

$\boldsymbol{V}_k$ 表示图像噪声，维度为 $L^2 \times 1$。一种简单的假设是 $\boldsymbol{V}_k$ 为零均值的加性高斯噪声，主要是成像过程中所受到的噪声，包括光照强度、传感器测量误差、采样量化误差和模型误差等。在实际应用中，噪声的统计特性十分复杂，因而这里使用高斯白噪声以简化问题。

对于一系列（N 帧）低分辨率图像 $\{\boldsymbol{Y}_k\}_{k=1}^N$，可以将上述的图像退化过程写成如下形式：

$$
\boldsymbol{Y} = \begin{bmatrix} \boldsymbol{Y}_1 \\ \boldsymbol{Y}_2 \\ \vdots \\ \boldsymbol{Y}_k \end{bmatrix} = \begin{bmatrix} \boldsymbol{D}_1 \boldsymbol{H}_1 \boldsymbol{F}_1 \\ \boldsymbol{D}_2 \boldsymbol{H}_2 \boldsymbol{F}_2 \\ \vdots \\ \boldsymbol{D}_k \boldsymbol{H}_k \boldsymbol{F}_k \end{bmatrix} \boldsymbol{X} + \begin{bmatrix} \boldsymbol{V}_1 \\ \boldsymbol{V}_2 \\ \vdots \\ \boldsymbol{V}_k \end{bmatrix} = \boldsymbol{G}\boldsymbol{X} + \boldsymbol{V} \tag{9.2}
$$

其中 $\boldsymbol{Y}$ 的维度为 $NL^2 \times 1$，$\boldsymbol{X}$ 的维度为 $r^2 L^2 \times 1$，变换矩阵 $\boldsymbol{G}$ 的维度为 $NL^2 \times r^2 L^2$。当 $N < r^2$ 时，超分辨率问题是不适定的，而当 $N \geqslant r^2$ 时，给定数据的信息量大于或等于待恢复图像所需的信息量，从而超分辨率问题变得适定。下一小节将介绍如何使用多帧低分辨率图像结合优化方法求解高分辨率图像。

9.1.2　优化求解高分辨率图像

给定一系列低分辨率图像 $\{\boldsymbol{Y}_k\}_{k=1}^N$ 作为观测，优化求解的目标为得到最有可能的高分辨率图像 $\boldsymbol{X}$，根据目标函数的不同，可以将求解方法分为基于最大似然（Maximum Likelihood，ML）估计和基于最大后验（Maximum a Posteriori，MAP）估计的求解方法。

1. 基于最大似然估计的求解方法

这类方法实际上是求解在假设的成像模型下，使低分辨率图像出现概率最大的高分辨率图像，记为 $\boldsymbol{X}_{\text{ML}}$，对其求解的过程可表达为

$$
\boldsymbol{X}_{\text{ML}} = \underset{\boldsymbol{X}}{\arg\max} \, \text{P}\{\boldsymbol{Y}_1, \boldsymbol{Y}_2, \cdots, \boldsymbol{Y}_k | \boldsymbol{X}\} \tag{9.3}
$$

转换为最小化的形式：

$$
\boldsymbol{X}_{\text{ML}} = \underset{\boldsymbol{X}}{\arg\min} \sum_{k=1}^{N} \varepsilon(\boldsymbol{D}\boldsymbol{H}\boldsymbol{F}_k \boldsymbol{X}, \boldsymbol{Y}_k) \tag{9.4}
$$

式中，函数 $\varepsilon(\cdot)$ 表示估计值与真实值的误差，即相似性损失。当 $\varepsilon(\cdot)$ 使用 $\mathcal{L}_2$ 范数时，问题转化为基于最小二乘的优化求解：

$$\boldsymbol{X}_{\mathrm{ML}} = \arg\min_{\boldsymbol{X}} \sum_{k=1}^{N} \|\boldsymbol{D}\boldsymbol{H}\boldsymbol{F}_k\boldsymbol{X} - \boldsymbol{Y}_k\|_2^2 \tag{9.5}$$

对函数 $\varepsilon(\cdot)$ 关于 $\boldsymbol{X}$ 求梯度，则有：

$$\frac{\partial \varepsilon}{\partial \boldsymbol{X}} = 2\sum_{k=1}^{N} \boldsymbol{F}_k^{\mathrm{T}}\boldsymbol{H}^{\mathrm{T}}\boldsymbol{D}^{\mathrm{T}}(\boldsymbol{D}\boldsymbol{H}\boldsymbol{F}_k\boldsymbol{X} - \boldsymbol{Y}_k) \tag{9.6}$$

通过梯度下降法进行迭代求解，则第 $n+1$ 步的结果 $\boldsymbol{X}_{\mathrm{ML}}^{n+1}$ 可由第 n 步的结果 $\boldsymbol{X}_{\mathrm{ML}}^{n}$ 推导得出：

$$\boldsymbol{X}_{\mathrm{ML}}^{n+1} = \boldsymbol{X}_{\mathrm{ML}}^{n} - \beta \sum_{k=1}^{N} \boldsymbol{F}_k^{\mathrm{T}}\boldsymbol{H}^{\mathrm{T}}\boldsymbol{D}^{\mathrm{T}}(\boldsymbol{D}\boldsymbol{H}\boldsymbol{F}_k\boldsymbol{X} - \boldsymbol{Y}_k) \tag{9.7}$$

式中，β 为梯度回传的系数。上述迭代求解的过程可以用图 9-5 描述。

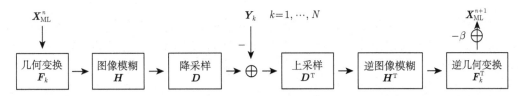

图 9-5　基于最大似然估计、使用 $\mathcal{L}_2$ 范数的迭代求解思路（基于论文[1] 的插图重新绘制）

　　优化求解的方法通常基于对数据与噪声分布模型的假设，从而迭代得到最优的高分辨率图像。然而，真实的低分辨率图像的形成过程十分复杂，因而当使用的模型不能很好地描述观测值，也即低分辨率图像时，优化求解的效果将会大打折扣。此外，对于整体数据分布符合假设模型的情况，在局部也常常存在一些与假设不符的离群值（outlier）。这些离群值可能是不符合假设分布的噪声或是由于运动估计及图像模糊矩阵估计不准确引起的误差。基于最小二乘的优化求解方法在求解过程中容易受到离群值的影响。具体而言，假如一个模型对于正常值的拟合情况较好，则模型对于离群值的估计误差很可能会比对正常值的估计误差更大，从而随着迭代的进行，模型会往离群值的方向优化，降低了模型的效果。上述基于最小二乘的方法由于使用 $\mathcal{L}_2$ 范数来衡量估计值与真实值的距离，由于二次方项的存在，模型对离群值的估计误差会很大，从而优化过程会受到离群值的严重影响，使得模型的鲁棒性和超分辨率的效果下降。

使用 $\mathcal{L}_1$ 范数替代 $\mathcal{L}_2$ 范数能够使优化过程更加鲁棒[1]，此时优化求解可表达为

$$\boldsymbol{X}_{\mathrm{ML}} = \underset{\boldsymbol{X}}{\arg\min} \sum_{k=1}^{N} \|\boldsymbol{DHF}_k\boldsymbol{X} - \boldsymbol{Y}_k\|_1 \tag{9.8}$$

进而迭代过程变为

$$\boldsymbol{X}_{\mathrm{ML}}^{n+1} = \boldsymbol{X}_{\mathrm{ML}}^{n} - \beta \sum_{k=1}^{N} \boldsymbol{F}_k^{\mathrm{T}}\boldsymbol{H}^{\mathrm{T}}\boldsymbol{D}^{\mathrm{T}}\mathrm{sign}(\boldsymbol{DHF}_k\boldsymbol{X} - \boldsymbol{Y}_k) \tag{9.9}$$

式中，$\mathrm{sign}(\cdot)$ 为符号函数，迭代过程如图 9-6所示。

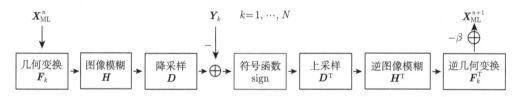

图 9-6　基于最大似然估计、使用 $\mathcal{L}_1$ 范数的迭代求解思路（基于论文[1]的插图重新绘制）

图 9-7展示了使用四帧低分辨率图像（展示了其中一幅），分别基于 $\mathcal{L}_2$ 范数和 $\mathcal{L}_1$ 范数优化求解高分辨率图像的结果。可以看出，基于 $\mathcal{L}_1$ 范数进行优化求解受噪声等离群值的干扰更少，超分辨率效果更加稳定。

高分辨率图像　　　低分辨率图像　　　基于$\mathcal{L}_2$范数的结果　　　基于$\mathcal{L}_1$范数的结果

图 9-7　基于 $\mathcal{L}_2$ 范数和 $\mathcal{L}_1$ 范数优化求解高分辨率图像的结果（基于论文[1]的插图重新绘制）

2. 基于最大后验估计的求解方法

这类方法是在求解已知低分辨率图像的情况下，出现概率最大的高分辨率图像，即：

$$\boldsymbol{X}_{\mathrm{MAP}} = \underset{\boldsymbol{X}}{\arg\max} \mathrm{P}\{\boldsymbol{X}|\boldsymbol{Y}_1, \boldsymbol{Y}_2, \cdots, \boldsymbol{Y}_k\} \tag{9.10}$$

通过引入对数函数以及贝叶斯概率公式，上式可写作：

$$\boldsymbol{X}_{\mathrm{MAP}} = \arg\max_{\boldsymbol{X}} \left[\log \mathrm{P}\{\boldsymbol{Y}_1, \boldsymbol{Y}_2, \cdots, \boldsymbol{Y}_k | \boldsymbol{X}\} + \log \mathrm{P}\{\boldsymbol{X}\} \right] \tag{9.11}$$

相比于基于最大似然估计的方法，这里引入了对于高分辨率图像 $\boldsymbol{X}$ 的先验概率。由于超分辨率问题的不适定性，通过引入针对高分辨率图像的先验信息能够缓解这一问题，同时能够增加方法对于离群值的鲁棒性，上述问题转变为最小化的形式：

$$\boldsymbol{X}_{\mathrm{MAP}} = \arg\min_{\boldsymbol{X}} \left[\sum_{k=1}^{N} \varepsilon(\boldsymbol{DHF}_k\boldsymbol{X}, \boldsymbol{Y}_k) + \lambda \Upsilon(\boldsymbol{X}) \right] \tag{9.12}$$

式中，$\Upsilon(\boldsymbol{X})$ 是正则项，通过引入目标高分辨率图像 $\boldsymbol{X}$ 的先验信息来约束优化过程，以缓解已知信息不足的问题；λ 是正则系数，用于平衡正则项 $\Upsilon(\boldsymbol{X})$ 与相似性损失 $\varepsilon(\boldsymbol{DHF}_k\boldsymbol{X}, \boldsymbol{Y}_k)$ 的比例关系。

吉洪诺夫（Tikhonov）正则项是超分辨率领域一种常用的正则项 [2-3]，其定义为

$$\Upsilon_{\mathrm{T}}(\boldsymbol{X}) = \|\Gamma\boldsymbol{X}\|_2^2 \tag{9.13}$$

式中，Γ 通常是一个高通（high-pass）算子，例如导数算子、Laplacian 算子，甚至是单位矩阵。Tikhonov 正则项的设计初衷是限制图像的总能量（当 Γ 是单位矩阵时）或迫使图像在空间域的平滑（当 Γ 是导数算子或 Laplacian 算子时）。由于噪声像素和边缘像素都包含高频信息，因此正则化过程会将它们都去除掉，致使得到的图像虽去除了噪声的干扰，但同时也将不会再包含锐利的边缘，影响了图像的视觉质量。

全变分（Total Variation，TV）正则项是一种在去噪和去模糊领域十分成功的正则方法 [4]，通过计算图像梯度的 $\mathcal{L}_1$ 范数，它描述了图像的总体变化：

$$\Upsilon_{\mathrm{TV}}(\boldsymbol{X}) = \|\boldsymbol{\nabla}\boldsymbol{X}\|_1 \tag{9.14}$$

式中，$\boldsymbol{\nabla}$ 是梯度算子。由于 $\mathcal{L}_1$ 范数相比于 $\mathcal{L}_2$ 范数而言对于值较大的边缘梯度的惩罚更小，从而 TV 正则项能够在图像重建过程中保留边缘信息 [5]。

双边全变分（Bilateral Total Variation，BTV）正则项 [1] 在 TV 正则项的基础上具备更好的去噪效果且能够保留重建图像的细节信息并产生锐利的边缘（类比 8.4 节介绍的双边滤波器的思想），其定义如下：

$$\Upsilon_{\mathrm{BTV}}(\boldsymbol{X}) = \underbrace{\sum_{l=-P}^{P}\sum_{m=-P}^{P}}_{l+m\geqslant 0} \alpha^{|l|+|m|} \left\| \boldsymbol{X} - \boldsymbol{S}_x^l \boldsymbol{S}_y^m \boldsymbol{X} \right\|_1 \tag{9.15}$$

式中，$\boldsymbol{S}_x^l$ 和 $\boldsymbol{S}_y^m$ 表示对 $\boldsymbol{X}$ 在水平和垂直方向上分别平移 l 和 m 个像素 $(l+m\geqslant 0)$，系数 $\alpha\,(0<\alpha<1)$ 引入空间衰减对正则项进行加权求和。如果令系数 $\alpha=1$，并对水平和垂直方向的平移 l 和 m 进行限制，即限定 $l=0$、$m=1$ 和 $l=1$、$m=0$ 两种情况，同时定义 $\boldsymbol{Q}_x$ 和 $\boldsymbol{Q}_y$ 以表示一阶导数（即 $\boldsymbol{Q}_x=\boldsymbol{I}-\boldsymbol{S}_x$，$\boldsymbol{Q}_y=\boldsymbol{I}-\boldsymbol{S}_y$，其中 $\boldsymbol{I}$ 表示单位矩阵），则式 (9.15) 可写为

$$\Upsilon_{\mathrm{BTV}}(\boldsymbol{X})=\|\boldsymbol{Q}_x\boldsymbol{X}\|_1+\|\boldsymbol{Q}_y\boldsymbol{X}\|_1 \tag{9.16}$$

可以证明式 (9.16) 是对 TV 正则项的一种可靠近似[6]，也就是说，TV 正则项可以看作是 BTV 正则项的一种特殊形式。通过引入 BTV 正则项，求解高分辨率图像的过程可表达为

$$\boldsymbol{X}_{\mathrm{MAP}}=\arg\min_{\boldsymbol{X}}\left[\sum_{k=1}^{N}\|\boldsymbol{D}\boldsymbol{H}\boldsymbol{F}_k\boldsymbol{X}-\boldsymbol{Y}_k\|_1+\lambda\underbrace{\sum_{l=-P}^{P}\sum_{m=-P}^{P}}_{l+m\geqslant 0}\alpha^{|l|+|m|}\left\|\boldsymbol{X}-\boldsymbol{S}_x^l\boldsymbol{S}_y^m\boldsymbol{X}\right\|_1\right]$$

$$\tag{9.17}$$

使用梯度下降法进行迭代求解的过程为

$$\boldsymbol{X}_{\mathrm{MAP}}^{n+1}=\boldsymbol{X}_{\mathrm{MAP}}^{n}-\beta\bigg[\sum_{k=1}^{N}\boldsymbol{F}_k^{\mathrm{T}}\boldsymbol{H}^{\mathrm{T}}\boldsymbol{D}^{\mathrm{T}}\,\mathrm{sign}\left(\boldsymbol{D}\boldsymbol{H}\boldsymbol{F}_k\boldsymbol{X}_{\mathrm{MAP}}^{n}-\boldsymbol{Y}_k\right)+$$

$$\lambda\underbrace{\sum_{l=-P}^{P}\sum_{m=-P}^{P}}_{l+m\geqslant 0}\alpha^{|l|+|m|}\left(\boldsymbol{I}-\boldsymbol{S}_y^{-m}\boldsymbol{S}_x^{-l}\right)\mathrm{sign}\left(\boldsymbol{X}_{\mathrm{MAP}}^{n}-\boldsymbol{S}_x^l\boldsymbol{S}_y^m\boldsymbol{X}_{\mathrm{MAP}}^{n}\right)\bigg] \tag{9.18}$$

基于最大后验估计、使用 BTV 正则项的迭代求解思路如图 9-8 所示。

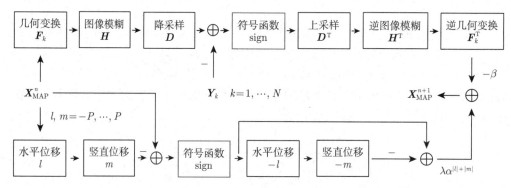

图 9-8　基于最大后验估计、使用 BTV 正则项的迭代求解思路（基于论文[1] 的插图重新绘制）

9.2　通过改进传感器构造的方法

高质量的图像和视频成像在生产生活中有着强烈的现实需求，然而，高分辨率且高成像质量的需求给成像传感器的设计和生产带来了不小的挑战。提高成像分辨率最直接的方法是增大传感器中像素的数量，但这会导致像素面积减小、进光量降低，进而加大图像的噪声程度，也就是说受到物理因素的制约，传感器的像素不可能无限小，所以分辨率不可能无限大。为提升进光量，可以延长曝光时间或调大光圈，但这又会分别导致运动模糊程度增大和景深缩小。如本章上一节所述，为避免出现这些现象，研究人员提出基于子像素位移的多帧图像超分辨率优化算法，可以在不改变像素面积的情况下重建超分辨率图像。理论上，只要子像素的尺寸足够小，输入的多帧图像足够多，就可以基于子像素位移的方法重建出任意倍数放大的超分辨率图像。然而，由于制造工艺难度高、子像素尺寸越小会导致噪声影响越大、曝光时间过长会导致出现运动模糊等，现实中无法通过设置足够小的子像素尺寸来实现任意倍数的图像超分辨率。

针对上述问题，研究人员尝试通过改进传感器的构造来实现在不对子像素进行进一步细分的情况下完成更高倍率和更高质量的图像超分辨率：可以通过曝光时间间隙周期性地以子像素步长"抖动"相机传感器来实现低噪声水平和低模糊水平的 2 倍超分辨率重建[7]；可以将图像传感器的像素形状由常规的正方形更改为彭罗斯（Penrose）排布的非对称形状，从而实现更高倍率的超分辨率[8-9]；还可以进一步从理论分析子像素形状、子像素数量、放大倍率和子像素形状八元群元素数等因素之间的关联，进而提出子像素数量少且放大倍率更大的子像素形状，让通过有限数量的图像来重建高倍率的超分辨率图像成为可能[10]。本节将对这三种方法进行详细介绍。

9.2.1　利用相机抖动

在理想情况下，通过获取连续多帧的子位移图像可以准确地实现图像多倍超分辨率。然而，相机移动会导致输出图像中出现运动模糊，影响重建后的图像的质量。因此，必须最小化图像抖动产生的运动模糊，以保证高质量的图像超分辨率重建。"Jitter camera: high resolution video from a low resolution detector"[7] 一文发表于 CVPR 2004，提出一种周期性抖动传感器的超分辨率相机原型。该相机原型避免运动模糊的核心是采样网格在曝光周期的间隔间进行同步和瞬时位移，而不是在曝光时间内进行连续运动。传统多帧超分辨率与抖动相机的对比如图 9-9所示，在 9.1 节介绍的多帧图像超分辨率方法中，拍摄者通过手动晃动相机来获取子像素位移的多帧图像，无法保证相机移动的过程不发生在曝光时间内，因此所得的多帧图像中很容易出现运动模糊，使得超分辨率后的结果无法重建清晰的纹理和边缘。而该论文所提的抖动相机原型是通过周期性快速触发相机移动替代原本连续的移动来实现更少的运动模糊。

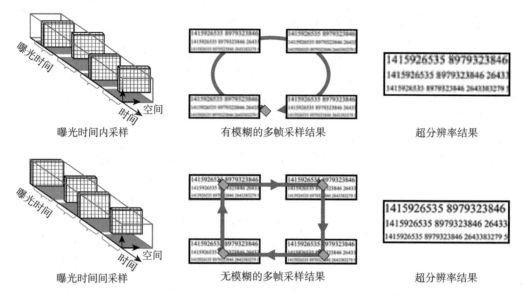

图 9-9　传统多帧超分辨率（上）与抖动相机（下）的对比（基于论文[7] 的插图重新绘制）

图 9-10a 显示了抖动相机的机械设计原理，其中图像传感器 (例如 CCD) 被微型控制器（Micro-actuator）移动，以改变采样网格的位置。如果控制器可快速移动且与传感器的读取周期同步被激活，那么所采集的图像将不会由于传感器的移动而产生运动模糊。该论文作者用图 9-10b 所示的原型相机对抖动相机的实用性进行验证。这款相机使用了一个标准的 16mm 镜头，一个 Point-Grey Dragon-Fly 相机传感器，和两个 Physik Instrumente 微型控制器。微型控制器和传感器由一个独立控制器控制和同步，帧率大约为每秒 8 帧。X 轴和 Y 轴的控制器控制传感器平面在曝光周期之间以 $[(0,0),(0,0.5),(0.5,0.5),(0.5,0)]$ 的子像素位置进行周期往复移动。经过实际测试，该相机的位移精度达到了小于 0.1 个像素尺寸的水平，满足进行基于子像素位移的超分辨率需求。

为使所提相机原型更好地适用于实际拍摄场景，该论文还提出了一种自适应应对复杂运动物体和遮挡区域的算法。基于多帧的超分辨率算法应该对异常情况具有鲁棒性，异常情况主要是由图块内存在的遮挡或多物体运动引起的。以某参考时间点对应的图像的任一局部图块 I_k 为例，算法通过计算图块 I_k 与其在时间维度上的 $2n$ 个相邻图块 $I_k \pm n$ 的误差二次方和（Sum of Squared Difference, SSD）算法，并与设定的阈值 α 来确定用于超分辨率的候选图块集。当候选图块集中的图块数量小于 3 时，意味着该局部区域存在遮挡或多物体运动，基于子像素的多帧算法对此处是无效的，便采用经典的迭代反投影算法（iterated-back projection）[11] 对其进行处理。当候选图块集中的图块数量大于或等于 3 时，则使用多帧超分辨率算法[12] 进行处理。实验结果证明该算法对静止或运动较慢的场景可以进行有效的超分辨率处理。

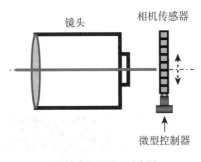
a）抖动相机原理示意图

b）抖动相机原型

图 9-10　抖动相机原理示意图和原型相机（基于论文[7] 的插图重新绘制）

9.2.2　利用非周期重复像素布局

在常规的超分辨率方法中，低分辨率图像的像素布局都是基于正方形像素的规则网格排布。当传感器移动像素大小的整数倍时，得到的是与原图像重合的图像，因而无法为分辨率的提升带来任何有用的信息。基于类似这种情况的冗余，有相关的理论推导和分析证明，在不引入机器学习的情况下，超分辨率放大系数仅限制在较小的级别[13]。为突破这一瓶颈，需要对传感器像素使用非周期重复的布局，从而产生具有不规则像素布局的低分辨率图像。非周期重复的布局可以引入含有更多独立观测的方程组，此外由于这样的布局没有平移对称，低分辨率图像之间可以使用更大的位移（半像素的倍数），而不需要网格本身重复，这使得计算超分辨率图像的放大倍数可以更大。Penrose像素分布是一种被仿真实验证明的有效方案。图 9-11展示了常规的正方形像素分布和Penrose 像素分布的对比，以及针对同一场景的拍摄结果的对比。菱形 Penrose 瓷砖排布是由五个不同方向的两种菱形块组成的非周期瓷砖排布。这种布局既没有周期性又有明确的排布规则，图 9-11中的频域图像显示了这种排布的五个对称轴。这样的排布方式对于超分辨率任务来说可以在"无限大"的成像平面进行采样，而无须重复相同的像素结构。进而，同样基于子像素位移的多帧方法可以捕获比常规网格更多数量的不同图像；此外，所有的图像都可以按子像素步长移动，但仍然是得到不同的图像。

"Penrose pixels super-resolution in the detector layout domain"[8] 一文发表于ICCV 2007，由于 Penrose 非常规的排布方式，低分辨率图像的像素通常无法与图像网格准确地对齐，该论文提出了针对 Penrose 像素的上采样和下采样方法。为了方便计算，每张低分辨率图像都会被上采样到常规的网格图像（这里用足够小的网格进行模拟对于连续信号的采样），形成初始化的高分辨率图像，并参与后续的处理过程。如图 9-12所示，通过在低分辨率像素的实际形状上放置一个规则的高分辨率像素网格，然后将低分辨率像素映射到高分辨率像素来进行上采样。与任何低分辨率像素没有关联的高分辨率像素被分配 null 值。标记上采样过程为 $\uparrow_{T_i,G}$，其中 T_i 是低分辨率图像上采样转换矩阵，G 是传感器像素排布图。与上采样对应的还包括从高分辨率到低分辨率再到高分辨率的重采样操作，被标记为 $\updownarrow_{T_i,G}$。这个过程模拟了图像形成过程，产生新的超分辨图像的估计。重采样过程可以看作是一个下采样伴随一个上采样过程，在实际计算中重采样过程并不需要实际缩小图像大小，而是仅需在高分辨率网格上直接进行。

 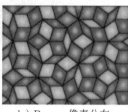 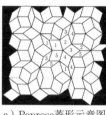 

　　a）常规正方像素分布　　　b）Penrose像素分布　　c）Penrose菱形示意图　　d）Penrose频域图

图 9-11　常规的正方形像素分布和 Penrose 像素分布对比（基于论文[8]的插图重新绘制）

　　该论文针对 Penrose 像素提出了一种改进的迭代反投影算法，以实现简单有效的图像超分辨率。如图 9-12和算法 9.1所示，改进的算法直接在高分辨率网格上执行，并通过重采样的反投影过程进行约束。图 9-13展示了该算法的重建结果，相比于常规正方形像素，Penrose 像素可以在更高倍率的超分辨率任务上实现更好的重建效果。

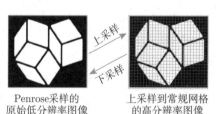 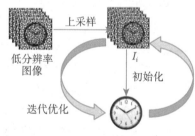

针对Penrose像素的上采样和下采样　　　改进的迭代反投影超分辨率算法

图 9-12　针对 Penrose 像素的采样算法和改进的迭代反投影算法（基于论文[8]的插图重新绘制）

算法 9.1： 改进的迭代反投影算法

　　输入： 分辨率为 $N \times N$ 像素的低分辨率图像集 $L_1, \cdots, L_{M^2}$；低分辨率图像上采样转换矩阵 $T_1, \cdots, T_{M^2}$；放大因子 M；传感器像素排布图 G

　　输出： 分辨率为 $NM \times NM$ 的超分辨率图像 S

1　上采样：$H_i = L_i \uparrow_{T_i,G}, i \in [1, \cdots, M^2]$

2　初始化：$S^0 = \frac{1}{M^2} \sum_{i=1}^{M^2} H_i$

3　迭代优化：$S^{k+1} = S^k + \frac{1}{M^2} \sum_{i=1}^{M^2} (H_i - S^k \updownarrow_{T_i,G})$

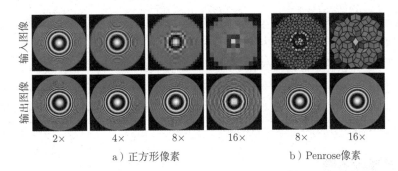

图 9-13　Penrose 像素超分辨率结果示例（基于论文[8] 的插图重新绘制）

9.2.3　利用非对称子像素分布

　　像素的几何形状通常是一个矩形网格，这种几何限制了每个子像素位移捕获的信息，因为在整数像素间隔上重复观察到的信息是冗余的。如上一小节介绍的非周期重复的像素布局可以有效地避免平移对称带来的冗余，从而打破传统超分辨率的理论瓶颈。这些非对称结构提供了更大的子像素位移变化，从而产生更多独立的方程来恢复高频空间信息。然而至今为止，拥有 Penrose 像素结构的传感器并未被制造出来，但是确实存在一些已有的 CCD 传感器包含了这种具有非对称的子像素排布，如麻省理工学院林肯实验室制造的 OTCCD（Orthogonal-Transfer Charge-Coupled Device）[14] 传感器，OTCCD 传感器真实像素分布及不同像素分布对应的映射矩阵如图 9-14所示，让实际利用网格排布以外的传感器进行图像超分辨率成为可能。受此启发，"Sub-pixel layout for super-resolution with images in the octic group"[10] 一文发表于 ECCV 2014，提出了通过分析子像素排布、子像素数量、超分辨率放大倍数和子像素排布的八元群（octic group）元素数等因素来探索非对称子像素分布的理论超分辨率上界的方案，为超分辨率问题提供了一个新的视角。与上一小节介绍的 Penrose 像素排布不同，该论文所提方法并不依赖于子像素位移，而是关注通过在八元群中的变换形成的图像个数，即一个正方形的所有对称性。子像素布局随像素的不同姿态而变化，并取决于布局的对称性。例如，OTCCD 可以形成 8 种不同的子像素布局（通过 4 个 90° 的旋转和对应的镜像翻转），进而有希望通过设计相应的超分辨率算法提升分辨率，但传统的方格阵列在八元群的变换中均为同样的结构（所以无法提升分辨率）。通过结合不同姿态的图像，可以获得超分辨率图像，而具有更多非对称布局的子像素排布方式可以实现更高的超分辨率。下面对这一过程进行数学上的分析。

　　图像降采样的方程定义为式 (9.1)，此处将 $D_k H_k F_k$ 简记为 P，即高分辨率图像到低分辨率图像的映射矩阵。在理想情况下，当噪声可以忽略时，为了使分辨率增加一倍 (2 倍超分辨率)，需要至少 4 幅具有精确半像素位移的低分辨率图像。图 9-14b 展示了四种不同子像素分布的低分辨率像素（粗线黑框）对应的高分辨率像素（细线灰框），以及相应的映射矩阵 P，不同颜色的阴影方块表示来自不同图像的低分辨率像素（也可以更直观地将其视为将一个粗体黑框的"大像素"，分解成若干个"子像素"）。在这些例子中，映射矩阵 P 用来表示从不同颜色的低分辨率像素映射到粗线黑框圈出的 2×2 区域的位置转换关系。P 每行中的元素是针对 2×2 区域所有高分辨率像素计算的，由重叠区域与低分辨率像素大小的面积求得。

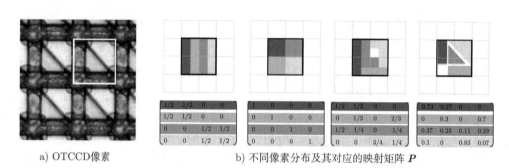

a) OTCCD像素　　　　　　　b) 不同像素分布及其对应的映射矩阵 P

图 9-14　OTCCD 传感器真实像素分布及不同像素分布对应的映射矩阵（基于论文[10] 的插图重新绘制）

对映射矩阵 P 的分析对理解超分辨率的性能起着关键作用。2 倍超分辨率最直接的例子是将一个低分辨率像素分割成 4 个正方形区域，如图 9-14b 第二个样例所示，此时 P 是一个单位矩阵。通过类似的方法可以计算出其他三个样例对应的映射矩阵 P，其中第一个样例的映射矩阵的秩 $\mathrm{rank}(P)= 2$，无法实现 2 倍超分辨率，而第二～四个样例的 $\mathrm{rank}(P)= 4$（4 个独立的方程求解 2×2 区域的像素值），可以实现 2 倍超分辨率。一般而言，P 的尺寸为 $r \times \mathcal{M}^2$，其中 r 是子像素数量，$\mathcal{M}$ 是放大因子，超分辨率完全重建的充分条件是 $r \geqslant \mathcal{M}^2$。进一步，因为当 $\mathrm{rank}(P)= \mathcal{M}^2$ 时可以实现完全重建，所以当 $r < \mathcal{M}^2$ 时必然有 $\mathrm{rank}(P)< \mathcal{M}^2$。

然而，一味通过增加子像素数量来提高超分辨率放大倍数是不现实的，在实际应用中，由于制造限制以及像素大小和光收集效率之间的比例限制 [即信噪比（Signal-to-Noise Ratio，SNR，第 10 章会进行更为详细的介绍）随着像素大小的增加而减小]，增加子像素数不能无限地继续下去。针对这一瓶颈，该论文提出通过设计特殊的像素排布方式使其满足八元群（四阶二面体群）特性，那么在图像平面上进行简单的操作就可以改变子像素的布局，从而获取更多的信息观测。一个图像的八元群 $\mathcal{G} = \{e,R_1,R_2,R_3,S_e,S_{R_1},S_{R_2},S_{R_3}\}$ 包含八个节点，其中 e 是原始形态，R_i 是原始形态通过旋转 $90°$、$180°$、$270°$ 得到的形态，而 S_{R_i} 是前四个形态经过镜像翻转之后得到的形态。图 9-14b 第三个样例展示了一个旋转不对称的子像素分布的示例，其子像素

数 $r=5$（4 个彩色的有效子像素和 1 个白色的占位子像素）。但如果考虑该分布的八元群排布，rank($\boldsymbol{P}$) 大于子像素数的排布及 OTCCD 超分辨率示例如图 9-15 所示，获得通过旋转得到的四个图像，计算 $\mathcal{M}=4$ 时的映射矩阵并将四个矩阵堆叠成一个联合的映射矩阵 $\boldsymbol{P}$，此时 rank($\boldsymbol{P}$)= 16，可以理论上实现 4 倍超分辨率在适定条件下的求解；至此便可以实现 $r<\mathcal{M}^2$ 但 rank($\boldsymbol{P}$)$\geqslant\mathcal{M}^2$，即在不增加子像素数量的情况下实现更高倍数的超分辨率。该论文还通过理论分析推导出不同子像素排布 Γ 对应的超分辨性能边界为

$$\text{rank}(\boldsymbol{P}^{\Gamma}) \leqslant \min\{\mathcal{M}^2, t(r-1)+1\} \tag{9.19}$$

式中，t 表示八元群 $\mathcal{G}$ 中的元素数。式 (9.19) 可以用来辅助寻找实现更高倍数超分辨率的子像素排布方式。图 9-16 为基于 OTCCD 的多倍超分辨率结果示例，区域①展示了几种具有不同 rank($\boldsymbol{P}$) 的排布方式拍摄同一场景时得到的低分辨率图像，区域②对应展示了几种方式的超分辨率结果，可以看出，随着 rank($\boldsymbol{P}$) 逐渐接近满秩，重建性能逐步提高。区域③展示了基于 OTCCD 排布实现的 4 倍和 8 倍超分辨率结果，同时展示了用式 (9.19) 找出的 8 倍超分辨率子像素排布示例。区域④展示了使用真实相机对目标（显示器上的图像）进行旋转/翻转拍照来完成获取图像、实现超分辨率的结果。结果显示，与常规网格传感器相比，基于八元群旋转/翻转的非常规子像素排布可以重建出更多细节。

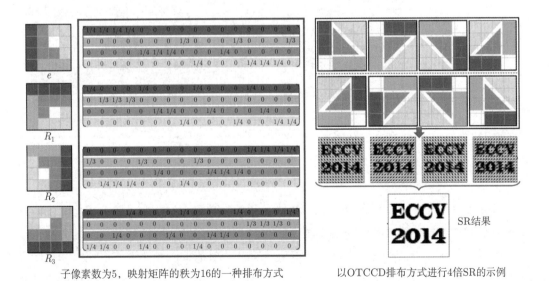

子像素数为5，映射矩阵的秩为16的一种排布方式　　　　以OTCCD排布方式进行4倍SR的示例

图 9-15　rank($\boldsymbol{P}$) 大于子像素数的排布及 OTCCD 超分辨率示例（基于论文[10] 的插图重新绘制）

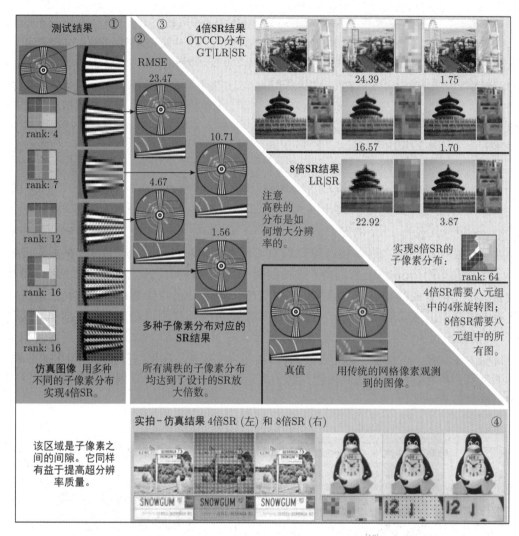

图 9-16 基于 OTCCD 的多倍超分辨率结果示例（基于论文[10] 的插图重新绘制）

注：RMSE（Root Mean Square Error）表示均方根误差，该指标用于衡量预测结果与真实结果之间的偏差。

9.3 基于信号处理的单帧方法

本章前两节对基于多帧图像的超分辨率方法进行了介绍，虽然这些方法能够实现稳定的超分辨率效果，但多帧低分辨率图像的获取（尤其通过改进传感器结构的方法）及其对齐限制了这些方法的应用范围。从本节开始将介绍基于信号处理的单帧图像超分辨率方法，包括基于图像块重复性（patch recurrence）的超分辨率方法[15] 以及基于自适应梯度锐化变换（gradient sharpening transform）的超分辨率方法[16-17]，这些方法减轻了图像获取方面的负担，具有广泛的应用场景。受单帧图像信息量的限制，这些方法利用图像内部的统计特性作为先验知识，从而求解最终的高分辨率图像。

9.3.1 基于图像块重复性的方法

在基于单帧图像的超分辨率方法出现之前，通常使用多帧低分辨率图像进行超分辨率，而在不改动图像传感器的多帧图像超分辨率方法中，具有代表性的两类分别基于子像素位移[1] 和基于样例（example-based）[18] 来实现图像超分辨率。"Super-resolution from a single image"[15] 一文发表于 ICCV 2009，提出利用图像块（patch）在不同图像尺度上的重复特性，将基于子像素位移以及样例的多帧图像方法的思路运用到单帧低分辨率图像的图像块层面。具体来说，在单帧低分辨率图像中，相同图像尺度下相互之间存在子像素位移的重复图像块为应用基于子像素位移的超分辨率方法提供约束信息；而不同图像尺度下的重复图像块提供了低分辨率/高分辨率的图像样例，使直接对单帧图像应用基于样例的超分辨率方法而不借助外部数据库成为可能。

由于该方法引入了基于子像素位移和基于样例的多帧图像超分辨率方法的思路以实现单帧图像超分辨率，且基于子像素位移的方法在 9.1 节中已经介绍过，因此本节先简要介绍基于样例的多帧图像超分辨率方法以便读者理解。基于样例的超分辨率方法[18] 从一个由低分辨率和高分辨率图像对（通常超分系数设置为 2）组成的数据库中学习低分辨率和高分辨率图像块之间的对应关系。在应用时，对于一帧新的低分辨率图像，这类方法为每个低分辨率图像块找到数据库中最匹配的高分辨率图像块并直接复制，从而恢复低分辨率图像最可能对应的高分辨率图像。通过对上述过程进行重复，往往可以实现较高超分系数的图像超分辨率。然而，相比于经典的基于子像素位移的超分辨率方法，基于样例的超分辨率方法存在一项重大缺陷：由于它使用数据库对图像块进行匹配并进行高分辨率重建，无法确保得到的高分辨率图像能够提供与原始低分辨率图像对应的细节信息，从而导致结果的可靠性有所降低。

结合上述两类多帧图像超分辨率方法的思路，本节介绍的基于图像块重复性的超分辨率方法既不需要对同一场景的多次观测也不使用外部数据库进行样例的匹配，仅使用单帧低分辨率图像便能实现图像超分辨率的方法，而该方法能够实现图像超分辨率的前提在于对图像块重复性的观察与统计。对于自然图像而言，其中往往包含重复的视觉内容。具体来说，自然图像中的小图像块（例如 5×5 的图像块尺寸）往往会在图像内部重复多次，这些重复可能是在同一图像尺度下的，也可能是在不同图像尺度间的。图 9-17解释了单帧图像内同一尺度下和不同尺度间图像块的重复特性。红框中的图像块表示同一尺度下的重复图像块，这些重复图像块之间存在子像素级别的位移，能够为对应高分辨率图像块的恢复提供有效信息。蓝框中的图像块表示不同尺度间的重复图像块，对于原始尺度下低分辨率图像中的一个图像块，若能够在更小尺度的图像中找到与之相似的重复图像块，那么就可以在原始尺度找到对应的父图像块（parent patch，如黄框所示），这些低分辨率图像块与对应的高分辨率父图像块形成的图像对（黄色箭头所示）为恢复高分辨率图像块提供了辅助信息，使得在不利用外部数据库的情况下应用基于样例的超分辨率方法成为可能。

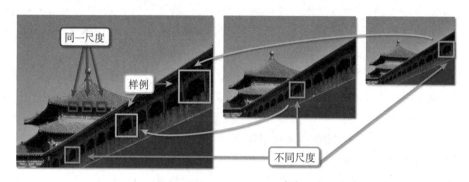

图 9-17　图像块重复性示例（基于论文[15]的插图重新绘制）

为了使上述先验知识有效，就必须确保在同一帧低分辨率图像的不同尺度上存在足够多的重复出现的图像块。该方法对图像块的重复性进行定量统计，发现在自然图像中，超过 90% 的 5×5 大小的图像块在同一尺度下有 9 个以上的相似图像块，而超过 70% 在采样系数接近 $\frac{1}{4}$ 的降采样图像中有 9 个以上的相似图像块。以上统计说明即使人眼没有察觉到图像中任何明显的大范围的重复结构，小图像块的重复仍会在同一尺度内和不同尺度间大量出现，原因在于小图像块通常只包含边缘、角点等简单图像结构信息，而这样的图像块在几乎任何自然图像中都大量存在。此外，由于相机成像时的透视投影，同一场景在图像中的尺寸会随着向地平线靠拢而逐渐减小（本书 3.4 节中有详细介绍），这也导致包含同一场景内容的图像块在图像中会以多个图像尺度重复出现。

在图像块重复性的基础上，该方法提出使用单帧图像进行超分辨率，其框架如图 9-18所示。方法采用逐步提高图像分辨率的策略，对于初始低分辨率图像（灰色图像）中的图像块（蓝色），先在其降采样图像中搜索相似的图像块。在找到相似图像块（浅绿色）后，将其父图像块（深绿色）复制到未知的高分辨率图像（紫色图像）中的对应位置，实现基于样例的图像块层面的超分辨率。而对于同一尺度下多个相似的图像块（蓝色、黄色及橙色），由于它们形成了对目标高分辨率图像块的线性约束，从而可以借助经典的基于子像素位移的超分辨率方法来进行优化求解。通过不断重复上述步骤，便可得到最终的高分辨率图像。

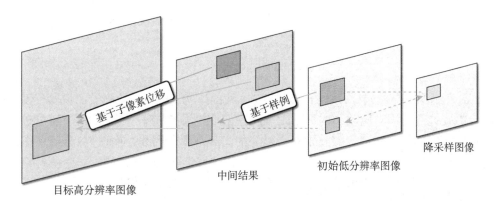

图 9-18　基于图像块重复性的单帧图像超分辨率方法（基于论文[15]的插图重新绘制）

9.3.2　基于梯度锐化变换的方法

低分辨率图像在采集过程中由于受低通滤波效应和图像下采样的影响，相比于原始高分辨率图像会丢失部分图像细节信息，而丢失的这部分图像细节信息本质上是图像的高频信息。通常认为图像的这些细节信息主要包含在图像的梯度场（gradient field）中。因此，基于梯度锐化变换的图像超分辨率方法通过增强低分辨率图像的梯度场来恢复图像中丢失的高频细节[16-17]。这类方法的框架如图 9-19所示，首先利用传统插值方法对低分辨率图像进行上采样使其成为高分辨率的图像，而由于图像中高频信息的丢失，此时得到的图像中的细节并没有得到恢复，并且常常会包含视觉伪影（visual artifact）。这些丢失的图像细节信息（例如边缘和纹理信息）主要包含在图像的梯度场中，因此恢复高分辨率图像的梯度场成为问题的关键。通过从低分辨率图像上采样后得到的图像中提取梯度场，并使用梯度锐化变换对其进行处理，使梯度场变得更加清晰锐利，从而能够包含更准确的图像细节信息。在获得增强后的高分辨率梯度场后，重建算法通过将其与低分辨率图像进行融合，最终重建出高分辨率图像。

"Gradient profile prior and its applications in image super-resolution and enhancement"[16]一文发表于 TIP 2010，提出了梯度轮廓线模型（gradient profile model）来描述边缘梯度的空间分布特征。梯度轮廓线是一条一维轮廓线，描述梯度两侧的梯度幅度之变化。如图 9-20所示，梯度轮廓线从边缘像素 x_0 开始沿梯度两侧进行搜索（搜索的路径记为 $p(x_0)$），直到梯度的幅度不再减小（即到达 x_1 和 x_2）。一般来说，锐利的边缘对应于梯度幅度更加集中的轮廓线，而平滑的边缘对应于梯度幅度较分散的轮廓线。因此可以用梯度轮廓线的形状来衡量边缘的锐利程度。通过使用广义高斯分布（generalized Gaussian distribution），对梯度场的几何结构可以建模为

$$g(x;\sigma,\lambda) = \frac{\lambda\alpha(\lambda)}{2\sigma\Gamma\left(\frac{1}{\lambda}\right)} \mathrm{e}^{-\left[\alpha(\lambda)\left|\frac{x}{\sigma}\right|\right]^{\lambda}} \tag{9.20}$$

式中，x 表示像素点的坐标；参数 λ 控制轮廓线的形状；σ 表示轮廓线的锐利程度，通常图像中较锐利的边对应较小的 σ 值，而较平滑的边则对应较大的 σ 值。通过对低分辨率梯度场中的轮廓线进行缩放来获得对应的高分辨率轮廓线，而低/高分辨率图像轮廓线间的映射关系可以通过大量的外部样本数据进行学习。通过对梯度场中所有轮廓线进行变换，可得到高分辨率图像的梯度场，再以此梯度场作为先验约束，便可对高分辨率图像进行重建。

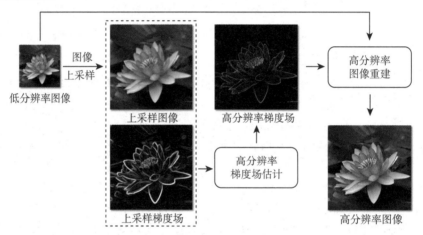

图 9-19 基于梯度锐化变换的图像超分辨率方法框架（基于论文[17]的插图重新绘制）

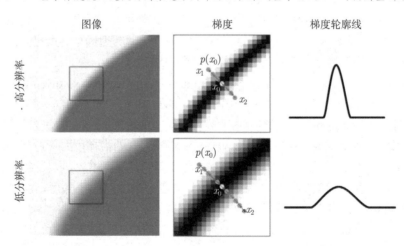

图 9-20 梯度轮廓线示意（基于论文[16]的插图重新绘制）

"Fast image super-resolution via local adaptive gradient field sharpening transform"[17] 一文发表于 TIP 2018，文章指出自然图像中的真实边缘在边缘的两侧通常具有不同的锐利程度，从而具有对称性质的广义高斯模型（即式 (9.20)）并不能很好地描述自然图像的边缘结构。为刻画梯度轮廓的非对称结构，该方法对梯度轮廓线的左半部分和右半部分分别进行建模：

$$g\left(x; A, \sigma_1, \sigma_2\right) = \begin{cases} A \cdot \mathrm{e}^{-\frac{x^2}{2\sigma_1^2}}, & x \leqslant 0 \\ A \cdot \mathrm{e}^{-\frac{x^2}{2\sigma_2^2}}, & x > 0 \end{cases} \tag{9.21}$$

式中，A 表示轮廓线中心点（边界像素点）的梯度值大小；σ_1 和 σ_2 分别表示梯度轮廓线左半部分和右半部分的锐利程度。基于所提的梯度轮廓线模型，该方法提出基于局部图像信息自适应进行梯度场锐化，从而使变换得到的图像梯度更加符合图像的内容。最后将锐化后的梯度场作为高分辨率图像的先验约束，重建得到最终的高分辨率图像。

9.4　利用深度学习的方法

近年来，随着深度学习技术的快速发展，基于深度学习的图像超分辨率方法取得了长足的进步，并经常在图像超分辨率的各种基准数据集上刷新最先进的性能。这些用于解决图像超分辨率任务的深度学习方法可以根据学习的监督方式分为监督（supervised）学习方法和无监督（unsupervised）学习方法。采取监督学习的超分辨率方法使用成对的低分辨率和高分辨率图像来训练神经网络，但由于收集相同场景、不同分辨率的真实图像对存在一定困难，这些方法通常通过对高分辨率图像施加预定义的图像退化模型，从而生成低分辨率图像。使用上述合成数据训练后的超分辨率模型实际上学习的是预定义退化模型的反向过程，导致其在对真实图像进行超分辨率时效果不够稳定。为了在不引入人为设定的退化先验的情况下学习到真实世界的低分辨率图像到高分辨率图像的映射，研究人员对采取无监督学习的超分辨率方法的重视程度逐渐加深。在无监督学习的情况下，网络的训练只基于未配对的低分辨率和高分辨率图像，从而使得到的模型更有可能应对真实世界场景中的超分辨率问题。接下来，本节将介绍基于深度学习的超分辨率方法中的一些代表性工作。

9.4.1　基于卷积神经网络的方法

"Learning a deep convolutional network for image super-resolution"[19] 一文发表于 ECCV 2014，提出了首个基于深度学习的超分辨率方法：SRCNN，使用卷积神经网

络端到端（end-to-end）学习低分辨率和高分辨率图像之间的映射。该方法为基于深度学习的超分辨率方法与传统的基于稀疏编码的超分辨率方法[20]之间建立了关联，从而为网络结构的设计提供了指导。为帮助理解这种对应关系，先对基于稀疏编码的超分辨率方法[20]的框架进行简要介绍。如图 9-21所示，SRCNN[19]首先从图像中提取重叠的图像块进行预处理（如减去均值），再使用一个低分辨率的字典（dictionary）对这些图像块进行稀疏编码，之后将编码传递到高分辨率字典中以重建高分辨率图像块。最后，对重叠的高分辨率图像块进行聚合(或平均)得到高分辨率图像。在 SRCNN[19]问世前，基于稀疏编码的超分辨率方法常常聚焦在字典的学习及优化，却很少考虑对流程中的其他步骤进行改进。

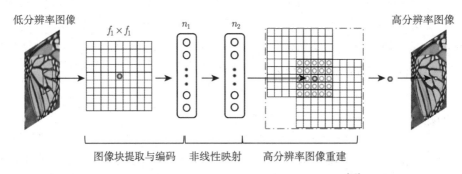

图 9-21　基于稀疏编码的超分辨率方法的框架示意图（基于论文[19]的插图重新绘制）

　　SRCNN 的框架如图 9-22所示，对于一帧低分辨率图像，方法首先使用双三次插值（bicubic interpolation）将其上采样至所需的尺寸，为将插值后的图像恢复成真正的高分辨率图像，方法通过卷积神经网络实现了以下三步操作，每一步都与基于稀疏编码的超分辨率方法对应。

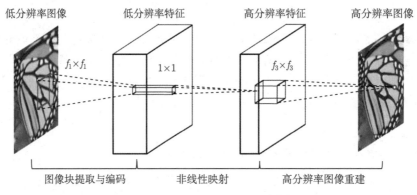

图 9-22　SRCNN 的框架示意图（基于论文[19]的插图重新绘制）

1) 图像块提取与编码：通过卷积核从低分辨率图像中提取重叠的图像块，并将每个图像块编码为一个高维向量，这些高维向量共同组成一组特征图。

2) 非线性映射：将每个高维向量非线性地映射到另一个高维向量上，每个向量在概念上是一个高分辨率图像块的高维表示，而这些向量共同组成了另一组特征图。

3) 高分辨率图像重建：将上述高分辨率图像块的高维表示聚合起来，生成最终的高分辨率图像。

总体而言，SRCNN[19] 通过端到端地学习低分辨率和高分辨率图像之间的映射实现图像超分辨率，并论述了深度卷积神经网络与传统的基于稀疏编码的图像超分辨率方法的对应关系，开启了图像超分辨率方法的新篇章。

9.4.2 基于生成对抗网络的方法

尽管使用卷积神经网络的单帧图像超分辨率方法在精度和速度方面取得了突破，但如何恢复更精细的纹理细节仍然是没有解决的。神经网络根据预先设定的损失函数进行优化，而之前的图像超分辨率工作的目标主要集中在最小化均方误差（Mean Square Error，MSE），致使其预测的高分辨率图像往往过于平滑而缺乏高频细节，且在视觉感知上不尽如人意。"Photo-realistic single image super-resolution using a generative adversarial network"[21] 一文发表于 CVPR 2017，提出了一种用于图像超分辨率的生成对抗网络 (Generative Adversarial Network, GAN, 10.3 节有进一步的补充阅读资料)，并提出使用一个由对抗性损失（adversarial loss）和内容损失（content loss）组成的感知损失（perceptual loss）函数对超分辨率网络进行训练，以恢复逼真的图像纹理。

SRGAN 的框架如图 9-23所示，其结构属于生成对抗网络，包括一个生成器 G（generator）和鉴别器 D（discriminator），其训练过程中便体现了对抗的思想：训练生成器的目的是使其生成的图像能够做到以假乱真"欺骗"鉴别器，而训练鉴别器的目的则是让其能够区分真实高分辨率图像和生成器生成的图像。二者是交替训练的，而网络训练的整体目的是使生成器学习到真实高分辨率图像的分布特征，从而生成与真实图像高度相似的图像以混淆鉴别器，进而实现图像超分辨率。SRGAN 使用的对抗损失定义为

$$l_{\mathrm{adv}} = \sum_{n=1}^{N} - \log D_{\theta_D} \left(G_{\theta_G} \left(\boldsymbol{I}^{\mathrm{LR}} \right) \right) \tag{9.22}$$

式中，θ_G 和 θ_D 分别表示生成器与鉴别器的网络参数；$D_{\theta_D} \left(G_{\theta_G} \left(\boldsymbol{I}^{\mathrm{LR}} \right) \right)$ 是指生成图像 $G_{\theta_G} \left(\boldsymbol{I}^{\mathrm{LR}} \right)$ 是真实图像的概率。此外，SRGAN 还使用特征空间的内容损失用于监督学习，即计算估计的高分辨率图像 $G_{\theta_G} \left(\boldsymbol{I}^{\mathrm{LR}} \right)$ 与真值 $\boldsymbol{I}^{\mathrm{HR}}$ 在通过 VGG-19 网络[22] 后得

到的特征的差异，使网络学习特征空间的相似性而非像使用 MSE 损失时一样学习像素空间内的相似性，从而使生成结果更接近视觉感知，提高结果的视觉质量。

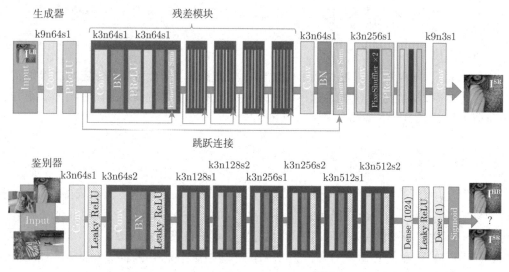

图 9-23   SRGAN 的框架示意图（基于论文[23]的插图重新绘制）

9.4.3   基于无监督学习的方法

随着深度学习的引入，图像超分辨率方法的性能得到了巨大的飞跃。然而，基于外部学习的神经网络的性能强烈依赖于选定的外部训练数据集。通常情况下，用于训练的"高分辨率–低分辨率"图像对是通过手工处理得到的（例如使用双三次插值方法进行降采样），由于低分辨率图像中没有自然噪声，因此即便是在训练集上表现优异的网络模型，在处理真实图像时也难以达到预期效果。如 9.3 节介绍的图像块重复性，低分辨率图像内部本身具有跨尺度的相似冗余信息，可以为超分辨率提供准确的上采样映射。在深度学习被引入到超分辨率任务之前，这类方法大多基于字典学习和稀疏表示等进行特征提取和映射学习。"Zero-shot super-resolution using deep internal learning"[23]一文发表于 CVPR 2018，提出了无监督的基于卷积神经网络的图像内部学习超分辨率算法。ZSSR 框架如图 9-24所示，相比于外部学习的方法，该论文利用单帧图像内部的跨尺度冗余信息，在测试时训练一个仅从输入图像本身提取的轻量级超分辨率网络。该网络可以应对非理想的测试图像，相比于基于外部学习的方法可以应对训练集中没有出现过的场景。测试时通过下采样测试图像来得到"低分辨率–高分辨率"图像对，并通过旋转和镜像翻转等方式进行数据增强，以得到更多的训练图像。测试结果显示，该方法在应对非理想图像时的性能优于基于外部学习的深度学习算法，也优于已有的基于内部图像块学习的非深度学习算法。

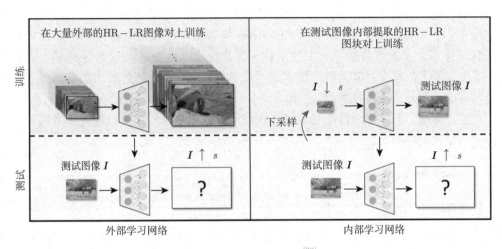

图 9-24 ZSSR 框架示意图（基于论文[23]的插图重新绘制）

9.5 本章小结

本章对图像超分辨率方法进行了简要分类与介绍，也回答了章首所提出的问题：

▌ 高分辨率图像与低分辨率图像间存在怎样的关联？

相机拍摄真实场景获得图像的过程，通常认为受到相机运动、镜头模糊、图像降采样及图像噪声等几项因素的影响，它们共同导致了最终获取的低分辨率图像中高频细节信息的丢失，从而降低了图像质量。

▌ 如何通过算法从低分辨率图像恢复高分辨率图像？

对于高分辨率图像的恢复，本章介绍了四类方法：基于子像素位移的多帧图像超分辨率方法、通过改进传感器构造实现超分辨率的方法、基于信号处理的单帧图像超分辨率方法和基于深度学习的单帧图像超分辨率方法。在实际应用时，应根据可获取的输入图像的数量和种类选择合适的超分辨率方法，以取得最佳效果。

▌ 是否可以通过改变传感器的像素结构实现超分辨率？

通过改变传感器的像素结构实现超分辨率是可行的，本章介绍了一些代表性方法：通过周期性地以子像素步长"抖动"相机传感器实现超分辨率重建[7]；通过将图像传感器的像素形状由常规的正方形更改为 Penrose 排布实现超分辨率重建[8-9]；通过理论分析子像素排布、子像素数量、放大倍率和子像素排布八元群的元素数等因素之间的关联，提出子像素数量少且放大倍率更大的子像素排布方式，让通过有限数量的图像来重建高倍率的超分辨率图像成为可能[10]。

至本书截稿，图像超分辨率领域仍有优质的工作不断涌现，感兴趣的读者可以参考其他学者整理的网络资源⊖。

9.6　本章课程实践

1. 多帧超分辨率方法的实现

使用基于子像素位移的多帧超分辨率方法（具体内容可参考 9.1 节），补全代码 `main.py`，生成高分辨率重建图像，如图 9-25所示。该任务包含以下 5 个部分。

原始高分辨率图像　　　　合成低分辨率图像　　　　重建高分辨率图像

图 9-25　超分辨率任务示例

1) 熟悉图像退化模型。参考 9.1 节，补全代码中`lr_generation()`函数，使用附件中的原始高分辨率图像合成退化后低分辨率图像（包含几何变换、图像模糊、降采样和图像噪声等退化步骤，可使用矩阵间的卷积替代矩阵与向量的乘法）。

2) 实现基于最大似然估计的求解方法。补全`grad_L1()`和`grad_L2()`函数，实现迭代过程中的梯度计算，补全`grad_desent()`函数，分别基于 $\mathcal{L}_1$ 范数和 $\mathcal{L}_2$ 范数实现高分辨率图像的优化求解；注意事项如下：

① 选取多帧图像中的第一帧作为基准，使用现有方法估计其他帧与其之间的相对运动（推荐使用 Lucas-Kanade 光流算法[24]，对应`cv2.calcOpticalFlowPyrLK()`函数）。

⊖　https://github.com/ChaofWang/Awesome-Super-Resolution。

② 图像模糊与降采样方式可与数据合成时一致。

3) 实现基于最大后验概率估计的求解方法。补全grad_TV()和grad_BTV()函数，基于 $\mathcal{L}_1$ 范数，分别使用全变分和双边全变分正则项实现高分辨率图像的优化求解。

4) 基于上述高分辨率图像重建的实验效果，对比不同优化求解方法类型、不同范数和不同正则项的重建效果，并简要分析重建结果差异的原因。

5) 选定一种优化方案，探究图像退化程度对于重建效果的影响，例如不同图像模糊程度、不同图像噪声类型的影响。

2. 利用深度学习的单帧超分辨率方法实现

从以下两篇论文任选其一：

(1) LapSRN[25]○

(2) RCAN[26]○

完成如下任务：

阅读论文，使用任务 1 的合成数据进行测试，并与基于多帧图像的方法进行对比。此外，使用手机或相机拍摄 5 组真实数据进行测试，根据测试结果指出深度学习方法存在的不足。

附件说明

从链接○中下载附件，附件包含了 Python 代码的基础模板以及用于数据合成的原始高分辨率图像，详见 README 文件。

本章参考文献

[1]　FARSIU S, ROBINSON M D, ELAD M, et al. Fast and robust multiframe super resolution [J]. IEEE Transactions on Image Processing, 2004, 13(10): 1327-1344.

[2]　ELAD M, FEUER A. Restoration of a single superresolution image from several blurred, noisy, and undersampled measured images[J]. IEEE Transactions on Image Processing, 1997, 6(12): 1646-1658.

[3]　NGUYEN N, MILANFAR P, GOLUB G. A computationally efficient superresolution image reconstruction algorithm[J]. IEEE Transactions on Image Processing, 2001, 10(4): 573-583.

[4]　RUDIN L I, OSHER S, FATEMI E. Nonlinear total variation based noise removal algorithms[J]. Physica D: Nonlinear Phenomena, 1992, 60(1-4): 259-268.

○　非官方 PyTorch 实现：https://github.com/twtygqyy/pytorch-LapSRN。

○　官方实现：https://github.com/yulunzhang/RCAN。

○　附件：https://github.com/PKU-CameraLab/TextBook。

[5] CHAN T F, OSHER S, SHEN J. The digital TV filter and nonlinear denoising[J]. IEEE Transactions on Image Processing, 2001, 10(2): 231-241.

[6] LI Y, SANTOSA F. A computational algorithm for minimizing total variation in image restoration[J]. IEEE Transactions on Image Processing, 1996, 5(6): 987-995.

[7] BEN-EZRA M, ZOMET A, NAYAR S K. Jitter camera: high resolution video from a low resolution detector[C]//Proc. of IEEE Conference on Computer Vision and Pattern Recognition. Washington, United States: IEEE, 2004.

[8] BEN-EZRA M, LIN Z, WILBURN B. Penrose pixels super-resolution in the detector layout domain[C]//Proc. of IEEE International Conference on Computer Vision. Rio de Janeiro, Brazil: IEEE, 2007.

[9] BEN-EZRA M, LIN Z, WILBURN B, et al. Penrose pixels for super-resolution[J]. IEEE Transactions on Pattern Analysis and Machine Intelligence, 2011, 33(7): 1370-1383.

[10] SHI B, ZHAO H, BEN-EZRA M, et al. Sub-pixel layout for super-resolution with images in the octic group[C]//Proc. of European Conference on Computer Vision. Zürich, Switzerland: Springer, 2014.

[11] CAPEL D, ZISSERMAN A. Super-resolution enhancement of text image sequences[C]// Proc. of International Conference on Pattern Recognition. Barcelona, Spain: IEEE, 2000.

[12] IRANI M, PELEG S. Improving resolution by image registration[J]. Graphical Models and Image Processing, 1991, 53(3): 231-239.

[13] BAKER S, KANADE T. Limits on super-resolution and how to break them[J]. IEEE Transactions on Pattern Analysis and Machine Intelligence, 2002, 24(9): 1167-1183.

[14] BURKE B E, TONRY J, COOPER M, et al. The orthogonal-transfer array: a new CCD architecture for astronomy[J]. Optical and Infrared Detectors for Astronomy, 2004, 5499: 185-192.

[15] GLASNER D, BAGON S, IRANI M. Super-resolution from a single image[C]//Proc. of IEEE International Conference on Computer Vision. Kyoto, Japan: IEEE, 2009.

[16] SUN J, XU Z, SHUM H Y. Gradient profile prior and its applications in image superresolution and enhancement[J]. IEEE Transactions on Image Processing, 2010, 20(6): 1529-1542.

[17] SONG Q, XIONG R, LIU D, et al. Fast image super-resolution via local adaptive gradient field sharpening transform[J]. IEEE Transactions on Image Processing, 2018, 27(4): 1966-1980.

[18] FREEMAN W T, JONES T R, PASZTOR E C. Example-based super-resolution[J]. IEEE Computer Graphics and Applications, 2002, 22(2): 56-65.

[19] DONG C, LOY C C, HE K, et al. Learning a deep convolutional network for image superresolution[C]//Proc. of European Conference on Computer Vision. Zürich, Switzerland: Springer, 2014.

[20] YANG J, WRIGHT J, HUANG T S, et al. Image super-resolution via sparse representation [J]. IEEE Transactions on Image Processing, 2010, 19(11): 2861-2873.

[21]   LEDIG C, THEIS L, HUSZÁR F, et al. Photo-realistic single image super-resolution using a generative adversarial network[C]//Proc. of IEEE Conference on Computer Vision and Pattern Recognition. Honolulu, Hawaii: IEEE, 2017.

[22]   SIMONYAN K, ZISSERMAN A. Very deep convolutional networks for large-scale image recognition[C]//Proc. of International Conference on Learning Representations. San Diego, California: Computational and Biological Learning Society, 2015.

[23]   SHOCHER A, COHEN N, IRANI M. Zero-shot super-resolution using deep internal learning[C]//Proc. of IEEE/CVF Conference on Computer Vision and Pattern Recognition. Salt Lake City, Utah: IEEE, 2018.

[24]   LUCAS B D, KANADE T. An iterative image registration technique with an application to stereo vision[C]//Proc. of International Joint Conferences on Artificial Intelligence Organization. Vancouver, Canada: International Joint Conferences on Artificial Intelligence Organization, 1981.

[25]   LAI W S, HUANG J B, AHUJA N, et al. Deep Laplacian pyramid networks for fast and accurate super-resolution[C]//Proc. of IEEE Conference on Computer Vision and Pattern Recognition. Honolulu, Hawaii: IEEE, 2017.

[26]   ZHANG Y, LI K, LI K, et al. Image super-resolution using very deep residual channel attention networks[C]//Proc. of European Conference on Computer Vision. Munich, Germany: Springer, 2018.

第 10 章

去模糊

图像模糊（blur）是日常拍照中常见的问题。镜头的缺陷、相机的抖动、场景的运动以及景深的限制都可能会导致图像模糊的产生，且不同的原因所导致图像模糊的程度不相同，不同的模糊种类及其应对方法如图 10-1 所示。本章将从传统摄像和计算摄像两个角度，分别介绍从模糊图像复原出清晰图像的方法，并进一步介绍利用深度学习方法去模糊的技术，从而回答如下几个问题：

如何建模图像模糊的产生过程？

不同的图像模糊场景下应该使用何种恢复算法？

如何通过硬件的改变实现从模糊图像恢复清晰图像，提升拍摄体验？

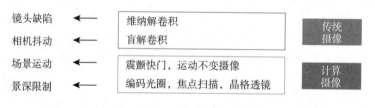

图 10-1　不同的模糊种类及其应对方法

10.1　基于传统摄像的方法

10.1.1　应对镜头缺陷带来的模糊

在第 4 章中介绍相机成像模型时提到，理想的镜头成像时，对焦平面上的一个物点会投影为成像平面上一个像点；但是在现实中，镜头存在一些固有缺陷，主要分为像差（aberration）和衍射（diffraction）两类。像差又可以分为因不同光线的折射率差异导致的色差（chromatic aberration）和凸透镜的性质差异导致的球差（spherical aberration）；而衍射是光的波动性所导致的，光线在经过圆形口径后，并不会汇聚成绝对的点。像差和衍射都会使一个物点在成像平面上投影为一个光斑。在现代数码相机的镜头模组中,像差可以通过不同镜头之间的组合得到一定程度的改善。而衍射是光的物理特性所导致的,从而使得相机直接拍摄图像永远不可能实现"完美"的清晰。

因为镜头本身缺陷所导致的图像模糊,可以通过点扩散函数(Point Spread Function, PSF)来描述,点扩散函数因此也被称为模糊核(blur kernel),它将镜头的聚焦效果转换为一个低通滤波器。在第 3 章介绍相机模型时提及,如果只考虑光的衍射所带来的影响,点扩散函数会呈现形成明暗相间、距离不等的同心圆光斑,其中中央斑最大,集中了 84% 的能量,可以看作衍射扩散的主要部分,被称为艾里斑(Airy disc)。这种因为衍射形成的点扩散函数称为衍射极限点扩散函数(diffraction-limited PSF)。如果对点扩散函数进行傅里叶变换,可以得到镜头的光学传递函数(Optical Transfer Function, OTF),在物理上等效于光圈的形状。一种常见的点扩散函数及其光学传递函数如图 10-2所示。

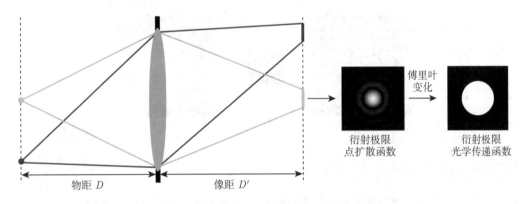

图 10-2　镜头缺陷导致图像模糊

如图 10-3所示,镜头可视作一个光学的低通滤波器,假设有一个理想镜头,不受衍射的影响,用它所成的像为 x,而实际镜头的点扩散函数为 c,实际镜头的成像是 b,那么这三者之间的关系可以通过卷积来实现:

$$b = x * c \tag{10.1}$$

式中,$*$ 表示卷积操作。容易观察到,当镜头的点扩散函数和实际模糊图像已知时,可以通过解卷积的方法来恢复清晰的图像 x。由数字信号处理的基本知识可知,空域上的卷积操作等效于频域上的乘法操作:

$$F(b) = F(x) \cdot F(c) \tag{10.2}$$

式中,$F(\cdot)$ 表示傅里叶变换。所以可在频域做除法再转换回空域,即恢复出清晰图像 x_{est}:

$$\boldsymbol{x}_{\mathrm{est}} = F^{-1}\left(F(\boldsymbol{b})/F(\boldsymbol{c})\right) \tag{10.3}$$

式中，$F^{-1}(\cdot)$ 表示傅里叶逆变换。上述过程被称为解卷积（deconvolution）。但是观察图 10-2 容易发现，光学传递函数是低通滤波器，其在高频部分值接近 0，而在实际的成像系统中，应考虑噪声 $\boldsymbol{n}$ 的干扰：

$$\boldsymbol{b} = \boldsymbol{x} * \boldsymbol{c} + \boldsymbol{n} \tag{10.4}$$

若最后所拍得照片中含有噪声，当在频域进行除法操作时，会放大系统中高频部分的噪声干扰。朴素解卷积和维纳解卷积效果对比如图 10-4 所示，即使仅加入微小的噪声干扰（方差为 0.05 的高斯噪声），使用朴素解卷积（naive deconvolution）操作所得为一张几乎全部被噪声覆盖的图像。

理想拍摄图像　　　　点扩散函数　　　　实际拍摄图像

图 10-3　镜头可视作一个光学的低通滤波器

模糊图像　　　　　朴素解卷积　　　　　维纳解卷积

图 10-4　朴素解卷积和维纳解卷积效果对比

为了降低系统噪声对于解卷积的干扰，图像处理领域对此进行了大量的研究，这类已知模糊图像 $\boldsymbol{b}$ 和成像系统的点扩散函数，恢复求解原始清晰图像的过程叫作非盲解卷积（non-blind deconvolution），其中最为经典的方法是于 1942 年发表的维纳解卷积（Wiener deconvolution）。它把图像和噪声都建模为随机过程，并将非盲解卷积的问题

看作是一个最大似然问题去求解，最后恢复图像结果为

$$x_{\text{est}} = F^{-1}\left(\frac{|F(c)|^2}{|F(c)|^2 + 1/\text{SNR}(\omega)} \cdot \frac{F(b)}{F(c)} \right) \tag{10.5}$$

其中包含了一个关键的噪声相关的阻尼因子 $|F(c)|^2/(|F(c)|^2 + 1/\text{SNR}(\omega))$，分母中有一项 $\text{SNR}(\omega)$，它是值在频率 ω 的信噪比（Signal-to-Noise Ratio，SNR）。

　　容易观察到，当信噪比很高（噪声很小）时，最终恢复的图像接近于在频域直接进行除法操作，当信噪比很低（噪声很大）时，最终的结果接近于 0。对于自然图像，一般认为其功率谱与 $1/\omega^2$ 线性相关，同时一般假设噪声是白噪声，其功率谱（power spectrum）是与频率无关的常量，那么一般 $\text{SNR}(\omega) = 1/\omega^2$，这样维纳解卷积可以简化为

$$x_{\text{est}} = F^{-1}\left(\frac{|F(c)|^2}{|F(c)|^2 + \omega^2} \cdot \frac{F(b)}{F(c)} \right) \tag{10.6}$$

如图 10-4所示，利用维纳解卷积能够有效克服噪声对于图像恢复的干扰，即使在不同程度的高斯噪声干扰下，维纳解卷积都能恢复得到合理的结果。但是如果图像中噪声程度较大，最终所恢复的图像的噪声也随之增大。

　　维纳解卷积推导：　对于带噪声图像去模糊，首先将式 (10.4) 做傅里叶变换可以得到：

$$B = C \cdot X + N \tag{10.7}$$

现在将解卷积的问题看作是一个最大似然问题，即寻找一个频域函数 $H(\omega)$，目标转换为最小化以下误差：

$$\min_{H} \mathbb{E}[\|X - H\tilde{B}\|^2] \tag{10.8}$$

将 B 代入式 (10.8) 可以将其转换为

$$\min_{H} \mathbb{E}[\|(1 - HC)X - HN\|^2] \tag{10.9}$$

展开式 (10.9) 可得：

$$\min_{H} \|1 - HC\|^2 \mathbb{E}[\|X\|^2] - 2(1 - HC)\mathbb{E}[XN] + \|H\|^2 \mathbb{E}[\|N\|^2] \tag{10.10}$$

因为随机噪声 N 和图像 X 不相关，所以有 $\mathbb{E}[XN] = \mathbb{E}[X]\mathbb{E}[N]$，同时噪声均值为 0，所以有 $\mathbb{E}[XN] = 0$，这样就可以将式 (10.10) 写为

$$\min_{\boldsymbol{H}} \|1 - \boldsymbol{HC}\|^2 \mathbb{E}[\|\boldsymbol{X}\|^2] + \|\boldsymbol{H}\|^2 \mathbb{E}[\|\boldsymbol{N}\|^2] \tag{10.11}$$

求解上述目标函数的最小化问题，可以通过导函数得到极值点，所以对式 (10.11) 求梯度并设为 0：

$$2\boldsymbol{C}(1 - \boldsymbol{HC})\mathbb{E}[\|\boldsymbol{X}\|^2] + 2\boldsymbol{H}\mathbb{E}[\|\boldsymbol{N}\|^2] = 0 \tag{10.12}$$

可求得极值点：

$$\begin{aligned}
\boldsymbol{H} &= \frac{\boldsymbol{C}\mathbb{E}[\|\boldsymbol{X}\|^2]}{\boldsymbol{C}^2\mathbb{E}[\|\boldsymbol{X}\|^2] + \mathbb{E}[\|\boldsymbol{N}\|^2]} \\
&= \frac{\boldsymbol{C}}{\boldsymbol{C}^2 + 1/\mathrm{SNR}(\omega)}
\end{aligned} \tag{10.13}$$

最后，维纳解卷积为 $F^{-1}(\boldsymbol{HB})$，推导完毕。

对于自然图像以及白噪声，可以在空域上求解下面的最小化问题：

$$\min_{\boldsymbol{x}} \|\boldsymbol{b} - \boldsymbol{c} * \boldsymbol{x}\|^2 + \|\boldsymbol{\nabla x}\|^2 \tag{10.14}$$

式 (10.14) 中的第一项描述了清晰图像和模糊图像之间的关系，而第二项则使用了 $\mathcal{L}_2$ 范数进行梯度正则化，用于惩罚过大的梯度信息；由于一般来说噪声会带来大的梯度，因此第二项就含有降噪的功效。对于式 (10.14) 可以将其变换到频域空间，然后重复式 (10.7)~式 (10.13) 的推导过程，可以对其进行证明，具体步骤限于篇幅，此处不再赘述。对于第二项的梯度正则化，也可以使用其他的范数，如 $\mathcal{L}_1$ 范数、$\mathcal{L}_{0.8}$ 范数进行替代，不同范数求解式 (10.14) 优化的结果举例如图 10-5 所示。

模糊图像　　　　　　　$\mathcal{L}_2$范数正则项　　　　　　　$\mathcal{L}_{0.8}$范数正则项

图 10-5　不同范数正则项求解图像（基于论文[1]的插图重新绘制）

需要注意的是，如本书 2.3 节所述，相机所拍摄的图像需要经过 ISP，大多数情况下拍摄者可以访问到的是 PNG 或者 JPEG 格式的图像。这就产生了一个问题：

▌ 能够直接对 PNG 或者 JPEG 格式的图像做解卷积吗？

由于 PNG 或者 JPEG 格式的图像不是线性的图像，而本章截至目前所做推导都是基于线性图像所得，所以需要对其做线性化（利用 2.3 节的 RAW 图像或 6.1 节的相机辐射响应标定），才能进行解卷积。图 10-6 为非线性解卷积导致问题，给出了一个对非线性图像不做线性化处理而是直接解卷积产生鬼影效应的例子。

模糊图像　　　　　　非线性图像解卷积　　　　　　线性图像解卷积

图 10-6　非线性解卷积导致问题

10.1.2　应对相机抖动带来的模糊

不同镜头的点扩散函数可以通过标定获得，但是在日常的摄影中，很难提前获得镜头的点扩散函数，这种情况下去模糊的目标就转变为在不知道点扩散函数的情况下，从一张模糊图像恢复出清晰图像，其过程被称为盲解卷积（blind deconvolution）。"Removing camera shake from a single photograph"[2] 一文发表于 SIGGRAPH 2006，以下将以此为例对盲解卷积的原理进行阐述。

盲解卷积问题是一个不适定问题，例如给定一张模糊图像，其所对应的清晰图像和模糊核的组合存在无数种可能的组合。为解决此类不适定问题，通常需要引入图像的先验信息。在盲解卷积问题中，存在对于清晰图像和模糊核的两个重要先验信息：

1) 如图 10-7 所示，在大量图像的统计规律下，自然图像梯度通常符合长尾（heavy-tail）的分布形态。直观上讲，一张清晰图像里面有很多平滑的区域且噪声较低，所以梯度接近 0 的像素还是占大多数。但是由于图像清晰，所以物体的边界比较明显，进而还是有很多像素的梯度较大，因此这种梯度的分布呈现出图 10-7 所示的形状。而对于模糊图像，其绝大多数的边缘较为平滑，所以更多像素的梯度趋于 0，因此其梯度直方图就会发生变化，从而不再符合长尾分布。

2) 若图像的模糊是由相机运动导致，则模糊核应具有稀疏、连续以及非负等特性。

为了问题的简化，可以认为噪声均为零均值高斯噪声。于是可以将盲解卷积问题转为如下的优化问题：

$$\min_{x,b} \|b - c * x\|^2 + \|\nabla x\|^{0.8} + \|c\|_1 \tag{10.15}$$

在式 (10.15) 中，第一项是对于解卷积问题的建模，第二项是由于自然图像的长尾分布而产生的约束，第三项是模糊核的稀疏非负产生的约束。但是需要注意的是这个优化问题比较复杂，很难通过最小二乘等简单的优化方法来解决。作者尝试了用求最大后验概率问题的方法来求解出模糊核和清晰图像。由于卷积核的估计先验约束比较弱，当卷积核符合式 (10.15) 的假设时，能够获得较好的去模糊效果。但是当卷积核的形状较为复杂，如图 10-8 所示，通过求解用求最大后验概率去模糊，最终所得图像质量并不好，仔细观察模糊核的预测结果，可以发现它并不是连续的，导致最终的结果并不令人满意。

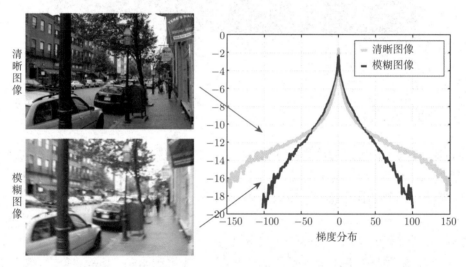

图 10-7 自然图像的长尾分布（基于论文[2]的插图重新绘制）

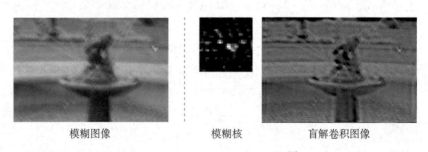

图 10-8 求解最大后验概率失败结果（基于论文[2]的插图重新绘制）

上述问题可以解释为求解最大后验概率目标函数会尝试让所有像素的梯度都最小化[3]，而实际的自然图像中包含有大量高梯度的区域。例如冲激函数（delta function）卷积原始模糊图像也是一个合理的解，这就导致最终所得到的卷积核不如预期。为了解决这个问题，Fergus 等人[2] 使用变分贝叶斯（variational Bayesian）方法来近似后验概率的表示和求取，后续也有研究使用由粗到细（coarse-to-fine）的多尺度策略等。这曾经是一个很热门的研究领域，但是随着后续深度学习方法的提出，对于盲解卷积问题，目前更为普遍的做法是利用神经网络通过数据驱动所学习到的先验信息来恢复清晰图像。

10.2 基于计算摄像的方法

到目前为止，已经介绍了对于普通图像，可以通过解卷积或者盲解卷积将模糊的图像转变为清晰的图像，通过这两类方法可以解决镜头缺陷和相机抖动所导致的图像模糊，这两类场景都具有全局一致（spatially-uniform）的模糊核。但是这两类方法还无法解决景深限制和场景运动所带来的图像模糊，因为上述两个场景下，图像的模糊核是全局不一致的，或者说是空间可变（spatially-variant）的。所以下面将介绍通过编码摄像（coded photography）的方法来解决这两类图像模糊的技术。

首先介绍编码摄像这个概念，在正常拍摄中，通过镜头组来拍摄得到 RAW 图像，之后将所得到的 RAW 图像信号通过 ISP 处理得到最终图像。而编码摄像，如图 10-9所示，将镜头扩展为广义镜头（generalized optics），将所得 RAW 扩展为对于真实世界编码的某一种编码——广义编码（coded representation），将 ISP 处理单元扩展为广义计算单元（generalized computation），这就是一个编码摄像的基础框架。

ISP 流程中的图像去马赛克（2.3.2 节）和光场相机（5.2 节）都可以视为两种编码摄像的例子。对于图像去马赛克，广义镜头为有 CFA 的镜头模组，将对于真实世界的编码设定为带有马赛克模式的图像信号，广义的计算单元就是去马赛克单元，最终解码得到彩色图像。而对于光场相机，广义镜头是光场相机的镜头模组，对于真实世界编码为光场信号，而广义计算单元则是将光场信号渲染为多视角的图像或者重对焦图像。编码摄像的核心是搭建特定的镜头、编码和计算的组合，在数据采集端引入不同于传统相机的模块，达到对于特定信息的保留或者分离，并配合相应的计算摄像算法，最终得到所需要的图像。

10.2.1 应对景深限制带来的模糊

在 4.2 节中，讲述了由于场景深度的变化，当物体处于对焦平面之外的时候，会出现失焦模糊。不同于镜头缺陷或者相机抖动而产生的模糊，失焦模糊的模糊核会随着场景深度的变化而发生改变，所以不能通过直接对于整张图像使用同一个模糊核进行解卷积。同时失焦模糊的模糊核同光圈的形状高度相关，一个直接想法是可以标定出不同深度下对应的模糊核，然后对于图像中的每一个区域通过不同深度下的模糊核进行解卷积，选择在正确的尺度下解卷积的图片进行拼接，从而实现失焦模糊的去除；同时在这个过程中，通过所选择的点扩散函数对应的深度，可以得到物体所处的深度，即场景的深度图，从而可以实现图像的重对焦。但是上述简单的方法存在问题：当用不同尺度的卷积核解卷积后，很多时候很难分清楚哪个更清晰，特别是与正确尺度相近的卷积核的解卷积结果很难和正确尺寸的结果相区分，这导致很难为每个区域都选择出正确的卷积核。

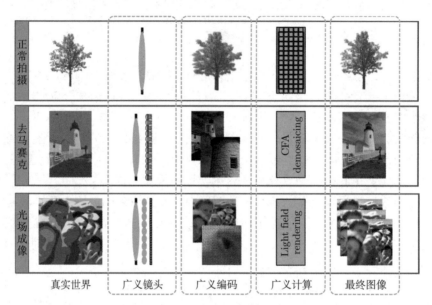

图 10-9　编码摄像（基于 CMU 15-463[4] 课程讲义插图重新绘制）

1. 编码光圈

为解决这个问题，可以通过编码摄像的思想，通过改变光圈的形状，让最终解卷积的图像区分度更明显，这种方法被称为编码光圈（coded aperture）[1]。不同尺度点扩散函数利用普通光圈和编码光圈解卷积结果对比如图 10-10 所示，相较于普通光圈解卷积所得图像，对于光圈添加掩模后，模糊核尺度的差异对最终结果的影响更显著。

在镜头的光圈后添加掩模，等同于修改了光圈的点扩散函数，而编码光圈的点扩散函数相较于普通光圈的点扩散函数保留了更多的高频信息，而这些高频信息有助于在解卷积时选择正确的模糊核尺度。编码光圈和普通光圈去模糊结果对比如图 10-11 所示，在对于光圈进行修改之后，最终解卷积恢复出来的图像更加清晰，振铃效应（ringing artifacts）也得到了有效缓解。但是引入掩模同时也减少了进光量，一定程度上会影响图像的质量（尤其是暗光情况下，噪声会更加明显）；并且编码光圈的频谱相较于正常镜头光圈有更多零点，这使得解卷积变得更为困难；同时在光圈进行编码之后仍然需要标定不同深度的模糊核，最后仍然需要选择合适的尺度下的模糊核进行解卷积操作。

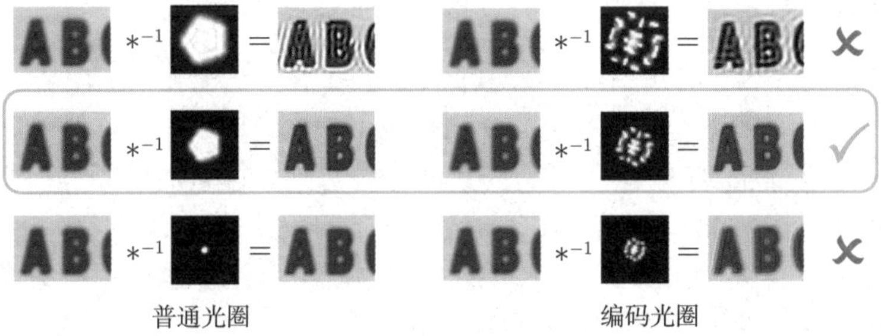

普通光圈　　　　　　　　　　　编码光圈

图 10-10　不同尺度点扩散函数利用普通光圈和编码光圈解卷积结果对比（基于论文[1] 的插图重新绘制）

普通光圈解卷积结果　　　　　　　　　　　编码光圈解卷积结果

图 10-11　编码光圈和普通光圈去模糊结果对比（基于论文[1] 的插图重新绘制）

拓展阅读：振铃效应

　　振铃效应是一种出现在信号转换时附加在转换边缘上导致失真的信号。在图像恢复领域中，振铃效应会导致出现在边缘附近的环带或像是"鬼影"的环状伪影；使用"振铃"一词则是因为输出信号在输入信号快速转换的边缘附近出现有一定衰减速度的振荡，这个现象相似于钟被敲击之后发出声音的过程。而根本原因是理想低通滤波器在频率域的形状为矩形，那么其傅里叶逆变换在时间域为 sinc 函数，就会引发振铃效应。所以在拍摄图像的时候，通过改变编码方式进而改变模糊核形状成为一个关键的问题，也成为在滤波器设计中很重要的一项指标，如图 10-10所示，当使用尺度不匹配的卷积核解卷积时，所得图像产生振铃效应，由此可以有效找到对应深度的卷积核。

2. 焦点扫描

▋ 有没有方法能够使全局的模糊核形状和尺度变得一致？

为了解决这个问题，焦点扫描（focal sweep）技术 [5-6] 被提出。在某一对焦深度下，不同物体因为所处深度不同，其对应的模糊核也不相同，如果在一次曝光时间内将所有可能的对焦平面进行连续扫描，这样所得到图像中每一个像素的模糊程度都可以用同一个点扩散函数来描述，如此便可利用之前所述基础的解卷积应用到整张图像上。这个点扩散函数被称为有效点扩散函数（effective PSF），可以将它看作不同深度下点扩散函数的平均，在该函数作用下所得图像具有如下性质：

1) 深度无关：图像中所有像素点的模糊程度相同，与其所处深度无关。

2) 无清晰点：图像中任意一个像素点均有失焦模糊，不存在对焦清晰的像素点。

使用实际相机拍摄不同深度的点可以测量普通相机的点扩散函数以及焦点扫描相机的有效点扩散函数，不同深度点扩散函数对比如图 10-12所示，可以观察到对普通相机标定得到的点扩散函数随深度变化而变化，而焦点扫描相机在不同距离、不同空间位置的有效点扩散函数几乎都是同样的形状和尺度。通过焦点扫描技术拍摄图像并解卷积去模糊得到的恢复结果如图 10-13所示，可以看出正常相机在一个中等光圈大小下的景深有限，但是通过减小光圈大小可以实现更大的景深，从而减少对焦模糊。但是这样会带来进光量减少的问题，从而使得图像中噪声干扰较大；而利用焦点扫描技术，可以在保持图像进光量的同时实现更大的图像景深。

焦点扫描技术需要移动传感器平面或通过在曝光时间段内平稳转动对焦环来实现，使得拍摄的难度增加的同时，也可能带来相机抖动而引入运动模糊。并且拍摄过程中需要保持焦点扫描的速度不变，否则无法确保模糊核全局一致。不仅如此，在此过程中场景的深度信息也会丢失。所以为了进一步解决焦点扫描所带来的问题，除却改变镜头的对焦位置还可以改变镜头模组组成，在此介绍两种方法：一是波前编码（wavefront coding），二是晶格透镜（lattice lens）。

3. 波前编码

波前是一种波面或者说是波阵面（wave surface），它是波源发出的振动在介质中传播经相同时间所到达的各点组成的面。同一波阵面上各点的振动相位相同。通常把波动过程中，介质中振动相位相同的点连成的面称为波阵面，把波阵面中"走"在最前面的那个波阵面称为波前。由于波面上各点的相位相同，所以波面是同相面（in-phase plane）。波前编码则是把普通镜头换成相位板（phase-plate），光线通过相位板后不再像通过普通镜头一样汇聚到一点上，而是会均匀地散布，这样使得不同物距的点扩散函数接近一致，进而获取的原始图像是均匀模糊的。那么接下来就可以运用解卷积方法对原始图像进行处理，从而得到清晰的图像了。

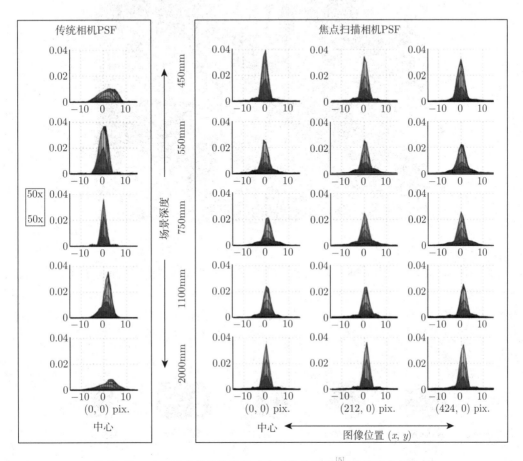

图 10-12　不同深度点扩散函数对比（基于论文[5]的插图重新绘制）

4. 晶格透镜

　　晶格透镜是在主镜头之前增加一组不同焦距的镜头片段，这些不同镜头片段被称为晶格。当增加晶格的数量时，每次拍摄就能覆盖到更多的深度。简单来说，就是在普通镜头对焦之外，额外增加了一次在不同深度对焦的拍摄，这样可以使得整个光学系统的有效点扩散函数或光学传递函数保留更多信息，从而帮助解卷积的方法恢复出更加清晰的图像。需要注意的是，晶格透镜拍摄图像时，不同深度下的点扩散函数是不相同的，需要提前对齐进行标定。基于同样的原因，晶格透镜的成像结果还可以用来估算场景的相对深度。

图 10-13　焦点扫描恢复结果（基于论文[5]的插图重新绘制）

　　图 10-14展示各方法下准确对焦和严重失焦（物距远离对焦平面）拍摄结果比较，可以发现焦点扫描、波前编码和晶格透镜这三种方法都对物距不敏感，对焦在不同深度所成图像的失焦程度是相似的，但是普通相机在严重失焦下图像模糊严重，难以重建恢复。而且晶格透镜在这几者中成像最清晰，因此再采用解卷积技术进行图像重建时能得到最清晰的像。

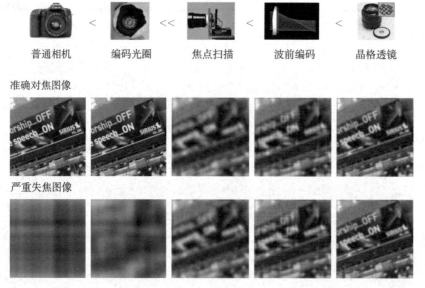

图 10-14　各方法下准确对焦和严重失焦拍摄结果比较（基于论文[7]的插图重新绘制）

总的来说，去除失焦模糊主要有两种方法：

1) 拍摄全局一致的模糊，如焦点扫描、波前编码，这种方法可以基于拍摄到的全局一致的模糊，仅通过一次统一的解卷积操作得到清晰图像，不需要提前标定不同深度下的点扩散函数，但是会丢失深度信息。

2) 实现更有效的解卷积，如编码光圈、晶格透镜，也就是不同深度的图像必须用对应深度下的点扩散函数解卷积才能获得清晰图像，其他深度下的点扩散函数都不能恢复出清晰图像，这种方式需要标定采样不同深度下的点扩散函数，但是这样也能够同时估计出场景的相对深度信息。

这两类方法各有优劣，但共同的特点都是需要特殊光学硬件的支持，并且在图像拍摄的过程中引入了编码和计算的过程，改变了所成像的某些特性，最终实现失焦模糊的去除。这些方法虽然都有各自的局限性，但是都达到了获取全对焦图像的目的。

10.2.2　应对场景运动带来的模糊

当拍摄高速运行的车辆、空中翱翔的鸟儿时，即使努力做好对焦、努力防止相机抖动，仍然会因为场景运动而出现图像模糊。对于这样的场景，所拍摄图像的背景可能是清晰的，而运动部分是模糊的。一种直观的思路是使用维纳解卷积等方法仅对模糊部分进行解卷积而保持清晰的部分不变，但是运动模糊相比较之前所提及的三种模糊类型，它具有一些不同的特性：

1) 较难获取到准确的模糊核，因为模糊核同运动物体的景深以及其运动的速度和方向均有关系。

2) 场景中的各个物体有不同的运动方向和速度，还可能有固定的背景，所以需要把需要恢复的物体分割出来，而这本来就是一个困难的问题。

3) 运动模糊核丢失了较多的高频信息，解卷积技术就会面临严重的信噪比低的问题。

参照上一小节介绍的应对失焦模糊的思路，对于运动模糊，同样可以考虑如何改变卷积核的形态，使得解卷积操作更加可行；此外还可以考虑如何将全局不一致的模糊核改变为全局一致的模糊核，使其与物体的运动无关，这样就可以对整张图执行相同的解卷积操作。

1. 震颤快门

"Coded exposure photography: motion deblurring using fluttered shutter"[8] 一文发表于 SIGGRAPH 2006，类似于编码光圈的思路，提出了震颤快门（flutter shutter）技术，它通过在曝光时间内对快门进行不同时间段下的快速交替开与关，即所谓"震颤"的技术，实现了对于卷积核的形态改变，增加了解卷积操作的可行性。对于匀速直线运动导致的图像模糊，其模糊相当于对图像做一个一维的盒式滤波（box filter）操作，而这个卷积核的傅里叶变换（即光学传递函数，OTF）如图 10-15 所示，它实际上是一个 sinc 函数，可以看到这里有一些值接近零的点。于是当直接对其使用解卷积技术尝试恢复清晰图像时，会因为 OTF 的大量零点而出现大量的噪声，最终结果信噪比极低。因为运动模糊核的特性，使得较多的频域信息损失掉了，所以难以准确地恢复出原始信号。

　　震颤快门技术可以有效地减少频域信息的损失。用这种技术拍出来的图像虽然依旧是模糊的，但这种模糊里面却有效保留了尽可能多的频域信息，震颤快门技术同正常曝光的原理与去模糊效果对比如图 10-15 所示，通过震颤快门技术，图像的模糊核在频域上的零点显著减少，所以这种情况下拍摄的图像的模糊形态和普通相机并不相同，进而使用解卷积算法对其进行去模糊时，就可以得到比较清晰的、信噪比较高的图像。

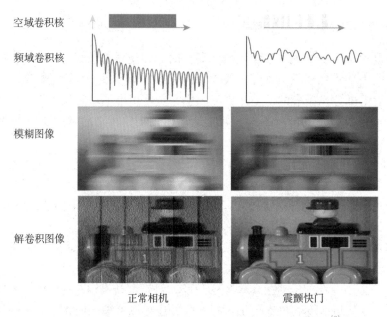

图 10-15　震颤快门技术同正常曝光的原理与去模糊效果对比（基于论文[8]的插图重新绘制）

　　虽然震颤快门技术让卷积核可逆，从而使得解卷积所得图像的质量更高，但是因为频繁开关快门也引入了额外的机械运动；此外，即使利用文中作者提出的拍摄方法，在一段曝光时间内开关快门 26 次，也意味着损失了一半的进光量。并且通过这样的方法没有在本质上改变盲估计卷积核的不适定性，它和物体的运动速度、物体的深度都息息相关。并且因为解卷积只能应用于模糊的物体，需要首先将其从固定的背景中分割出来，而不能进行一个全局的解卷积操作。

2. 抛物线扫描

"Motion-invariant photography"[9] 一文发表于 SIGGRAPH 2008，类似于焦点扫描的思想，提出了抛物线扫描（parabolic sweep）方法，将与速度相关的卷积核改变为速度无关的卷积核。通过引入相机的运动，使得全局的运动模糊核一致，从而可以更加容易地进行解卷积操作。

正如上面所说，抛物线扫描技术引入的思路是通过将整个图像的模糊程度变均匀，使之与物体的远近、运动速度等都不相关，这样就可以用简单的解卷积算法来使得图像变清晰。其基本假设是目标物体只做一维方向的运动，比如水平运动。算法最为关键的是要去控制相机的运动，从而控制图像的模糊。

类比焦点扫描技术，通过抛物线扫描技术，相机通过一个线性变化的加速度变化，均匀"扫描"所有的速度，也就是所有的速度变化都被考虑其中。通过这样的方法使得场景中运动的物体变模糊的同时，也使得静止的物体变模糊了。但是这样的模糊对于图像中的任意一点都是一致的，所以可以通过对于整张图像解卷积，从而恢复出清晰图像。当然如果实际运动和假设的直线运动有差异，解卷积所得到的图像也会有明显的鬼影，例如当相机的抛物线运动是水平方向的，那它能够处理水平方向的运动，但是很难处理垂直方向的运动。

为了实现的便利性，该论文实现的原型系统是通过外接机械装置来完成的，抛物线扫描技术硬件实现如图 10-16所示，使用了变径齿轮加连杆使得相机在一个旋转平台上移动，从而模拟抛物线扫描。这里所使用的相机是普通的单反相机，说明抛物线扫描技术通过给相机增加运动去补偿场景的运动，而不需要对于相机内部硬件进行修改，因此能避免进光量减少对于图像质量的影响。

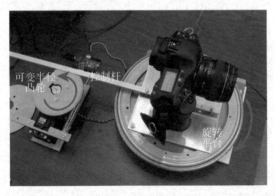

图 10-16　抛物线扫描技术硬件实现（基于论文[9] 的插图重新绘制）

为了能够去除因为图像运动而产生的模糊，介绍了两种方法：利用震颤快门的编码曝光，以及利用抛物线扫描实现的运动不变摄影。震颤快门实现可逆的卷积核，抛物线扫描则考虑实现全局一致的模糊核。震颤快门技术使得模糊的图像中保留了尽可能多的频域信息，所以解卷积能够得到信噪比较高的图像。但是由于画面中同时存在不同运动速度的物体，还有固定的背景，而震颤快门不能做到模糊程度与运动速度、方向无关，所以还需要手动对运动物体和静止背景进行分割。同时，由于很难去估计此时的有效卷积核，因此需要进行较多的试错；并且，震颤快门使得快门有一半的时间是关闭的，减少了图像的进光量，进而可能会影响图像的质量。而利用抛物线扫描实现的运动不变摄影则使得整个画面的模糊与物体的运动速度、方向都无关，而不需要对于相机内部硬件进行修改，从而避免进光量减少对于图像质量的影响，因此抛物线扫描技术同震颤快门对比如图 10-17所示，抛物线扫描技术的恢复图像的质量更好。

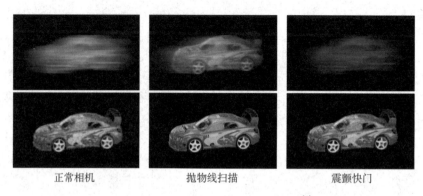

正常相机　　　　　　　　抛物线扫描　　　　　　　　震颤快门

图 10-17　抛物线扫描技术同震颤快门对比（基于论文[9]的插图重新绘制）

　　本节利用编码光圈、焦点扫描、震颤快门、抛物线扫描等去模糊经典方法的分析为例对编码摄像的思想进行了阐述。为了应对因为深度变化或者场景物体运动而导致复杂卷积核的情况，需要通过修改拍摄的设备或者方式，实现对于数据采样阶段的提前介入，改变所得到图像的某项特性，从而使得图像能够更好应用解卷积操作。

10.3　基于深度学习的去模糊

　　在深度学习方法被广泛应用之前，非深度学习方法主要是将去模糊建模为解卷积问题，其中模糊图像是由清晰图像和模糊核卷积所形成的，而模糊核因形成图像模糊的情况不同，分为全局一致的模糊核以及随空间变化的模糊核。针对形成图像模糊的方法不同，而衍生出了对应的去模糊算法。受限于模糊产生的复杂性和去模糊任务的不适定性，所以非深度学习的方法在算法的表现和鲁棒性方面均有所欠缺。特别是在处理非全局一致模糊或者强烈运动模糊等具有较为复杂场景的情况时，传统算法通常很难实现良好的去模糊效果。

　　随着深度学习在计算机视觉领域的广泛应用，越来越多的研究者将目光集中在如何采用新的机器学习范式来缓解不适定性，同时通过数据驱动的方式，在复杂的场景下仍然能够取得良好的效果。由于近年来大量深度学习去模糊相关文章的提出，本节重点向读者介绍部分代表性的方法，说明深度学习方法是如何逐渐替换传统方法中的模块，并通过更新的网络架构实现效果提升。

10.3.1　卷积核估计

在传统盲解卷积的方法中，最为核心的部分就是估计卷积核，在这其中非常重要的是需要引入先验信息。而先验信息的选取往往是手动设计的，手动设计的算法往往很难考虑不同场景下的图像特点，导致最终算法只能局限在部分图像上获得较好的表现。而深度学习在先验知识提取方面表现出较高的潜力，所以基于深度学习估计卷积核的方法最先被提出。

"A neural approach to blind motion deblurring"（NDEBLUR）[10] 一文发表于ECCV 2016，首次将深度学习算法引入图像去模糊领域，利用神经网络估计模糊核，随后基于神经网络所估计的模糊核通过传统非盲解卷积的方法实现了图像的去模糊。如图 10-18 所示，对于模糊图像，首先是抽取重叠的图像块，对于抽取的各个图像块，利用一个全连接网络估计得到模糊核，对于所得模糊核平均可以估计得到全局的模糊核，由此后续通过全局非盲解卷积的方法获得清晰图像，恢复结果如图 10-19 所示，相较于对比方法[11-13]，本文方法可以获得更好的图像去模糊效果。对于这个全连接的网络，在训练阶段只需要图像块，对于每一个图像块，网络的输出是卷积核的傅里叶系数，由此后续可以通过在频域空间做解卷积，得到清晰图像。

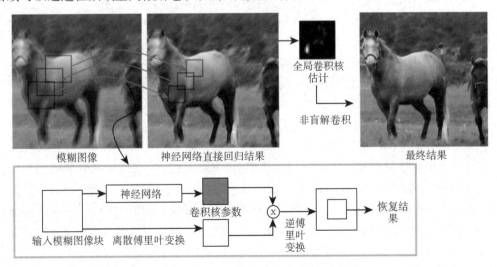

图 10-18　基于神经网络的非盲解卷积方法（基于论文[10] 的插图重新绘制）

该方法作为第一个将深度学习引入图像去模糊领域的方法，具有开创性的意义。通过引入深度学习的方法，不仅避免手动设计先验信息而影响鲁棒性，同时通过全连接网络直接输出卷积核，不需要迭代优化，使得算法的效率得到提高。但是其也存在局限性，虽然引入了深度学习的方法，仍然只能解决全局一致的图像模糊，无法处理对于因为运动模糊、失焦模糊等随空间变化的图像模糊。

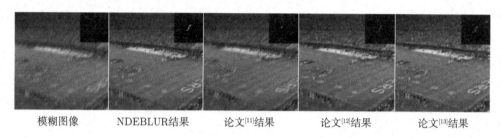

模糊图像   NDEBLUR结果   论文[11]结果   论文[12]结果   论文[13]结果

图 10-19   NDEBLUR 恢复结果（基于论文[10]的插图重新绘制）

10.3.2   端到端生成

1. 直接去模糊的方法

随着深度学习领域的发展，端到端的图像生成技术越来越多地被应用到图像生成任务中。对于去模糊任务而言，估计卷积核很容易引入误差，并且后续解卷积任务严重依赖于卷积核估计的好坏，所以为了能够获得更好的图像恢复质量，逐渐去掉了估计卷积核的模块，而将图像去模糊任务转变为图像回归的任务。

"Deep video deblurring for hand-held cameras"（DeBlurNet）[14]一文发表于 CVPR 2017，首次提出了端到端生成的图像去模糊网络，旨在通过相邻视频帧之间的运动信息，通过深度网络回归出清晰的图像帧。在此过程中，不需要显式地估计出图像的模糊核，而是利用卷积神经网络提取相邻视频帧的特征信息，借助帧间运动信息以及图像低层和高层的特征来得到清晰的图像。其网络结构如图 10-20所示，输入为连续的 5 帧图像，之后经历三次下采样以及三次上采样，并借助跳跃连接等结构保留梯度信息，最终恢复得到第 3 帧图像的去模糊图像。

利用卷积神经网络端到端的图像生成能力，使得该方法能够不局限于处理全局模糊，能够同时处理全局不一致的模糊。此前基于视频帧去模糊的方法也需要对于图像进行预处理对齐等操作，该论文尝试对比了单张图像去模糊（+SINGLE）、无对齐预处理（+NOALIGN）、全局运动对齐（+HOMOG）以及基于光流的对齐方法（+FLOW），其结果如图 10-21所示，可以发现卷积网络能够有效利用不同帧的信息来实现更好的去模糊恢复，同时也表现出一定的图像帧对齐的能力，即使去掉了图像预处理对齐，对于最终结果的影响较小。

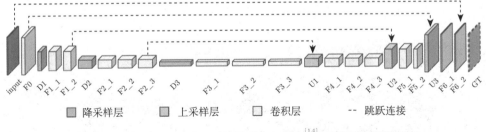

■ 降采样层　■ 上采样层　□ 卷积层　-- 跳跃连接

图 10-20　DeBlurNet 网络结构（基于论文[14]的插图重新绘制）

模糊图像　　+SINGLE　　+NOALIGN　　+HOMOG　　+FLOW　　清晰图像

图 10-21　DeBlurNet 结果（基于论文[14]的插图重新绘制）

2. 基于重新模糊的自监督学习方法

　　直接利用均方误差进行监督学习，虽然在客观指标上取得了较好的结果，但是由于这个和图像模糊的物理过程没有联系，可能会导致最终所得图像的主观质量较低，同时受限于数据集的大小，存在过拟合训练集导致模型泛化能力不够的情况，使得在测试恢复图像中容易出现鬼影等失真。"Reblur2deblur: deblurring videos via self-supervised learning"[15]一文发表于 ICCP 2018，利用深度网络来对于去模糊的图像重新模糊，实现了自监督的学习过程。这个过程不仅有利用深度网络来提取图像特征先验的优势，还能通过自监督学习来引导深度网络学习到对于图像去模糊更重要的特征，因此能实现更好的图像质量恢复。

　　其网络结构如图 10-22所示，方法主要分为数据驱动的图像去模糊模块（deblur）和基于物理模型的重模糊模块（reblur）。对于输入的连续 3 帧模糊图像，首先利用去模糊网络对于单张图像进行去模糊，对于获得的 3 张去模糊之后的图像，再通过一个光流估计网络估计两帧图像之间的光流信息，利用所得光流信息计算出逐像素的模糊核，基于此模糊核对于所得的中间帧图像重新模糊，计算与原始模糊图像的差异，实现自监

督学习。通过在训练过程中引入物理重模糊模块，该方法在提高了模型的泛化能力的
同时，也克服了监督学习中出现的鬼影等失真，重模糊模块对于结果的影响如图 10-23
所示。

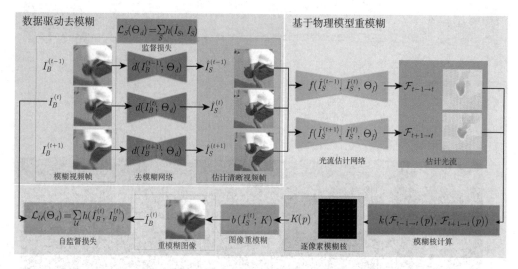

图 10-22　Reblur2deblur 网络结构（基于论文[15]的插图重新绘制）

模糊图像　　　　　去掉Reblur模块　　　　　添加Reblur模块

图 10-23　重模糊模块对于结果的影响（基于论文[15]的插图重新绘制）

10.3.3　生成对抗模型

图像去模糊通过监督学习得到了很好的效果，但是容易产生鬼影等自然图像中不会
出现的伪影和失真。生成对抗网络（"Generative adversarial networks"，GAN）[16]逐
渐从高层的计算机视觉任务扩展到了底层的视觉任务，通过对抗的方式训练判别器网
络来提高去模糊的图像质量，使其抑制鬼影等问题的发生。"DeblurGAN: blind motion
deblurring using conditional adversarial networks"（DeblurGAN）[17]一文发表于 CVPR
2018，其基于 GAN 提出了去模糊网络。

拓展阅读：生成对抗网络

生成对抗网络[16]是深度学习领域的一个重要生成模型。它通过两个网络（生成器 G 和判别器 D）在同一时间训练，并且在极小化极大算法中进行竞争，达到提高生成器模型能力的目的。GAN 网络结构如图 10-24所示，生成器的目标是迷惑鉴别器，做到以假乱真；而判别器的目标是分辨出哪些数据是由生成器所生成的。通过这样对抗的训练过程，使得生成器能够间接学习到真实数据的分布，从而生成更加真实的高质量图像。

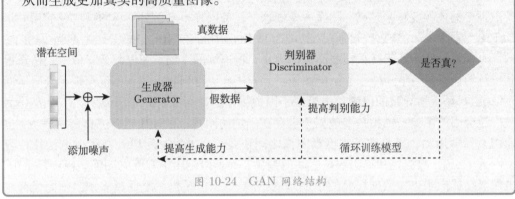

图 10-24　GAN 网络结构

生成器作者采用常见的自编码器（auto-encoder）的结构，关于自编码器的知识已经在第 6 章有所介绍，这里不再赘述。而在判别器上使用了 PatchGAN[18] 的结构，它不是对整张图像做判别，而是对于图像块做判别，这样的结构有利于图像质量的提升。同时作者还采用了感知损失（perceptual loss），通过感知损失和对抗损失（adversarial loss）两种函数的共同监督，使得恢复的图像更加得真实，而不是趋近平滑的图像输出，DeblurGAN 图像去模糊结果如图 10-25所示。可以发现随着深度学习在图像去模糊领域的应用，端到端生成的模型成为主流，同时更新的网络结构、损失函数和学习范式成为图像去模糊领域的热点方向，并且与图像去雨等图像质量增强任务产生了很多联系。

模糊图像　　　　　　对比方法　　　　　　DeblurGAN

图 10-25　DeblurGAN 图像去模糊结果（基于论文[17]的插图重新绘制）

基于深度学习的数据驱动去模糊方法，不再通过模糊核建模清晰图像和模糊图像之间的关系，而是直接将其转变为图像变换（image to image translation）任务。这种方式虽然突破了传统方法的诸多限制，但是也带来了对于数据集的依赖、模型参数增加和评价指标不能准确反映图像质量等问题，都是未来图像去模糊领域的主要研究方向。

10.3.4　图像去模糊数据集

在深度学习的方法逐步被广泛应用于解决诸多计算摄像问题的同时，各种任务对于数据集的依赖度越来越高，图像去模糊这个任务同样也不例外。目前被广泛使用的是GoPro 数据集[19]。该数据集通过 GOPRO4 Hero Black 相机拍摄得到帧率为 240FPS的清晰视频，然后基于视频帧之间运动大小，将连续的 7~13 图像帧像素值平均仿真得到模糊图像，并将中间帧作为清晰图像。此方法合成得到数据集，不仅模拟了全局运动（如相机抖动）所导致的模糊，也模拟了因为物体运动而带来的局部模糊。GoPro 作为被广泛应用的图像去模糊基准数据集也存在一定的问题：尽管其能够仿真全局运动，也能仿真局部运动，但是和正常模糊图像之间还是存在差异，所以现在很多方法往往容易因为 GoPro 数据集和真实数据之间的差异，而难以应用于实际的图像去模糊场景中。虽然后续提出了更大数据规模的 REDS 数据集[20]，但是仍然是通过多帧清晰图像合成的模糊图像。

计算摄像学是一门研究相机的学科，后续的研究开始考虑通过相机同时拍摄出现实世界的模糊图像和清晰图像。如同在第 9 章介绍图像超分使用混合相机系统一样，RealBlur 数据集[21] 基于混合相机系统，利用两个同型号、同镜头的相机，按照不同的拍摄参数设置同步拍摄图像，拍摄模糊图像的曝光时间设置为 1/2s，拍摄清晰图像的曝光时间为 1/80s，之后基于标定好的相机参数进行数据对齐，使得两张图像之间的误差小于一个像素，最终拍摄得到由 4738 组模糊图像和清晰图像对组成的数据集。BSD 数据集[22] 同样利用混合相机系统，对两个相机通过不同的曝光时间来拍摄清晰图像和模糊图像，最终得到一个真实拍摄的数据集。上述两个数据集的拍摄方案如图 10-26所示。

图 10-26　BSD（左）和 RealBlur（右）数据集拍摄混合相机系统[21-22]

○ https://gopro.com/zh/cn。

虽然这两个方法尝试通过混合相机系统拍摄匹配的清晰图像和模糊图像，用以减少因为模拟数据而带来的误差，但是这两个数据集仍然没有被广泛利用。不论是 RealBlur 还是 BSD 数据集，其中的图像均以静态场景下相机的运动产生的模糊为主，较少覆盖动态场景下的图像模糊。随着深度学习方法在图像去模糊领域的深入研究，除了对于算法本身的研究，如何获得一个模糊图像以及与之对应的清晰图像的数据也是一件非常重要的事情，对于数据驱动的机器学习方法，仿真数据的问题正在逐渐显现，神经网络往往能够在仿真数据上取得一个不错的结果，但是难以应用于真实场景中，所以未来对于图像去模糊数据集的研究也越发重要。

10.4 本章小结

本章对图像去模糊方法进行了简要分类与介绍，也回答了章首所提出的问题：

▎ 如何建模图像模糊的产生过程？

对于图像模糊的产生，可以通过对图像做卷积操作来进行描述。但是不同的图像模糊的产生方式对应的卷积过程不同。对于因为镜头缺陷或者相机抖动而产生的图像模糊，因此而产生的模糊图像可以视作清晰图像在同一个卷积核作用下得到的图像。对于失焦模糊和运动模糊，因为不同物体对应的卷积核不同，所得到的模糊图等价于清晰图像和逐像素的卷积核作用下所得，卷积核因图像像素点而变化。

▎ 不同的图像模糊场景下应该使用何种恢复算法？

对于因为镜头缺陷或者相机抖动而导致的图像模糊，可以通过解卷积方法来实现图像去模糊，但是因为系统中噪声的存在，需要对于噪声鲁棒的解卷积方法，如维纳解卷积等。而当卷积核未知时，可以通过模糊产生的方式，引入卷积核的先验知识，从而实现估计卷积核的同时得到清晰图像。而当图像产生了失焦模糊或者运动模糊的时候，图像中不同物体的卷积核不同，不能对于整张图像进行解卷积，而需要对于不同位置的物体利用不同的卷积核来去模糊，为了能够更好地实现解卷积操作，通过编码摄像的方法，在图像成像时保留更多信息，利于图像解卷积，或者将全局不一致的模糊转换为全局一致，从而可以利用同一个卷积核来进行解卷积。

不难发现对应不同的图像模糊产生方式，都有着对应的恢复算法，它们都依赖模糊产生方式所带来的先验信息，也一定程度上局限了算法的泛化性能。随着深度学习算法的研究，图像去模糊算法将去模糊看作图像转换的问题，从而囊括不同图像的模糊产生方式，拓展了算法的应用场景。

▌ 如何通过硬件的改变实现从模糊图像恢复清晰图像，提升拍摄体验？

对于计算摄像学的研究来说，相机是研究中不可以忽视的一个环节。对于图像去模糊来说，能够提前介入图像的采集环节，就能保留更多有助于图像去模糊的信息。不论是改变相机的镜头、光圈，抑或是改变图像的拍摄过程，经过这些方法编码的图像数据视觉效果可能并不如普通图像，但是其中保留了对后续算法更重要的信息。编码摄像的思想也是计算摄像领域相较于传统的信号处理或者计算机视觉的不同之处。随着深度学习方法的广泛应用，对于图像去模糊数据集的需求也在增加，而这同样需要设计合适的相机模组进行拍摄，而不是仅仅局限于通过高速视频帧来进行合成。

至本书截稿，图像去模糊领域仍有优质的工作不断涌现，感兴趣的读者可以参考其他学者整理的网络资源⊖。

10.5 本章课程实践

1. 维纳解卷积

补全代码 assign_deblur.ipynb，使用朴素以及维纳解卷积方法对图像去模糊。该任务包括以下 6 个部分：

1）补充完整函数 get_gassuian_blur_kernel、get_motion_blur_kernel、get_out_of_focus_kernel，要求调用生成高斯模糊核、运动模糊核和失焦模糊核。

2）读取图片 BoYaTower.jpg 并补充函数 makeBlurred，利用生成的三种模糊核对于图像进行卷积操作。

3）补充函数 naiveDeconv 实现朴素解卷积操作，并对生成的三张模糊图像进行解卷积操作。

4）补充函数 wienerDeconv 实现维纳解卷积操作，同样对生成的三张模糊图像进行解卷积操作，对于无噪声的图像，可以设为较大的信噪比使得阻尼系数接近 1。

5）补充函数 add_gaussian_noise 实现添加高斯噪声，对三张模糊图像添加一定程度的高斯噪声，并对应存储为图像 gaussian.jpg、motion.jpg 和 defocus.jpg。

6）调用 naiveDeconv 和 wienerDeconv 进行解卷积。

2. 盲解卷积

结合 10.2 节的内容，阅读论文[2]，基于原文附录所提供的代码复现震颤快门去模糊方法，该任务包含以下 2 个部分：

1）利用官方样例 ian1.jpg，测试方法得到估计的模糊核和复原图像。

⊖ https://github.com/subeeshvasu/Awesome-Deblurring。

2）测试任务 1 中生成的三张不同的模糊图像 gaussian.jpg、motion.jpg 和 defocus.jpg。

3. 深度学习去模糊

从以下两篇论文任选其一：

（1）DeblurGAN[17]⊖

（2）MPRNet[23]⊜

阅读论文，使用 gaussian.jpg、motion.jpg 和 defocus.jpg 进行深度学习单图去模糊，对比传统方法和深度学习方法恢复结果的差异。尝试拍摄 5 组模糊图像，使用深度学习方法对其进行去模糊，分析图片恢复效果，建议图片种类覆盖室内室外、白天黑夜场景。

附件说明

从链接⊜中下载附件，附件中包含了上述任务所需的图像和代码文件，详见README 文件。

本章参考文献

[1] LEVIN A, FERGUS R, DURAND F, et al. Image and depth from a conventional camera with a coded aperture[J]. ACM Transactions on Graphics (Proc. of ACM SIGGRAPH), 2007, 26(3): 70.

[2] FERGUS R, SINGH B, HERTZMANN A, et al. Removing camera shake from a single photograph[J]. ACM Transactions on Graphics (Proc. of ACM SIGGRAPH), 2006, 25(3): 787-794.

[3] LEVIN A, WEISS Y, DURAND F, et al. Understanding and evaluating blind deconvolution algorithms[C]//Proc. of IEEE Conference on Computer Vision and Pattern Recognition. Miami, FL, USA: IEEE, 2009.

[4] GKIOULEKAS I. CMU15-463: computational photography[EB/OL]. [2022-09-01]. http://graphics.cs.cmu.edu/courses/15-463/.

[5] NAGAHARA H, KUTHIRUMMAL S, ZHOU C, et al. Flexible depth of field photography [C]//Proc. of European Conference on Computer Vision. Marseille, France: Springer, 2008.

[6] KUTHIRUMMAL S, NAGAHARA H, ZHOU C, et al. Flexible depth of field photography [J]. IEEE Transactions on Pattern Analysis and Machine Intelligence, 2011, 33(1): 58-71.

⊖ 官方实现：https://github.com/KupynOrest/DeblurGAN。
⊜ 官方实现：https://github.com/swz30/MPRNet。
⊜ 附件：https://github.com/PKU-CameraLab/TextBook。

[7] LEVIN A, HASINOFF S W, GREEN P, et al. 4D frequency analysis of computational cameras for depth of field extension[J]. ACM Transactions on Graphics (Proc. of ACM SIGGRAPH), 2009, 28(3): 97.

[8] RASKAR R, AGRAWAL A, TUMBLIN J. Coded exposure photography: motion deblurring using fluttered shutter[J]. ACM Transactions on Graphics (Proc. of ACM SIGGRAPH), 2006, 25(3): 795-804.

[9] LEVIN A, SAND P, CHO T S, et al. Motion-invariant photography[J]. ACM Transactions on Graphics (Proc. of ACM SIGGRAPH), 2008, 27(3): 71.

[10] CHAKRABARTI A. A neural approach to blind motion deblurring[C]//Proc. of European Conference on Computer Vision. Amsterdam, Netherlands: Springer, 2016.

[11] MICHAELI T, IRANI M. Blind deblurring using internal patch recurrence[C]//Proc. of European Conference on Computer Vision. Zurich, Switzerland: Springer, 2014.

[12] SUN J, CAO W, XU Z, et al. Learning a convolutional neural network for non-uniform motion blur removal[C]//Proc. of IEEE Conference on Computer Vision and Pattern Recognition. Boston, MA, USA: IEEE, 2015.

[13] XU L, JIA J. Two-phase kernel estimation for robust motion deblurring[C]//Proc. of European Conference on Computer Vision. Heraklion, Crete, Greece: Springer, 2010.

[14] SU S, DELBRACIO M, WANG J, et al. Deep video deblurring for hand-held cameras[C]//Proc. of IEEE Conference on Computer Vision and Pattern Recognition. Honolulu, HI, USA: IEEE, 2017.

[15] CHEN H G, GU J, GALLO O, et al. Reblur2deblur: deblurring videos via self-supervised learning[C]//Proc. of International Conference on Computational Photography. Pittsburgh, PA, USA, 2018.

[16] GOODFELLOW I J, POUGET-ABADIE J, MIRZA M, et al. Generative adversarial networks[J]. CoRR, 2014, abs/1406.2661.

[17] KUPYN O, BUDZAN V, MYKHAILYCH M, et al. DeblurGAN: blind motion deblurring using conditional adversarial networks[C]//Proc. of IEEE/CVF Conference on Computer Vision and Pattern Recognition. Salt Lake City, UT, USA: IEEE, 2018.

[18] DEMIR U, ÜNAL G. Patch-based image inpainting with generative adversarial networks [J]. CoRR, 2018, abs/1803.07422.

[19] NAH S, KIM T H, LEE K M. Deep multi-scale convolutional neural network for dynamic scene deblurring[C]//Proc. of IEEE Conference on Computer Vision and Pattern Recognition. Honolulu, HI, USA: IEEE, 2017.

[20] NAH S, BAIK S, HONG S, et al. NTIRE 2019 challenge on video deblurring and superresolution: dataset and study[C]//Proc. of IEEE/CVF Computer Vision and Pattern Recognition Workshops. Long Beach, CA, USA: IEEE, 2019.

[21] RIM J, LEE H, WON J, et al. Real-world blur dataset for learning and benchmarking deblurring algorithms[C]//Proc. of European Conference on Computer Vision. Glasgow, UK: Springer, 2020.

[22] ZHONG Z, GAO Y, ZHENG Y, et al. Efficient spatio-temporal recurrent neural network for video deblurring[C]//Proc. of European Conference on Computer Vision. Glasgow, UK: Springer, 2020.

[23] ZAMIR S W, ARORA A, KHAN S, et al. Multi-stage progressive image restoration[C]// Proc. of IEEE/CVF Conference on Computer Vision and Pattern Recognition. Virtual: IEEE, 2021.

第 11 章

图像恢复高级专题I

人类所感知的丰富视觉世界是光和物质之间的各种复杂的相互作用的结果，如图 11-1所示。根据 6.2 节介绍的光度成像的物理模型，光在场景中传播，通过与物体形状和材质的相互作用，最终到达观察者的眼中。这些相互作用包括 6.2 节中提到的反射、折射、次表面反射和相互反射（如图 6-10 所示）等，这使得对图像形成过程的逆转和解析看起来不可能被实现。然而，人类视觉系统却能毫不费力地判断出场景或物体本来的颜色和反射特性是什么，以及哪些视觉特征是由光和物质的互相作用产生的。本征图像分解（Intrinsic Image Decomposition，IID）[1] 旨在让计算机模仿人类视觉系统的这种能力，从图像中反推构成视觉世界的三个基本要素：场景或物体表面的颜色和反射率特性、几何和光照。从图像中反推这三个要素中的一个或多个可以派生出众多的计算摄像研究课题，例如第 6 章的光照估计、从明暗恢复形状，第 7 章的光度立体视觉等。本征图像分解则聚焦于本征反射率特性的估计，其目标是将图像中场景的光照效应分离出来，以得到与光照无关的场景材料反射率特性。本章将在 6.2 节介绍的光度成像模型的基础上引入本征图像分解的基本概念和建模方法，并分别介绍前深度学习时代的基于优化求解的方法以及近些年出现的基于深度学习的方法。其中，对传统方法的介绍主要根据所使用的不同的先验进行展开，而对深度学习方法的介绍则根据不同学习范式分别简述。本章将依次回答以下问题：

为什么要进行本征图像分解？这个问题的挑战性在哪里？

什么是 Retinex 理论？它对于本征分解的作用是什么？

除了 Retinex 以外，还可以利用哪些先验来进行本征图像分解？

如何从大规模数据集中挖掘出有效的先验，以利用深度学习进行本征图像分解？

图 11-1　光和物质的相互作用（基于论文[2] 的插图重新绘制）

11.1　本征图像分解概述

　　图 11-2展示了著名的棋盘阴影错觉（checker shadow illusion），棋盘格上的两个方块标记了 A 和 B。对人类视觉系统而言，A 和 B 方块被认为分别处于不同的光照下，A 方块是深色格子、B 方块是浅色格子。实际上，A 方块和 B 方块的亮度是一样的，这通过在两个方块之间画一个同色的长条可以验证，如图 11-2b 所示。人类之所以产生 A 比 B 暗的错觉，是因为大脑在比较两者亮度时是基于局部区域来进行对比的，两者之间平缓的亮度差异被认为是由于光照的变化或者阴影引起的因而可被忽略，只有方块边缘上显著的变化需要被关注：A 方块被亮的方块包围，因此可能是深色格子；而 B 方块被暗的方块包围，因此可能是浅色格子。实际上，这一种视觉错觉恰恰表明了人类视觉系统的成功：人类在观测视觉世界时自动将光照造成的影响抵消掉了。同样地，人类视觉系统可以很容易分辨出有着相同像素值的图像区域到底是亮处的深色的物体还是阴影处的浅色物体，也可以大概判断出亮度的变化是物体的反射率性质变化导致的还是光照的变化导致的。受人类视觉系统的这种能力启发，1978 年，Barrow 等[1] 提出了本征图像分解的概念，希望赋予计算机这种光照自动补偿的能力，从而得到与光照无关的视觉中层表示。其目标是将一张（或多张）输入图像分解为成像模型中的多个独立的本征成分：材质（可以表示为朗伯反射的反射率或者复杂材质的 BRDF）、几何（通常可以用深度或者表面法向量表示）和光照（可以用参数化的光源模型、深度特征编码的模型或环境光图等方法来表示）等。

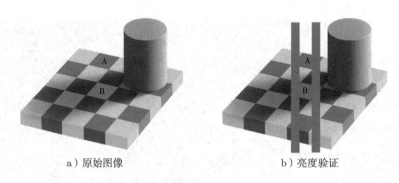

a）原始图像　　　　　　　　　　　　　　　b）亮度验证

图 11-2　棋盘阴影错觉（图片来源于维基百科）
https://en.wikipedia.org/wiki/Checker_shadow_illusion

11.1.1　图像形成模型

光度图像形成模型以及相关基本概念在 6.2 节做出了具体介绍，其中式 (6.13) 描述了物体表面某一点沿着观测方向 $\boldsymbol{\omega}_r$ 所反射光的辐射率 L_o 的成像模型，它由来自不同入射方向 $\boldsymbol{\omega}_i$ 的环境光照 L_i、该点的双向反射分布函数 $f_r(\boldsymbol{\omega}_i, \boldsymbol{\omega}_r)$ 以及入射光余弦乘积 $\boldsymbol{n} \cdot \boldsymbol{\omega}_i$ 在半球面 $\boldsymbol{\omega}_i \in \Omega$ 上的积分得到。在朗伯假设下，f_r 在所有观测方向都是常量 $\dfrac{\rho}{\pi}$，代入式 (6.13) 有：

$$L_o(\boldsymbol{\omega}_r) = \underbrace{\frac{\rho}{\pi}}_{\text{（半球面）反射率}} \underbrace{\int_\Omega (\boldsymbol{n} \cdot \boldsymbol{\omega}_i) L_i(\boldsymbol{\omega}_i) \mathrm{d}\boldsymbol{\omega}_i}_{\text{明暗}} \tag{11.1}$$

其标量项和积分项分别表示反射率 [对应于式 (6.15) 给出的半球面反射率] 和明暗。也就是说，一张图像可以分解为反射率和明暗的乘积，其中明暗与物体的几何以及光照相关。

简单起见，可以假设相机响应函数为线性函数。由于相机图像记录的亮度为相对值，不妨假设相机响应函数为 $f(L) = L$，即图像亮度恰好等于辐射率。由此可得图 11-3所示的本征图像分解模型：

$$\boldsymbol{I} = \boldsymbol{R} \odot \boldsymbol{S} \tag{11.2}$$

式中，$\boldsymbol{I}$ 表示图像亮度；$\boldsymbol{R}$ 表示反射率（相关英文文献中常用 albedo 或 reflectance 表示）；$\boldsymbol{S}$ 表示明暗（相关英文文献中常用 shading 或 illumination 表示）；$\odot$ 表示逐元素相乘，即哈达玛乘积。除了对材料进行简化的朗伯假设以外，式 (11.2) 只考虑了光传播过程的最后一跳（bounce）。另外，这里假设光的传播过程中不受水、雾等中间介质或者介质分界的影响；此外，相机 ISP 的非线性也可能通过影响相机响应函数而破坏这个等式。

图像 I 　　　　反射率 R 　　　　明暗 S

图 11-3　本征图像分解模型（基于论文[3]的插图重新绘制）

11.1.2　代表性应用

尽管本征图像分解模型式 (11.2) 非常简单，但提供了一个非常强大的工具来建模光和物体之间的关系，这在场景理解以及基于物理的图像编辑中非常有用。下面列举一些应用。

1. 场景理解

人眼中所能感受到的真实世界的表观受光照的影响很大，因此如何在场景理解中去除由于光照引起的变化是一个重要的问题，而本征图像分解提供了一个去除光照效应的有效工具。例如，本征图像分解的结果可以作为图像与光照无关的中层特征用于估计光流[4]。如图 11-4a 所示，在图像的反射率上估计光流比在原图上估计的精度更高，尤其是在受光照影响较大的位置。本征图像分解也可以辅助图像的深度估计[5]，在原图和在反射率上的深度估计结果如图 11-4b 所示。

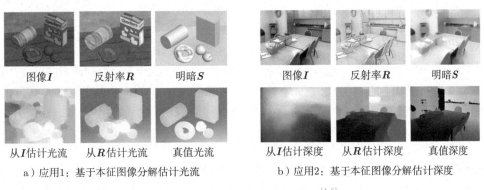

图像 I 　　反射率 R 　　明暗 S 　　　　　　图像 I 　　反射率 R 　　明暗 S

从 I 估计光流　从 R 估计光流　真值光流　　　　从 I 估计深度　从 R 估计深度　真值深度

　a）应用1：基于本征图像分解估计光流　　　　　　b）应用2：基于本征图像分解估计深度

图 11-4　基于本征图像分解的场景理解（基于论文[4-5]的插图重新绘制）

2. 图像编辑

人类在对光照的感知中能够解析出现实世界的很多物理信息，许多有真实感需求的图像/视频编辑任务都需要首先进行本征图像分解，以在编辑过程中将光照的影响考虑进去，同时要保持物体本身颜色不变。图 11-5a 中展示了纹理编辑的例子[6]，首先对输入图像进行本征图像分解，然后在反射率上更换枕头的纹理得到新的反射率，再重新乘上分解出来的明暗，从而得到一张具有真实感的纹理编辑结果图。图 11-5b 展示了一个将白天的圣巴西勒（Saint Basile）大教堂的照片编辑为夜晚场景的例子[6]，对原图进行本征图像分解以后，对得到的明暗进行一个反色操作，从白天的光照变成晚上的光照，然后手动插入一个月亮，再和反射率乘在一起，就得到重光照后的图像。在图像上色问题中，输入的灰度图像中隐含了光照的信息，因此在给灰度图上色的过程中，也需要将图像的光照情况考虑进去。通过在上色过程中引入本征图像分解，可以得到具有真实感的上色结果[7]。

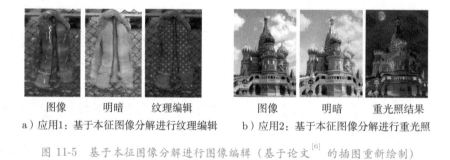

　图像　　　明暗　　纹理编辑　　　　　　图像　　　明暗　　重光照结果
a）应用1：基于本征图像分解进行纹理编辑　　　b）应用2：基于本征图像分解进行重光照

图 11-5　基于本征图像分解进行图像编辑（基于论文[6]的插图重新绘制）

11.1.3　问题的不适定性

由以上例子可以看出，对一张图像的本征分解在各类场景理解和具有真实感的图像编辑应用中起着非常重要的作用。然而，本征图像分解本身是一个极具挑战性的问题。

1. 亮度上的不适定性

从式 (11.2) 可以看出，通过观测到的图像亮度值来找出表面反射率和明暗的组成关系是一个不适定问题。它允许每个像素 p 的亮度 $I(p)$ 有不同的分解方式，自由度十分大。如图 11-6所示，对于任意一张图像本征分解的结果 $I(p) = R(p)S(p)$，有 $I(p) = (\alpha R(p))\left(\dfrac{1}{\alpha}S(p)\right)$（其中 $\alpha \neq 0$ 可以是空间变化的），也是一个满足式 (11.2) 的分解方式。除非能够通过测光仪来得到明暗的绝对值，否则无法得到一个和真实物理情况对应的明暗。在这个分解当中，需要估计的未知数（S 和 R）的数量是已知数（I）的两倍。要得到一个确定的本征图像分解结果，需要根据物理世界中关于明暗和反射率的先验知识给这个等式加上合理的约束。例如，经典的 Retinex 分解模型[8]中对梯度的分布做出了假设：大的梯度通常是反射率变化导致的，而小的梯度大多是由明暗变化导致的。值得注意的是，图像纹理-结构分离（texture-structure decomposition）技术[9]也使用了类似的先验，因此也常常被用于本征图像分解[10-11]，其中纹理分量对应于反射率，主要包含高频成分；而结构分量对应于明暗层，主要包含低频成分。不过，纹理的定义和尺度相关，这和有物理含义的反射率不一样。

图 11-6　本征图像分解在亮度上的不适定性（基于论文[3,12]的插图重新绘制）

2. 颜色上的不适定性

另一方面，本征图像分解也存在颜色上的歧义。图 11-7a 展示了曾经引起广泛讨论和争议的 "裙子颜色" 问题。一部分人将它理解为一条蓝黑裙子，也有人将它理解成一条白金裙子。实际上，这两种理解都是合理的。如图 11-7b 所示，如果认为这条裙子在黄光的包围中，例如常见的日光，那么这条裙子是蓝黑色；如果认为这条裙子在蓝光的包围中，那么这条裙子是白金色的。在早期的本征图像分解工作中，大部分工作都假设光照是没有颜色的，从而忽略了这个问题，只有少数工作考虑了有颜色的光照[6,13-14]。对于考虑有色光的场景而言，需要对物体颜色做出一些假设来求解问题，例如 2.3.1 节提到的灰色世界假设场景在中性光源下的平均反射率值是灰色（即各颜色通道的平均值是相同的），白色世界则假设 RGB 通道中的最大响应是标准光照（强度为 1）下的理想反射率引起的。这里需要注意的是，颜色恒常性（color constancy）[15]和 2.3.1 节提到的白平衡技术也用到了上述先验，但它们更加专注于考虑如何补偿光源颜色的影响，从而在拍摄到的图像中显示物体原本的颜色。

a）蓝黑/白金裙子之争　　　　　　　　b）在不同光照下的理解

图 11-7　本征图像分解在颜色上的不适定性（图片来源于维基百科）

https://en.wikipedia.org/wiki/The_dress

11.1.4　基准数据集

基准数据集对于评估不同方法的性能有重要的意义，而在深度学习时代，数据集的质量更是决定了学习模型的有效性和泛化性。然而，对于本征图像分解问题而言，数据集的构建非常困难。首先，本征图像分解的真值图像在自然界中并不直接存在；其次，要通过人类的标注来获得监督信号也并不容易。关于本征图像分解现有数据集的总结见表 11-1。

表 11-1　本征图像分解数据集的总结（基于论文[2] 的表格重新绘制）

数据集	发布	样例数	最大尺寸	场景	合成/真实	来源	标注
MIT Intrinsics[3]	ICCV 2009	220 图像	600	物体	真实	自动	密集
ShapeNet[16]	arXiv 2015	4,000 3D 模型	—	物体	合成	自动	密集
MPI Sintel[17]	ECCV 2012	890 图像	1024×436	任意场景	合成	自动	密集
SUNCG[18]	CVPR 2017	40,000 3D 模型	—	室内场景	合成	自动	密集
CGIntrinsics[19]	ECCV 2018	20,000 图像	640×480	室内场景	合成	自动	密集
IIW[20]	SIGGRAPH 2014	5,230 图像	512	室内场景	真实	人类	稀疏
SAW[21]	CVPR 2017	6,677 图像	512	室内场景	真实	人类	稀疏

　　MIT Intrinsic 数据集[3] 发布于 ICCV 2009，是最早的有显式的反射率和明暗标注的数据集。这个数据集把问题缩小为孤立的物体。这个数据集的采集使用了非朗伯模型来建模图像，在原本的本征图像分解的基础上额外考虑了镜面反射（定义见 6.2.2 节），认为每个像素 p 上的亮度值可分解为

$$I(p) = S(p)R(p) + C(p) \tag{11.3}$$

式中，C 表示镜面反射项。图 11-8展示了两个分解的实例。每个物体均在一个受控实验配置下拍摄，从而尽可能地减少非直接光照的影响，并使得不同照片可以轻易对齐。物体放在黑色背景中，光照使用了一个平行光源，这样可以使得互反射最小。反射率成分是通过在物体上涂上彩色喷漆得到的，明暗成分是通过给物体涂上灰色的仿沙铬喷漆形成漫反射表面得到的，镜面反射成分则通过偏振滤光片来去除。这个数据集包含 20 个物体在 11 个不同方向的光源下拍摄的图像及其对应的反射率、明暗，共计 220 组数据。

图像 I　　　漫反射$S \odot R$　　　明暗S　　　反射率R　　　镜面发射 C

图 11-8　MIT Intrinsic 数据集（基于论文[3] 的插图重新绘制）

ShapeNet 数据集[16] 于 2015 年以预印本的形式发布,提供了包含 4000 多个物体类别的 3D 物体模型,且带有反射率标注。结合 Mitsuba[22]、Blender[23] 等基于物理的渲染引擎,可以利用 ShapeNet 数据集中的 3D 物体模型渲染出同一个物体在不同光照条件下的图像序列,从而为本征图像分解提供丰富的监督信号。例如,论文[24] 中提出的数据集包含了使用 Blinn-Phong 材质、45 个室内环境光图渲染的 55 个物体的约 100,000 张图像,图 11-9展示了一些例子。论文[25] 中提出的数据集包含了使用 Phong 材质和 98 个环境光图渲染的 30,000 个物体的超过 2,000,000 张图像。

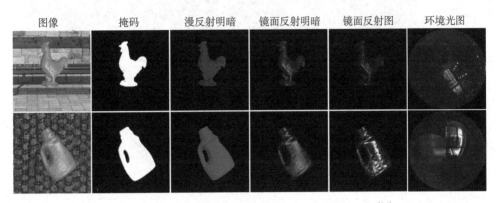

图 11-9 基于 ShapeNet 数据集[16] 的 3D 物体渲染的样例(基于论文[24] 的插图重新绘制)

MPI Sintel 数据集[17] 发布于 ECCV 2012,其提供了图像及其对应的反射率,最初用于评估光流,相关论文将其重新渲染构造了用于本征图像分解问题的数据集[13,26],图 11-10展示了一些例子。它包含了 18 个场景,每个场景约 50 个帧,共计 890 张图像。

图 11-10 MPI Sintel 数据集(基于论文[17] 的插图重新绘制)

CGIntrinsics 数据集[19] 发布于 ECCV 2018,它是基于 SUNCG 数据集[18] 中提供的室内环境 3D 模型和纹理渲染得到的,包含了通过对全局光照的路径追踪渲染的 20,000 张图,图 11-11 展示了一些例子。SUNCG 数据集[18] 原本是用于从深度图中进行语义场景补全,它包含了 40,000 个手工创建的带有密集语义标注的 3D 室内场景模型，因此可被用于渲染出具有不同光照的同一场景图像序列，例如，论文[27] 中提出的数据集包含了基于 SUNCG 渲染出的 58,949 张朗伯反射图像及其对应的反射率、法线图、深度和明暗；论文[28] 中提出的数据集包含了利用 Phong 材质渲染出的 230,000 张在多个室外环境光图下的室内图及其对应的法线图、深度、Phong 模型参数、语义和光泽度（glossiness）分割图，还提供了同样的场景在漫反射和镜面反射设定下的图。

图 11-11　CG Intrinsic 数据集（基于论文[19] 的插图重新绘制）

　　IIW（Intrinsic Images in the Wild）数据集[20] 和 SAW (Shading Annotations in the Wild）数据集[21] 分别发布于 SIGGRAPH 2014 和 CVPR 2017，都是通过众包得到的带有稀疏人类标注的数据集。数据集的提出基于这样一个事实：人类非常擅长评判两个表面是不是同样的材质制造出来的，而不受光照变化的影响。IIW 数据集[20] 收集了 500 张室内场景图像的相对反射率标注，包含了 900,000 个对比。图 11-12a 展示了反射率标注的例子，其中无向边表示两个点的反射率几乎一样，有向边指向反射率更小的点，颜色越紫/橙表示置信度越大/小。该数据集还提出了加权人类分歧率 (Weighted Human Disagreement Rate, WHDR) 来衡量经过置信度加权的不同方法结果和人类评判之间的一致性。SAW 数据集[21] 收集了 6,000 张室内场景图像上的 15,000 个对于明暗梯度的标注，包括了平滑的明暗、法线和深度的不连续处以及阴影的边界三种标记，不同模型的性能可以通过召回率-精确率指标来衡量。图 11-12b 展示了明暗标注的例子，其中绿色表示虽然反射率可能有变化但是明暗几乎一样的区域，红色表示由于表面法线或深度等形状的不连续导致的边，青色表示由于投射阴影等光照的不连续导致的边。对于基于深度学习的算法而言，IIW 和 SAW 中的稀疏人类标注提供了基于比较的相对学习约束，可用于弱监督学习，训练一个分类器从不同的图像块中提取出来的深度特征来预测不同部分之间的亮暗关系[29]。

a）IIW数据集上的反射率标注　　　　　　　　b）SAW数据集上的明暗标注

图 11-12　IIW 和 SAW 数据集（基于论文[20-21] 的插图重新绘制）

拓展阅读：常用的非朗伯模型

　　本征图像模型式(11.2)服从朗伯假设，即观测到的图像亮度和观测方向无关。当物体表面有非常粗糙的微观几何形态，或者在雾天等非常发散的光源的照射下，该模型是成立的。然而，现实世界中大部分物体的材质都不符合朗伯假设。即便是最符合漫反射的表面，当从切线角观测时，也会发生和观测方向相关的菲涅尔（Fresnel）反射效应。为了更好地描述现实世界，前面介绍的多个数据集[3,17,24-25,28] 在构建过程中使用了非朗伯反射模型（non-Lambertian reflectance model），下面在 6.2 节的成像模型的基础上简要介绍。

　　二色反射模型（dichromatic reflection model）[30-31] 是一个经典的非朗伯反射模型，将物体表面某一点的辐射率 L_o 分解为漫反射成分 $\cdot_d$ 和镜面反射成分 $\cdot_s$：

$$L_o(\boldsymbol{\omega}_r, \lambda) = m_d(\boldsymbol{\omega}_r, \boldsymbol{\omega}_i, \boldsymbol{n})c_d(\lambda) + m_s(\boldsymbol{\omega}_r, \boldsymbol{\omega}_i, \boldsymbol{n})c_s(\lambda) \tag{11.4}$$

式中，c 和色彩（光的波长 λ）相关；而放缩系数 m 和色彩无关、和几何相关，由入射光方向 $\boldsymbol{\omega}_i$、观测方向 $\boldsymbol{\omega}_r$ 和表面法线 $\boldsymbol{n}$ 共同决定。

　　在实际计算中，非朗伯反射模型最常用的解析近似式为 Phong 模型[32] 和 Blinn-Phong 模型[33]。假设场景中有 J 个方向和强度分别为 $\boldsymbol{\omega}_i^{(j)}, i^{(j)}(j = 1, 2, \cdots, J)$ 的光源，其中光照 i 可以进一步划分为漫反射成分 i_d 和镜面反射成分 i_s，k_d 和 k_s 分别表示物体在该点反射率的漫反射成分和镜面反射成分，$\boldsymbol{r} = \dfrac{2(\boldsymbol{\omega}_i \cdot \boldsymbol{n})\boldsymbol{n} - \boldsymbol{\omega}_i}{\|2(\boldsymbol{\omega}_i \cdot \boldsymbol{n})\boldsymbol{n} - \boldsymbol{\omega}_i\|}$ 表示从这点完美镜面反射后光的方向，则 Phong 反射模型为

$$L_o(\boldsymbol{\omega}_r) = \sum_{j=1}^{J} \left(k_d(\boldsymbol{n} \cdot \boldsymbol{\omega}_i^{(j)})i_d^{(j)} + k_s(\boldsymbol{r} \cdot \boldsymbol{\omega}_r)^{k_a}i_s^{(j)} \right) \tag{11.5}$$

式中，k_a 表示材质的光滑度（shininess）。由式 (11.5) 可看出，镜面反射的效应随着观测方向 $\boldsymbol{\omega}_r$ 离镜面反射方向 $\boldsymbol{r}$ 越远，衰减得越快。当考虑物体的颜色时，k 和 i 都是 RGB 颜色向量，该式需要在每个通道分别计算。

重复计算点乘积 $\boldsymbol{r} \cdot \boldsymbol{\omega}_r$ 的开销比较高。实际上，物体表面法线方向 $\boldsymbol{n}$ 正好是入射光方向 $\boldsymbol{\omega}_i$ 和镜面反射方向 $\boldsymbol{r}$ 的角平分向量，因此，Blinn-Phong 模型用更容易计算的观测方向 $\boldsymbol{\omega}_r$ 和入射光方向 $\boldsymbol{\omega}_i$ 之间的半程向量 $\boldsymbol{h} = \dfrac{\boldsymbol{\omega}_i + \boldsymbol{\omega}_r}{\|\boldsymbol{\omega}_i + \boldsymbol{\omega}_r\|}$ 与法线方向 $\boldsymbol{n}$ 的余弦值来代替 $\boldsymbol{r} \cdot \boldsymbol{\omega}_r$，以减小计算开销：

$$L_o(\boldsymbol{\omega}_r) = \sum_{j=1}^{J} \left(k_d (\boldsymbol{n} \cdot \boldsymbol{\omega}_i^{(j)}) i_d^{(j)} + k_s (\boldsymbol{n} \cdot \boldsymbol{h})^{k_a} i_s^{(j)} \right) \tag{11.6}$$

11.2   Retinex 分解

在不适定问题中，常常需要通过一些先验知识或者对未知量的约束条件来缩小解空间，从而减小问题的不适定性。本节将介绍经典的基于 Retinex 分解的先验。

1971 年，Edwin H. Land 等在 Piet Mondrian 的画作（图 11-13 展示了一个例子，该作家的画作具有很强的分段常数特性，这也是自然图像中非常重要的先验）上用亮度不同的彩色光源做了一系列实验，确定了人眼系统是通过寻找相对强度来理解材料反射率的[8]。对此观察，该文作者把 Retina（视网膜）和 Cortex（皮层）结合创造了 Retinex 这个词，旨在描述人类视觉系统中自动抵消光照变化的影响以使得在不同光照条件下所感知到的颜色保持恒常的机制。Retinex 理论的核心假设如下[34]：①人类视觉系统在每个独立的颜色通道（RGB）的计算方式是相同的；②在每个颜色通道，图像亮度值与物体的反射率和光照的乘积成比例；③人类视觉系统在感知物体的反射率时会将光照自动忽略。此外，Retinex 理论中还假设图像中小的梯度是光照变化导致的，即光照 [式 (11.2) 中的 $\boldsymbol{S}$] 是空间上平滑的；而大的梯度是场景表面反射率 [式 (11.2) 中的 $\boldsymbol{R}$] 的变化导致的，即反射率是分段常数。在一些本征图像分解的文献[35-37] 中，Retinex 关于梯度的先验被形式化成一个更强的版本：图像上的导数要么是由反射率变化引起的，要么是由明暗变化引起的，由此本征图像分解问题变成对图像导数的分类问题。作为求解本征图像分解问题的一个经典先验，基于 Retinex 理论的图像模型给出了与光照无关和与光照相关成分的基本统计特性，在各类光照相关的图像恢复和增强任务中均有广泛应用，例如低光照图像恢复[38]、色调映射[39]、颜色恒常性[40] 和图像去雾[41]。

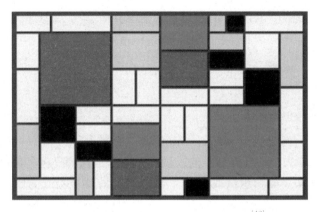

图 11-13　Piet Mondrian 的画作样例[42]

1. 基于路径的 Retinex 算法

最早的 Retinex 算法[8] 基于路径来计算反射率。对于图像 $\boldsymbol{I}$ 上的像素 $\boldsymbol{p}$ 而言，其以另一个像素 $\boldsymbol{q}$ 作为参考的反射率比值可以通过如下方式来计算：首先确定两个像素之间某个路径 γ 上的一系列像素的不同亮度，沿着这条路径得到相邻两个有着不同亮度的像素之间的亮度比值，再将这些亮度比值依次相乘，即为像素 $\boldsymbol{p}$ 以像素 $\boldsymbol{q}$ 为参考的反射率比值。上述计算也可以简化为在亮度比值的对数域下的求和操作。其中，在某个图像块边界处，亮度比值对应反射率变化，而在图像块内部，亮度比值接近于 1。该过程形式化如下：

$$\boldsymbol{R}(\boldsymbol{p}, \boldsymbol{q}) = \sum_k \mathcal{T}_\tau^h \left(\log \frac{\boldsymbol{I}_{k+1}}{\boldsymbol{I}_k} \right), \quad \mathcal{T}_\tau^h(z) = \begin{cases} z & |z| \geqslant \tau \\ 0 & \text{其他} \end{cases} \tag{11.7}$$

式中，$\mathcal{T}_\tau^h$ 表示阈值为 τ 的硬阈值化算子，它保证了在总和中只包含大的亮度变化，而不受由缓慢变化的光照引起的亮度变化的影响。假如阈值 τ 的选取恰好可以完美区分明暗和反射率的梯度，那么像素 $\boldsymbol{p}$ 和 $\boldsymbol{q}$ 之间的相对反射率应当是路径无关的。$\boldsymbol{p}$ 处的平均相对反射率可以通过在所有其他像素 $\boldsymbol{q}_n \neq \boldsymbol{p}$ 上的相对反射率上求均值得到：

$$\boldsymbol{R}(\boldsymbol{p}) = \mathbb{E}_{\boldsymbol{q}_n}[\boldsymbol{R}(\boldsymbol{p}, \boldsymbol{q}_n)] = \frac{1}{N} \sum_{k=1}^N \boldsymbol{R}(\boldsymbol{p}, \boldsymbol{q}_n) \tag{11.8}$$

2. 基于随机游走的 Retinex 算法

Retinex 算法的最终目的是以图像中一个或几个标准的有着高反射率的图像块作为参考来描述其他任意区域的反射率[8]。基于随机游走的 Retinex 算法[43-44] 针对这一点做出改进，以路径上最亮的像素 $\tilde{q}$ 作为参考来计算像素 p 沿着终点为 q 的路径 γ_n 的相对反射率：

$$R(p,q) = \log \frac{I(p)}{I(\tilde{q})}, \quad R(p) = \frac{1}{N}\sum_{k=1}^{N} R(p, \tilde{q}_n) \tag{11.9}$$

3. 中心环绕 Retinex 算法

在神经科学中，侧抑制（lateral inhibition）指的是一个被兴奋的神经元所能降低周围神经元活性的能力。基于侧抑制的发现，一种基于局部亮度和周围像素的均值来确定局部亮度（反射率）的思想被提出[45]，该思想在后续被实现为中心环绕 Retinex 算法[46]：

$$R(p) = \log I(p) - \log[G * I](p) \tag{11.10}$$

式中，G 是一个高斯核；$*$ 表示卷积运算。随后该算法被拓展到多个尺度[47]：

$$R(p) = \log I(p) - \sum_n \omega_n \log[G_n * I](p), \quad \sum_n \omega_n = 1 \tag{11.11}$$

式中，ω_n 是每个尺度的权重，G_n 是不同尺度的高斯核。

4. 基于 PDE 的 Retinex 算法

基于偏微分方程（Partial Differential Equation，PDE）的方法[48] 将原始 Retinex 算法缩减为明暗的平滑先验，因此通过在亮度值导数上阈值化即可实现。该方法首先对式 (11.2) 取对数，将乘法变成加法：

$$I' = R' + S' \tag{11.12}$$

式中，$I' = \log I$；$R' = \log R$；$S' = \log S$。为了保证各向同性，该方法选择了标量拉普拉斯算子 Δ 作为导数算子，它使 $\Delta S'$ 处处有限，而 $\Delta R'$ 在除了边缘以外的地方都为 0。由此可以得到如下泊松方程：

$$\Delta R' = \mathcal{T}_\tau^h(\Delta I') \tag{11.13}$$

该方程可以用格林函数（Green's function）求解。后续的改进将标量拉普拉斯算子替换成一个梯度先验项[49]，其等价于求解 $\mathcal{L}_2$ 梯度拟合问题：

$$\widehat{R}' = \mathrm{argmin}_{R'} \|\boldsymbol{\nabla} R' - \mathcal{T}_\tau^h(\boldsymbol{\nabla} I')\|_2^2 \tag{11.14}$$

这被称为 $\mathcal{L}_2$-Retinex。这里的 $\mathcal{L}_2$ 范数项替换成 $\mathcal{L}_1$ 范数可以得到一个更加稀疏的偏差矩阵 $\boldsymbol{Q} = \boldsymbol{\nabla} R' - \mathcal{T}_\tau^h(\boldsymbol{\nabla} I')$，也就是说得到一个大部分区域满足 $\boldsymbol{\nabla} \widehat{R}' = \mathcal{T}_\tau^h(\boldsymbol{\nabla} I')$

的解[34]：

$$\widehat{\boldsymbol{R}'} = \mathrm{argmin}_{\boldsymbol{R}'} \|\boldsymbol{\nabla} \boldsymbol{R}' - \mathcal{T}_\tau^h(\boldsymbol{\nabla} \boldsymbol{I}')\|_1 \tag{11.15}$$

这被称为 $\mathcal{L}_1$-Retinex。

5. 基于变分的 Retinex 算法

基于变分的 Retinex 算法是目前最常用的传统 Retinex 算法，这类方法以更加显式的方式对明暗或反射率或两者施加一定的正则化先验来解决两层之间的歧义。下面将给出一些经典方法的概要介绍。

早先基于变分的 Retinex 算法[50] 通过求解以下问题来计算反射率和明暗：

$$\min_{\boldsymbol{S}'} \int_\Omega \|\boldsymbol{\nabla} \boldsymbol{S}'\|^2 + \alpha\|\boldsymbol{\nabla} \boldsymbol{I}' - \boldsymbol{\nabla} \boldsymbol{S}'\|^2 + \gamma\|\boldsymbol{I}' - \boldsymbol{S}'\|^2, \ \mathrm{s.t.,} \ \boldsymbol{S}' \leqslant \boldsymbol{I}', \ \boldsymbol{\nabla} \boldsymbol{S}' \cdot \boldsymbol{n} = 0 \ \text{on} \ \delta\Omega$$

$$\tag{11.16}$$

式中，Ω 表示图像支撑；$\delta\Omega$ 表示其边缘；$\boldsymbol{n}$ 表示边缘的法线。第一项约束了明暗的空间平滑性。第二项约束了反射率的空间平滑性，实际上这一项主要用于处理阴影、高光等明暗剧烈变化的区域。第三项主要是为了避免出现明暗为常数的平凡解，增加问题的适定性，γ 通常设为一个很小的值。第四项是非对称约束条件，用于弥补同时在明暗和反射率上施加空间平滑约束带来的歧义，它使得反射率的计算依照基于随机游走的Retinex 理论中的以路径上最亮的像素作为参考点的原则。这个二次规划问题可以通过多分辨率下的投影正则化最速下降法求解。为了方便读者对其和后续方法的形式进行对比，上述关于明暗的最小化问题可以重写为关于反射率的最小化问题：

$$\min_{\boldsymbol{R}'} \|\boldsymbol{\nabla} \boldsymbol{R}' - \boldsymbol{\nabla} \boldsymbol{I}'\|_2^2 + \alpha\|\boldsymbol{\nabla} \boldsymbol{R}'\|_2^2 + \gamma\|\boldsymbol{R}'\|_2^2, \quad \mathrm{s.t.,} \quad \boldsymbol{R}' \leqslant 0 \tag{11.17}$$

基于 PDE 的 Retinex 方法认为反射率对应于图像中边缘等锐利的细节，而全变分（Total Variation，TV）约束项对于恢复图像边缘非常有效，因此也通常被施加于反射率[51]：

$$\min_{\boldsymbol{R}'} \|\boldsymbol{\nabla} \boldsymbol{R}' - \boldsymbol{\nabla} \boldsymbol{I}'\|_2^2 + \alpha\|\boldsymbol{\nabla} \boldsymbol{R}'\|_1 \tag{11.18}$$

这个问题被称为 TV-Retinex，可以通过 Bregman 迭代算法[52] 求解。对数全变分（Logarithmic Total Variation，LTV）方法[53] 发现由一个 $\mathcal{L}_1$ 保真项（fidelity term）和全变分惩罚项组成的优化问题很适合用于分离不同尺度上的人脸成分。该方法认为属于本征属性的反射率成分通常包含线、边和小物体等更小尺度的结构，而由明暗或鼻子等更大的物体的投射阴影组成的光照成分通常属于更大尺度，因此构建了如下问题：

$$\min_{\boldsymbol{S}'} \|\boldsymbol{\nabla} \boldsymbol{S}'\|_1 + \gamma\|\boldsymbol{S}' - \boldsymbol{I}'\|_1 \tag{11.19}$$

这个问题可以被重写为一个二阶锥规划（Second-Order Cone Programming，SOCP）问题，从而通过内点法求解。

以上方法首先求解反射率或者明暗，另一个分量可以通过式 (11.12) 进行求逆得到。通过引入关于式 (11.12) 的 $\mathcal{L}_2$ 保真项，可以同时考虑反射率和明暗[54]：

$$\min_{\boldsymbol{R}',\boldsymbol{S}'} \|\boldsymbol{R}' + \boldsymbol{S}' - \boldsymbol{I}'\|_2^2 + \alpha\|\boldsymbol{\nabla}\boldsymbol{R}'\|_1 + \beta\|\boldsymbol{\nabla}\boldsymbol{S}'\|_2^2, \text{ s.t., } \boldsymbol{R}' \leqslant 0,\ \boldsymbol{S} \leqslant \boldsymbol{I} \tag{11.20}$$

该问题也可以通过 Bregman 迭代算法[52] 求解。然而，由于对数变换对亮处梯度的抑制，这样估计得到的反射率容易出现过度平滑，常需要通过后处理 $\boldsymbol{R} = \boldsymbol{I} \oslash \boldsymbol{S}$（$\oslash$ 表示逐元素相除）来得到最终的反射率。通过对惩罚项进行重加权可以有效避免这个现象[55]：

$$\min_{\boldsymbol{R}',\boldsymbol{S}'} \|\boldsymbol{R}' + \boldsymbol{S}' - \boldsymbol{I}'\|_2^2 + \alpha\|e^{\boldsymbol{R}'}\boldsymbol{\nabla}\boldsymbol{R}'\|_1 + \beta\|e^{\boldsymbol{S}'}\boldsymbol{\nabla}\boldsymbol{S}'\|_2^2, \text{ s.t., } \boldsymbol{R}' \leqslant 0,\ \boldsymbol{S} \leqslant \boldsymbol{I} \tag{11.21}$$

式中，权重 $e^{\boldsymbol{R}'}$ 和 $e^{\boldsymbol{S}'}$ 用于补偿对数变换在亮处带来的细节抑制作用。该问题可以通过交替方向乘子法（Alternating Direction Method of Multipliers，ADMM）[56] 求解。

对于对数变换带来的问题，另一个改进的方式是直接在源域进行问题求解[57]：

$$\min_{\boldsymbol{R},\boldsymbol{S}} \|\boldsymbol{R} \odot \boldsymbol{S} - \boldsymbol{I}\|_2^2 + \alpha\|\boldsymbol{\nabla}\boldsymbol{R}\|_1 + \beta\|\boldsymbol{\nabla}\boldsymbol{S}\|_2^2 + \gamma\|\boldsymbol{S} - \bar{\boldsymbol{I}}\|_2^2, \text{ s.t., } \boldsymbol{S} \leqslant \boldsymbol{I} \tag{11.22}$$

式中，$\bar{\boldsymbol{I}}$ 表示图像 $\boldsymbol{I}$ 的均值。第一项是在源域中的 $\mathcal{L}_2$ 保真项，最后一项则是为了减少亮度上的缩放歧义。这个问题也可以通过 ADMM[56] 来求解。

在上述方法中，明暗上施加的都是空间平滑约束。然而，在真实场景中，由于物体自身形状或者物体相互位置导致的遮挡或阴影的存在，明暗中也会出现不平滑的地方，这个假设不一定成立。明暗和物体的形状相关，可对其施加结构保持的惩罚项，使得它在大部分区域平滑，在形状发生变化的地方允许有大的变化。例如，在明暗上定义基于局部变化偏差（local variation deviation）的结构约束项（第三项）[58]：

$$\min_{\boldsymbol{R},\boldsymbol{S}} \|\boldsymbol{R} \odot \boldsymbol{S} - \boldsymbol{I}\|_2^2 + \alpha\|\boldsymbol{\nabla}\boldsymbol{R}\|_1 + \beta\left\|\frac{\boldsymbol{\nabla}\boldsymbol{S}}{\frac{1}{\mathcal{N}}\sum_{\mathcal{N}}\boldsymbol{\nabla}\boldsymbol{S} + \epsilon}\right\|_1 + \gamma\left\|\boldsymbol{S} - \max_{\mathcal{N}}\left(\max_{c\in\{r,g,b\}}\boldsymbol{I}_c\right)\right\|_2^2$$

$$\tag{11.23}$$

式中，$\mathcal{N}$ 是一个局部邻域；ϵ 用于防止除零错误。最后一项在明暗上使用了亮通道先验来减少亮度上的歧义。这个问题可以通过块坐标下降法来求解。

11.3　基于优化求解的本征图像分解

本征图像分解的关键是如何解决明暗和反射率之间的歧义，本节将具体介绍传统本征图像分解方法中除了 Retinex 以外的其他常用启发式先验。

1. 色度变化约束

色彩空间是一个三维空间，而色度（chromaticity）指的是对亮度进行归一化后投影到和亮度无关的二维空间的颜色，例如 $\{G/R, B/R\}$。一张图像较大的色度变化更有可能是反射率的变化导致的[35-36]，这个先验可以通过对色度梯度变化的阈值化操作来实现。假设图像中两个相邻的像素的 RGB 颜色三元组分别为 $\boldsymbol{I}(\boldsymbol{p})$ 和 $\boldsymbol{I}(\boldsymbol{q})$，如果这两个像素之间的变化是由明暗引起的，则存在标量 α 使得 $\boldsymbol{I}(\boldsymbol{q}) = \alpha \boldsymbol{I}(\boldsymbol{p})$。如果 $\boldsymbol{I}(\boldsymbol{q}) \neq \alpha \boldsymbol{I}(\boldsymbol{p})$，这意味着两个相邻像素颜色的色度变了，那么这个变化是由反射率引起的。为了找到色度的变化，首先需要将这两个向量归一化成 $\tilde{\boldsymbol{I}}(\boldsymbol{p})$ 和 $\tilde{\boldsymbol{I}}(\boldsymbol{q})$，然后利用它们之间的角度即可以找到色度的变化。理想情况下，如果 $\tilde{\boldsymbol{I}}(\boldsymbol{p})$ 和 $\tilde{\boldsymbol{I}}(\boldsymbol{q})$ 的色度相同，即 $\tilde{\boldsymbol{I}}(\boldsymbol{p}) \cdot \tilde{\boldsymbol{I}}(\boldsymbol{q}) = 1$，那么这个变化是由明暗引起的，否则是由反射率引起的。实际操作中，该方法使用了阈值 $\cos(0.01)$ 作为区分反射率和明暗引起的不同变化。图 11-14 展示了使用色度变化先验得到的本征图像分解结果。

输入图像　　　　　　　　　明暗图　　　　　　　　　反射率图

图 11-14　色度变化先验得到的本征图像分解结果（基于论文[36]的插图重新绘制）

2. 普朗克光照

当光源发出的光和黑体辐射的光类似时，它可以用色温来描述，这样的光照被称为普朗克光照（Planckian lighting），常见的有日光、白炽灯等。在普朗克光照、窄带传感器和朗伯表面的假设下，属于相同反射率的像素在不同的光照下会在 log-RGB 空间形成一条线[59]，图 11-15 展示了一些在变化光照下的有色图像块在对数色度空间中的投影。可以看到，同一个图像块在不同光照下的投影形成平行的直线，这些点沿着光照不变方向的正交投影可以得到一个概率密度函数上的单峰，这意味着其熵较小；而沿着其他方向的投影得到的概率密度函数峰值较小，因此熵较大。因此，这个方向可以通过熵最小化来求解。如果将图像在对数色度空间沿着正确的方向投影后再映射回原空间，则得到其光照不变图像。使用普朗克光照先验得到的本征图像分解结果如图 11-16所示，输入图像投影到通过 $\mathcal{L}_1$ 范数定义的色度空间 $\{r,g,b\} \doteq \{R,G,B\}/(R+G+B)$ 中得到色度图像，通过遍历不同方向找到使得熵最小的不变方向后，投影后得到的光照不变色度图像中是看不到影子的，利用其导数重新进行积分则得到去除了影子等光照效应的三通道彩色图像。

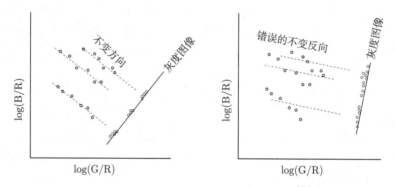

图 11-15　图像块在二维对数色度空间中的投影（基于论文[59]的插图重新绘制）

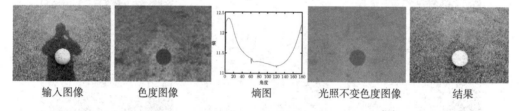

输入图像　　　　色度图像　　　　熵图　　　　光照不变色度图像　　　　结果

图 11-16　使用普朗克光照先验得到的本征图像分解结果（基于论文[59]的插图重新绘制）

3. 非局部反射率相似性

如果两个图像块的纹理特征（例如通过邻域定义的特征）是一致的，那么它们很可能是在不同位置重复的相同结构，具有相同的反射率。这种反射率上的长距离相似性约束可以形式化为一个施加在反射率上的非局部先验，以更好地找到最可能有相同反射率的位置[60]。对于输入图像 I，为了移除光照在纹理上的影响，首先求解亮度值归一化的反射率值 $\widetilde{R}(p) = R(p)/\|R(p)\| = I(p)/\|I(p)\| = \widetilde{I}(p)$，以此作为纹理特征，按照某个距离函数将像素聚类成 K 组。具体而言，该方法采用了在 3×3 的图像块上的距离二次方和作为分组匹配的依据，图 11-17a 展示了其中的两个分组情况。分组之后，通过以下能量最小化问题来为这 K 组像素确定它们的反射率 $\{r_k\}_{k=1}^K$：

$$\min_{r_1,\cdots,r_K} \sum_{\boldsymbol{p},\boldsymbol{q}\in\mathcal{N}(\boldsymbol{p})} \left\{ \left(\frac{\boldsymbol{I}(\boldsymbol{p})}{\widetilde{\boldsymbol{R}}(\boldsymbol{p})\cdot r_{g(\boldsymbol{p})}} - \frac{\boldsymbol{I}(\boldsymbol{q})}{\widetilde{\boldsymbol{R}}(\boldsymbol{q})\cdot r_{g(\boldsymbol{q})}} \right)^2 + \alpha(\boldsymbol{p},\boldsymbol{q})\left(\widetilde{\boldsymbol{R}}(\boldsymbol{p})\cdot r_{g(\boldsymbol{p})} - \widetilde{\boldsymbol{R}}(\boldsymbol{q})\cdot r_{g(\boldsymbol{q})} \right)^2 \right\}$$
(11.24)

式中，$\mathcal{N}(\boldsymbol{p})$ 表示像素 $\boldsymbol{p}$ 的 4-邻域；$g(\boldsymbol{p})$ 表示像素 $\boldsymbol{p}$ 所属于的分组索引；第一项约束明暗图上的梯度尽可能小；第二项约束反射率图上的梯度尽可能小。参数函数 α 定义如下：

$$\alpha = \begin{cases} 0.1, & |\widetilde{\boldsymbol{I}}(\boldsymbol{p}) - \widetilde{\boldsymbol{I}}(\boldsymbol{q})| > 0.01 \\ 10, & \text{其他} \end{cases}$$
(11.25)

求解了 $\{r_k\}_{k=1}^{K}$ 以后，则可以求得分解结果：

$$\boldsymbol{R}^{\star}(\boldsymbol{p}) = \widetilde{\boldsymbol{R}}(\boldsymbol{p})\cdot r_{g(\boldsymbol{p})}, \quad \boldsymbol{S}^{\star}(\boldsymbol{p}) = \boldsymbol{I}(\boldsymbol{p})/\boldsymbol{R}^{\star}(\boldsymbol{p})$$
(11.26)

图 11-17b 展示了通过上述方法得到的本征图像分解结果。

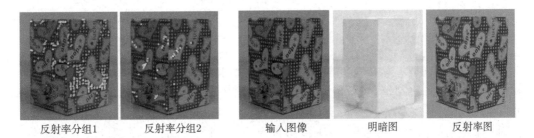

反射率分组1　　反射率分组2　　　　输入图像　　明暗图　　反射率图

a）两个非局部反射率分组　　　　b）基于非局部反射率相似性得到的本征图像分解结果

图 11-17　非局部反射率相似性示意图（基于论文[60] 的插图重新绘制）

4. 形状先验

"Shape, illumination, and reflectance from shading"[14] 一文发表于 IEEE TPAMI 2015，提出了在本征图像分解的框架中同时估计光照、反射率和形状的方法 SIRFS。该方法受如下事实启发：人类可以轻易从一张图像中感知物体的相对远近和物体表面的朝向，从而感知图像的相对深度甚至表面法线，6.3 节介绍的从明暗恢复形状（SfS）已经展示了一个在已知光照和反射率的情况下从明暗中估计形状的方法。图 11-18展示了该方法的成像模型，$\boldsymbol{I}$ 是给定的输入图像，$\boldsymbol{R}$ 是对数域上的反射率图，$\boldsymbol{Z}$ 是深度图，$\boldsymbol{L}$ 是光照的球谐函数系数，$\boldsymbol{S}(\boldsymbol{Z},\boldsymbol{L})$ 是一个将深度图 $\boldsymbol{Z}$ 转化为表面法线从而联合 $\boldsymbol{L}$ 一起得到对数域下的明暗图 $\boldsymbol{S}$ 的"渲染引擎"。显然，从单张图像 $\boldsymbol{I}$ 中同时估计光照球谐函数系数 $\boldsymbol{L}$、反射率 $\boldsymbol{R}$ 和深度图 $\boldsymbol{Z}$ 这个问题的不适定性非常大。该方法通过在每个变量上定义一系列启发式和统计先验，实现了对一个不适定程度极高问题的求解。由于从图像中分解出了光度成像的全部三个基本要素，该问题也被称作递渲染（inverse rendering）。

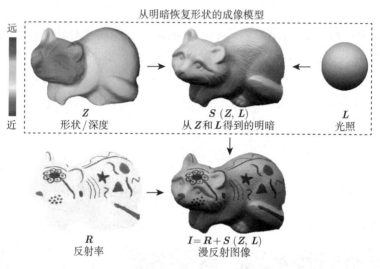

图 11-18   SIRFS 成像模型（基于论文[14]的插图重新绘制）

如图 11-19所示，该方法在反射率上定义了三个先验：反射率通常满足分段常数的假设，该方法通过在对数反射率上最小化局部变化来实现；反射率的颜色值通常很稀疏，这通过最小化对数反射率的全局熵来实现；此外，该方法还通过在数据集上的统计得到一个绝对的反射率颜色统计先验，以此解决颜色恒常性的问题。形状上的先验借鉴了从明暗恢复形状（详见 6.3 节）中使用的平滑性和遮挡边界约束：形状通常很平滑，这可以通过平均曲率变化的最小化来建模；被遮盖物体的边界附近的表面法线通常朝向表面的外侧。此外还引入了各向同性约束：表面法线方向通常是各向同性的，即其朝向某个方向的可能性和朝向另一个方向的概率相同。对于光照，该方法使用了一个简单的先验：使用光照的二阶球谐函数系数表示，在训练数据集上拟合最优的参数。这些先验的具体形式可参阅论文[14]。

5. 变化光照下的反射率一致性

变化光照下的反射率一致性是一个非常经典的基于多图的先验，其输入一般使用延时序列（time-lapse sequences），即具有不同光照的静态场景图像序列。图像序列或视频中不同帧之间的时间不变信息约束可以有效减小本征图像分解问题的不适定性[61]。对于一个有 T 张图像的序列 $\mathbb{I}=\{\boldsymbol{I}(x,y,t)\}_{t=1}^{T}$，其反射率 $\boldsymbol{R}(x,y)$ 随着时间变化保持不变，只有明暗 $\mathbb{S}=\{\boldsymbol{S}(x,y,t)\}_{t=1}^{T}$ 发生改变。这个问题相比于原始的本征图像分解模型不适定性减小了，但仍然是不适定的，因为在每个像素处都有 T 个等式和 $T+1$ 个未知量。首先，通过取对数原问题从乘法变成加法：

$$\boldsymbol{I}'(x,y,t) = \boldsymbol{R}'(x,y) + \boldsymbol{S}'(x,y,t) \tag{11.27}$$

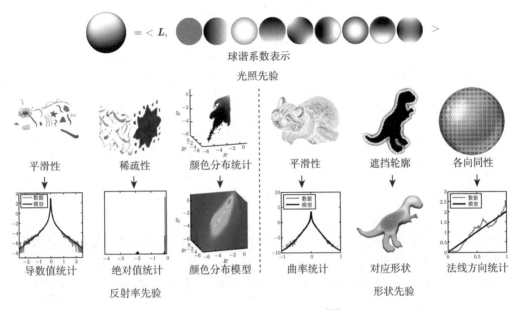

图 11-19　SIRFS 使用先验示意图（基于论文[14]的插图重新绘制）

该论文作者观察到明暗的平滑性在户外场景中（尤其是带有阴影的场景）常常不成立，明暗中也可能和反射率一样有锐利的边缘。他们从数据中观测到室外场景的明暗图与导数滤波器的卷积结果是稀疏的，提出将其作为明暗的先验。假设使用 N 个滤波器 $\{\boldsymbol{F}_n\}_{n=1}^N$ 在图像 $\boldsymbol{I}'$ 上得到的滤波器响应为 $\boldsymbol{O}_n(x,y,t) = \boldsymbol{I}' * \boldsymbol{F}_n$，在反射率 $\boldsymbol{R}'$ 上得到的滤波器响应为 $\boldsymbol{R}'_n = \boldsymbol{R}' * \boldsymbol{F}_n$。假设明暗 $\boldsymbol{S}'(x,y,t)$ 服从拉普拉斯分布，且在时空上具有独立性。那么有似然函数：

$$
\begin{aligned}
p(\boldsymbol{O}_n|\boldsymbol{R}'_n) &= \frac{1}{Z} \prod_{x,y,t} \exp\{-\beta|\boldsymbol{O}_n(x,y,t) - \boldsymbol{R}'_n(x,y)|\} \\
&= \frac{1}{Z} \exp\left\{-\beta \sum_{x,y,t} |\boldsymbol{O}_n(x,y,t) - \boldsymbol{R}'_n(x,y)|\right\}
\end{aligned} \tag{11.28}
$$

式中，β 表示拉普拉斯分布参数。最大化以上似然函数等价于最小化偏差绝对值的和，反射率的解恰好为滤波器响应的中值：

$$\widetilde{\boldsymbol{R}}'_n(x,y) = \mathrm{median}_t \, \boldsymbol{O}_n(x,y,t) \tag{11.29}$$

由此可以得到过约束系统：

$$F_n * \widetilde{R}' = \widetilde{R}_n'$$

(11.30)

其伪逆解为

$$\widetilde{R}' = G * \left(\sum_n F_n^{\text{inv}} * \widetilde{R}_n' \right)$$

(11.31)

式中，F_n^{inv} 满足 $F_n(x, y) = F_n^{\text{inv}}(-x, -y)$，是 F_n 的逆滤波器；而矩阵 G 是式 (11.32) 的解：

$$G * \left(\sum_n F_n^{\text{inv}} * F_n \right) = \delta$$

(11.32)

图 11-20 为中值滤波算子实现变化光照下的反射率一致性的有效性验证，展示了一个监控场景图像序列中的两帧基于以上方法得到的结果。

图像帧1　　　　　明暗1　　　　　图像帧11　　　　　明暗11　　　　　反射率

图 11-20　中值滤波算子实现变化光照下的反射率一致性的有效性验证（基于论文[61]的插图重新绘制）

11.4　基于深度学习的本征图像分解

传统方法通过对场景内容或者物理成像过程做一些基于经验或是统计的假设从而在基于优化的方法中求解本征图像分解问题。然而，和其他的很多计算机视觉问题一样，求解这些优化问题的最优解在计算上非常复杂，而所使用的这些人为定义的先验和启发式规则对复杂真实场景刻画能力的局限性也限制了这些方法的应用范围和泛化能力。近年来，具有强大的数据建模能力的深度学习让本征图像分解问题得到了更好的解决。

11.4.1　不同学习范式下的方法

对于深度学习技术而言，作为监督信号的数据是影响模型性能和泛化能力最重要的因素之一。根据监督信号类型的不同，基于学习的方法可以粗略分为监督学习、无监督学习和弱监督学习等不同的学习范式。下面，本小节将根据学习范式的不同来介绍基于深度学习的本征图像分解方法，其主要区别如下：

1) 全监督学习（supervised learning）利用带有明暗和反射率的完全标记的数据集来学习模型参数，通常能够在数据集的数据分布内获得最优的性能。

2) 半监督学习（semi-supervised learning）同时利用带有标签的数据（通常是合成的）和没有标记的数据（通常是真实的）来学习模型参数，有利于缓解合成数据和真实数据之间分布不同的问题，属于弱监督学习的一种。

3) 自监督学习（self-supervised learning）在没有任何类型标记的数据集上结合成像模型和反射率一致性先验来学习模型参数，通常包含一个基于单图像重建或者多图像重建的损失，属于无监督学习的一种。

4) 对抗学习（adversarial learning）基于生成器和鉴别器之间的对抗互博来从非成对的反射率数据集、明暗数据集和图像数据集中获取数据驱动的先验，属于无监督学习的一种。

1. 全监督学习

前文所述的 MIT Intrinsics[3]、ShapeNet[16] 和 CGIntrinsics[19] 等数据集都能提供全监督的绝对学习约束。其中 MIT Intrinsics[3] 是一个小规模数据集，而 ShapeNet[16] 和 CGIntrinsics[19] 是渲染得到的大规模数据集，使得在其上全监督地训练深度神经网络成为可能。"Direct intrinsics: learning albedo-shading decomposition by convolutional regression"[13] 一文发表于 ICCV 2015，利用 MPI Sintel 数据集[17] 提供的直接监督，用神经网络从输入图像通过回归或分类直接预测反射率和明暗的数值，得到了和当时所有方法（包括有深度图作为额外输入的方法）相比最优的结果，首次验证了卷积神经网络在合成数据上的全监督训练的有效性。

基于全监督学习的本征图像分解方法如图 11-21 所示，给定一张图像 I，该方法使用一个卷积神经网络 $\mathcal{F}$ 来预测反射率 R 和 S：

$$(\boldsymbol{R}, \boldsymbol{S}) = \mathcal{F}(\boldsymbol{I}, \theta) \tag{11.33}$$

式中，θ 表示需要学习的神经网络参数。一般而言，损失函数在图像的亮度域定义。由于反射率和明暗的真值不是绝对值而是相对值，该方法没有直接使用 $\mathcal{L}_2$ 损失函数，而是使用了与尺度无关的 $\mathcal{L}_2$ 损失。令 $\widetilde{\boldsymbol{Y}}$ 表示对数域上的真值图像，$\boldsymbol{Y}$ 是网络 $\mathcal{F}$ 的预测结果，与尺度无关的 $\mathcal{L}_2$ 损失定义如下：

$$\mathcal{L}_{\text{SIL2}}(\widetilde{\boldsymbol{Y}}, \boldsymbol{Y}) = \frac{1}{N} \sum_{\boldsymbol{p}} (\widetilde{\boldsymbol{Y}}_{\boldsymbol{p}} - \boldsymbol{Y}_{\boldsymbol{p}})^2 + \frac{\lambda}{N^2} \left(\sum_{\boldsymbol{p}} (\widetilde{\boldsymbol{Y}}_{\boldsymbol{p}} - \boldsymbol{Y}_{\boldsymbol{p}}) \right)^2 \tag{11.34}$$

式中，$\boldsymbol{p}$ 表示所有可能的像素和通道索引；N 是一张图像上所有亮度值的个数。λ 是用于权衡不同损失项重要程度的超参数：当 $\lambda = 0$ 时它等价于普通的最小二次损失，当

$\lambda = 1$ 时它则变成了与尺度无关的损失，当 $\lambda = 0.5$ 时等于两者的平均。该方法设置为 $\lambda = 0.5$。受在梯度域定义的 Retinex 先验的启发，该方法除了在图像的亮度域上约束生成的结果和真实图像相似，还在图像的梯度域上约束反射率：

$$\mathcal{L}_{\mathrm{grad}}(\widetilde{\boldsymbol{Y}}, \boldsymbol{Y}) = \frac{1}{N} \sum_{p} (\boldsymbol{\nabla}\widetilde{Y}_p - \boldsymbol{\nabla}Y_p)^2 \tag{11.35}$$

式中，$\boldsymbol{\nabla}$ 表示梯度算子。整体的损失函数定义为

$$\mathcal{L}(\widetilde{\boldsymbol{R}}, \widetilde{\boldsymbol{S}}, \boldsymbol{R}, \boldsymbol{S}) = \mathcal{L}_{\mathrm{SIL2}}(\widetilde{\boldsymbol{R}}, \boldsymbol{R}) + \mathcal{L}_{\mathrm{SIL2}}(\widetilde{\boldsymbol{S}}, \boldsymbol{S}) + \mathcal{L}_{\mathrm{grad}}(\widetilde{\boldsymbol{R}}, \boldsymbol{R}) \tag{11.36}$$

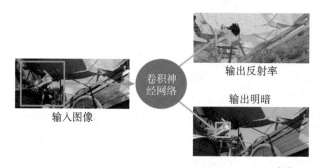

图 11-21　基于全监督学习的本征图像分解方法示意图（基于论文[13]的插图重新绘制）

2. 半监督学习

渲染数据和真实数据在表观上仍存在一定差别，因此在大规模合成数据集上训练得到的方法在真实数据中的泛化性能不尽如人意。"SfSNet: learning shape, reflectance and illuminance of faces 'in the wild'"[62] 一文发表于 CVPR 2018，通过联合能提供全监督信号的合成数据以及没有真值图像标注的真实数据一起训练，使得网络可以既从合成数据中刻画低频变化，又从真实数据中捕捉高频细节，以解决在真实数据上的泛化性问题。基于半监督学习的本征图像分解方法如图 11-22所示，该方法将输入图像 $\boldsymbol{I}$ 送入神经网络 $\mathcal{F}$，然后预测出法线、光照、反射率以及通过这些量重建的图像。图 11-22（右下）展示了基于分解结果进行重光照的结果。一个经典的从明暗恢复形状的方法[63]提出从一个参考模型中来获得低频变化，然后利用明暗的线索来获得高频细节，通过求解一个超定方程组（overdetermined equations）来从图像、法线和反射率中估计光照。受此启发，该方法提出先利用神经网络所提取的特征来分别预测法线和反射率，然后同时利用特征和预测得到的法线和反射率来对光照的参数进行估计。该方法的网络结构分为法线估计和反射率估计两个分支，分别从卷积层从输入图像中提取的特征中预测法线和反射率。光照的每个颜色通道使用有 9 个参数的球谐函数系数来表示，其系数利用输

入图像特征、预测的法线和反射率来联合估计。该方法中对于无真值图像标注的真实数据使用了一个光度重建损失，约束在真实输入图像上推断得到的法线、反射率和光照能够重建输入图像，从而为逆渲染提供线索。从光照和法线得到明暗的重建函数采用了三维形变模型（3D Morphable Model，3DMM）[64-65]，最后可以利用本征图像模型得到重建图像。

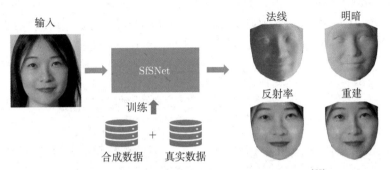

图 11-22　基于半监督学习的本征图像分解方法示意图（基于论文[62]的插图重新绘制）

拓展阅读：三维形变模型

　　3DMM 是一个将带纹理的三维人脸表面映射到图像的生成模型。它从一个三维人脸数据库上获取人脸几何和纹理的统计量，并使用它们的线性组合来表示任意三维人脸。它的提出基于两个思想：所有的人脸都处于密集的点对点对应关系中，可以在一组样例人脸上的配准过程中建立此对应关系；人脸的形状和颜色可以独立地用与光照和相机参数等外部因素无关的方式来表示。作为人脸的一个一般表示，3DMM 广泛应用于人脸识别、人脸生成和虚拟试妆等。此外，3DMM 也被拓展到了人体、动物甚至汽车的建模上[66]。

　　对于任意一张人脸，其形状可以表示为由 N 个顶点的 XYZ 空间坐标组成的向量 $\boldsymbol{s} = (X_1, Y_1, Z_1, X_2, \cdots, Y_N, Z_N)^\mathrm{T} \in \mathbb{R}^{3N}$，其纹理可以表示为 N 个顶点（简单起见，假设形状向量和纹理向量的顶点个数一样）的 RGB 颜色值组成的向量 $\boldsymbol{t} = (R_1, G_1, B_1, R_2, \cdots, G_N, B_N)^\mathrm{T} \in [0,1]^{3N}$。那么，一个人脸形变模型可以通过一个包含 M 张示例人脸（exemplar faces）的数据库来构建，其中第 i 张人脸用其形状向量 $\boldsymbol{s}_i$ 和纹理向量 $\boldsymbol{t}_i$ 来表示。假设已知这些顶点之间的相互对应关系，那么一个新的形状 $\boldsymbol{s}_\mathrm{new}$ 和新的纹理 $\boldsymbol{t}_\mathrm{new}$ 可以表示为这 M 个代表人脸的形状和纹理的线性组合：

$$\boldsymbol{s}_\mathrm{new} = \sum_{i=1}^{M} a_i \boldsymbol{s}_i, \quad \boldsymbol{t}_\mathrm{new} = \sum_{i=1}^{M} b_i \boldsymbol{t}_i, \quad \sum_{i=1}^{M} a_i = \sum_{i=1}^{M} b_i = 1 \tag{11.37}$$

由系数 $\boldsymbol{a} = (a_1, a_2, \cdots, a_m)^{\mathrm{T}}$ 和 $\boldsymbol{b} = (b_1, b_2, \cdots, b_m)^{\mathrm{T}}$ 参数化的人脸集合 $s_{\text{new}}(\boldsymbol{a})$、$t_{\text{new}}(\boldsymbol{b})$ 称为形变模型，任意人脸可以通过调整参数 $\boldsymbol{a}$ 和 $\boldsymbol{b}$ 来控制形状和纹理。

为了有效刻画一个给定形变模型系数的质量或其是一张人脸的可能性，该方法假设构成数据集的形状和纹理参数服从多元高斯分布，从而得到了均值的形状向量 $\bar{\boldsymbol{s}}$ 和纹理向量 $\bar{\boldsymbol{t}}$ 以及相应的协方差矩阵 $\boldsymbol{C}_s$ 和 $\boldsymbol{C}_t$。通过主成分分析可以将原始数据投影到由协方差矩阵的特征向量 $\boldsymbol{s}_i$ 和 $\boldsymbol{t}_i$（根据特征值从大到小排序）组成的正交坐标系统：

$$s_{\text{model}} = \bar{\boldsymbol{s}} + \sum_{i=1}^{M-1} \alpha_i \boldsymbol{s}_i, \quad \boldsymbol{t}_{\text{model}} = \bar{\boldsymbol{t}} + \sum_{i=1}^{M-1} \beta_i \boldsymbol{t}_i \tag{11.38}$$

其中形状系数向量 $\boldsymbol{\alpha} = \alpha_1, \alpha_2, \cdots, \alpha_{M-1} \in \mathbb{R}^{M-1}$ 服从如下分布：

$$p(\boldsymbol{\alpha}) \sim \exp\left\{ -\frac{1}{2} \sum_{i=1}^{M-1} \left(\frac{\alpha_i}{\sigma_i} \right)^2 \right\} \tag{11.39}$$

式中，σ_i^2 是形状协方差矩阵 $\boldsymbol{C}_s$ 的特征值。纹理系数向量 $\boldsymbol{\beta} = \beta_1, \beta_2, ..., \beta_{M-1} \in \mathbb{R}^{M-1}$ 也类似。

式 (11.38) 所表示的形变模型在形状和纹理分别有 $M-1$ 个自由度，其表达能力可以通过将人脸划分为可以分别形变的独立子区域（例如，眼睛、鼻子、嘴巴和其他）进一步增加。实际上，它相当于把将人脸所在的向量空间进一步划分为独立的子空间。这种分段模型在映射到图像时需要在区域连接处使用图像混合（blending）技术来进行平滑化。图 11-23 为基于 PCA 的 3DMM，展示了第

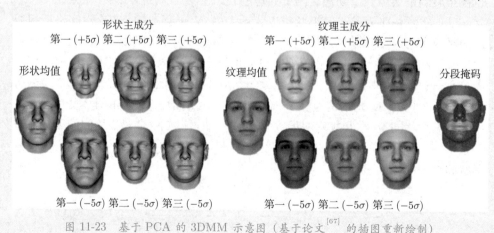

形状主成分
第一 $(+5\sigma)$ 第二 $(+5\sigma)$ 第三 $(+5\sigma)$

纹理主成分
第一 $(+5\sigma)$ 第二 $(+5\sigma)$ 第三 $(+5\sigma)$

形状均值　　　　　　　　　　　　纹理均值　　　　　　　　　　　　分段掩码

第一 (-5σ) 第二 (-5σ) 第三 (-5σ)　　　　第一 (-5σ) 第二 (-5σ) 第三 (-5σ)

图 11-23　基于 PCA 的 3DMM 示意图（基于论文[67]的插图重新绘制）

一个公开的形变模型——巴塞尔人脸模型（Basel Face Model，BFM）[67]，它是在 200 个通过激光扫描仪采集的三维人脸数据上得到的。感兴趣的读者可阅读综述[66]。

3. 自监督学习

和其他图像分解问题（例如第 12 章要介绍的反射消除）不同的是，本征图像分解在自然条件中不存在唯一真实的分解方式，因此目前并不存在大规模的能提供全监督信号的真实数据集。其次，对于这个有非常清晰的成像过程定义的问题，全监督的学习方式并不能保证预测得到的层能够重构输入图像。此外，简单的距离函数并不能很好地衡量不同的本征分解组件在感知上差别的分布。最近有方法通过引入自监督学习策略来解决以上困难。这可以通过将图像重建损失作为最小化目标的一项来实现，由此保证所优化得到的参数能够有效重建原来的图像，提供来自成像模型的监督信号。一般假设重建能在可忽略的时间内高效完成。材料的朗伯反射率最重要的一个特性是它在光照、视角和时间等其他场景特性变化时仍保持不变。这个特性在传统本征图像分解方法中已经有相应的应用，同样地，在基于深度学习的方法中也被利用作为自监督学习信号。

"Learning intrinsic image decomposition from watching the world" [68] 一文发表于 CVPR 2018，收集了一个包含室内和室外场景在变化光照下的真实延时图像序列的数据集，以在深度学习中有效利用变化光照下的反射率一致性先验。该数据集中的天空和宠物、人、车等动态物体被掩码遮蔽掉，包含了 145 个室内场景的延时图像序列和 50 个室外场景的延时图像序列，共计 6500 张图像。基于这个数据集，该论文作者提出了一个在延时图像序列上进行自监督学习的方法。基于时延图像序列一致性的自监督学习方法如图 11-24 所示，该方法通过无标记的固定视角和变化光照下的延时图像序列来训练模型，使其从一张给定图像 I 中预测对应的反射率 R 和明暗 S。对于输入图像 I，该方法假设场景基本满足朗伯反射，在对数域下的图像分解模型如下：

$$\log I = \log R + \log S + \log N \tag{11.40}$$

式中，N 表示图像噪声以及其他和朗伯假设的偏差。给定一个输入图像序列 $\mathbb{I} = \{I_i\}_{i=1}^{N}$ 和掩码 $\mathbb{M} = \{M_i\}_{i=1}^{N}$，模型预测的反射率序列记为 $\mathbb{R} = \{R_i\}_{i=1}^{N}$、明暗序列记为 $\mathbb{S} = \{S_i\}_{i=1}^{N}$。基于式 (11.40) 以及延时图像序列中的反射率一致性，反射率 R_j 应当可以和 S_i 一起用于重构任意 $I_i \in \mathbb{I}$。该方法构建了一个全对连接重建损失项来约束这一先验：

$$\mathcal{L}_{\text{reconstruct}} = \sum_i \sum_j \|M_i \odot M_j \odot (\log I_i - \log R_j - \log S_i)\|_2^2 \tag{11.41}$$

式中，$\boldsymbol{M}$ 是用于标记有效区域的掩码。反射率一致性则用式 (11.42) 来约束：

$$\mathcal{L}_{\text{consistency}} = \sum_i \sum_j \|\boldsymbol{M}_i \odot \boldsymbol{M}_j \odot (\log \boldsymbol{R}_i - \log \boldsymbol{R}_j)\|_2^2 \tag{11.42}$$

同一个序列中的反射率在时空域应当变化缓慢，因此该方法定义了以下时空平滑约束：

$$\mathcal{L}_{\text{rsmooth}} = \sum_{\boldsymbol{I}_i, \boldsymbol{I}_j} \sum_{\boldsymbol{p} \in \boldsymbol{I}_i, \boldsymbol{q} \in \boldsymbol{I}_j} \boldsymbol{W}(\boldsymbol{p}, \boldsymbol{q})(\log \boldsymbol{R}_i(\boldsymbol{p}) - \log \boldsymbol{R}_j(\boldsymbol{q}))^2 \tag{11.43}$$

式中，$\boldsymbol{W}$ 是像素 $\boldsymbol{p}$ 和 $\boldsymbol{q}$ 之间的相似性矩阵。该方法还引入了前面所提到的变化光照下的反射率一致性先验[61]，即时延列上的图像导数的中值应当和反射率的导数接近，据此定义了式 (11.44) 来约束明暗上的平滑性：

$$\mathcal{L}_{\text{ssmooth}} = \sum_{\boldsymbol{p} \in \boldsymbol{I}_i} \sum_{\boldsymbol{q} \in \mathcal{N}(\boldsymbol{p})} \boldsymbol{v}(\boldsymbol{p}, \boldsymbol{q})(\log \boldsymbol{S}_i(\boldsymbol{p}) - \log \boldsymbol{S}_i(\boldsymbol{q}))^2 \tag{11.44}$$

式中，$\mathcal{N}(\boldsymbol{p})$ 表示像素 $\boldsymbol{p}$ 的 8-邻域；$\boldsymbol{v}(\boldsymbol{p}, \boldsymbol{q})$ 是每条边上的权重，其值由式 (11.45) 给定：

$$\boldsymbol{v}(\boldsymbol{p}, \boldsymbol{q}) = \exp\{-\lambda^{\text{med}}(\boldsymbol{J}(\boldsymbol{p}, \boldsymbol{q}) - \text{median}\,\{\boldsymbol{J}(\boldsymbol{p}, \boldsymbol{q})\}^2)\} \tag{11.45}$$

式中，$\boldsymbol{J}(\boldsymbol{p}, \boldsymbol{q}) = \log \boldsymbol{I}(\boldsymbol{p}) - \log \boldsymbol{I}(\boldsymbol{q})$；$\lambda^{\text{med}}$ 是用于控制权重的超参数。这个权重会在导数和其序列上的中值很不一致的时候（例如在阴影的边缘处）不再约束明暗的平滑性。整体上的损失函数定义如下：

$$\mathcal{L} = \mathcal{L}_{\text{reconstruct}} + w_1 \mathcal{L}_{\text{consistency}} + w_2 \mathcal{L}_{\text{rsmooth}} + w_3 \mathcal{L}_{\text{ssmooth}} \tag{11.46}$$

本小节主要从先验的角度介绍损失，对于其计算上和性能上的改进和实现不再赘述，感兴趣的读者可参阅原文。

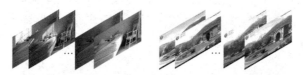

训练：卷积神经网络从无标记室内和室外视频中学习本征分解

卷积神经网络

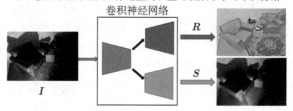

测试：卷积神经网络对一张输入图像进行本征分解

图 11-24　基于时延图像序列一致性的自监督学习方法示意图（基于论文[68]的插图重新绘制）

"InverseRenderNet: learning single image inverse rendering"[69] 一文发表于 CVPR 2019，首次使用包含了丰富的光照变化的多视角数据集来训练一个单一图像的逆渲染方法，据此得到的 InverseRenderNet 可以同时恢复出反射率、法线和一组光照的球谐函数系数。其网络主要通过一个利用深度图和相机投影矩阵来进行跨视角投影，从而在重建结果和推断的反射率中施加一致性约束。基于多视图一致性的自监督学习本征图像分解方法如图 11-25所示，对于输入图像 I，该方法使用神经网络 InverseRenderNet 预测其对应的反射率 A、法线 N。该方法使用每个颜色通道有 9 个系数的球谐函数系数 L 来表示光照，光照模型 $B(N)$ 表示光照和法线之间的交互函数，整体表观模型如下：

$$I = A \odot LB(N) \tag{11.47}$$

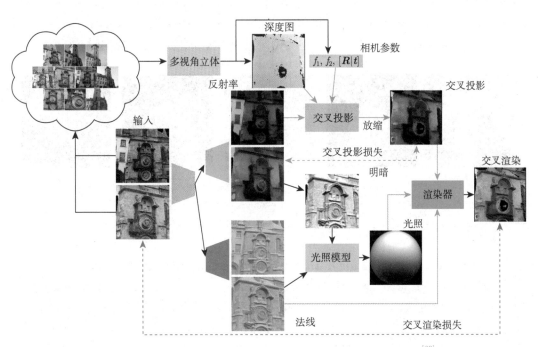

图 11-25　基于多视图一致性的自监督学习本征图像分解方法示意图（基于论文[69] 的插图重新绘制）

光照的球谐函数系数 L 可以通过最小二乘求解：

$$L = (I \oslash A)B(N)^+ \tag{11.48}$$

式中，$\oslash$ 表示逐元素除法；$B(N)^+$ 表示 $B(N)$ 的伪逆。在训练阶段，通过引入可导渲染器可以约束估计出来的变量能够重构输入图像。具体而言，该方法离线运行多视角立体算法来得到每个多视角序列对应的位姿和深度图作为训练时的监督信息，以此建立不同视角之间的联系，得以在图像的重复区域上做交叉投影。给定视角 i、j 的相机矩阵和估计到的视角 i 的深度图 $\boldsymbol{Z}(x,y)$、像素 (x,y) 可以通过式 (11.49) 交叉投影到视角 j 的位置 (x',y')：

$$\lambda \begin{bmatrix} x' \\ y' \\ 1 \end{bmatrix} = \boldsymbol{P}_j \begin{bmatrix} \boldsymbol{R}_i^{\mathrm{T}} & -\boldsymbol{R}_i^{\mathrm{T}}\boldsymbol{t}_i \\ \boldsymbol{0} & 1 \end{bmatrix} \begin{bmatrix} \boldsymbol{Z}(x,y)\boldsymbol{K}_i^{-1} \begin{bmatrix} x \\ y \\ 1 \end{bmatrix} \\ 1 \end{bmatrix} \tag{11.49}$$

式中，λ 是一个任意放缩因子；$\boldsymbol{R} \in SO(3)$ 是旋转矩阵；$\boldsymbol{t} \subset \mathbb{R}^3$ 是一个平移向量；$\boldsymbol{P}$ 中定义了其他相机参数。图中的交叉投影损失约束投影得到的反射率 $\boldsymbol{A}_i$ 和 $\boldsymbol{A}_j$ 一致，而交叉渲染损失则约束利用交叉投影得到的反射率重构出来的输入图像和原图一致。图 11-26展示了使用 InverseRenderNet 在实拍北京大学校园建筑图像上的分解结果。

输入图像　　　　　　反射率　　　　　　法线　　　　　　明暗　　　　　　光照

图 11-26　使用 InverseRenderNet[69] 在实拍北京大学校园建筑图像上的分解结果

4. 对抗学习

"Unsupervised learning for intrinsic image decomposition from a single image"[70] 一文发表于 CVPR 2020，基于对抗学习提出了一个不需要提供对齐的输入图像和其对应的本征成分的方法，利用非成对数据集来提供监督信号。如 10.3.3 小节拓展阅读所述，生成对抗网络可以通过生成网络和判别网络之间的对抗训练来学习数据先验分布。该方法利用对抗学习，分别从单独的反射率数据集、明暗数据集和输入图像数据集中学习其先验分布，得到自然图像先验、反射率先验和明暗先验。

基于对抗学习的本征图像分解方法如图 11-27所示，该方法从无标签反射率图数据集 $\{\boldsymbol{R}_j \in \mathcal{R}\}$ 来学习边缘分布 $p(\boldsymbol{R}_j)$；从无标签反射率图数据集 $\{\boldsymbol{S}_k \in \mathcal{S}\}$ 来学习边缘分布 $p(\boldsymbol{S}_k)$；从无标签反射率图数据集 $\{\boldsymbol{I}_i \in \mathcal{I}\}$ 来学习边缘分布 $p(\boldsymbol{I}_i)$。然后，通过学习到的边缘分布来从输入图像 $\boldsymbol{I}_i$ 中推断其对应的反射率 $\boldsymbol{R}_i$ 和明暗层 $\boldsymbol{S}_i$。假设从图像估计反射率和明暗的生成器分别是 G_R 和 G_S，鉴别器分别是 D_R 和 D_S，那么对抗训练通过最优化如下问题完成：

$$\min_{G_R,G_S} \max_{D_R,D_S} \sum_i \left(\log\left(1 - D_R(G_R(\boldsymbol{I}_i))\right) + \log\left(1 - D_S(G_S(\boldsymbol{I}_i))\right) + \right.$$

$$\left. \sum_j \log D_R(\boldsymbol{R}_j) + \sum_k \log D_S(\boldsymbol{S}_k) \right) \tag{11.50}$$

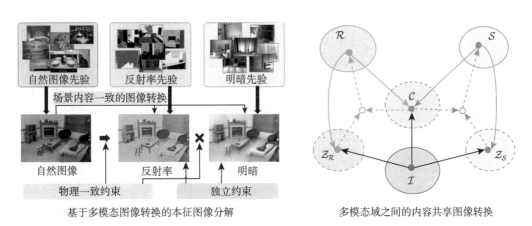

图 11-27　基于对抗学习的本征图像分解方法示意图（基于论文[70] 的插图重新绘制）

该方法基于本征图像分解模型式 (11.2)，要求反射率和明暗点乘积与输入图像一致。除此以外，为了让多模态图像转换成立，该方法还做出如下假设：

1）图内场景和物体等语义内容是域不变的：自然图像及其对应的反射率和明暗层都是给定场景或对象的外观，因此可以假设内容属性可以被隐式编码为 $c \in \mathcal{C}$ 且在域之间共享。这意味着三个模态域的内容编码器所得到的内容编码应当是相同的，这可以通过最小化从不同模态域得到的内容编码之间的 $\mathcal{L}_1$ 距离来实现。

2）反射率和明暗层是独立的：物体表面的反射率不随光照变化而变化，而明暗随着光照和方向改变。因此，为了分离这两个分量，该方法假设它们的条件先验是独立且可以分别被学习。也就是说，反射率风格编码 $z_R \in \mathcal{Z}_R$ 可以分别从图像域和反射率域中编码得到，而明暗风格编码 $z_S \in \mathcal{Z}_S$ 可以分别从图像域和明暗域中编码得到。这可以通过最小化从不同模态域中得到的风格编码分布之间的 KL 散度（Kullback-Leibler Divergence）来实现。

3）编码器得到的隐变量是可逆的：这是一个在图像到图像转换领域被广泛使用的假设。具体而言，它假设一张图像可以被内容编码器和风格编码器分别编码为内容编码和风格编码，然后解码器可以重新将这两个编码解码成原图像。这可以通过分别最小化将原图输入编码器-解码器重建的图像和原图之间的 $\mathcal{L}_1$ 距离，以及将内容和风格编码输入解码器-编码器得到的编码和原编码之间的 $\mathcal{L}_1$ 距离来实现。

11.4.2　在逆渲染方面的应用

本征图像分解提供了图像或视频的一个可解释的中间表示，从而帮助计算机完成场景理解和基于物理的图像编辑等下游任务。更进一步，逆渲染技术对包括几何和光照等更多的场景物理属性进行估计，且引入了包含高光、阴影等成分的非朗伯模型，对一张给定图像实现更加精细的分解，使得更为复杂的、具有照片真实感的图像编辑成为可能。例如，上文介绍的几个基于深度学习的方法中，参考文献 [62, 69] 属于逆渲染。本小节面向基于深度学习的逆渲染技术，针对反射率建模、阴影去除和光照估计这三个典型应用分别举例介绍近年的研究工作。

1. 反射率建模

"Hybrid face reflectance, illumination, and shape from a single image"[71] 一文发表于 IEEE TPAMI 2021，旨在从单张图像恢复三维人脸的反射率。从不同复杂程度的自然场景中估计光照的难度是不一样的，该工作从一个相对简单的物体级别场景切入，聚焦于如何从人脸这种有着特殊材质的对象上推断其三维属性和所在环境的光照信息。该工作针对人脸使用了能更好地逼近真实图像的混合反射模型，利用不同频率的光照结合漫反射与镜面高光反射的设计，使得模型能够灵活地渲染出逼真的光照效果。对于虚拟换妆、人脸重光照等真实感需求较强的人脸编辑任务而言，人脸的反射率、形状和环境光照建模是极其重要的。人脸图像对应的各个成分的准确估计使得针对不同属性的针对性操作和修改成为可能，从而达到人像编辑的目的。

在形状估计方面，相比于可以通过建立多视角图像间联系进而恢复形状的基于多图的问题而言，基于单图的问题的难度被提高了一个级别。该工作提出利用前面提到的三维形变模型来辅助单图的形状估计问题。在反射率模型方面，之前的许多工作往往假设人脸为简单的朗伯反射率模型，然而，该模型无法描述人脸皮肤中的高光等皮脂属性。因此，该工作使用了混合反射模型分别对人脸上的漫反射和镜面反射进行建模。在光照模型方面，真实世界的光源可以用不同形式的模型进行表征，包括 6.2.3 小节介绍的点光源、面光源、聚光灯光源等参数化的光源和 6.4 节介绍的环境光图等非参数化的光源表示形式。在人脸建模的工作上，以往的工作大都使用二阶球谐函数系数表示的光源结合朗伯反射模型来表征人脸。然而，这种光照的表示形式过滤掉了环境光源中的高频部分，而这是环境光源中非常重要的一部分。该工作提出了使用点光源矩阵来补充二阶球谐光源中高频部分，并结合反射模型完善了人脸上漫反射和镜面反射的表示。

基于深度学习的人脸反射率建模框架图如图 11-28所示，该工作提出的方法使用了三个不同的子网络结构来估计人脸上的不同属性，各部分网络估计的人脸属性结果可以通过物理成像公式进行组合得到重建结果，形成自监督约束。具体而言，该方法使用以下混合反射模型进行人脸建模：

$$\boldsymbol{I} = \boldsymbol{A} \odot \boldsymbol{D} + \boldsymbol{S} \tag{11.51}$$

式中，$\boldsymbol{I}$ 代表人脸图像；$\boldsymbol{A}$ 代表人脸表面的反射率；$\boldsymbol{D}$ 代表人脸表面的漫反射明暗；$\boldsymbol{S}$ 代表人脸表面的镜面反射图。该方法使用朗伯模型来参数化描述漫反射图 $\boldsymbol{D}$，对于每个像素 $\boldsymbol{p}$ 有

$$\boldsymbol{D_p} = \boldsymbol{n_p}^{\mathrm{T}} \boldsymbol{M}(\boldsymbol{L}^d) \boldsymbol{n_p} \tag{11.52}$$

式中，$\boldsymbol{D_p}$ 是人脸表面漫反射亮度；$\boldsymbol{n_p}^{\mathrm{T}} = (x, y, z, 1)$ 代表人脸表面法向量；$\boldsymbol{L}^d$ 表示光照的二阶球谐基函数；$\boldsymbol{M}(\boldsymbol{L}^d)$ 是一个 4×4 的方阵。该方法使用平行光源集合 $\boldsymbol{L}^s = \{\boldsymbol{l}_1^s, \boldsymbol{l}_2^s, ..., \boldsymbol{l}_{K_s}^s\}$ 来建模光照的高频部分，基于 Blinn-Phong 模型，镜面反射图 $\boldsymbol{S}$ 表示为

$$\boldsymbol{S_p} = \sum_{i=1}^{K_s} \int_{\boldsymbol{\omega}} (\boldsymbol{n_p} \cdot \boldsymbol{h_p})^m \boldsymbol{l}_i^s(\boldsymbol{\omega}) \mathrm{d}\boldsymbol{\omega} \tag{11.53}$$

式中，$\boldsymbol{h_p}$ 表示入射光方向 $\boldsymbol{\omega}$ 和观测方向的半程向量；m 表示人体皮肤表面的光滑程度。

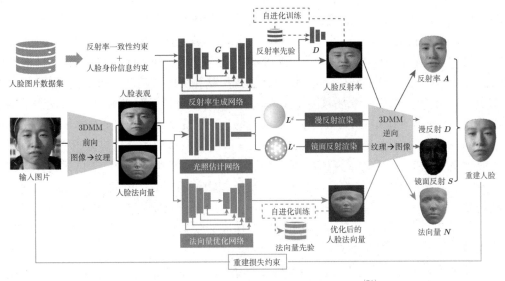

图 11-28　基于深度学习的人脸反射率建模框架图（基于论文[71]的插图重新绘制）

　　基于数据驱动的方法的有效性和泛化性非常依赖于数据集的构建。在确定了人脸的表征方式之后，如何基于物理来制造监督信号是另一个非常关键的问题。在人脸建模领域，真实人脸数据的反射率捕捉需要昂贵且复杂的拍摄配置。很多研究通过使用合成数据的方式来降低数据捕获成本，然而，单纯用合成数据训练的神经网络模型很容易过拟

合，和真实数据之间存在差异，造成在真实数据上测试性能的下降。为了解决这个问题，该工作提出了一种自进化（self-evolving）训练策略，对利用合成数据制造的伪标签进行不断更迭改进，从而减小合成数据和真实数据之间的表观差异，提升所训练得到的模型在真实数据上的泛化能力。

2. 阴影去除

"DeRenderNet: intrinsic image decomposition of urban scenes with shape-(in)dependent shading rendering"[72] 一文发表于 ICCP 2021，旨在将户外自然场景图像进行分解得到其本征属性，包括复杂的形状、反射率、光照和阴影成分等。在本征图像分解模型式 (11.2) 中，场景中阴影等光照信息被包含在明暗中，无法被进一步提取出来用于场景图像的编辑。该方法提出了一种将场景图像分解为反射率、阴影和光照的多层表示形式，以支持场景级别的重光照任务。该工作设计了一个两阶段神经网络结构，结合自监督图像重建的约束来训练，并引入了深度信息来帮助深度神经网络提取与形状相关的特征，从而更好地对场景图像进行逆渲染。实验结果表明这种训练方式在场景级别的本征图像分解任务上具有良好的效果。

在场景级别的本征图像分解中，考虑镜面反射、遮挡阴影等真实反射情况是非常具有挑战性的，因为随着场景的增大，场景中包含的物体呈指数趋势增长，光在物体之间的相互作用也变得更加复杂，这大大提高了问题的不适定性。为了改进传统的本征图像分解模型中只将图像分解为反射率和明暗的两层分解方式，使其能够支持场景级别的重光照，该工作提出了将明暗进一步分解为与场景形状相关的明暗和与形状无关的明暗两个部分。也就是说，给定一张场景图像 I，该工作将其分解为反射率图 A、与场景形状相关的明暗（shape-dependent shading）S_d、与场景形状无关的明暗（shape-independent shading）S_i。其中，与场景形状相关的明暗表示朗伯模型中的直接光照部分，也就是说，明暗表示为光与表面法向量的点乘，与形状无关的明暗则表示为遮挡造成的投射阴影，这类明暗是由于物体挡在了直射光线与被遮挡物体的中间造成的，例如投射在地上的树的阴影等。由于形状估计是计算机视觉中的另一个具有挑战性的课题，该工作所提方法并不涉及形状估计的方面，仅利用深度图作为形状信息来帮助深度神经网络进行更好的学习。

在大场景下的物体分布和反射情况极其复杂，该工作对真实的反射情况进行了一定的简化，例如，不考虑场景中的镜面反射以及透明物体带来的折射等出现频次不太高的反射现象。当去除掉这些不常见的反射现象之后，室外场景的反射模型可以表示为

$$I = A \odot S_d(D, L) \odot S_i + \epsilon \tag{11.54}$$

为了将此定义与朗伯模型中的直接光照部分联系在一起，该方法中与形状相关的明暗计

算方式为 $\widetilde{\boldsymbol{S}}_{\mathrm{d}}(\boldsymbol{n}, \Omega) = \Sigma_k \max(\boldsymbol{n}^{\mathrm{T}}\boldsymbol{\omega}_k, 0)$，其中 $\boldsymbol{\omega}_k \in \Omega$ 表示从半球面 Ω 上采样的不同的入射光方向。基于深度学习的阴影去除网络结构如图 11-29所示，该方法采用了一个神经网络 Θ 来渲染与形状相关的明暗，它以深度 $\boldsymbol{D}$ 和用神经网络提取的光源隐变量 $\boldsymbol{L}$ 为输入，以更好地将提取的特征进行融合来得到形状相关的明暗。$\boldsymbol{S}_{\mathrm{d}}$ 中不包含阴影或交叉反射等全局光照信息，作为补充，这部分反射信息被放在 $\boldsymbol{S}_{\mathrm{i}}$ 中来补充全局的明暗变化信息。

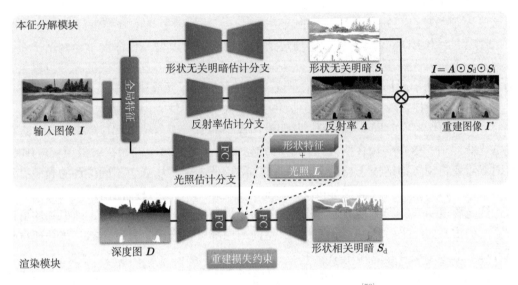

图 11-29　基于深度学习的阴影去除网络结构图（基于论文[72]的插图重新绘制）

缺少合适的数据集是使用深度学习方法学习场景级别的本征图像分解的主要难点。为了同时得到全监督的信息和具有照片真实感的图像数据，该工作采用了从主打强真实感的 GTA V 游戏中采集出来的合成数据和其标签构成的 FSVG 数据集[73]来探索大规模室外场景下的本征图像分解问题。该游戏建模了相当于几乎整个洛杉矶的城市规模场景，保证了场景的多样性和可靠性，且包含了对每个场景图像的密集反射率和深度信息的标注。

3. 光照估计

从单张图像中估计室外光照是计算机视觉中的一个基础问题。6.4 节已经介绍了基于深度学习的全局室外光照估计方法，接下来将介绍局部可变的室外光照估计方法。"Spatially-varying outdoor lighting estimation from intrinsics"[74]一文发表于 CVPR 2021，旨在从单张图像中估计局部可变的室外光照。该方法在对场景图像进行本征分解的前提下，利用分解出来的低频光照信息结合深度神经网络提取的天空特征来恢复全景的天空光照，并利用分解出来的场景几何对位置信息进行全景映射，帮助全景局部光照估计网络恢复带有更多细节信息的环境光图。实验结果表明，在利用好本征分解出来的光照信息之后，神经网络可以更好地估计出光照的位置和强度，同时也证明了本征分解任务在光照估计上的有效性。

日常图像是由复杂的物体表面反射分布和各种各样的光源交互作用产生的。在室外场景中，现有的方法经常采用低维的参数化光源模型来拟合天空光照，例如 6.4.1 小节介绍的 Hošek-Wilkie（HW）天空模型使用了 4 个参数来表示天空光照。参数化的表示形式受限于参数空间的维度和模型的表达能力，无法涵盖复杂的真实世界光照。最近，6.4.2 小节介绍的 DeepSky 方法[75] 通过使用自动编解码模型，让深度神经网络学习到如何将一个全景光照编码为隐变量，并从其重建回全景光照。这种形式的光照可以大大降低深度网络从单图估计全景光照的难度，同时又保证了光照模型的泛化性。

如 6.4 节所述，现有的室外光照估计的方法大都将户外光照建模为一个统一的天空光照，即全图像对应着同一个光照，并假设图像中的所有像素位置都接受来自无穷远位置的光线照射。这种假设在实际应用的时候会出现一定问题，例如在增强现实应用中，有时候需要将虚拟物体插入场景中不同的位置，这就需要对场景中不同位置的光照有不同的建模。针对室内场景的局部可变光照估计在论文[76] 中被首次提出，使用低频的球谐函数光源表示来对局部光照进行建模，进而使得在场景中不同位置插入虚拟物体可以有不同的重光照结果。然而，现有的针对室内的局部可变光照估计并不能直接被迁移到室外场景下，主要有以下几点不同：

1）室外光源主要来自于太阳，而太阳光的强度相比于室内光源的强度而言动态范围要大得多，并且室外的天气也是千变万化的，不同的天气状况下太阳光的强度也变化巨大，因此很难被参数化的模型建模。

2）使用非参数化的模型可以增加光源的表现力，然而却以增加需要估计的参数量级为代价，在同一场景中不同位置都需要采样光照并做估计，这无疑为网络带来了更大的负担。

3）在室外场景中捕捉高动态范围的全景光照也极具挑战，这导致现有的室外场景下的局部光照数据集处于一片空白。

该工作提出了一种新的神经网络模型和数据生成方法来解决户外场景下的局部可变光照估计问题。基于深度学习的室外空间可变光照估计网络结构如图 11-30所示，考虑到室内与室外光照的不同情况，该方法使用了一个两阶段式的网络结构：

1）首先训练本征属性分解网络将输入的一张有限视角的场景图像 I 分解成其本征属性：与材质相关的反射率 $\widetilde{A}$、物体的表面法向量 $\widetilde{N}$、不同平面的偏置距离图 $\widetilde{G}$ 和遮挡阴影图 $\widetilde{S}$，这些物理属性会被用于拟合低频光照的全局二阶球谐函数系数 $\widetilde{P}_{SH}$，之后该光照会被用于与网络中抽取的天空特征相结合并生成全景天空光照 $\widetilde{H}_{g}$。该方法基于如下室外场景成像模型来构建重建损失 $\mathcal{L}_{\mathrm{rec}}$：

$$I^\gamma = M_{\mathrm{ncs}} \odot (A \odot LB(\widetilde{N})) \tag{11.55}$$

式中，M_{ncs} 是使用本征分解得到的阴影图算得的非阴影掩码；$\gamma = 2.2$ 用于拓展图像 I 的动态范围；$B(\widetilde{N})$ 是将光照的球谐函数系数 P_{SH} 作用于表面法向量 N 后堆叠得到的矩阵。此外，该方法还构建了漫反射卷积损失 $\mathcal{L}_{\mathrm{dif}}$，约束全景天空光照 H_{g} 的漫反射卷积结果和用二阶球谐函数系数 P_{SH} 表示的低频光照对全景空间中法向量为 N_{ll} 和反射率为 A_0 的球体进行重光照的结果一致。

2）根据第 1）阶段中估计的形状属性可以将场景图像 I 和遮挡阴影估计图 $\widetilde{S}$ 根据对应的局部位置 l 映射到全景空间下，这进一步给求解非参数化的光源估计降低了难度，映射得到的全景图 $\widetilde{I}_{\mathrm{warp}}$ 和 $\widetilde{S}_{\mathrm{warp}}$ 与第 1）阶段估计得到的天空光图 $\widetilde{H}_{\mathrm{g}}$ 堆叠在一起作为全景光照补全网络 P 的输入，输出一个带有高频细节的高动态范围局部光照图 $\widetilde{H}_{\mathrm{l}}$。为了获得充分的数据来训练网络模型，该工作提出了一种基于 Blender 光线追踪渲染器渲染的城市模型，并在其中采集了适量的合成数据来进行训练。图 11-31 展示了使用该方法对真实数据进行虚拟物体插入的效果，可以看到重光照的物体得益于合理的局部光照估计，视觉效果看起来比较真实。

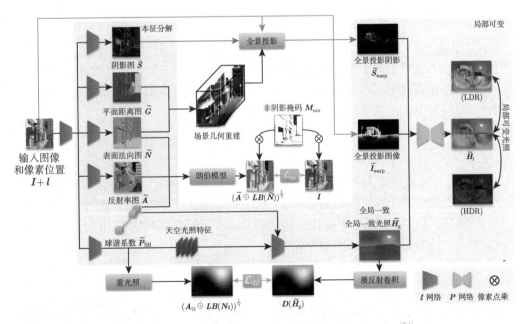

图 11-30 基于深度学习的室外空间可变光照估计网络结构图（基于论文[74]的插图重新绘制）

图 11-31   对真实数据进行虚拟物体重光照的结果（基于论文[74]的插图重新绘制）

11.5   本章小结

本征图像分解的核心在于如何在明暗和反射率上施加合适的约束，从而有效分离这两个量。本章的每一节依次回答了本章一开始提出的如下问题：

▋ 为什么要进行本征图像分解？这个问题的挑战性在哪里？

本征图像分解旨在将给定图像分解成由几何和光照共同决定的明暗和场景物体本征特性相关的反射率，从而得到与光照无关的表示，应用于各类与光照相关的下游任务。其挑战性主要在于它是一个高度不适定的问题，尤其是在尺度和颜色上。因此，常常需要在尺度和颜色上定义额外的先验来求解问题。

▋ 什么是 Retinex 理论？它对于本征分解的作用是什么？

Retinex 理论描述了人类视觉系统中自动补偿光照的能力，它的实现可以大致分为基于路径的算法、基于随机游走的算法、基于中心环绕的算法、基于 PDE 的算法和基于变分的算法。Retinex 理论中描述了能够有效减小反射率和明暗之间的歧义的关于梯度的先验，从而帮助求解本征图像分解问题。

▋ 除了 Retinex 以外，还可以利用哪些先验来进行本征图像分解？

除了 Retinex 中假设的大的导数是由反射率变化引起、小的导数是由明暗变化引起的先验以外，还有色度变化先验、非局部相似性先验、变化光照下的反射率一致性先验和普朗克光照先验等先验可以帮助有效求解本征图像分解。

■ 如何从大规模数据集中挖掘出有效的先验，以利用深度学习进行本征图像分解？

可以通过深度学习来从合成数据上的丰富标注、无标记数据上基于物理成像模型的重建约束、多光照或多视角下的反射率一致性约束和来自非成对数据集的先验分布等挖掘数据驱动的先验信息，从而更好地进行本征图像分解。

至本书截稿，本征图像分解领域仍有优质的工作不断涌现，感兴趣的读者可以参考其他学者整理的网络资源 ⊖ 。此外，希望进一步了解逆渲染相关工作的读者也可参考网络资源 ⊖ 。

11.6　本章课程实践

1. 基于序列图像的本征图像分解

使用论文[61]中的方法⊜在给定的数据集上进行测试并进行拓展。该任务包含如下 2 个部分：

1）在给定序列图像数据集上测试论文中的本征图像分解方法，可直接使用官方代码进行测试。简要步骤如下：

①下载序列图像数据集⑭。

②处理图像格式并读入原始图像数据，可参考附件中的处理代码。

③将原始图像数据处理为单通道灰度图序列，使用论文中的方法尝试不同图像序列长度和组合测试本征图分解效果，并分析不同组合对效果的影响。

2）拓展论文中的方法使其能够应用在彩色图像数据中（可以使用原始序列图像测试数据集进行测试，也可使用任务 2 中的 MIT 数据集进行测试），方法不限，编程语言不限。

2. 基于单图的本征图像分解

使用论文[14]中的 SIRFS 方法⑮在给定的数据集上进行测试并与基于图像序列的方法进行对比。该任务包含如下 2 个部分：

1）在给定真实物体本征图像数据集上测试论文中的本征图像分解方法，可直接使用官方代码进行测试。简要步骤如下：

①下载 MIT 本征图像数据集㉖，如图 11-8所示。

⊖ https://github.com/Hedlen/awesome-intrinsic-image-video-decomposition。
⊖ https://github.com/tkuri/Awesome-InverseRendering。
⊜ 官方实现：https://www.cs.huji.ac.il/~yweiss/intrinsic.tar。
⑭ 数据集下载地址：http://pages.cs.wisc.edu/~lizhang/courses/cs766-2012f/projects/phs/index.htm。
⑮ 官方实现:https://drive.google.com/file/d/1vg9Rb-kBntSTnTCzVgFlskkPXvTB_5aq/view?usp=sharing。
㉖ 数据集下载地址：http://www.cs.toronto.edu/~rgrosse/intrinsic/downloads.html。

② 按照官方代码中 `readme.txt` 中的指示编译 mex 文件，Windows X64 系统可尝试使用附件中预先编译的 mex 文件。

③ 直接运行论文中的方法，测试本征图像分解效果。

2）在 MIT 数据集上使用定量指标计算与真值的误差，在相同数据集上与任务 1 中方法的分解效果进行对比分析。简要步骤如下：

① 修改官方 demo 代码从而将分解得到的反射率和明暗分别单独保存为图像。

② 与 MIT 数据集中提供的真值图像计算定量误差（如 MSE、LMSE 和 DSSIM 等），指标计算可以直接使用现成代码，需要注意图像的值域需要一致（是否为 log 图像，是否进行过 γ 校正）。

③ 与任务 1 中的方法在相同数据上进行本征图像分解的效果对比（定性即可），注意图像的值域需要一致。

3. 基于深度学习的本征图像分解

从以下两篇论文任选其一：

（1）SfSNet[62]⊖　　任务要求：阅读论文，在不同条件下（光照、姿态等）进行实拍采集人脸数据，测试 SfSNet 方法的效果，如图 11-22所示。

任务提示：官方代码需要安装配置 Caffe 环境，较为复杂，推荐使用非官方实现的代码⊖。这里给出的环境配置对应非官方代码：先在系统中安装 CMake，然后再按照附件中 `environment_s.yaml` 或 `requirements_s.txt` 中的要求配置环境。在进行测试时，是否给出脸部 mask 只影响最终展示效果，附件中的 `SfSNet_test_rev.py` 对应非官方实现的版本，其分解效果与不带 mask 的官方代码一致。输入的人脸图像分辨率要求固定为 128×128 像素。

（2）InverseRenderNet[69]⊜　　任务要求：阅读论文，在不同条件下（光照、视角等）进行实拍采集场景数据，测试 InverseRenderNet 方法的效果，如图 11-26所示。

任务提示：按照附件中 `environment_i.yaml` 或 `requirements_i.txt` 中的要求配置环境。网络要求输入一个单通道 mask 以区分天空背景和场景，如果没有比较准确的 mask，可以给定一个全 255 的 mask，但分解效果可能会受一定影响。

附件说明

从链接㊃中下载附件，附件中包含用于读入序列图像数据集以及相关方法运行需要的代码和环境，详见 README 文件。

⊖　官方实现：https://github.com/senguptaumd/SfSNet。
⊖　非官方 PyTorch 实现：https://github.com/Mannix1994/SfSNet-Pytorch。
⊜　官方实现：https://github.com/YeeU/InverseRenderNet。
㊃　附件：https://github.com/PKU-CameraLab/TextBook。

本章参考文献

[1] BARROW H G, TENENBAUM J M. Recovering intrinsic scene characteristics from images[J]. Computer Vision Systems, 1978, 2(3-26): 2.

[2] GARCES E, RODRIGUEZ-PARDO C, CASAS D, et al. A survey on intrinsic images: delving deep into Lambert and beyond[J]. International Journal of Computer Vision, 2022, 130(3): 836-868.

[3] GROSSE R, JOHNSON M K, ADELSON E H, et al. Ground truth dataset and baseline evaluations for intrinsic image algorithms[C]//Proc. of IEEE 12th International Conference on Computer Vision. Kyoto, Japan: IEEE, 2009.

[4] KONG N, GEHLER P V, BLACK M J. Intrinsic video[C]//Proc. of European Conference on Computer Vision. Zürich, Switzerland: Springer, 2014.

[5] KONG N, BLACK M J. Intrinsic depth: Improving depth transfer with intrinsic images [C]//Proc. of IEEE International Conference on Computer Vision. Santiago, Chile: IEEE, 2015.

[6] BOUSSEAU A, PARIS S, DURAND F. User-assisted intrinsic images[C]//Proc. of ACM SIGGRAPH Asia. New Orleans, Louisiana: ACM, 2009.

[7] LIU X, WAN L, QU Y, et al. Intrinsic colorization[J]. ACM Transactions on Graphics, 2008, 27(5): 152:1-152:9.

[8] LAND E H, MCCANN J J. Lightness and Retinex theory[J]. JOSA, 1971, 61(1): 1-11.

[9] AUJOL J F, GILBOA G, CHAN T, et al. Structure-texture image decomposition—modeling, algorithms, and parameter selection[J]. International Journal of Computer Vision, 2006, 67 (1): 111-136.

[10] JEON J, CHO S, TONG X, et al. Intrinsic image decomposition using structure-texture separation and surface normals[C]//Proc. of European Conference on Computer Vision. Zürich, Switzerland: Springer, 2014.

[11] BI S, HAN X, YU Y. An L1 image transform for edge-preserving smoothing and scene-level intrinsic decomposition[J]. ACM Transactions on Graphics, 2015, 34(4): 78:1-78:12.

[12] BONNEEL N, KOVACS B, PARIS S, et al. Intrinsic decompositions for image editing[J]. Computer Graphics Forum, 2017, 36(2): 593-609.

[13] NARIHIRA T, MAIRE M, YU S X. Direct intrinsics: learning albedo-shading decomposition by convolutional regression[C]//Proc. of IEEE International Conference on Computer Vision. Santiago, Chile: IEEE, 2015.

[14] BARRON J T, MALIK J. Shape, illumination, and reflectance from shading[J]. IEEE Transactions on Pattern Analysis and Machine Intelligence, 2015, 37(8): 1670-1687.

[15] GIJSENIJ A, GEVERS T, VAN DE WEIJER J. Computational color constancy: Survey and experiments[J]. IEEE Transactions on Image Processing, 2011, 20(9): 2475-2489.

[16] CHANG A X, FUNKHOUSER T, GUIBAS L, et al. ShapeNet: an information-rich 3D model repository: arXiv:1512.03012[Z]. 2015.

[17]   BUTLER D J, WULFF J, STANLEY G B, et al. A naturalistic open source movie for optical flow evaluation[C]//Proc. of European Conference on Computer Vision. Florence, Italy: Springer, 2012.

[18]   SONG S, YU F, ZENG A, et al. Semantic scene completion from a single depth image [C]//Proc. of IEEE Conference on Computer Vision and Pattern Recognition. Honolulu, Hawaii, USA: IEEE, 2017.

[19]   LI Z, SNAVELY N. CGIntrinsics: better intrinsic image decomposition through physically-based rendering[C]//Proc. of European Conference on Computer Vision. Munich, Germany: Springer, 2018.

[20]   BELL S, BALA K, SNAVELY N. Intrinsic images in the wild[J]. ACM Transactions on Graphics, 2014, 33(4): 159:1-159:12.

[21]   KOVACS B, BELL S, SNAVELY N, et al. Shading annotations in the wild[C]//Proc. of IEEE Conference on Computer Vision and Pattern Recognition. Honolulu, Hawaii, USA: IEEE, 2017.

[22]   JAKOB W. Mitsuba renderer[EB/OL]. [2022-09-02]. https://www.mitsuba-renderer.org/index_old.html.

[23]   FOUNDATION B. Blender cycles[EB/OL]. [2022-09-02]. https://www.cycles-renderer.org/.

[24]   MEKA A, MAXIMOV M, ZOLLHÖFER M, et al. LIME: live intrinsic material estimation [C]//Proc. of IEEE/CVF Conference on Computer Vision and Pattern Recognition. Salt Lake City, Utah, USA: IEEE, 2018.

[25]   SHI J, DONG Y, SU H, et al. Learning non-Lambertian object intrinsics across ShapeNet categories[C]//Proc. of IEEE Conference on Computer Vision and Pattern Recognition. Honolulu, Hawaii, USA: IEEE, 2017.

[26]   CHEN Q, KOLTUN V. A simple model for intrinsic image decomposition with depth cues[C]//Proc. of IEEE International Conference on Computer Vision. Sydney, Australia: IEEE, 2013.

[27]   ZHOU H, YU X, JACOBS D W. GLoSH: global-local spherical harmonics for intrinsic image decomposition[C]//Proc. of IEEE/CVF International Conference on Computer Vision. Seoul: IEEE, 2019.

[28]   SENGUPTA S, GU J, KIM K, et al. Neural inverse rendering of an indoor scene from a single image[C]//Proc. of IEEE/CVF International Conference on Computer Vision. Seoul: IEEE, 2019.

[29]   NARIHIRA T, MAIRE M, YU S X. Learning lightness from human judgement on relative reflectance[C]//Proc. of IEEE Conference on Computer Vision and Pattern Recognition. Boston, Massachusetts, USA: IEEE, 2015.

[30]   SHAFER S A. Using color to separate reflection components[J]. Color Research & Application, 1985, 10(4): 210-218.

[31] MAXWELL B A, FRIEDHOFF R M, SMITH C A. A bi-illuminant dichromatic reflection model for understanding images[C]//Proc. of IEEE Conference on Computer Vision and Pattern Recognition. Anchorage, Alaska, USA: IEEE, 2008.

[32] PHONG B T. Illumination for computer generated pictures[J]. Communications of the ACM, 1975, 18(6): 311-317.

[33] BLINN J F. Models of light reflection for computer synthesized pictures[C]//Proc. of ACM SIGGRAPH. San Jose: ACM, 1977.

[34] MA W, MOREL J M, OSHER S, et al. An L1-based variational model for Retinex theory and its application to medical images[C]//Proc. of IEEE Conference on Computer Vision and Pattern Recognition. Colorado Springs, Colorado, USA: IEEE, 2011.

[35] TAPPEN M, FREEMAN W, ADELSON E. Recovering intrinsic images from a single image[C]//Proc. of Advances in Neural Information Processing Systems. Vancouver, British Columbia, Canada: Curran Associates, Inc., 2002.

[36] TAPPEN M, FREEMAN W, ADELSON E. Recovering intrinsic images from a single image[J]. IEEE Transactions on Pattern Analysis and Machine Intelligence, 2005, 27(9): 1459-1472.

[37] SHI B, LI Y, XU C. Intrinsic image decomposition using color invariant edge[C]//Proc. of International Conference on Image and Graphics. Shanxi, China: IEEE, 2009.

[38] LIANG J, XU Y, QUAN Y, et al. Self-supervised low-light image enhancement using discrepant untrained network priors[J]. IEEE Transactions on Circuits and Systems for Video Technology, 2022: 1-1.

[39] LIANG Z, XU J, ZHANG D, et al. A hybrid L1-L0 layer decomposition model for tone mapping[C]//Proc. of IEEE/CVF Conference on Computer Vision and Pattern Recognition. Salt Lake City, Utah, USA: IEEE, 2018.

[40] BRAINARD D H, WANDELL B A. Analysis of the Retinex theory of color vision[J]. JOSA A, 1986, 3(10): 1651-1661.

[41] GALDRAN A, ALVAREZ-GILA A, BRIA A, et al. On the duality between Retinex and image dehazing[C]//Proc. of IEEE/CVF Conference on Computer Vision and Pattern Recognition. Salt Lake City, Utah, USA: IEEE, 2018.

[42] STUTZ D. Retinex theory and algorithm[J/OL]. David Stutz, 2015 [2022-09-02]. https://davidstutz.de/retinex-theory-and-algorithm/.

[43] FRANKLE J A, MCCANN J J. Method and apparatus for lightness imaging: US4384336A [P]. 1983-05-17.

[44] PROVENZI E, CARLI L D, RIZZI A, et al. Mathematical definition and analysis of the Retinex algorithm[J]. JOSA A, 2005, 22(12): 2613-2621.

[45] LAND E H. An alternative technique for the computation of the designator in the Retinex theory of color vision[J]. Proc. of the National Academy of Sciences, 1986, 83(10): 3078-3080.

[46] JOBSON D J, RAHMAN Z, WOODELL G A. Properties and performance of a center/surround Retinex[J]. IEEE Transactions on Image Processing, 1997, 6(3): 451-462.

[47] JOBSON D J, RAHMAN Z, WOODELL G A. A multiscale Retinex for bridging the gap between color images and the human observation of scenes[J]. IEEE Transactions on Image Processing, 1997, 6(7): 965-976.

[48] HORN B K P. Determining lightness from an image[J]. Computer Graphics and Image Processing, 1974, 3(4): 277-299.

[49] MOREL J M, PETRO A B, SBERT C. A PDE formalization of Retinex theory[J]. IEEE Transactions on Image Processing, 2010, 19(11): 2825-2837.

[50] KIMMEL R, ELAD M, SHAKED D, et al. A variational framework for Retinex[J]. International Journal of Computer Vision, 2003, 52(1): 7-23.

[51] MA W, OSHER S. A TV bregman iterative model of Retinex theory[J]. Inverse Problems & Imaging, 2012, 6(4): 697.

[52] BREGMAN L M. The relaxation method of finding the common point of convex sets and its application to the solution of problems in convex programming[J]. USSR Computational Mathematics and Mathematical Physics, 1967, 7(3): 200-217.

[53] CHEN T, YIN W, ZHOU X S, et al. Total variation models for variable lighting face recognition[J]. IEEE Transactions on Pattern Analysis and Machine Intelligence, 2006, 28(9): 1519-1524.

[54] NG M, WANG W. A total variation model for Retinex[J]. SIAM Journal on Imaging Sciences, 2011, 4(1): 345-365.

[55] FU X, ZENG D, HUANG Y, et al. A weighted variational model for simultaneous reflectance and illumination estimation[C]//Proc. of IEEE Conference on Computer Vision and Pattern Recognition. Las Vegas, Nevada, USA: IEEE, 2016.

[56] BOYD S, PARIKH N, CHU E, et al. Distributed optimization and statistical learning via the alternating direction method of multipliers[J]. Foundations and Trends in Machine Learning, 2011, 3(1): 1-122.

[57] FU X, LIAO Y, ZENG D, et al. A probabilistic method for image enhancement with simultaneous illumination and reflectance estimation[J]. IEEE Transactions on Image Processing, 2015, 24(12): 4965-4977.

[58] CAI B, XU X, GUO K, et al. A joint intrinsic-extrinsic prior model for Retinex[C]//Proc. of IEEE International Conference on Computer Vision. Venice, Italy: IEEE, 2017.

[59] FINLAYSON G D, DREW M S, LU C. Intrinsic images by entropy minimization[C]// Proc. of European Conference on Computer Vision. Prague, Czechia: Springer, 2004.

[60] SHEN L, TAN P, LIN S. Intrinsic image decomposition with non-local texture cues[C]// Proc. of IEEE Conference on Computer Vision and Pattern Recognition. Anchorage, Alaska, USA: IEEE, 2008.

[61] WEISS Y. Deriving intrinsic images from image sequences[C]//Proc. of IEEE International Conference on Computer Vision. Vancouver, Canada: IEEE, 2001.

[62] SENGUPTA S, KANAZAWA A, CASTILLO C D, et al. SfSNet: learning shape, reflectance and illuminance of faces 'in the wild' [C]//Proc. of IEEE/CVF Conference on Computer Vision and Pattern Recognition. Salt Lake City, Utah, USA: IEEE, 2018.

[63] KEMELMACHER-SHLIZERMAN I, SEITZ S M. Face reconstruction in the wild[C]//Proc. of IEEE International Conference on Computer Vision. Barcelona, Spain: IEEE, 2011.

[64] BLANZ V, VETTER T. A morphable model for the synthesis of 3D faces[C]//Proc. of ACM SIGGRAPH. Los Angeles: ACM, 1999.

[65] BLANZ V, VETTER T. Face recognition based on fitting a 3D morphable model[J]. IEEE Transactions on Pattern Analysis and Machine Intelligence, 2003, 25(9): 1063-1074.

[66] EGGER B, SMITH W A P, TEWARI A, et al. 3D morphable face models—past, present, and future[J]. ACM Transactions on Graphics, 2020, 39(5): 157:1-157:38.

[67] PAYSAN P, KNOTHE R, AMBERG B, et al. A 3D face model for pose and illumination invariant face recognition[C]//Proc. of International Conference on Advanced Video and Signal Based Surveillance. Genoa, Italy: IEEE, 2009.

[68] LI Z, SNAVELY N. Learning intrinsic image decomposition from watching the world[C]//Proc. of IEEE Conference on Computer Vision and Pattern Recognition. Salt Lake City, Utah, USA: IEEE, 2018.

[69] YU Y, SMITH W A P. InverseRenderNet: learning single image inverse rendering[C]//Proc. of IEEE/CVF Conference on Computer Vision and Pattern Recognition. Long Beach, California, USA: IEEE, 2019.

[70] LIU Y, LI Y, YOU S, et al. Unsupervised learning for intrinsic image decomposition from a single image[C]//Proc. of IEEE/CVF Conference on Computer Vision and Pattern Recognition. Virtual: IEEE, 2020.

[71] ZHU Y, LI C, LI S, et al. Hybrid face reflectance, illumination, and shape from a single image[J]. IEEE Transactions on Pattern Analysis and Machine Intelligence, 2021: 1-1.

[72] ZHU Y, TANG J, LI S, et al. DeRenderNet: intrinsic image decomposition of urban scenes with shape-(in)dependent shading rendering[C]//Proc. of International Conference on Computational Photography. Cluj-Napoca, Romania: IEEE, 2021.

[73] KRÄHENBÜHL P. Free supervision from video games[C]//Proc. of IEEE/CVF Conference on Computer Vision and Pattern Recognition. Salt Lake City, Utah, USA: IEEE, 2018.

[74] ZHU Y, ZHANG Y, LI S, et al. Spatially-varying outdoor lighting estimation from intrinsics[C]//Proc. of IEEE/CVF Conference on Computer Vision and Pattern Recognition. Virtual: IEEE, 2021.

[75] HOLD-GEOFFROY Y, ATHAWALE A, LALONDE J F. Deep sky modeling for single image outdoor lighting estimation[C]//Proc. of IEEE/CVF Conference on Computer Vision and Pattern Recognition. Long Beach, California, USA: IEEE, 2019.

[76] GARON M, SUNKAVALLI K, HADAP S, et al. Fast spatially-varying indoor lighting estimation[C]//Proc. of IEEE/CVF Conference on Computer Vision and Pattern Recognition. Long Beach, California, USA: IEEE, 2019.

第 12 章

图像恢复高级专题II

　　玻璃反射是日常生活中十分普遍的现象，而隔着玻璃进行拍照又有着广泛的需求（例如，拍摄博物馆的展品，从车窗向外拍摄等）。如图 12-1所示，当人们透过玻璃拍摄时，图像会受到玻璃反射的污染，本章将这类图像统称为混合图像（mixture image）。近二十年来，研究者们围绕图像中的玻璃反射消除进行了一系列研究，其目的就是有效去除反射污染，恢复出干净的背景图像。本章将主要探讨图像反射消除的部分代表性算法，并通过章节的递进关系，逐步回答以下问题：

混合图像的成像模型是什么？

如何对混合图像的反射消除进行建模？

反射消除有没有统一的评测数据集和评测体系？

有哪些经典的深度学习方法？

在深度学习方法中，如何基于偏振的物理特性进行反射消除？

图 12-1　受玻璃反射污染的混合图像

12.1　反射消除问题概述

12.1.1　混合图像模型

玻璃遮挡条件下混合图像的形成原理如图 12-2所示，背景场景的入射光线（incidence light）用 L_B 来表示，L_B 透过玻璃到达相机。反射光线 (reflection light) 用 L_R 表示，当 L_R 到达玻璃表面时，经过反射和 L_B 混合在一起。因此，到达相机的光线 L_I 是 L_R 和 L_B 的叠加：$L_I = \alpha_B L_B + \alpha_R L_R$，其中，$\alpha_B$ 为玻璃的透射率，α_R 为反射率。入射光线汇聚于相机端，产生背景图像（background image）B，反射光线产生反射图像（reflection image）R，混合图像 $I^{\ominus}$是背景图像和反射图像的线性叠加：

$$I = B + R \tag{12.1}$$

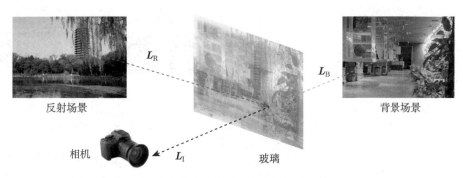

反射场景　　　　　　　　　　　　　　　　　　　　背景场景

相机　　　　L_I　　　　玻璃

图 12-2　玻璃遮挡条件下混合图像的形成原理

式 (12.1) 描述了理想场景下混合图像的形成机理，需要假设玻璃是一个没有厚度的薄片。但是，通常玻璃以及相机的特性会对背景图像和反射图像产生一些影响，影响二者的因素主要有：

1）折射：折射的特性主要取决于玻璃的密度和材质。通常，折射会导致混合图像中的背景图像产生一定的偏移，当玻璃被移开时，背景图像又没有了偏移。因此，隔着玻璃拍摄的背景图像和真实无玻璃图像在位置上是存在偏差的。

2）吸收率和反射率：当光线到达玻璃时，光线一部分被玻璃吸收，一部分透过玻璃，另一部分被玻璃反射。对于不同颜色、不同透明度的玻璃，它对光线的吸收率和反射率是不同的[1-2]。

3）景深：景深主要影响背景和反射图像的清晰程度，在 12.2.2 小节中将会具体介绍。

⊖　为了用尽可能一致的形式转述相关论文中的已有公式，本章对于图像矩阵采用符号 I（而不是本书其他章节多
　　采用的 I）进行表示。

在这些物理特性的影响下，混合图像中的反射也具有多样的性质，图 12-3为反射场景的物理模型、数学模型和对应图像示例，展示了三种不同性质的反射成像机理。下面对这三种不同性质的反射进行介绍。

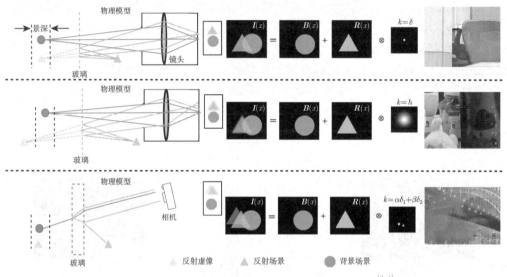

图 12-3　反射场景的物理模型、数学模型和对应图像示例（基于论文[3-4]的插图重新绘制）

1）清晰的反射（in-focus reflection）：如图 12-3第一行所示。反射图像是否清晰主要与相机的景深有关，当背景场景和反射场景大致处于同一个对焦平面时，二者的边缘几乎有着同样的锐利程度。在这种条件下，混合图像是二者的简单线性叠加，k 是一个冲激函数。

2）模糊的反射（out-of-focus reflection）：在多数情况下，反射场景物体的虚像和背景场景物体的实像通常与相机镜头有着不同的距离。为了拍摄背景场景，反射场景通常会被虚化，从而产生模糊的反射图像。在这种条件下，混合图像是背景场景和模糊反射图像的叠加。k 是一个与相机点扩散函数相关的高斯核函数。

3）重影效应（ghosting effect）：以上两种情况均假设玻璃的折射特性（厚度）是可以被忽略的。如图 12-3第三行所示，当反射场景的光线到达玻璃表面的时候，一部分被反射，另一部分透过玻璃到达第二个平面。到达第二个平面的光线被再次局部反射，并从第一个平面射出，从而形成了第二重反射图像。其实，反射场景的光线是在玻璃内部被多次反射的，但是由于反射次数越多，能量损失也就越多，因此，第三重及以上的反射图像是不明显的，通常可以被忽略。所以，一般只考虑两重反射。在这种情况下，$k = \alpha\delta_1 + \beta\delta_2$，它是一个二重冲激函数。

此外，反射还具有一定的区域特性（regional property）[4]：受玻璃反射率和吸收率的影响，反射图像可能在局部是显性的。图 12-4展示了两组具有局部显性反射的混合图像和对应真值，当反射光线强于背景光线时，反射图像是显性的；当反射图像的光强弱于背景图像时，背景信息占据主导地位，反射图像相对较弱，称其为隐性的反射。对于单张图像反射消除而言，消除显性的反射是一个较为棘手的问题，因为通常相机的动态范围有限，过强的反射光线可能会导致局部区域过曝，从而使背景信息丢失。

图 12-4　局部显性的反射（图像来源于论文[4]的数据集）

12.1.2　反射消除的应用

如图 12-1所示，对于拍摄爱好者而言，玻璃反射影响了图像的质量，对图像进行反射消除能够还原拍摄者想要拍摄的背景图像部分，从而获得满意的拍摄效果。对于车辆驾驶而言，从车内向外观察路况时，如果挡风玻璃造成的反射光比较强，就会导致车窗外的场景无法被正常观察清楚，从而影响安全驾驶。并且，交通监控摄像头在对车辆驾驶员进行拍摄时，图像中常常也带有车窗的反射，反射有可能会导致电子警察对驾驶员行为的误判，从而导致错误的处罚。此外，玻璃的反射是干扰下游计算机视觉任务的不利因素之一。如图 12-5a 所示，玻璃反射导致单张图深度估计出现了偏差；如图 12-5b 所示，玻璃的反射导致了人脸信息的退化。玻璃反射作为一种不易被察觉的模式，也被用于高层计算机视觉任务的后门攻防（backdoor defense）[5]。如图 12-6所示，首先将反射作为一种激活后门（trigger）通过数据投毒（data poisoning）的方式混入数据中去训练一个深度神经网络，训练好的模型对于常规数据仍然能够做出正确的决策，但是当加入激活后门时，模型就会做出错误的判断。这种激活后门对于自动驾驶场景而言是非常危险的。

所以，无论是为了人类视觉获得更清晰的图像观感，还是为了机器视觉的下游任务能有更好的表现，抑或为了决策安全，图像反射消除都是一项至关重要的任务。时至今日，反射消除问题作为计算机视觉和计算摄像学研究的一个重要领域，已经涌现了许多有价值的研究[8-12]，这些研究对于计算机视觉的发展都具有重要意义。

▋ 在反射消除这一任务面前，研究者们都做了哪些工作呢？

反射消除研究方法分类如图 12-7所示，本章对近二十年来比较具有代表性的工作进行了总结和归纳。在接下来的小节里，将选取其中有代表性的一些工作进行介绍。

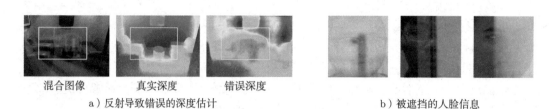

混合图像　　　　真实深度　　　　错误深度

a）反射导致错误的深度估计　　　　　　　　b）被遮挡的人脸信息

图 12-5　玻璃的反射对下游计算机视觉任务的不利影响（基于论文[6-7]的插图重新绘制）

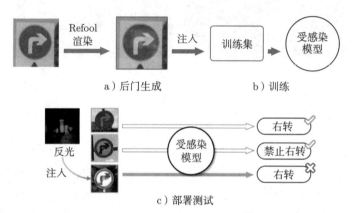

a）后门生成　　　　　　　b）训练

c）部署测试

图 12-6　反射用于后门攻防[5]

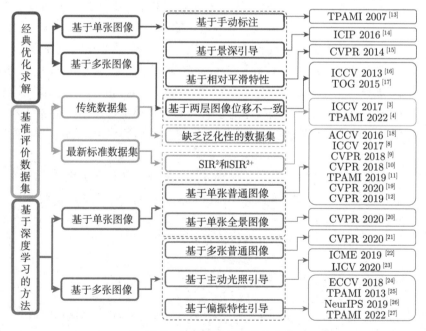

图 12-7　反射消除研究方法分类

12.2 经典优化求解的方法

12.2.1 手动分类边缘的方法

式(12.1)描述了透射光和反射光的叠加特性，对于一张混合图像而言，当对 $\boldsymbol{B}$ 和 $\boldsymbol{R}$ 这两个未知量进行求解时，面临无数组可能的解。并且由于两者都是自然图像，拥有相似的属性，所以在没有任何先验知识的条件下，很难从中正确地解出反射图像和背景图像。因此，混合图像的反射消除是一个不适定问题。

首先假设混合图像、背景图像以及反射图像在某种表示上的统计特性符合概率分布 $P(\boldsymbol{I})$、$P(\boldsymbol{B})$ 和 $P(\boldsymbol{R})$，并且 $P(\boldsymbol{B})$ 和 $P(\boldsymbol{R})$ 是相互独立的。所以有：

$$P(\boldsymbol{I}) = P(\boldsymbol{B}, \boldsymbol{R}) = P(\boldsymbol{B}) \cdot P(\boldsymbol{R}) \tag{12.2}$$

最大化 $P(\boldsymbol{I})$ 使其尽可能接近真实分布，则估计的 $\boldsymbol{B}$ 和 $\boldsymbol{R}$ 就会尽可能接近真实背景图像和真实反射图像。需要阐明的一点是，$\boldsymbol{B}$ 和 $\boldsymbol{R}$ 相互独立的假设对于真实场景来说往往是不满足的。但是，如果不进行以上的假设，这个问题就无法求解。所以，为了问题的求解，依然采用上述假设来构建反射图像分离的优化目标函数。但是，仅有式 (12.2) 的基本假设是不够的，还需要找到混合图像普遍存在的一种先验分布进行建模，且这种先验应该满足易得性和准确性。

在传统图像处理中，最常见的概率密度分布是图像的灰度直方图，混合图像和对应直方图如图 12-8 所示。但是，通过观察很容易发现，不同图像的直方图并不遵循一个特定的规律分布，不能通过数学建模找出一个准确的表达形式。

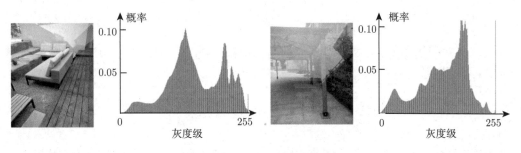

图 12-8　混合图像和对应直方图示例

在这里，介绍一种图像普遍具有的特性：梯度稀疏先验 (gradient sparsity prior)。很直观地，由于图像大部分区域是相对平滑的，对图像求一阶梯度之后，大部分平滑区域的梯度是接近于 0 的，少部分区域有着比较锐利的边缘，对应的梯度相对较大。混合图像梯度分布直方图如图 12-9 所示，梯度概率分布在 0 值附近达到了峰值，并随着梯度的绝对值的增大而迅速减小。对比图 12-9a、b 两幅图像的梯度分布可以发现，虽然两张图像是完全不同的，但是边缘的稀疏性却是它们共同具有的特性。对这种概率分布进行建模，可以采用两个混合的拉普拉斯分布（Laplacian distribution）来进行拟合，如式 (12.3) 所示，等号右边的两项包含一个相对窄带的分布和一个相对宽带的分布，二者的叠加共同完成了对边缘概率分布进行的建模：

$$P(x) \approx \frac{\pi_1}{s_1} e^{-|x|/s_1} + \frac{\pi_2}{s_2} e^{-|x|/s_2} \tag{12.3}$$

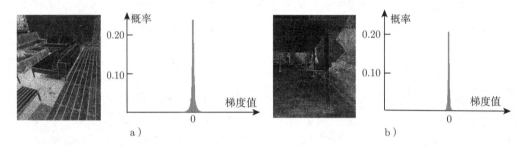

图 12-9　混合图像梯度分布直方图

式中，π_1、π_2、s_1、s_2 是拉普拉斯分布的参数；x 是梯度值。对于梯度的计算，采用 k 组求导滤波器即可，这 k 组求导滤波器的作用就是得到图像在各个方向（纵向、横向乃至斜向）的梯度信息。并且，对于不同方向的梯度信息，依然假设它们之间相互独立。所以，$P(\boldsymbol{I})$ 的分布是 k 组概率密度的相乘：

$$P(\boldsymbol{I}) \approx \prod_{i,k} P(f_{i,k} * \boldsymbol{I}) \tag{12.4}$$

式中，$f_{i,k} * \boldsymbol{I}$ 表示求导滤波器对图像的卷积操作；$f_{i,k}$ 是以像素 i 为中心的第 k 个求导滤波器。因此，进一步，式(12.2)可以被写成：

$$P(\boldsymbol{B}, \boldsymbol{R}) \approx \prod_{i,k} P(f_{i,k} * \boldsymbol{B}) \cdot \prod_{i,k} P(f_{i,k} * \boldsymbol{R}) \tag{12.5}$$

式 (12.5) 包含多项乘积，且需要对 $P(\boldsymbol{B}, \boldsymbol{R})$ 进行最大化，在优化中是很难实现的。通常，会将其转化为多项求和的最小化问题。因此，对等式的两边均取一个 ρ 函数，其中，$\rho(x) = -\log(x)$。所以，式(12.5)经过 ρ 函数的变换以后转化为如下形式：

$$J(\boldsymbol{B}, \boldsymbol{R}) = -\log(P(\boldsymbol{B}, \boldsymbol{R})) \approx -\log\left(\prod_{i,k} P(f_{i,k} * \boldsymbol{I})\right)$$

$$= \sum_{i,k} \rho(f_{i,k} * \boldsymbol{B}) + \sum_{i,k} \rho(f_{i,k} * \boldsymbol{R}) \tag{12.6}$$

最小化 $J(\boldsymbol{B}, \boldsymbol{R})$ 就等价于最大化概率分布 $P(\boldsymbol{B}, \boldsymbol{R})$。但是，仅仅有上述的全局约束是不够的，需要寻找一些局部的约束点来进一步缩小解空间。首先，回到式(12.2)，假设在某个点 $P(\boldsymbol{B})$ 是已知的，那么最大化联合概率的时候就要对 $P(\boldsymbol{R})$ 求最大化，反之亦然。现在，假设集合 $\mathbb{S}_B$ 包含了一些属于背景层边缘的点，集合内这些点的梯度与真实的背景图像 $\boldsymbol{B}$ 在对应位置的梯度相同，那么就需要对 $\sum_{i,k} \rho(f_{i,k} * \boldsymbol{R})$ 求最小化。反之，假设在集合 $\mathbb{S}_R$ 内所有点的梯度与 $\boldsymbol{R}$ 在对应位置的梯度相同，就需要对 $\sum_{i,k} \rho(f_{i,k} * \boldsymbol{B})$ 求最小化。另外，由式 (12.1) 有 $\boldsymbol{R} = \boldsymbol{I} - \boldsymbol{B}$，式 (12.6) 可进一步改写为

$$\begin{aligned}
J(\boldsymbol{B}) = & \sum_{i,k} \rho(f_{i,k} * \boldsymbol{B}) + \rho(f_{i,k} * (\boldsymbol{I} - \boldsymbol{B})) + \\
& \lambda \sum_{i \in \mathbb{S}_B, k} \rho(f_{i,k} * \boldsymbol{B} - f_{i,k} * \boldsymbol{I}) + \\
& \lambda \sum_{i \in \mathbb{S}_R, k} \rho(f_{i,k} * \boldsymbol{B})
\end{aligned} \tag{12.7}$$

式中，λ 为权重参数；式 (12.7) 的第一行为全局约束，第二行和第三行为局部约束。该式可通过最优化求解得到背景图像和反射图像，具体细节可以参照文献[13]。由于 $\mathbb{S}_B$ 和 $\mathbb{S}_R$ 是一些未知的位置，所以需要通过手动标注来获得。如图 12-10所示，图中被蓝色标注的点属于背景图像的边缘，用黄色标注的点属于反射图像的边缘。

混合图像　　　反射图像　　　背景图像　　　混合图像　　　反射图像　　　背景图像

图 12-10　手动对反射图像和背景图像进行标注（基于论文[13]的插图重新绘制）

通过手动标注的方式固然对消除反射起到一定作用，如图 12-11第一行所示，反射得到了消除。但是更多情况下该方法是很容易失败的，如图 12-11第二行所示，反射没有被去除干净。而且，该方法比较费时费力。当用户仅有少数几张混合图像的时候，尚且可以有耐心对边缘进行标注。但当用户面对海量的混合图像的时候，是不太可能有时间和精力去对图像逐一标注的。

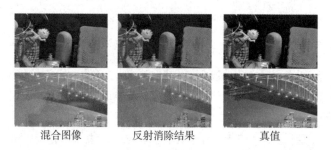

|混合图像|反射消除结果|真值|

图 12-11　反射消除失败结果示例（图像来源于论文[3-4]的数据集）

基于手动标注的方法蕴含了分治法的思想，即将一个困难的问题分为两个阶段，在第一个阶段对反射图像和背景图像的边缘进行分类，在第二个阶段再进行二者的分离。这种分治的思想被后来的研究者们所采纳，改进的方向大致有两种：第一个是如何更加自动、便捷和高效地对边缘进行分类；第二个是如何更精确地建立模型去除掉反射，恢复出背景。在 12.2.2 小节中，将对混合图像的自动标注介绍几种经典方法。

12.2.2　自动分类边缘的反射消除

1. 景深引导的图像反射消除

通常透过玻璃拍照时，拍摄者希望调整对焦距离使得玻璃后面的背景场景处于景深（Depth of Field，DoF，参考 4.2 节）范围之内，而反射场景常常会因为处于景深之外而产生模糊，反射图像模糊的混合图像如图 12-12所示，从而与背景图像产生了明显差异。因此，景深造成的反射图像模糊可以作为消除反射的约束。利用景深引导的反射消除一文[14]发表于 2016 年的 ICIP。

图 12-12　反射图像模糊的混合图像（图像来源于论文[3-4]的数据集）

首先简要介绍如何从单张图片中估计景深。对于一张混合图像 I，将其色彩映射至 Lab 空间。对 L 通道分别施加三个 $w \times w$（$w = \{3, 5, 7\}$）的模糊核函数 f_w，接着对横向和纵向计算梯度，进而得出梯度分布的直方图。直方图的横轴为梯度值大小，纵轴为概率值 p_{xw} 或者 p_{yw}：

$$p_{xw} \propto hist(I * f_w * d_x)$$

$$p_{yw} \propto hist(\boldsymbol{I} * f_w * d_y) \tag{12.8}$$

式中，$d_x = [1 \;\; -1]$；$d_y = [1 \;\; -1]^{\mathrm{T}}$；$hist(\cdot)$ 表示直方图；$*$ 代表卷积操作。对于给定的像素点 (x, y)，进一步计算 p_{xw}、p_{yw} 与未经模糊条件下的 p_{x1}、p_{y1} 之间的 KL 散度：

$$D_w(x, y) = \sum_{(m,n) \in W_{(x,y)}} KL(p_{xw}|p_{x1})(m, n) + KL(p_{yw}|p_{y1})(m, n) \tag{12.9}$$

式中，$W_{(x,y)}$ 是以 (x, y) 为中心的窗口（通常采用均匀窗口）；(m, n) 为该窗口内像素点的坐标。为了计算整张图像的 DoF 分布图，还需要对所有模糊核函数和图像中所有点的 D_w 进行求和：

$$DoF = \sum_{(x,y) \in \boldsymbol{I}} \sum_{w=1,2,3} D_w(x, y) \tag{12.10}$$

对于图像反射消除而言，计算出整张图像的全局 DoF 是非必要的，但对于反射边缘分类而言，更希望获得每个点的 DoF 响应值，在此将这种响应定义为深度可信度分布图，用 DoF_t 表示：

$$DoF_t(x, y) = \sum_{w=1,2,3} D_w(x, y) \tag{12.11}$$

▌ 模糊的反射图像和清晰的背景图像在梯度分布上有什么显著的差异？

　　如图 12-13 所示，在左边第一幅图中，方框①标识的是反射区域，方框②标识的是背景区域。中间的直方图展示了两块区域的梯度分布情况。可以看到，反射区域由于边缘比较模糊，相邻像素之间的差别比较小，从而导致梯度的分布更向 0 值聚拢。背景区域由于边缘更为清晰，相邻像素之间的差别更加明显，从而在梯度分布上更加发散。但是，对于一张混合图像，无法直接从混合图像梯度分布上直观地分离背景信息和反射信息。而 DoF 分布图可以有效地辅助算法更加直观地区分边缘信息。如图 12-13 最右侧的

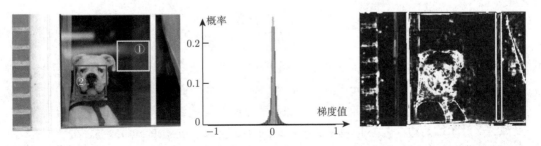

图 12-13　从左到右：混合图像（来源于论文[8] 的数据集）、不同区域的梯度分布图、DoF 分布图

图片所示，DoF 分布图清楚地显示出了背景图像的边缘信息。另外，不同尺寸的图像在 DoF 上也表现出不同的特性，仅仅参考单一尺寸的 DoF 还不足以准确地对边缘分类，主要是因为：小尺寸图像的 DoF 分布图虽然更粗糙，但边缘更加连续。该论文采用金字塔（pyramid）式的方法，搭建自动化的图像反射消除框架，算法流程如图 12-14 所示。输入图像在三个尺度的 DoF 分布图用 DoF_t^1、DoF_t^2、DoF_t^3 表示。现将三个尺度的 DoF 分布图按照一定权重进行融合：

$$DoF_c = (\lambda \cdot DoF_t^2 \uparrow + (1 - \lambda) \cdot DoF_t^3 \uparrow) \odot (DoF_t^1) \tag{12.12}$$

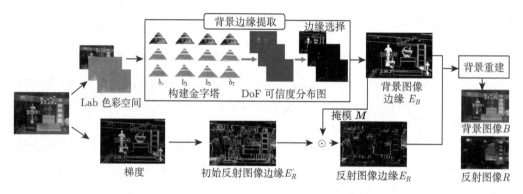

图 12-14　DoF 引导的图像反射消除框架（基于论文[14]的插图重新绘制）

式中，$\odot$ 是逐个元素的相乘；$\uparrow$ 是将 DoF_t^2 和 DoF_t^3 上采样到和 DoF_t^1 相同尺寸的操作。对融合之后的 DoF 分布图选取一个阈值 τ_s，以提取背景图像的边缘。

$$E_b = H(DoF_c - \tau_s) \tag{12.13}$$

式中，$H(\cdot)$ 为阶跃函数，对负值的响应为 0，对正值的响应为 1。阈值 τ_s 的选取方式如下：

$$\tau_s = \frac{1}{N} \sum_{z=1}^{N} DoF_c(z) \tag{12.14}$$

式中，N 为像素总数。至此，背景和反射图像的边缘实现了自动标注，直接调用 12.2.1 小节的方法即可实现两层的分离。

虽然上述方法能够有效辨别反射图像和背景图像的边缘，但是，对于一些混合图像来说，反射图像的边缘并不是模糊的，背景图像的边缘也可能由于部分物体处于景深之外而变得模糊。因此，依靠景深作为引导消除反射的约束仍然存在一定的局限性。

2. 基于相对平滑的边缘分类

在图 12-13中可以观察到，对于反射区域而言，由于大部分的区域都是比较平滑的，梯度的分布是一个相对"高瘦"的短尾分布（short-tailed distribution）。对于背景图像而言，由于背景的纹理比较清晰，梯度的分布就不那么向 0 值靠拢，因而，在分布特性上是一个相对"矮胖"的长尾分布（long-tailed distribution）。

不同于前面介绍的两个方法假设背景图像和反射图像被同一个概率分布所建模。在 2014 年发表于 CVPR 的论文[15] 中，作者对反射图像 $\boldsymbol{R}$ 和背景图像 $\boldsymbol{B}$ 分别采用不同的函数进行建模。首先，对于 $\boldsymbol{R}$ 的概率分布（短尾的分布）建模用一个拉普拉斯分布即可进行建模：

$$P(\boldsymbol{R}) = \frac{1}{z_1} \mathrm{e}^{-\frac{x^2}{\sigma_1^2}} \tag{12.15}$$

对于背景图像，由于单个拉普拉斯分布对长尾分布拟合能力有限，因此，采用拉普拉斯分布和均匀分布相结合的方式来进行建模：

$$P(\boldsymbol{B}) = \max \left(\frac{1}{z_2} \mathrm{e}^{-\frac{x^2}{\sigma_2^2}}, \frac{\epsilon}{z_2} \right) \tag{12.16}$$

基于上述建模，可利用式(12.2)，进行联合分布的最大化。该算法对符合长尾分布的 $P(\boldsymbol{B})$ 依旧取 ρ 函数，与论文[13] 对等式两边取 $\rho(x) = -\log(x)$ 不同的是，对于短尾分布的 $P(\boldsymbol{R})$，由于取 ρ 函数之后与直接取二次型的效果是等价的，因此最终优化函数为

$$J(\boldsymbol{B}, \boldsymbol{R}) = \sum_{i,k} \rho(f_{i,k} \cdot \boldsymbol{B}) + \beta \cdot (f_{i,k} \cdot (\boldsymbol{I} - \boldsymbol{B}))^2 \tag{12.17}$$

式中，β 为第二项的权重系数。

12.2.3　利用多图分类边缘的方法

显然，当反射图像和背景图像的边缘都是比较清晰的，很难再将边缘的模糊特性作为引导信息辅助算法自动识别两层图像的边缘。一个比较直观的发现是，当透过玻璃拍摄图像时，如果变换相机的位置，拍摄多张图像，在不同图像中背景图像和反射图像在相对于相机的位移上是有差异的。通过改变相机位置拍摄的多张混合图像如图 12-15所示，论文[16] 的作者发现：在不同角度拍摄的图像中，方框处服装模特的腰部位置，受反射图像的污染程度是不同的。利用多张图像中反射图像和背景图像的相对位移，可以有效区分反射图像和背景图像的边缘信息。

图 12-15　通过改变相机位置拍摄的多张混合图像（图像来源于论文[16] 的数据集）

　　现在，给定一组从不同角度拍摄的 k 张图像，首先假设这些图像的背景图像占据主要成分（反射层相对较弱）。这样一来，当采用 SIFT Flow[28] 方法将它们进行像素级别的对齐时，可以认为这些图像是按照背景图像的信息进行对齐的。这样一来，由于各个图像的反射图像没有被对齐，在某一像素点就会观察到反射图像的边缘具有序列内的稀疏性，对齐后的图像边缘特性如图 12-16 所示。对于红色箭头标注的点，可以看到边缘信息在整个序列里是比较均匀的，说明在该位置所有图像的边缘都是背景图像的。对于绿色箭头标示的位置，可看到在序列号为 1 的图像里，该点的边缘是明显异于其他四张图像的，因此在序号为 1 的图像中，该位置的边缘为反射图像边缘。

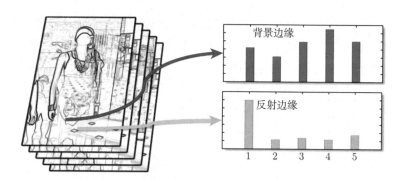

图 12-16　对齐后的图像边缘特性（基于论文[16] 的插图重新绘制）

　　有了以上观察，就可以建立数学模型，对图像的边缘进行分类，进而有效地消除反射了。首先，对多张图像进行对齐，用梯度算子对这些图像求梯度，并得出边缘。为了衡量图像 i 中某一位置的边缘稀疏程度，定义衡量标准如下：

$$\Phi(\boldsymbol{y}) = \frac{\|\boldsymbol{y}\|_2^2}{\|\boldsymbol{y}\|_1^2} \tag{12.18}$$

式 (12.18) 中 $\boldsymbol{y}$ 是包含某一位置各个方向和通道梯度绝对值的向量，由于 $\boldsymbol{y}$ 中所有元素都是非负的，因此式 (12.18) 可以改写为 $\Phi(\boldsymbol{y}) = \sum_{i=1}^{k} y_i^2 / (\sum_{i=1}^{k} y_i)^2$。理想情况下，当向

量 y 中仅含有一个非零项时，$\Phi(y)$ 等于 1，当向量 y 中所有项相等时（$y_1 = y_2 = \cdots = y_k > 0$），$\Phi(y)$ 达到最小值 $\dfrac{1}{k}$。该方法主要通过手动设置阈值，并比较各个位置的 Φ 值与该阈值的大小关系，从而过滤出反射图像的背景，具体细节不再赘述。自动边缘标注实现之后，依然采用了论文[13] 的经典方法去分离背景图像和反射图像。

12.3　反射消除基准评测数据集

尽管图像反射消除这一问题已经被研究了二十余年，从单张图像中消除反射依然是一个棘手的问题。研究者们通常会自己建立一个比较小的实拍数据集，针对特定场景收集一部分图像进行测试。近年来，基于深度学习的方法在一定程度上提升了反射消除的效果（将在下一小节讲述），但是面对如此多的模型和方法，性能孰好孰坏就需要一套统一的基准评测数据集去衡量。为了验证模型对真实场景下混合图像反射消除的有效性，这套标准数据集应该尽可能地包含各种反射条件下的混合图像。表 12-1 对以往的数据集进行了简单归纳，除去 CDR[29] 是较大的数据集以外（且该数据集是专门为 RAW 图像建立的），其他数据集都比较小，在模型评价上缺乏全面性和客观性。

表 12-1　反射消除数据集归纳（基于论文[4] 的表格重新绘制）

数据集	图像来源	包含（背景/反射）真值	单张或多张	图像组数	图像总数
Seq12[15]	实拍	否/否	多张	12	55
Seq2[17]	实拍	是/是	多张	2	14
Real20[10]	实拍	是/否	单张	109	218
Net45[12]	互联网	否/否	单张	45	45
Seq162[30]	实拍	是/否	多张	162	636
Face90[7]	实拍	否/否	多张	90	180
Nature[19]	实拍	否/否	多张	200	400
Real100[31]	实拍	是/否	单张	100	200
CDR[32]	实拍	是/是	单张	1063	3189
P&N[20]	实拍	是/是	单张	40	80

专门为单张图像反射消除而建立的评测数据集发表于 CVPR 2017[3]，该论文率先采集了大量实拍数据，且数据集有背景层、反射层真值，该数据集被命名为 SIR^2（Single Image Reflection Removal）。此外，该论文对反射消除的方法进行了简要的总结和评测。在随后的几年里，越来越多的反射消除模型涌现出来。SIR^2 的团队在发表于 TPAMI 2022[4] 的论文中又对近些年涌现的模型进行了更加细致的总结和分类，并在 SIR$^{2[3]}$ 的基础上进一步扩充，形成了 SIR^{2+} 数据集[4]。本节将对这两个数据集进行简要介绍。

12.3.1 算法总结归类

构建基准评测数据集是为了对已有的算法模型进行客观的评价。首先，就要对这些方法分别采用了什么策略、技巧进行总结。在表 12-2 和表 12-3 中，论文[4] 对比较有代表性的大部分方法进行了归纳。对这些方法的归纳采用了比较直观的逻辑，首先可以划分为非深度学习的"经典优化求解的方法"和"基于深度学习的方法"。进一步，在每个类别里又可以粗略地划分为基于单张图像的方法和基于多张图像的方法。但是，有些方法并不能很严格地进行界定，比如采用红外光主动光照的方法[22]，虽然属于基于多张图像方法的范畴，但此"多张图像"又不同于传统 RGB 相机拍摄的"多张图像"。再比如基于全景相机的方法[20]，虽然只采集了一张图像，但这一张全景图像所包含的信息等效于用一个普通相机自身旋转一圈拍摄多张图像。

表 12-2　对传统基于单张图反射消除的方法总结（基于论文[4] 的表格重新绘制）

根据 $I = \alpha B + \beta(R \otimes k)$ 估计 B，采用了对 k 的不同假设和对于 B 和 R 的不同约束

在这里：$P(B, R) = P_1(B) \cdot P_2(R)$，其中 P_1 和 P_2 分别是 B 和 R 的先验概率分布

方法	梯度	相关工作	关键假设
TPAMI 07[13]	未采用	无	$P_1 = P_2$，手动标注 B 和 R 的边缘
WACV 09[33]	采用	TPAMI 07[13]	$P_1 = P_2$，根据 B 和 R 不同的模糊程度自动标注
CVPR 14[15]	采用	无	$P_1 \neq P_2$，用不同的梯度先验来描述 P_1 和 P_2
CVPR 15[34]	未采用	无	$P_1 \neq P_2$，P_2 由重影先验来描述
ICIP 16[14]	采用	TPAMI 07[13]	$P_1 = P_2$，根据 B 和 R 不同的模糊程度自动标注
CVPR 17[35]	采用	CVPR 14[15]	$P_1 \neq P_2$，在拉普拉斯域去除反射
ICME 17[36]	采用	无	$P_1 \neq P_2$，根据参考图像的信息来计算 B
TIP 18[37]	采用	ICME 17[36]	$P_1 \neq P_2$，用区域特性和图像内的自我相似度来估计 B
CVPR 19[38]	采用	CVPR 14[15]，CVPR 17[35]	$P_1 \neq P_2$，梯度阈值的局部可微等式
TCI 20[39]	采用	CVPR 15[34]	$P_1 \neq P_2$，基于小波变换的正则化来区分感知模式

表 12-3　对基于深度学习的方法的总结（基于论文[4] 的表格重新绘制）

基于单张图像的反射消除				
方法	关联工作	训练数据	测试数据	关键假设
ACCV 2017[18]	TPAMI 2007[13]	合成	源自网络	有监督｜用 CNN 对边缘分类
ICCV 2017[8]	TPAMI 2007[13]	合成	源自网络	有监督｜边缘监督的二阶段网络学习
arXiv 2018[40]	ICCV 2017[41]	合成	源自网络	弱监督｜B 和 R 的种类已知
CVPR 2018[9]	TPAMI 2007[13]	半合成	SIR²[3]	有监督｜在梯度引导下的并发式网络
CVPR 2018[10]	梯度先验	混合	Real20[10]	有监督｜基于生成对抗网络的背景估计
TPAMI 2019[11]	CVPR 2018[9]	半合成	SIR²[3]	有监督｜采用高阶分布统计来区分 B 和 R

(续)

基于单张图像的反射消除				
方法	关联工作	训练数据	测试数据	关键假设
CVPR 2019[12]	无	混合	SIR^2 [3],Real20[10]	有监督 | 采用高层特征来解决像素不对齐
CVPR 2019[42]	ICCV 2017[41]	半合成	SIR^2 [3]	弱监督 | 生成和分离反射的联合模型
CVPR 2019[43]	无	合成	SIR^2 [3]	有监督 | 学习的策略合成混合图像
ICME 2019[44]	arXiv 2020[45]	半合成	真实文本图像	有监督 | 植入了文本先验
CVPR 2019[31]	无	合成	SIR^2 [3],Real100[31]	有监督 | 物理渲染合成训练数据
TOMM 2019[46]	无	合成	SIR^2 [3],Real20[10]	有监督 | 高层语义引导的框架
CVPR 2020[19]	RNN	合成	SIR^2 [3], 自然图像	有监督 | 用 LSTM 逐步优化反射消除
WACV 2021[47]	梯度先验	合成	SIR^2 [3],Real20[10]	有监督 | 用反射分类器来区分 **R** 和 **B**
arXiv 2020[48]	CVPR 2020[19]	合成	SIR^2 [3],Real20[10], 自然图像	有监督 | 区域特性引导来区分显性的反射
ICCV 2020[49]	CVPR 2020[19]	合成	SIR^2 [3],Real20[10],Net45[12]	有监督 | 区域特性引导来区分显性的反射
CVPR 2021[2]	无	合成	SIR^2 [3], 自然图像	有监督 | 考虑吸收特性的二阶段解决办法
CVPR 2021[20]	无	合成	自然图像	有监督 | 全景图像的辅助
基于多张图像的反射消除				
arXiv 2020[45]	无	合成	SIR^2 [3]	无监督 | 两张混合图像反射图像不同
IJCV 2021[7]	无	半合成	真实人脸图像	有监督 | 植入人脸先验
CVPR 2020[21]	TOG 2015[17]	合成	真实序列[21]	有监督 | 基于深度神经网络计算运动场
CVPR 2021[50]	无	混合	Real157[50]	有监督 | 闪光引起的背景图像变化

经典优化求解的方法大多是根据论文[13]工作的改进,因此在 12.2 节中,相关工作也是基于这一思路梳理的。但是基于深度学习的方法所采用的约束、先验更为多样化,将在 12.4 节中进行介绍。本节对于基准评测数据集的介绍,起到一个承上启下的作用,通过对于传统方法的性能评价为后面要介绍的基于深度学习的方法做好铺垫。

12.3.2 数据集的构成

为了使得评测数据集能够对真实世界中广泛的场景进行覆盖,SIR^2 [3] 和 SIR^{2+} [4] 的作者设计了较为全面的实验方法来采集数据集。

首先介绍 SIR^2 [3] 和 SIR^{2+} [4] 的拍摄设置。数据拍摄主要分为两种设置,一是拍摄流程设置,二是拍摄参数设置。对于流程设置,采用以下三个步骤分别获取混合图像、反射图像和背景图像:

1)用三脚架固定相机,并在相机和背景场景中间放置一块玻璃,拍摄带有反射的混合图像。

2)用一块纯黑色的具有漫反射性质的布覆盖在玻璃后面,此时拍摄得到反射图像。

3）移开玻璃，拍摄背景图像的真值。

其次是拍摄参数设置。因为反射的特性主要由景深的设定和玻璃厚度来获得。对于相机景深，数据集采用了不同的光圈 {F11，F13，F16，F19，F22，F27，F32} 来获取多个景深，不同光圈下的反射图像模糊程度不同，在 F32 条件下反射图像的边缘是最为锐利的，F11 的条件下反射图像的边缘是最为模糊的。与光圈设置相对应地，选取 7 个不同的曝光时间 {1/3s，1/2s，1/1.5s，1s，1.5s，2s，3s} 使得每张图像的亮度大致相同。另外，在相机参数为变量的时候，拍摄时选用厚度为 5 毫米的普通玻璃。对于重影的反射，本数据集选取了三种不同厚度的玻璃 {3mm，5mm，10mm}，相机光圈作为不变量被固定为 F32。

在明确拍摄的流程设置和参数设置以后，需要面对的是场景设置。由于 SIR^{2+}[4] 已经囊括了 SIR^2[4] 中的场景，现在对 SIR^{2+}[4] 包含的场景进行介绍。SIR^{2+}[4] 主要包含以下四种场景：

1）室内场景（indoor scenes）：室内场景的数据集是用配备 300mm 镜头的尼康 D5300 拍摄的。一组用来验证的标准数据集应该包含混合图像、反射图像和背景图像的真值。室内场景数据集包含 40 个场景，这 40 个场景又包含了 20 个固体物品（比如陶瓷杯、毛绒玩具和水果等）的场景和 20 个明信片的场景，共 1200 张图像。室内场景数据集主要包含有清晰的反射、模糊的反射以及带重影的反射。

2）室外场景（outdoor scenes）：室外包含了丰富多样的背景场景（比如房屋、花园等），不同的光照环境（万里晴空、云雾交织和落日夕照等），以及多种多样的反射场景（汽车、树木和玻璃窗等）。室外场景数据集包含 100 组图像，每组 3 张（类比室内场景）。室外场景数据囊括了前文提及的四种反射情况，其中，清晰的反射有 35 组，模糊的反射有 62 组，带重影的反射有 16 组，显性的反射有 23 组。

3）自然场景（in-the-wild scenes）：为了涵盖更广泛的玻璃反射场景，SIR^{2+}[4] 还额外收集了不同颜色和曲率（比如展柜、橱窗和挡风玻璃）的玻璃遮挡下的混合图像。这部分数据包含有色玻璃造成的反射，比如图 12-17 第 5 行、第 6 行的部分图像，蓝色和浅灰色的玻璃会导致背景图像颜色的变化。这部分共 100 组数据，其中包括 26 组清晰的反射，58 组模糊的反射，16 组显性的反射，55 组有色玻璃条件下的反射。

4）毛面玻璃（obscure glass）：现实生活中玻璃的表面不一定是光滑的，各种各样的毛面玻璃造成了性质不一的透射特性和反射特性。毛面玻璃场景共采集了 4 种不同的毛面玻璃，每组包含一张真实背景场景和 4 张毛面玻璃条件下的混合图像，该场景一共有 30 组，共计 150 张图像。

表 12-4 展示了 SIR^{2+}[4] 数据集的构成细节，其中，室内场景和室外场景是 SIR^2[3] 也含有的数据。

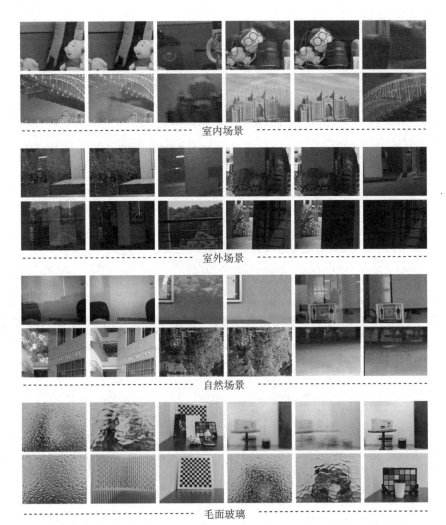

图 12-17　数据集内部分数据样例（图像来源于 $SIR^{2[3]}$ 和 $SIR^{2+[4]}$ 数据集）

注：室内场景和室外场景为 $SIR^{2[3]}$ 和 $SIR^{2+[4]}$ 共有，自然场景和毛面玻璃来源于 $SIR^{2+[4]}$ 的数据。室内和室外场景：每一行包含两组数据，每组数据包含混合图像、背景图像和反射图像。自然场景：每一行包含三组数据，每组数据包含混合图像、背景图像。毛面玻璃：每一行包含两组数据，每组前两张为毛面玻璃下的混合图像，第三张为背景图像。

表 12-4　SIR^{2+} 数据集的构成细节

	原始分辨率/像素	调整后分辨率/像素	图像数量	场景数量
室内场景	540×400	288×224	300	100
室外场景	540×400	288×224	1200	40
自然场景	540×400	288×224	200	100
毛面玻璃	3072×4096	—	150	30

12.3.3　基准评测结果

SIR^{2+} [4] 的作者对大多数反射消除方法进行了评测。不同的论文往往只针对某一种类型的反射进行消除，比如有些论文 [14,15] 是针对模糊的反射而设计的；有些论文 [39,51] 的工作主要是针对带有重影的反射进行消除；有些论文是基于传统稀疏先验特性，用传统优化方法进行求解，有的则采用深度学习，用神经网络拟合反射图像和背景图像的分布；有的论文采用合成数据集进行学习，有的采用了混合数据（参见表 12-3）。所以，在评测的时候，应该按照这些算法各自的属性，在公平的范畴进行对比。

表 12-5 展示了室外场景数据评测结果，其中 SSIM 是结构相似度（Structural Similarity），其定义如下：

$$SSIM(x, y) = \frac{(2\mu_x\mu_y + C_1)(2\sigma_{xy} + C_2)}{(\mu_x^2 + \mu_y^2 + C_1)(\sigma_x^2 + \sigma_y^2 + C_2)} \tag{12.19}$$

表 12-5　室外场景数据评测结果（SSIM$_r$ 表示反射层的结构相似度，基于论文 [4] 的表格重新绘制）

基线（推断时间，单位为 s）	SSIM↑	SI↑	SSIMr↑	LPIPS↓	PSNR↑	NCC↑	LMSE↓
	0.895	0.923	0.815	0.089	24.49	0.930	0.187
非深度学习的经典优化求解方法							
CVPR 2014[15]（1.112s）	0.877	0.946	0.838	0.111	21.14	0.913	0.213
ICIP 2016[14]（7.012s）	0.901	0.938	0.859	0.095	23.49	0.906	0.222
CVPR 2017[35]（29.539s）	0.858	0.894	0.844	0.093	23.80	0.934	0.160
CVPR 2019[38]（0.129s）	0.877	0.922	0.846	0.096	22.34	0.899	0.221
基于深度学习的方法							
TPAMI 2019[11]（0.024s）	0.902	0.929	0.878	0.071	24.59	0.947	0.126
CVPR 2018[10]（0.288s）	0.883	0.926	0.834	0.093	23.45	0.935	0.149
ECCV 2018[55]（0.018s）	0.871	0.924	0.849	0.094	21.01	0.941	0.243
CVPR 2019[12]（3.179s）	0.895	0.922	0.832	0.085	25.18	0.935	0.188
CVPR 2019[43]（0.013s）	0.830	0.867	0.768	0.161	20.85	0.883	0.275
CVPR 2020[19]（1.692s）	0.896	0.918	0.823	0.086	24.33	0.940	0.940

式中，μ_x 和 μ_y 分别是图像 x 和 y 的均值；σ_x 和 σ_y 是对应的方差；σ_{xy} 是 x 和 y 的协方差；C_1 和 C_2 为固定常量。SSIM 是结合亮度、对比度和结构三个方面的图像相似度评价指标，取值范围为 0~1，两张图像的相似度越高，SSIM 的值约接近 1。SSIM$_r$ 是反射图像的结构相似度，SI 是只保留式 (12.19) 中的结构项的度量指标，LPIPS（Learned Perceptual Image Patch Similarity）为感知相似性，是一种特征层面的度量标准 [52]，具体来说，它是基于在 ImageNet [53] 上预训练的 VGG-16 网络 [54] 中间的特征图定义的：

$$d_{\text{LPIPS}} = \sum_h \left(\left\| \phi_h(\mathcal{T}(H_Y)) - \phi_h(\mathcal{T}(\hat{H}_Y)) \right\|_2^2 + \left\| G_h^\phi(\mathcal{T}(H_Y)) - G_h^\phi(\mathcal{T}(\hat{H}_Y)) \right\|_2^2 \right)$$

式中，$\mathcal{T}(\cdot)$ 表示任务网络模型；$\phi_h(\cdot)$ 表示从 VGG-16 的第 h 层卷积层输出的特征图；$G_h^\phi(\cdot)$ 是两个输入图像的特征图 ϕ_h 的格拉姆矩阵。具体要用到的特征层级可根据需要选取，比如只选取 VGG-16 的 ReLU4_3 和 ReLU5_3 层。LMSE（Least Mean Square Error）是最小均方误差，NCC（Normalized Cross Correlation）是归一化互相关度。表中 ↑ 表示在该指标，数值越高结果质量越好，↓ 表示数值越低结果质量越好。

可以看到，深度学习的方法整体上在客观指标的层面上是优于传统优化方法的，但也并不绝对。一般来说深度学习的模型泛化能力也不一定很强，导致在 SIR^{2+} [4] 上的表现未必有预期的那么好，尤其对于显性的反射，还存在很多消除不彻底的情况。

12.4　基于深度学习的反射消除方法

表 12-5 已经对基于深度学习的反射消除进行了分类总结，下面选取一些有代表性的方法进行讲述。

12.4.1　单张图像问题求解

1. 基于串行网络的反射消除

传统基于稀疏先验模型的反射消除方法具有一定的局限性，比如，稀疏先验假设不满足，反射图像和背景图像在分布模型上不独立，边缘标定不够准确等。近年来，深度学习已经成为了解决诸多计算机视觉问题的有效工具。本节将对利用深度学习进行反射消除的一些代表性工作进行讲解。

最早利用深度卷积网络进行反射消除的工作[18] 发表于 2016 年的 ACCV，该模型有着对传统方法的典型继承性，首先通过一组深度学习模型对混合图像的边缘进行分类，然后再恢复背景图像（非深度学习方法）。"A generic deep architecture for single image reflection removal and image smoothing"[8] 一文发表于 ICCV 2017。该论文提出了图像与边缘级联学习的二阶段网络（Cascaded Edge and Image Learning Network，CEILNet），是真正意义上完整用深度学习进行反射消除的方法。

图 12-18 为 CEILNet 基本原理图，展示了 CEILNet 的大致框架，CEILNet 由两个子网络组成，分别是边缘预测网络（Edge Prediction Network，E-CNN）和图像重建网络（Image Reconstruction Network，I-CNN）。设计 E-CNN 希望达到的目的是通过网络学习目标背景图像的边缘信息，并利用学到的目标边缘促进下一阶段的反射消除任务。在传统基于数据模型的方法中，对背景和反射图像边缘的提取一般都是二值化的，也就是说，模型只知道哪些区域是边缘并作为先验就可以了，而不需要明确知道这些边缘具体的值。E-CNN 的一个不同点就在于，其输出的边缘并不是二值化的，而是利用标准背景图像的边缘作为监督，使无论是从结构还是数值上都尽可能地接近目标图

像的边缘。E-CNN 通过最小化输出边缘和目标边缘的 L_1 损失来达到网络优化的目的。E-CNN 学习到的目标边缘信息和混合图像一起作为 I-CNN 的输入，并最终输出干净无反射的背景图像。对于 I-CNN 的损失函数，该工作同样采用了 L_1 损失。并通过最小化 E-CNN 和 I-CNN 来建立联合优化策略，实现模型的调优。E-CNN 和 I-CNN 二者采用了几乎相同的网络结构，均是由 13 个串行的残差模块和几个卷积层组成的。

图 12-18　CEILNet 基本原理图 (基于论文[8] 的插图重新绘制)

2. 基于并行网络的反射消除

"CRRN: multi-scale guided concurrent reflection removal network"[9] 发表于 CVPR 2018。该论文提出了并行的图像反射消除网络（Concurrent Reflection Removal Network，CRRN），CRRN 框架图如图 12-19所示。CRRN 的核心思想其实与 CEILNet 相同，也是通过学习背景图像的边缘来促进反射消除。CRRN 包含了两个子网络，图像推断网络（Image inference Network，IiN）和梯度推断网络（Gradient inference Network，GiN）。虽然这两个网络在命名上与 CEILNet 不同，但其设计出发点是相同的。在两个子任务的结合上，CRRN 比较大的区别就是采用了将两个子网络并行的模式，而非串行。这种并行的方式使得边缘推断和图像反射消除成为一个整体。边缘学习网络的中间特征可以被图像推断网络有效利用。CRRN 采用了多尺度引导策略，这一策略已经在前面讲解的基于景深引导的图像反射消除任务中被证明是有效的。CRRN 的网络结构细节不再赘述，感兴趣的读者可以参考该工作的原文。CRRN 的损失函数则采用了结构相似度 SSIM（式 (12.19)），为了使 SSIM 这一评价指标与深度学习优化时需要最小化损失这一机制相匹配，结构相似性损失被定义为

$$\mathcal{L}^{\mathrm{SSIM}}(x,y) = 1 - SSIM(x,y) \tag{12.20}$$

对于 IiN 而言，只采用式 (12.20) 作为损失函数会导致色彩的失真，所以需要额外施加一个像素级的损失函数，可以采用 $\mathcal{L}_1$ 损失函数避免色彩的失真。同时，由于混合图像是背景图像和反射图像的线性叠加，在 IiN 的末端得到估计的背景图像 $\boldsymbol{B}^*$ 时，可以将其与输入图像作差，得到估计的反射图像 $\boldsymbol{R}^*$。$\boldsymbol{R}^*$ 和真实标准反射图像 $\boldsymbol{R}$ 的结构相似度也能反映出模型反射消除结果的好坏。用 $\boldsymbol{B}$ 表示真实标准背景图像，IiN 的损失函数为

$$\mathcal{L}^{\mathrm{IiN}} = \gamma \mathcal{L}^{\mathrm{SSIM}}(\boldsymbol{B}, \boldsymbol{B}^*) + \mathcal{L}_1(\boldsymbol{B}, \boldsymbol{B}^*) + \mathcal{L}^{\mathrm{SSIM}}(\boldsymbol{R}, \boldsymbol{R}^*) \tag{12.21}$$

但对于 GiN 的优化，由于梯度分布图中亮度和对比度两种信息是没有的，只存在边缘信息，就需要对结构损失函数进行一定的调整。调整后的损失函数为

$$\mathcal{L}^{\text{SI}}(x,y) = 1 - \frac{2\sigma_{xy} + C_2}{\sigma_x^2 + \sigma_y^2 + C_2} \tag{12.22}$$

CRRN 采用联合训练策略，用 $\boldsymbol{\nabla}$ 表示梯度，全局损失函数定义如下：

$$\mathcal{L}^{\text{total}} = \mathcal{L}^{\text{IiN}} + \mathcal{L}^{\text{SI}}(\boldsymbol{\nabla B}, \boldsymbol{\nabla B^*}) \tag{12.23}$$

训练细节、数据集和实验结果不再赘述。CRRN 的作者基于此模型，又提出了协作反射消除网络（Cooperative Reflection Removal Network，CoRRN）[11]。CoRRN 对于图像和梯度推断的特征进行了共享，进一步提升了反射消除的性能。

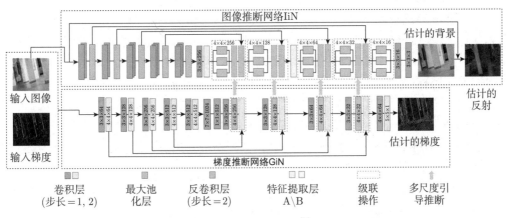

图 12-19　CRRN 框架图（基于论文[9]的插图重新绘制）

3. 基于感知损失的反射消除

从前面讲述的几个模型来看，通过设计一个网络来学习边缘信息仿佛是一个不可缺少的步骤，然而事实并非如此。虽然边缘信息一定程度上揭示了图像区域内信息的归属，但是设计网络专门去学习这样的先验可能并非必要。"Single image reflection separation with perceptual losses"[10] 一文发表于 CVPR 2018，该论文通过在网络末端的输出上增加一个边缘相关的损失，来减小背景图像和反射图像的相关性。原理是假设背景图像和反射图像的边缘信息是不相关的，如果能够定义一个指标，很好地计算出估计的背景图像和反射图像的边缘，通过最小化这个指标，就能对网络起到优化的效果。边缘相关性定义如下：

$$\Phi(\boldsymbol{B^*}, \boldsymbol{R^*}) = \tanh(\lambda_B |\boldsymbol{\nabla B^*}|) \odot \tanh(\lambda_R |\boldsymbol{\nabla R^*}|) \tag{12.24}$$

式中，∇ 是求梯度的操作；λ_B 和 λ_R 是权重系数；$\boldsymbol{B}^*$ 和 $\boldsymbol{R}^*$ 是网络输出结果。此外，该论文还采用了特征级别的损失函数来进行优化，定义如下：

$$\mathcal{L}^{\text{feat}}(\theta) = \sum_{(\boldsymbol{B},\boldsymbol{B}^*)\in\mathcal{D}} \sum_l \gamma ||\phi_l(\boldsymbol{B}), \phi_l(\boldsymbol{B}^*)||_1 \tag{12.25}$$

式中，$\phi_l(\cdot)$ 表示经过 VGG-19[54] 的前 l 层输出的特征。

4. 基于迭代思想的反射消除

"Single image reflection removal through cascaded refinement"[19] 一文发表于 CVPR 2020。不同于前文介绍的模型直接一次性输出反射消除结果，该论文提出的基于迭代思想的增强卷积长短时记忆网络（Iterative Boost Convolutional LSTM Network, IBCLN）期望通过数次迭代得到更加干净的反射消除结果。

该论文的动机来源于隐藏社团检测（hidden community detection）[56]，其基本思想是给定几个具有密切关系的显性社团，这些社团中有些人具备相同的爱好，即存在一个隐性社团。可以通过削弱每个显性社团的内部联系，将隐性社团凸显出来。给定一张混合图像 $\boldsymbol{I}$，背景图像 $\boldsymbol{B}$ 可以看作显性社团，反射图像 $\boldsymbol{R}$ 可以看作是隐性社团。首先通过削弱 $\boldsymbol{B}$ 可以得到 $\boldsymbol{R}$，然后把 $\boldsymbol{R}$ 削弱，得到 $\boldsymbol{B}$。这样来回往复，不断迭代，直到 $\boldsymbol{B}$ 和 $\boldsymbol{R}$ 都接近于真值，就可以得到比较好的结果了。

IBCLN 网络架构如图 12-20所示，它由两个生成器组成，G_B 和 G_R 分别朝着真值

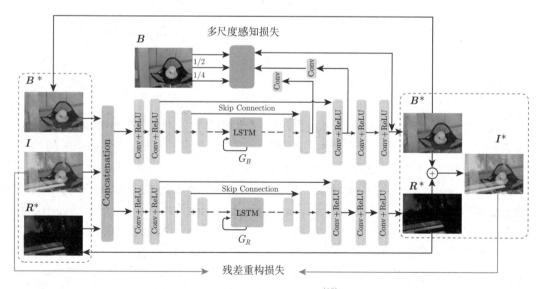

图 12-20　IBCLN 网络架构图 (基于论文[19] 的插图重新绘制)

的目标得到 $\boldsymbol{B}^*$ 和 $\boldsymbol{R}^*$，之后再次把 $\boldsymbol{B}^*$ 和 $\boldsymbol{R}^*$ 回馈给网络，进行下一次的优化迭代，期待能够通过数次迭代，得到较为干净的背景图像和反射图像。

损失函数的设计：该模型的损失函数主要由四部分构成。第一部分是残差重构损失（residual reconstruction loss）。$\boldsymbol{B}^*$ 和 $\boldsymbol{R}^*$ 的线性叠加 $\boldsymbol{I}^* = \boldsymbol{B}^* + \boldsymbol{R}^*$ 应当和输入的原混合图像 $\boldsymbol{I}$ 尽可能得接近：

$$\mathcal{L}_{\text{residual}} = \sum_{\boldsymbol{I} \in D} \sum_{t=1}^{N} \boldsymbol{L}_{\text{MSE}}(\boldsymbol{I}^*, \boldsymbol{I}) \tag{12.26}$$

式中，$\mathcal{L}_{\text{MSE}}$ 表示均方误差；N 表示迭代总次数；t 表示当前迭代次数。第二部分是多尺度感知损失（即 VGG[54] 损失），损失函数定义如下：

$$\mathcal{L}_{\text{MP}} = \sum_{\boldsymbol{B}, \boldsymbol{B}^3, \boldsymbol{B}^5 \in D} (\mathcal{L}_{\text{VGG}}(\boldsymbol{B}, \boldsymbol{B}^*) + \gamma_3 \mathcal{L}_{\text{VGG}}(\boldsymbol{B}^3, \boldsymbol{B}^{3*}) + \gamma_5 \mathcal{L}_{\text{VGG}}(\boldsymbol{B}^5, \boldsymbol{B}^{5*})) \tag{12.27}$$

式中，$\boldsymbol{B}^*$、$\boldsymbol{B}^{3*}$、$\boldsymbol{B}^{5*}$ 分别表示在第 N 次迭代时，在倒数第一、第三和第五层的输出特征；$\boldsymbol{B}$、$\boldsymbol{B}^3$、$\boldsymbol{B}^5$ 表示对应的真值；γ_3 和 γ_5 是权重系数。

第三部分损失为背景图像和反射图像相对于对应真值的均方误差，第四部分损失为生成对抗损失。这四项损失共同构成了 IBCLN 的总损失函数。

5. 利用非对齐数据的反射消除

基于深度学习的反射消除依赖于像素级对齐（pixel-level alignment）的成对数据，但是在很多情况下，拍摄到的背景真值和混合图像存在一定的位移偏差，这种偏差使得像素级别的对齐遭到了破坏。"Single image reflection removal exploiting misaligned training data and network enhancements"[12] 一文发表于 CVPR 2019。该论文提出了增强的反射消除网络（Enhanced Reflection Removal Network, ERRNet），以解决非对称数据难以训练的问题。ERRNet 网络架构如图 12-21所示。在这里，主要介绍 ERRNet 的损失函数，对该网络的细节不再赘述。

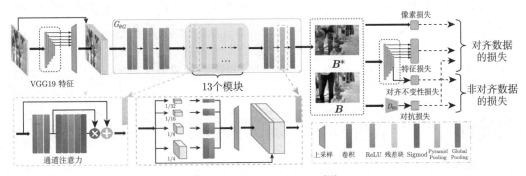

图 12-21　ERRNet 网络结构图（基于论文[12] 的插图重新绘制）

在深度学习领域，关于图像通过深度神经网络得到的特征，有一个基本的共识是，底层特征保留了较好的空间信息，而高层特征具备更为抽象的语义信息，因此，越深层的特征对空间像素对齐越不敏感。给定一对非对齐的图像 I 和 B，首先将 I 送入生成器 $G_{\theta G}$，网络输出为 B^*。B^* 和 B 在像素级别是非对齐的，因此考虑在更高的层次计算两者的相似度。ERRNet 同样采用了预训练好的 VGG-19 网络来提取高层特征。作者发现，用较低层次的特征损失训练得到的结果比较模糊，用较高层次的特征损失得到的结果边缘比较锐利，而且反射消除的效果也比较好。

基于以上实验观察，ERRNet 采用了对齐不变性损失（alignment-invariant loss）来进行训练：$\mathcal{L}_{\text{inv}} = \|\Phi_h(B) - \Phi_h(B^*)\|_1$，其中 Φ_h 表示在 VGG-19 网络 "conv5_2" 处的特征。对于这种非对齐的数据，作者还额外施加了生成对抗损失 $\mathcal{L}_{\text{adv}}$。因此，对于用非对齐数据训练的整体损失的表示如下：

$$\mathcal{L}_{\text{unaligned}} = \omega_1 \mathcal{L}_{\text{inv}} + \omega_2 \mathcal{L}_{\text{adv}} \tag{12.28}$$

式中，ω_1 和 ω_2 为权重系数。

6. 单张全景图像求解

"Panoramic image reflection removal"[20] 一文发表于 CVPR 2021。该论文利用全景图像进行反射消除。将该方法置于此处是因为，该方法确实只用到了一张图像作为输入，所以很直观地来说，它属于基于单张图像求解的范畴。但是，单张全景图像相比于一般的单张图像来说，包含了更广阔的视场。虽然只采用了一张图像，在算法处理的过程中是将全景图像分块处理的。换言之，在输入上依然采用单张图像的形式，但模型上采用了基于多张图像求解的思路。所以，将基于全景图像的反射消除置于基于单图和多图的方法之间，在讲述上起到对两个小节的承接和转折。

对于反射消除任务而言，若在获取混合图像的同时还可获取反射场景，则其内容模糊性（content ambiguity）将得到显著缓解。随着图像拼接技术的发展[57]，全景图像可以通过商用全景相机例如理光 Theta 系列⊖和影石 Pro 系列相机⊖拍摄获得，智能手机用户亦可以通过手机应用拍摄全景图像。全景图像拥有 360° 的视场角（视场角相关概念请回顾第 4 章），从而天然地具有同时拍摄混合图像和反射场景的能力，如图 12-22b 所示。因此，使用全景图像来缓解这类问题中反射内容的模糊性是可行的。图 12-22 为成像模型和拍摄图例。

论文[20] 提出的全景相机消除反射框架如图 12-23所示。该方法要求用户人工标记一个包含带反射干扰的区域，然后对该区域进行图像投影，得到常规透视下的混合图像

⊖ 官方网址：https://theta360.com/en/。

⊖ 官方网址：https://www.insta360.com/cn/product/insta360-pro/。

M 用于反射消除。之后，根据全景图像中玻璃的两条与地面垂直的边的像素长度（假设玻璃为平面且与地面垂直），可以大致估计出玻璃方向，从而可以从全景图像中提取反射场景区域 R_P。为了方便后续计算，需要将混合图像 M 和反射场景 R_P 的分辨率调整为相同的尺寸。反射消除的结果（背景场景 T）可以被直观地展示常规透视投影下的图像，也可以重投影回全景图像中进行展示。

a）使用全景相机拍摄带玻璃场景时的成像模型　　b）拍摄的全景图像　　c）在"虚拟相机"视点下，拍摄得到的反射图像 R_G　d）几何不对齐与强度不对齐的示意　e）在真实相机视点下，拍摄得到的反射场景 R_P

图 12-22　成像模型和拍摄图例（基于论文[20]的插图重新绘制）

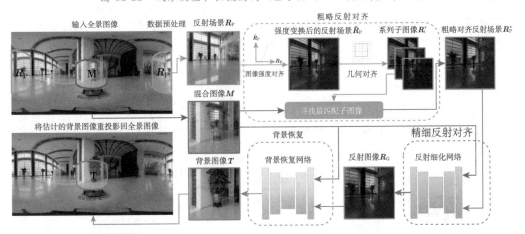

图 12-23　全景相机消除反射框架图（基于论文[20]的插图重新绘制）

　　由于全景相机拍摄到的玻璃反射与对应全景相机实际拍摄到的被玻璃反射的场景存在强度不对齐和几何不对齐，需要对两者进行对齐方能准确引导反射图像的消除。首先是几何对齐（geometric alignment），相机到玻璃的距离一般比到反射场景的距离小得多，从而产生了反射场景和反射图像间明显的比例差异和空间平移，二者之间的视差相对而言则较小。因此在粗略对齐阶段主要考虑尺度差异和空间平移，而把对视差的考量留给精细对齐阶段。可以采用遍历搜索和匹配的方法来处理尺度差异和空间平移。其次是强度对齐（photometric alignment），目的是由反射场景 R_P 生成 $\hat{R}_P$，使后者与反射图像 R_G 呈现接近的强度分布。强度对齐是将拟合得到的强度关系应用于输入的反射场景 R_P 之上，从而得到一个与反射图像 R_G 在强度上更接近的输入，如图 12-23 所示，以便于方法后续的处理。再次是精细反射对齐（reflection refinement），在得到粗略对齐的反射场景 $R_P^\star$ 后，将 $R_P^\star$ 与混合图像 M 作为输入，使用反射细化网络进行精细反射对齐。最后是背景恢复（background restoration），在得到精细对齐的反射图像 R_G 后，使用背景恢复网络对背景图像进行恢复，最终得到清晰的消除了反射干扰的背景图像 T。

12.4.2 多张图像问题求解

12.2.3 小节介绍了一种利用图像序列中反射图像边缘的稀疏特性进行反射消除的传统方法。本小节将讨论利用深度学习工具对多张图进行反射消除的几个具有代表性的模型。

1. 利用光流信息消除反射

在 12.2.3 小节中，利用 SIFT Flow[28] 对多张混合图像进行对齐是基于一个假设，即背景图像是占显性地位的，反射图像对图像对齐的影响小到可以忽略。但实际上，当相机在运动时，反射图像和背景图像的场景相对于相机的运动肯定是不同的，即反射图像和背景图像有着不同的光流场，这种光流场的差异性为反射消除提供了比较有价值的引导信息[17]。"Learning to see through obstructions"[21] 一文发表于 CVPR 2020，该论文提出的方法采用了深度卷积神经网络计算光流辅助反射消除。运动场景中光流信息引导的反射消除如图 12-24所示，该模型主要由三部分组成：初始光流分解，背景图像重

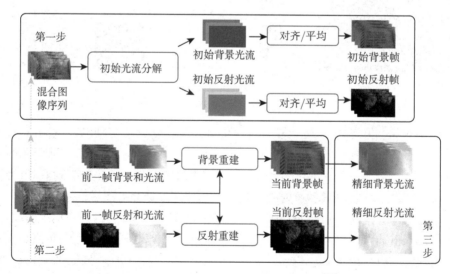

图 12-24 运动场景中光流信息引导的反射消除（基于论文[21] 的插图重新绘制）

建，光流精炼。在第一步，采用一个光流分解模块对输入的一组混合图像进行粗略的光流分解估计。在第二步，为背景图像和反射图像的重建分别各训练了一个网络模型，这两个模型有着同样的结构，但模型的参数是不共享的。在第一步得到的光流场被作为背景和反射重建模块的引导。在第三步，采用预训练好的 PWC-Net[58] 对光流场进行进一步优化。

虽然基于反射图像和背景图像的运动信息可以有效消除反射图像，但这一类算法也存在一定局限性，那就是，相机必须存在运动。对于静态场景或者无法移动相机（例如监控），下面将讨论如何使用主动光照进行反射消除。

2. 利用主动光照消除反射

"Siamese dense network for reflection removal with flash and no-flash image pairs"[23] 一文发表于 IJCV 2020。该论文利用孪生密集网络（Siamese Dense Network, SDN）对闪光/无闪光图像进行反射消除。当背景场景受到反射场景污染时，如果可以引入只与背景图像有关的光照变化，就可以为反射消除提供有效的引导信息。要做到这一点其实很简单，因为现在大多数相机都配备了闪光灯，当闪光灯开启的时候，灯光绝大部分透过玻璃照亮了背景场景，使得背景图像有了一个明显的变化。少部分光线被玻璃反射，对反射图像的影响十分微小。图 12-25 展示了一组无闪光和有闪光的混合图像对（flash and no-flash pair），图 12-25a 是无闪光灯条件下拍摄的图像，红色和黄色方框圈出了比较明显的反射区域；图 12-25b 是开启闪光灯以后拍摄的图像，可以看到背景图像明显得增强了。作者发现，虽然闪光灯能够增强背景场景，但是在很多情况下由于拍摄角度的问题，闪光灯会在混合图像中产生一个亮斑，亮斑区域是过曝的，因此，SDN 在训练的过程中采用一个亮斑检测模块，在网络训练过程中对亮斑区域进行重点关注。在真实世界中，$I_a = B + R$，$I_f = B + R + B_f + H_f$，其中 I_a 表示无闪光图像，I_f 表示有闪光图像，B_f 表示闪光造成的背景图像增量，H_f 表示亮斑。可以看到，有闪光图像与无闪光图像的差值即能大致得出背景信息。SDN 是对相机 ISP（相机内部图像处理流程，回顾第 2 章的概念）输出结果的图像进行处理的。一对闪光/无闪光图像的差值不再是背景图像的直接表现。论文[50] 直接对采集到的原始 RAW 图像进行处理，由于线性关系得以保留，闪光灯辅助的反射消除更加鲁棒。

除了利用闪光灯这种可见光源来辅助反射消除，利用近红外光（Near-Infrared, NIR）辅助反射消除也是一条可行之路。较早采用近红外光源进行反射消除的论文[59] 是用深度图辅助反射消除的。研究者通过观察发现，当采用 Kinect 相机⊖同时拍摄彩色图像和深度图像时，深度图像是不受可见光反射层影响的。其实，Kinect 深度图的获取主要依赖于主动式近红外光照，从主动红外光照获取的深度信息自然是与可见光反射

⊖　官方网址：https://www.microsoft.com/en-us/download/details.aspx?id=44561。

场景无关的。从这一点来看，利用深度图辅助反射消除虽然在本质上采用了主动的近红外辅助信息，但是并没有直接将近红外图像应用到反射消除之上。

图 12-25　一组无闪光和有闪光的混合图像对[23]

"Near-infrared image guided reflection removal"[22] 一文发表于 ICME 2020。该论文提出了红外图像引导的反射消除网络（Near-infrared Image guided Reflection Removal Network，NIR²Net）利用近红外图像作为辅助进行反射消除。图 12-26 为 RGB 图像与 NIR 图像在可见光反射上的差异性，展示了一组有玻璃遮挡情况下的 RGB 混合图像和对应的 NIR 混合图像，以及无玻璃遮挡条件下的 RGB 背景图像。从图中可以观察

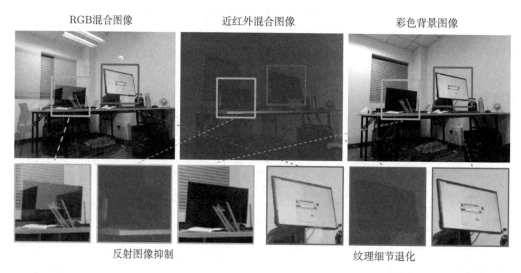

图 12-26　RGB 图像与 NIR 图像在可见光反射上的差异性（基于论文[22]的插图重新绘制）

到的是，RGB 混合图像在方框标注的区域被比较明显的反射所污染，NIR 图像是不受可见光反射污染的。但是，NIR 图像在纹理细节上的信息相对 RGB 图像是比较少的。将 RGB 图像与 NIR 图像进行融合在传统图像处理算法领域是一个比较难的问题，但是不得不说深度学习大大降低了图像融合的门槛，利用网络自动融合也能取得比较好的效果。

NIR^{2}Net 由两部分组成，第一部分是近红外引导网络（Near-Infrared Guidance Network，NGN），用以从 NIR 图像中提取只与背景图像相关的纹理信息，并将提取的信息整合到第二部分的可见图像重建网络（Visible Reconstruction Network，VRN）。NGN 将一张 NIR 图像作为输入，用一个编码器来提取多个尺度的特征。编码器后面连接的是一个解码器，解码器包含 5 个反卷积模块，同时为了避免神经网络训练过程中的梯度消失，较低层的特征被连接到了较高层的特征。VRN 将 RGB 图像作为输入，与 NGN 类似，同样采取了编码器-解码器的网络结构模式。

采用主动光照的方法也存在一定的局限性。首先看闪光灯引导的反射消除，它只局限于背景场景相对较暗的条件。打比方说，如果本身背景场景已经很亮了，而类似于手机自带的闪光灯能提供的亮度增强就显得非常有限。可能从闪光图像中并不能很直观地看清背景场景的亮度变化。其次是距离问题，闪光灯能照亮的范围毕竟有限，通常限定在几米的距离范围之内，再远些可能就照不到了，因此在复杂的室外场景下存在一定的限制。对于 NIR 图像引导的去反射来说，距离也是一个需要面对的问题。NIR 图像由于感受光的波段不同，因此即使在比较亮的场景下也能发挥作用，但是 NIR 图像比较明显的一个缺点就是纹理细节不够丰富。在 RGB 图像中存在的背景场景的细节，在 NIR 中并不能完全得到体现，因此，NIR 所能提供的只是一部分背景场景的细节，至于那些未被 NIR 图像包含的细节，网络模型或者可以将其理解为反射场景的纹理，或者也可以理解为背景场景的细节，因此，在区分上存在一定的模糊性。但是，基于主动光照的反射消除技术实实在在在为反射消除在某些特定场景下提供了较为可行的解决思路，在研究上存在一定的价值。

3. 基于偏振特性的反射消除

以往基于多张图像的反射消除，要么需要借助运动信息，要么需要借助辅助光照。前者需要采取复杂的对齐操作，后者需要保持相机固定或者需要采用不同频段的光照。基于偏振特性消除反射的方法属于基于多张图的范畴，如图 12-27所示，反射光线与透射光线具有不同的偏振特性，当非偏振的背景场景的光线和反射场景的光线经过玻璃时，透射光和反射光将变为部分偏振光。因此，可以在相机前放置不同角度的线性偏振片拍摄多张图，以获取场景的完整偏振信息，进而辅助分离反射场景与背景场景。早期基于偏振特性去除反射的方法[24-25,60] 依赖于复杂的拍摄技巧，需要拍摄多张偏振图像。

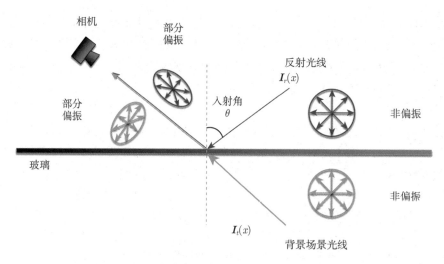

图 12-27　反射光线与透射光线具有不同的偏振特性

"A physically-based approach to reflection separation: from physical modeling to constrained optimization"[25] 一文发表于 TPAMI 2013，该论文提出了一种利用三张偏振图像分离出背景图像和反射图像的方法，每张偏振图像的偏振片旋转 45°，三张混合图像中反射、背景成分的比例是不同的，这就给消除反射提供了更多约束和线索。该论文提出的方法包含四个步骤，首先是垂直分量和平行分量的提取，其次是两层图像分离，再次是反射图像优化，最后是弱边缘抑制。"Separating reflection and transmission images in the wild"[24] 一文发表于 ECCV 2018，该论文提出了一种基于深度学习的反射消除方法。利用深度学习模型对三张偏振图像进行反射消除如图 12-28所示，该模型同样以三张偏振图像为输入，利用编解码网络，预测背景图像和反射图像的平行分量和垂直分量，最后通过物理合成公式得到背景图像和反射图像。

由于线性偏振片只能允许特定振动方向的光通过，因此在相机前加装线性偏振片传

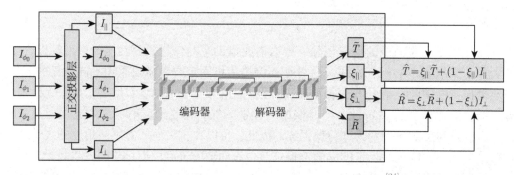

图 12-28　利用深度学习模型对三张偏振图像进行反射消除（基于论文[24]的插图重新绘制）

感器进光量将受到影响，拍摄得到的图像质量下降且更易受到噪声影响。再者说，对于工业应用场景而言，比如手机摄像头，为了一个反射消除的任务而安装多个带偏振片的摄像头是不可能实现的（所有摄像头都有入射光能量损失）。

"Reflection separation using a pair of unpolarized and polarized images"[26] 一文发表于 NeurIPS 2019。该论文提出了基于成对图像的反射消除网络（该工作的扩展版[27]在 2022 年发表于 TPAMI），利用一张非偏振图像和一张偏振图像就能很好地消除反射。较之以往基于偏振的方法[24-25,60]，省去了拍摄多张偏振图像的烦琐步骤，还保留了一张没有受到偏振滤镜影响的图像。这样一来，由于偏振图像的减少，直接从一对偏振和非偏振图像中进行求解依然是一个不适定问题。但是，当半反射镜的表面法线是已知的情况下，该问题是有解析解的。现在，假设半反射镜面是近乎完美平坦的，就可以只用两个参数去决定整个物理图像的构成模型。论文[26-27] 根据这些物理和数学推论，提出了基于端到端的深度学习模型，基于偏振特性消除反射的网络架构如图 12-29所示。

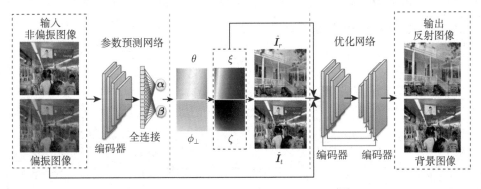

图 12-29　基于偏振特性消除反射的网络架构（基于论文[26] 的插图重新绘制）

（1）反射图像和背景图像的图像构成　用 $\boldsymbol{I}_t$ 和 $\boldsymbol{I}_r$ 分别表示来源于背景图像和反射图像的光线，当它们到达玻璃平面时，将会发生偏振效应。在某一观察点 x 接收到的光线取决于入射角：

$$\boldsymbol{I}_{unpol}(x) = \frac{\boldsymbol{R}_\perp(\theta(x)) + \boldsymbol{R}_\parallel(\theta(x))}{2} \cdot \boldsymbol{I}_r(x) + \frac{\boldsymbol{T}_\perp(\theta(x)) + \boldsymbol{T}_\parallel(\theta(x))}{2} \cdot \boldsymbol{I}_t(x) \quad (12.29)$$

式中，$\boldsymbol{R}(\cdot)$ 表示反射场景的光线经过玻璃反射以后的相对强度；$\boldsymbol{T}(\cdot)$ 表示背景场景光线透过玻璃以后的相对强度。下标 $\perp$ 和 $\parallel$ 分别表示垂直于入射平面和平行于入射平面的偏振分量。现在，在相机的镜头前面加一个角度为 ϕ 的线性偏振片，根据马吕斯（Malus）定律[61]，在 x 处观察到的光强为

$$\boldsymbol{I}_{pol} = \frac{\boldsymbol{R}_\perp(\theta(x))\cos^2(\phi - \phi_\perp(x)) + \boldsymbol{R}_\parallel(\theta(x))\sin^2(\phi - \phi_\perp(x))}{2} \cdot \boldsymbol{I}_r(x) +$$

$$\frac{T_\perp(\theta(x))\cos^2(\phi-\phi_\perp(x))+T_\parallel(\theta(x))\sin^2(\phi-\phi_\perp(x))}{2}\cdot I_t(x) \tag{12.30}$$

式中，$\phi_\perp(x)$ 是为了获得垂直于入射平面的最佳透射分量的偏振片的朝向。为了更简单地表示，将式(12.29)、式(12.30)改写为

$$I_{unpol}(x)=\frac{\xi(x)}{2}\cdot T_r(x)+\frac{2-\xi(x)}{2}\cdot T_t(x) \tag{12.31}$$

$$T_{pol}(x)=\frac{\zeta(x)}{2}\cdot T_r(x)+\frac{1-\zeta(x_0)}{2}\cdot T_t(x) \tag{12.32}$$

其中，$\xi(x)\in(0,2)$ 和 $\zeta(x)\in(0,1)$：

$$\xi(x)=R_\perp(\theta(x))+R_\parallel(\theta(x)) \tag{12.33}$$

$$\zeta(x)=R_\perp(\theta(x))\cos^2(\phi-\phi_\perp(x))+R_\parallel(\theta(x))\sin^2(\phi-\phi_\perp(x)) \tag{12.34}$$

从以上公式计算背景图像和反射图像：

$$I_r(x)=2\cdot\frac{(2-\xi(x))\cdot I_{pol}(x)-(I-\zeta(x))\cdot I_{unpol}(x)}{2\zeta(x)-\xi(x)} \tag{12.35}$$

$$I_t(x)=2\cdot\frac{\zeta(x)\cdot I_{unpol}(x)-\xi(x)\cdot I_{pol}(x)}{2\zeta(x)-\xi(x)} \tag{12.36}$$

除去当 $\phi-\phi_\perp(x)=\pm45°$ 或 $\pm135°$ 时，$2\zeta(x)=\xi(x)$。偏振片的角度 ϕ 可以通过标定方法确定。简单地说，对于一对偏振和非偏振图像反射图像和背景图像，反射图像和背景图像由 $\xi(x)$ 和 $\zeta(x)$ 决定。

（2）半反射表面几何　假设半反射透镜的表面可以近似为平面，且相机坐标与世界坐标相同，半反射平面可以被表示为

$$\sin\alpha\cdot x-\cos\alpha\sin\beta\cdot y+\cos\alpha\cos\beta(z-z_0)=0 \tag{12.37}$$

式中，α 表示沿 Y 轴的旋转角度；β 表示沿 X 轴的旋转角度。用 f 表示相机的焦距，(p_x,p_y) 表示主点。对于位于二维像平面 (u,v) 的像点 x，其对应玻璃平面的三维点 X 可以表示为

$$X=\frac{z_0\cos\alpha\cos\beta}{f\cos\alpha\cos\beta+(u-p_x)\sin\alpha-(v-p_y)\cos\alpha\sin\beta}[u-p_x,v-p_y,f]^\mathrm{T} \tag{12.38}$$

令 $\bar{X}=X/\|X\|$，与 x 相对应的入射角为

$$\theta(x)=\arccos|n_{glass}\cdot\bar{X}| \tag{12.39}$$

式中，$\boldsymbol{n}_{glass}$ 为表面法线，因为 $\theta(x) \in [0, 90°]$，所以对式 (12.39) 的解取绝对值。用 $\boldsymbol{n}_{PoI} = (x_{PoI}, y_{PoI}, z_{PoI})^\mathrm{T}$ 表示入射平面的法线，其计算方法为

$$\boldsymbol{n}_{PoI} = \boldsymbol{n}_{glass} \times \bar{\boldsymbol{X}} \tag{12.40}$$

$\boldsymbol{n}_{PoI}$ 在图像平面的投影 $(x_{PoI}, y_{PoI})^\mathrm{T}$ 代表着 $\phi_\perp(x)$ 的方向。因此：

$$\phi_\perp(x) = \arctan \frac{y_{PoI}}{x_{PoI}} \tag{12.41}$$

对于每个像素点 x 计算反射图像和背景图像，以及半反射镜面表面几何，进而得到 $\phi_\perp(x)$ 和 $\theta(x)$。总之，以上的推导过程都是与玻璃法线相关的，只需要计算 α 和 β 两个参数就可以对这个问题求解。

（3）网络结构　如图 12-29所示，对于给定的一对偏振和非偏振图像，首先通过一个编码器估计参数 α 和 β。在得到两个参数以后，计算 $\phi_\perp(x)$ 和 $\theta(x)$，进而得到初步的反射图像和背景图像。但该结果相对粗糙，继续通过一个编码-解码网络对输出进行优化，得到精细的反射图像和背景图像。该模型在真实数据上的一组实验结果如图 12-30所示，可以看到，背景图像和反射图像得到了很好的分离。

输入图像　　　　　　　　　　　　　　　　输出结果

非偏振图像　　　　偏振图像　　　　　　背景图像　　　　反射图像

图 12-30　在真实数据上的一组实验结果示例（基于论文[26-27]的插图重新绘制）

12.5　本章小结

本章各小节依次回答了一开始提出的以下问题：

▎混合图像的成像模型是什么？

用最粗浅的模型来进行表示，混合图像是反射图像和背景图像的线性叠加。但在玻璃的作用下，两层图像具备各自的性质，通常会根据这些性质进行不同方式的建模。

▎如何对混合图像的反射消除进行建模？

在经典模型中，研究者们假设背景图像和反射图像的分布是独立的，采用梯度稀疏先验进行建模，采用最大化联合概率分布进行优化求解。

▌反射消除有没有统一的评测数据集和评测体系？

目前主流的数据集是 SIR^{2}[3] 和 SIR^{2+}[4]。在 SIR^{2+}[4] 的评价体系中，从不同维度对以往模型（图像拍摄场景、方法所属类别等）进行了评测。

▌有哪些经典的深度学习方法？

最早采用深度学习进行单张图像反射消除的论文[18] 在 2016 年发表于 ACCV。在此之后，迅速涌现出来 CEILNet[8]、CRRN[9]、IBCLN[19] 和 ERRNet[12] 等一批工作。还有采用全景图像消除反射的方法[20]、采用辅助光照的方法[22-23,50,59]、采用运动信息的方法[21] 以及利用多张偏振图像的方法[24,26-27] 等，不再赘述。

▌在深度学习方法中，如何基于偏振的物理特性进行反射消除？

玻璃反光具有几个比较明显的物理特性，比如玻璃对光线的反射率和吸收率[2]；光线在玻璃内部发生了复杂的折射与反射，造成了重影效应[34]；玻璃反射具备的偏振特性[60] 等。在本章的最后，介绍了采用深度学习方法，对偏振图像的反射消除，该方法通过估计物理参数，将本来不适定的问题转化为可解的问题，是比较有意义的创新。包括偏振在内的物理特性是前人在实际观测中发现的较为有效的辅助线索。由于单张图像反射消除已经进入到了相对瓶颈的时期，期待未来可以发现更多的物理特性，帮助人们更好地消除玻璃反射的干扰。

12.6　本章课程实践

1. 合成混合图像

根据课程中提及的清晰的反射、模糊的反射以及带有重影的反射，采集一张背景图、一张反射图，根据式 (12.42) 合成混合图像：

$$I = \alpha \cdot B + (1-\alpha) \cdot k * R \tag{12.42}$$

式中，α 为权重系数；k 是卷积核；$*$ 是卷积操作。图 12-31展示了一组合成的混合图像的示例，分别是清晰的反射、模糊的反射和重影的反射，仅供参考。

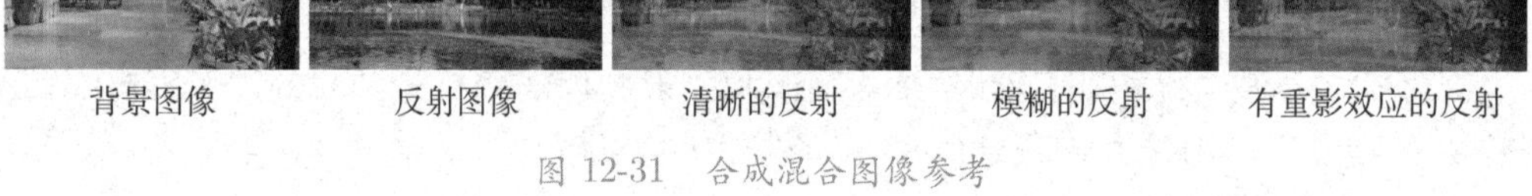

　背景图像　　　　反射图像　　　　清晰的反射　　　　模糊的反射　　　有重影效应的反射

图 12-31　合成混合图像参考

2. 基于景深引导的反射消除

使用基于景深引导的反射消除方法（具体内容可参考 12.2.2 节）生成无反射污染的背景图像（本代码与官方代码不同，但官方代码⊖可作为参考）。该任务包含以下 5 个步骤：

1）对图像 Lab 三个通道构建一个包含原始分辨率、0.8 倍下采样和 0.5 倍下采样的金字塔。

2）对图像进行多尺度（原始分辨率，0.8 倍尺寸，0.5 倍尺寸）的多程度模糊操作，模糊操作采用高斯模糊，窗口的大小为 3、5、7。

3）计算景深分布图，首先计算图像的概率密度分布图，其次计算概率密度谱的 KL 散度，最后采用扩张操作对景深分布图进行平滑（参考论文[14] 的式（3））。注意事项如下：

① 对计算 DoF 分布图的计算进行了简化，将式 (12.8) 替换为 $p_w(x,y) \propto hist(\sqrt{(\boldsymbol{I}*f_w*d_x)^2+(\boldsymbol{I}*f_w*d_y)^2})$。

② 式 (12.9) 也简化为一项：$D_w(x,y) = \sum_{(m,n)\in W_{(x,y)}} KL(p_w(x,y)|p_1(x,y))(m,n)$。

4）根据本章的式 (12.12) 对多尺度的景深分布图进行融合。

5）仔细阅读代码注释，在求解层分离之前要过滤得到大致准确的背景图像边缘，并把正确的参数传递给 `sepRefItrLS()` 函数，以得到大致准确的背景图像和反射图像。图 12-32展示了一组参考结果。

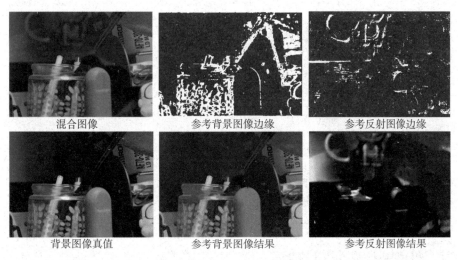

图 12-32 步骤 5）之后的结果参考（混合图像来源于论文[3-4] 的数据集）

⊖ 官方实现：https://github.com/wanrenjie/Depth-of-field-guided-reflection-removal。

3. 深度学习方法测试

从以下两篇论文任选其一：

（1）IBCLN[19] ⊖

（2）Location-aware-SIRR[49] ⊜

完成如下任务：

阅读论文，自己采集五组数据（需要包含背景图像真值），测试模型的效果（不用重新训练网络）和分析。

附件说明

从链接⊜中下载附件，附件包含了题目对应代码、数据处理方法和参数设定等，详见 README。

本章参考文献

[1]　WANG C, XU D, WAN R, et al. Background scene recovery from an image looking through colored glass[J]. IEEE Transactions on Multimedia, 2022: 2876-2887.

[2]　ZHENG Q, SHI B, CHEN J, et al. Single image reflection removal with absorption effect[C]//Proc. of IEEE/CVF Conference on Computer Vision and Pattern Recognition. Virtual: IEEE, 2021.

[3]　WAN R, SHI B, DUAN L Y, et al. Benchmarking single-image reflection removal algorithms[C]//Proc. of IEEE/CVF Conference on Computer Vision and Pattern Recognition. Honolulu, Hawaii, USA: IEEE, 2017.

[4]　WAN R, SHI B, LI H, et al. Benchmarking single-image reflection removal algorithms[J]. IEEE Transactions on Pattern Analysis and Machine Intelligence, 2022: 1424-1441.

[5]　LIU Y, MA X, BAILEY J, et al. Reflection backdoor: a natural backdoor attack on deep neural networks[C]//Proc. of European Conference on Computer Vision. Virtual: Springer, 2020.

[6]　CHANG Y, JUNG C, SUN J. Joint reflection removal and depth estimation from a single image[J]. IEEE Transactions on Cybernetics, 2021, 51(12): 5836-5849.

[7]　WAN R, SHI B, LI H, et al. Face image reflection removal[J]. International Journal of Computer Vision, 2021, 129(2): 385-399.

[8]　FAN Q, YANG J, HUA G, et al. A generic deep architecture for single image reflection removal and image smoothing[C]//Proc. of IEEE/CVF International Conference on Computer Vision. Honolulu, Hawaii, USA: IEEE, 2017.

⊖　官方实现：https://github.com/JHL-HUST/IBCLN/。
⊜　官方实现：https://github.com/zdlarr/Location-aware-SIRR。
⊜　附件：https://github.com/PKU-CameraLab/TextBook。

[9]　WAN R, SHI B, DUAN L Y, et al. CRRN: multi-scale guided concurrent reflection removal network[C]//Proc. of IEEE/CVF Conference on Computer Vision and Pattern Recognition. Salt Lake City, Utah, USA: IEEE, 2018.

[10]　ZHANG X, NG R, CHEN Q. Single image reflection separation with perceptual losses[C] //Proc. of IEEE/CVF Conference on Computer Vision and Pattern Recognition. Salt Lake City, Utah, USA: IEEE, 2018.

[11]　WAN R, SHI B, LI H, et al. CoRRN: cooperative reflection removal network[J]. IEEE Transactions on Pattern Analysis and Machine Intelligence, 2019, 42(12): 2969-2982.

[12]　WEI K, YANG J, FU Y, et al. Single image reflection removal exploiting misaligned training data and network enhancements[C]//Proc. of IEEE/CVF Conference on Computer Vision and Pattern Recognition. Long Beach, CA, USA: IEEE, 2019.

[13]　LEVIN A, WEISS Y. User assisted separation of reflections from a single image using a sparsity prior[J]. IEEE Transactions on Pattern Analysis and Machine Intelligence, 2007, 29(9): 1647-1654.

[14]　WAN R, SHI B, HWEE T A, et al. Depth of field guided reflection removal[C]//Proc. of IEEE International Conference on Image Processing. Phoenix, Arizona, USA: IEEE, 2016.

[15]　LI Y, BROWN M S. Single image layer separation using relative smoothness[C]//Proc. of IEEE Conference on Computer Vision and Pattern Recognition. Columbus, Ohio, USA: IEEE, 2014.

[16]　LI Y, BROWN M S. Exploiting reflection change for automatic reflection removal[C]// Proc. of IEEE/CVF International Conference on Computer Vision. Sydney, Australia: IEEE, 2013.

[17]　XUE T, RUBINSTEIN M, LIU C, et al. A computational approach for obstruction-free photography[J]. ACM Transactions on Graphics, 2015, 34(4): 1-11.

[18]　CHANDRAMOULI P, NOROOZI M, FAVARO P. ConvNet-based depth estimation, reflection separation and deblurring of plenoptic images[C]//Proc. of Asian Conference on Computer Vision. Taipei, Taiwan, China: Springer, 2016.

[19]　LI C, YANG Y, HE K, et al. Single image reflection removal through cascaded refinement[C]//Proc. of IEEE/CVF Conference on Computer Vision and Pattern Recognition. Virtual: IEEE, 2020.

[20]　HONG Y, ZHENG Q, ZHAO L, et al. Panoramic image reflection removal[C]//Proc. of IEEE/CVF Conference on Computer Vision and Pattern Recognition. Virtual: IEEE, 2021.

[21]　LIU Y L, LAI W S, YANG M H, et al. Learning to see through obstructions[C]//Proc. of IEEE/CVF Conference on Computer Vision and Pattern Recognition. Virtual: IEEE, 2020.

[22]　HONG Y, LYU Y, LI S, et al. Near-infrared image guided reflection removal[C]//Proc. of IEEE International Conference on Multimedia and Expo. London, United Kingdom: IEEE, 2020.

[23]　CHANG Y, JUNG C, SUN J, et al. Siamese dense network for reflection removal with flash and no-flash image pairs[J]. International Journal of Computer Vision, 2020, 128(6): 1673-1698.

[24] WIESCHOLLEK P, GALLO O, GU J, et al. Separating reflection and transmission images in the wild[C]//Proc. of European Conference on Computer Vision. Munich, Germany: Springer, 2018.

[25] KONG N, TAI Y W, SHIN J S. A physically-based approach to reflection separation: from physical modeling to constrained optimization[J]. IEEE Transactions on Pattern Analysis and Machine Intelligence, 2013, 36(2): 209-221.

[26] LYU Y, CUI Z, LI S, et al. Reflection separation using a pair of unpolarized and polarized images[C]//Proc. of Advances in Neural Information Processing Systems. Vancouver, British Columbia, Canada: Neural Information Processing Systems Foundation, 2019.

[27] LYU Y, CUI Z, LI S, et al. Physics-guided reflection separation from a pair of unpolarized and polarized images[J]. IEEE Transactions on Pattern Analysis and Machine Intelligence, 2022: 2151-2165.

[28] LIU C, YUEN J, TORRALBA A, et al. SIFT flow: dense correspondence across different scenes[C]//Proc. of European Conference on Computer Vision. Marseille, France: Springer, 2008.

[29] LEI C, HUANG X, QI C, et al. A categorized reflection removal dataset with diverse real-world scenes[J]. arXiv preprint arXiv:2108.03380, 2021.

[30] PUNNAPPURATH A, BROWN M S. Reflection removal using a dual-pixel sensor[C]//Proc. of IEEE/CVF Conference on Computer Vision and Pattern Recognition. Long Beach, CA, USA: IEEE, 2019.

[31] KIM S, HUO Y, YOON S E. Single image reflection removal with physically-based training images[C]//Proc. of IEEE/CVF Conference on Computer Vision and Pattern Recognition. Virtual: IEEE, 2020.

[32] LEI C, HUANG X, QI C, et al. A categorized reflection removal dataset with diverse real-world scenes[C]//Proc. of IEEE/CVF Conference on Computer Vision and Pattern Recognition. New Orleans, Louisiana, USA: IEEE, 2022.

[33] CHUNG Y C, CHANG S L, WANG J M, et al. Interference reflection separation from a single image[C]//Proc. of IEEE Winter Conference on Applications of Computer Vision. Snowbird, UT, USA: IEEE, 2009.

[34] SHIH Y, KRISHNAN D, DURAND F, et al. Reflection removal using ghosting cues[C]//Proc. of IEEE Conference on Computer Vision and Pattern Recognition. Boston, Massachusetts, USA: IEEE, 2015.

[35] ARVANITOPOULOS N, ACHANTA R, SUSSTRUNK S. Single image reflection suppression[C]//Proc. of IEEE/CVF Conference on Computer Vision and Pattern Recognition. Honolulu, Hawaii, USA: IEEE, 2017.

[36] WAN R, SHI B, TAN A H, et al. Sparsity based reflection removal using external patch search[C]//Proc. of IEEE International Conference on Multimedia and Expo. Hong Kong, China: IEEE, 2017.

[37] WAN R, SHI B, DUAN L Y, et al. Region-aware reflection removal with unified content and gradient priors[J]. IEEE Transactions on Image Processing, 2018, 27(6): 2927-2941.

[38] YANG Y, MA W, ZHENG Y, et al. Fast single image reflection suppression via convex optimization[C]//Proc. of IEEE/CVF Conference on Computer Vision and Pattern Recognition. Long Beach, CA, USA: IEEE, 2019.

[39] HUANG Y, QUAN Y, XU Y, et al. Removing reflection from a single image with ghosting effect[J]. IEEE Transactions on Computational Imaging, 2019, 6: 34-45.

[40] LEE D, YANG M H, OH S. Generative single image reflection separation[J]. arXiv preprint arXiv:1801.04102, 2018.

[41] ZHU J Y, PARK T, ISOLA P, et al. Unpaired image-to-image translation using cycleconsistent adversarial networks[C]//Proc. of IEEE/CVF International Conference on Computer Vision. Venice, Italy: IEEE, 2017.

[42] MA D, WAN R, SHI B, et al. Learning to jointly generate and separate reflections[C]// Proc. of IEEE/CVF International Conference on Computer Vision. Seoul: IEEE, 2019.

[43] WEN Q, TAN Y, QIN J, et al. Single image reflection removal beyond linearity[C]//Proc. of IEEE/CVF Conference on Computer Vision and Pattern Recognition. Long Beach, CA, USA: IEEE, 2019.

[44] WANG C, WAN R, GAO F, et al. Learning to remove reflections for text images[C]//Proc. of IEEE International Conference on Multimedia and Expo. Shanghai, China: IEEE, 2019.

[45] YIN Y, FAN Q, CHEN D, et al. Deep reflection prior[J]. arXiv preprint arXiv:1912.03623, 2019.

[46] LIU Y, LI Y, YOU S, et al. Semantic guided single image reflection removal[J]. ACM Transactions on Multimedia Computing, Communications, and Applications (Proc. of ACM SIGMM), 2019.

[47] CHANG Y C, LU C N, CHENG C C, et al. Single image reflection removal with edge guidance, reflection classifier, and recurrent decomposition[C]//Proc. of IEEE/CVF Winter Conference on Applications of Computer Vision. Virtual: IEEE, 2021.

[48] LI Y, LIU M, YI Y, et al. Two-stage single image reflection removal with reflection-aware guidance[J]. arXiv preprint arXiv:2012.00945, 2020.

[49] DONG Z, XU K, YANG Y, et al. Location-aware single image reflection removal[C]//Proc. of IEEE/CVF International Conference on Computer Vision. Virtual: IEEE, 2021.

[50] LEI C, CHEN Q. Robust reflection removal with reflection-free flash-only cues[C]//Proc. of IEEE/CVF Conference on Computer Vision and Pattern Recognition. Virtual: IEEE, 2021.

[51] CHANG Y, JUNG C. Single image reflection removal using convolutional neural networks [J]. IEEE Transactions on Image Processing, 2018, 28(4): 1954-1966.

[52] ZHANG R, ISOLA P, EFROS A A, et al. The unreasonable effectiveness of deep features as a perceptual metric[C]//Proc. of IEEE/CVF Conference on Computer Vision and Pattern Recognition. Salt Lake City, Utah, USA: IEEE, 2018.

[53] DENG J, DONG W, SOCHER R, et al. ImageNet: A large-scale hierarchical image database[C]//Proc. of IEEE Conference on Computer Vision and Pattern Recognition. Miami Beach, Florida, USA: IEEE, 2009.

[54] SIMONYAN K, ZISSERMAN A. Very deep convolutional networks for large-scale image recognition[J]. arXiv preprint arXiv:1409.1556, 2014.

[55] YANG J, GONG D, LIU L, et al. Seeing deeply and bidirectionally: a deep learning approach for single image reflection removal[C]//Proc. of European Conference on Computer Vision. Munich, Germany: Springer, 2018.

[56] HE K, LI Y, SOUNDARAJAN S, et al. Hidden community detection in social networks[J]. Elsevier Information Sciences, 2018, 425: 92-106.

[57] HERRMANN C, WANG C, BOWEN R S, et al. Robust image stitching with multiple registrations[C]//Proc. of European Conference on Computer Vision. Munich, Germany: Springer, 2018.

[58] SUN D, YANG X, LIU M Y, et al. PWC-Net: CNNs for optical flow using pyramid, warping, and cost volume[C]//Proc. of IEEE/CVF Conference on Computer Vision and Pattern Recognition. Salt Lake City, Utah, USA: IEEE, 2018.

[59] SUN J, CHANG Y, JUNG C, et al. Multi-modal reflection removal using convolutional neural networks[J]. IEEE Signal Processing Letters, 2019, 26(7): 1011-1015.

[60] SCHECHNER Y Y, SHAMIR J, KIRYATI N. Polarization and statistical analysis of scenes containing a semireflector[J]. Optica Publishing Group JOSA A, 2000, 17(2): 276-284.

[61] HECHT E, ZAJAC A. Optics[M]. 4th ed. [s.l.]: Pearson Education, 2002.

第 13 章

图像恢复高级专题Ⅲ

前面的章节已经为读者介绍了一些计算摄像中的经典问题。这些问题所属的场景各异，求解的目的也不尽相同，但却有一个共同点：在这些计算摄像问题中，平面图像都是以"帧"为单位描述的。这样就产生了一个疑问：为什么要特殊强调这一点？习以为常地用帧来描述数字图像，不是理所应当吗？

通过学习本章，了解神经形态视觉（neuromorphic vision）的基本概念和相关算法，可以解开与这个问题相关的诸多疑问：

> 视觉信号若不用"帧"来表示，那该如何表示？
> 神经形态视觉传感器件是怎样模拟人眼视觉的？
> 基于神经形态的视觉算法能解决哪些问题？
> 神经形态视觉与传统方法相比有何优势？怎样结合二者优势，实现更高质量的成像？

13.1 神经形态视觉传感器简介

13.1.1 概念与发展

以"帧"为单位的数字图像已经司空见惯，但这可能并不是表示视觉信息的最佳手段。为了解释这句话，首先要明白"帧"是怎样形成的。根据 2.1 节介绍的图像传感器基本原理：主流的图像传感器是在每一像素产生正比于（通常是可见光）光强度的电信号，并经过一系列转换、处理和存储过程，形成一帧符合人眼视觉感知的数字图像。这一流程，实际上与胶片相机的成像没有区别，只不过是将胶片换成了传感器，换句话说，是在"用传感器模拟胶片"。

这样的成像过程，是否真正对应了人眼对光的感知？答案是否定的。再次回顾第 2 章中的相关介绍，视网膜上有两类感光细胞：视杆细胞（rod）与视锥细胞（cone）。视杆细胞主要感知光的强弱，视锥细胞主要感知亮光的颜色。人眼视网膜上约有 1.3 亿个感光细胞，也许人们会直观地将它们想象成传感器中的"像素"，但实际上，二者工作模式差异很大。在传感器中，所有像素"同步"（synchronous）工作，同时开始/结束曝光，同时输出信号，形成一帧图像；而对于视网膜，感光细胞基本上是独立接受光的刺激、独立产生生物电信号，而后传导至大脑的，大脑视觉皮层对依次传入的一系列生物电脉冲进行整合分析，最终形成视觉[1]，也就是说，感光细胞具有"异步"（asynchronous）工作特征。

拓展阅读：眼睛和视网膜

　　灵长类生物的眼球具有共同的结构特征。光线从外部进入眼球，穿过瞳孔，在眼球后部最内侧的组织层形成一个倒影，该组织层被称为视网膜（retina）。灵长类生物视网膜上具有多种细胞，如光感受器细胞（photoreceptor cell）、双极细胞（bipolar cell）、水平细胞（horizontal cell）和神经节细胞（ganglion cell）等[2]。视网膜上不同细胞的分工和分布决定了视网膜中央凹具有高空间分辨率的特性，而外周具有高时间分辨率的特性。人类眼球和视网膜结构如图 13-1 所示。

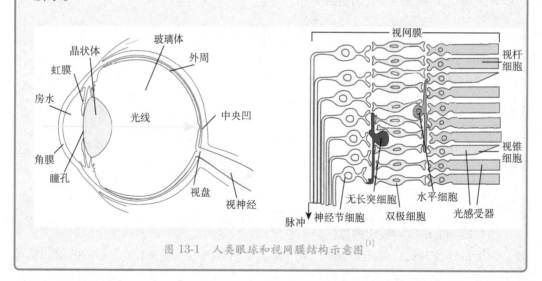

图 13-1　人类眼球和视网膜结构示意图[1]

　　两相对比，不难看出，同步工作的传统图像传感器只能产生静态图像，虽然连续播放的静态图像因视觉暂留效应给人带来了动态的观感，但在事实上，两帧图像之间的运动变化过程已经丢失了。而眼睛并不是向大脑传送连续的静态图像，它异步地向大脑报告场景中的光线刺激，从而形成连续、真实和自然的视觉。

　　实际上，生物视觉系统相较机器视觉传感器的优势是多方面的，生物视觉可以高效、可靠地执行实时任务，也能以相当高的鲁棒性适应复杂多变的光照环境。为实现用数字传感器模拟生物视觉系统，让机器视觉也具备这些特性，神经形态视觉的概念逐渐形成。神经形态视觉旨在模拟生物视觉感知结构与机理，构建一套以异步事件或脉冲的形式来表示、处理视觉信息的模型，并关注与之相关的方法与系统，不再满足于用传感器模拟胶片，而是真正做到"用传感器模拟眼睛"。

将生物神经系统的计算原理应用于人工信息处理的思路已经存在了几十年，图 13-2展示了这一思路在视觉传感器领域的发展历程，突出标示了这几十年发展历程中的里程碑事件。McCulloch 和 Pitts 在 20 世纪 40 年代的一项早期工作中提出了一种具有计算能力的神经元模型[5]。1952 年，Hodgkin 和 Huxley 提出了著名的 HH 神经元动力学微分方程[6]，描述了神经元动作电位的产生与传播过程，这一系列工作使他们获得了 1963 年的诺贝尔生理学或医学奖。20 世纪 80 年代末，Mead 首次提出了"神经形态"（neuromorphic）的概念，用以描述模拟生物神经结构的异步数字电路系统[7-8]。第一个视网膜的仿真器件出现在 20 世纪 70 年代早期[9]，而 1991 年 Mahowald 和 Mead[10] 提出的硅视网膜（silicon retina）则标志着神经形态视觉这一新兴领域正式进入研究人员的视野。1993 年，Mahowald 等人[11] 为了解决模仿视网膜上神经元间相互连接关系导致的电路复杂连接问题，提出了一种新兴的集成电路通信协议，称作地址事

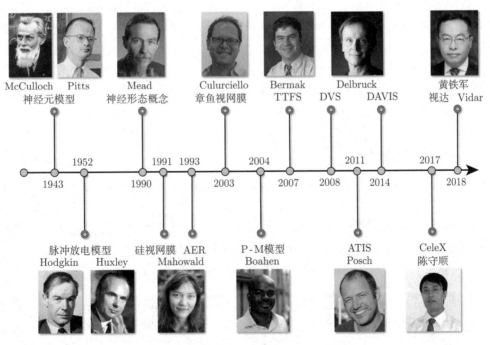

图 13-2　神经形态视觉传感器发展历程（基于论文[3-4] 的插图重新绘制）

件协议（Address-event Representation, AER）。在这之后，出现了许多形式的神经形态视觉传感器。2003 年，Culurciello 等人[12] 设计了一种传感器，将像素接受的光强编码为脉冲发放频率或脉冲间隔。由于该传感器模拟了章鱼视网膜的部分结构，因而被称为章鱼视网膜（octopus retina）相机。同年，Ruedi[13] 提出了一种能提取空间对比度和方向的图像传感器。2004 年 Boahen 提出了异步 Parvo-Magno 模型[14-16]，它模拟了视觉传导通路中外侧膝状体内的 Parvo 细胞（感知颜色细节）和 Magno 细胞（探测物体及其边界）。2007 年，Bermak 团队[17] 提出了一种基于首次脉冲发放时间（Time-to-first Spike, TTFS）的图像传感器，其依据的是神经元脉冲时间编码中的首次脉冲发放时间模型。2008 年苏黎世大学 Delbruck 团队提出的动态视觉传感器（Dynamic Vision Sensor, DVS）[18] 是首个成功商业化、进入实际应用领域并被广泛关注的神经形态视觉传感器，它以时空异步稀疏的事件（event）表示像素光强变化。2011 年，Posch 等人[19] 提出了一种基于异步时间的图像传感器（Asynchronous Time-based Image Sensor, ATIS），引入了基于事件触发的光强测量电路来重构变化处的像素灰度。作为对 DVS 的扩展，2013 年，Delbruck 团队[20] 开发了动态有源像素视觉传感器（Dynamic and Active Pixel Vision Sensor, DAVIS），随后又在 2017 年将其进一步扩展为彩色传感器[21]。2017 年，陈守顺团队[22] 增加了事件的位宽，让事件携带像素光强信息输出以恢复场景纹理，开发出 CeleX 传感器。2018 年，北京大学黄铁军团队（视频与视觉技术国家工程研究中心，原数字视频编解码技术国家工程实验室）[23-24] 采用仿视网膜中央凹采样模型（Fovea-like Sampling Model, FSM），利用脉冲平面传输替换 AER 方式以节约传输带宽，提出了脉冲相机。直到今天，有关神经形态视觉的探索一直在持续，研究成果不断涌现，相信在不远的将来，其应用也将逐渐普及。有朝一日，神经形态视觉将真正"飞入寻常百姓家"。

13.1.2　主流传感器介绍

正如上一小节所介绍的，自 Mahowald 和 Mead 首次提出硅视网膜[10] 至今，视网膜启发的视觉传感器已经发展了近 30 年，在这期间涌现出了一系列不同的成果。它们原理各异，工作方式不尽相同。其中比较有代表性的，按照其处理神经脉冲的不同机理和信号输出形式（是否有极性的脉冲）可以分为两类，分别是基于差分型成像模型的事件相机（event camera）和基于积分型成像模型的脉冲相机（spike camera）。

1. 事件相机

事件相机是对灵长类视网膜外周结构的抽象，模拟了视网膜外周的高时间分辨率感知的能力[3]，采用差分型视觉采样模型。所谓差分，就是传感器的像素在感知场景中光强的"变化"情况。每当像素感受到的光强变化超过特定阈值，就会发放相应的"事件"，其成像原理如图 13-3所示。

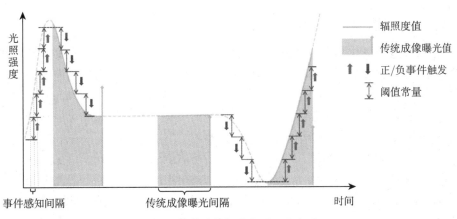

图 13-3　事件相机成像原理示意图

具体来说，此种传感器多采用对数差分模型，即光电流与像素电压存在对数映射关系 $\boldsymbol{L} = \log \boldsymbol{I}^{\ominus}$。在传感器电路中，随着光强的变化，像素电压随之变化。当这个变化超过设定阈值 C 时，即

$$|\Delta \boldsymbol{L}(x_k, y_k, t_k)| = |\boldsymbol{L}(x_k, y_k, t_k) - \boldsymbol{L}(x_k, y_k, t_{k_0})| \geqslant C \tag{13.1}$$

像素 (x_k, y_k) 处产生一个极性为 p_k 的异步脉冲信号 $e_k = (x_k, y_k, t_k, p_k)$[25]，称为事件（ event ）。其中 t_{k_0} 是同一像素位置上次触发脉冲时刻的时间戳。事件的极性（ polarity ）p_k 取决于光强的变化方向，如果 $\Delta \boldsymbol{L}(x_k, y_k, t_k) > 0$，即到达传感器的光照辐照度增强，则 $p_k = 1$，发放一个正（ "ON" ）事件；反之，如果 $\Delta \boldsymbol{L}(x_k, y_k, t_k) < 0$，即辐照度减弱，则 $p_k = -1$，发放一个负（ "OFF" ）事件。在实际的传感器电路中，正负阈值可能不相同，因而分为正阈值 C_p 和负阈值 C_n，但这个值一般是可由用户自行调节的。此外，同一传感器上不同像素之间的阈值也存在因电路制造缺陷、随机噪声等因素而产生的微小而不可避免的差异。

DVS[18] 是最早进入实用，也是目前最为广泛使用的事件相机，于 2008 年面世，由瑞士 iniVation 公司生产销售。作为早期产品，它的性能参数在一些方面是比较低的，比如其传感器分辨率仅为 128 × 128 像素。经过十几年的发展，韩国三星[26]、法国 Prophesee[27] 等公司已经陆续推出了分辨率可达高清（ 1280 × 720 像素 ）水平的 DVS，大大提升了事件相机的实用程度，使得神经形态相机走出实验室、走向实际应用成为可能。除了在分辨率上改进 DVS，另一个改进方向是试图让传感器能同时输出事件信号和传统光强信号，从而获得两个模态的视觉信号。这样，就既能获得面向计算视觉的丰

　　⊖　神经形态相机一般采用线性的辐射度响应函数，故对于事件相机像素电压（像素值）I 的对数与到达传感器的光照辐照度强度线性对应。为了与神经形态视觉相关论文保持一致，本章对于图像的表示不使用矩阵符号 $\mathbf{I}$。

富神经形态视觉信息，又能捕获适合人眼直接观察的传统图像帧。2011 年，奥地利科技研究院（Austrian Institute of Technology, AIT）的 Posch（现为法国 Prophesee 公司首席技术官）团队提出 ATIS[19]，这是最早实现这种双模输出的事件视觉传感器，它的电路中同时包含变化感知电路和光强测量电路，前者负责事件的触发，当事件触发后，后者进行一定时间的曝光，从而估计光照强度值然后输出。新加坡南洋理工大学陈守顺团队于 2017 年设计提出的 CeleX 传感器[28] 的输出信号与之类似，但采用了更简单的机理，它不再依赖两组电路，每个像素中只有一组变化感知电路，但它不输出事件极性，而是直接输出事件触发时的像素强度，即 $e_k^{\text{CeleX}} = (x_k, y_k, t_k, L_k)$，通过这种方式实现对场景光照强度值的感知。但是，这种成像方式对静止的场景不产生信息，这点与 DVS 相同（见图 13-3中间部分，光照强度不变的区间不产生事件），因此无法完整地估计场景的纹理。2014 年，瑞士 iniVation 公司的 DAVIS[20] 通过在 DVS 像素上加入一组有源像素传感器（Active Pixel Sensor, APS）避免了这个问题。它的像素既能异步地输出事件，也能同步地输出传统图像帧，实现了双模输出的目的。但是，这款芯片的传统图像帧录制速率较低，仅为 20 fps 左右，远低于事件信号的 20μs 延迟、12Meps（百万事件/秒）事件发放速率的时间分辨率，因此两种信号无法做到很好的同步效果[29]。

　　事件相机的发展方兴未艾，近些年，越来越多的厂商投入到相关产品的设计、研发和生产当中。表 13-1为主流的商用事件相机性能参数比较，整理总结了一些已经上市的事件相机及其对应的性能参数。

表 13-1   主流的商用事件相机性能参数比较

品牌	型号 年份	灰度图 输出	动态 范围/dB	芯片尺寸/mm （长 × 宽 × 高）	空间 分辨率/像素	时间 分辨率	功耗 /mW
iniVation	DVS128 2008	无	120	6.3×6	128×128	12μs 1Meps	23
	DAVIS240 2014	有	120	5×5	240×180	12μs 12Meps	5~14
	DAVIS346 2017	有	120	8×6	346×260	20μs 12Meps	10~170
Prophesee	ATIS 2011	有	143	9.9×8.2	304×240	3μs	50~175
	Gen3 CD 2017	无	>120	9.6×7.2	640×480	40~200μs 66Meps	36~95
	Gen3 ATIS 2017	有	>120	9.6×7.2	480×360	40~200μs 66Meps	25~87
	Gen4 CD 2020	无	>124	6.22×3.5	1280×720	20~150μs 1066Meps	32~84
Samsung	DVS-Gen2 2017	无	90	8×5.8	640×480	65~410μs 300Meps	27~50
	DVS-Gen3 2018	无	90	8×5.8	640×480	50μs 600Meps	40
	DVS-Gen4 2020	无	100	8.4×7.6	1280×960	150μs 600Meps	130

（续）

品牌	型号 年份	灰度图 输出	动态 范围/dB	芯片尺寸/mm (长 × 宽 × 高)	空间 分辨率/像素	时间 分辨率	功耗 /mW
CelePixel	CeleX-IV 2017	有	90	15.5×15.8	768×640	10μs 200Meps	-
	CeleX-V 2019	有	120	14.3×11.6	1280×800	8μs 140Meps	400

2. 脉冲相机

脉冲相机是对灵长类视网膜中央凹区域结构的模拟[3]，采用积分型视觉采样模型。在积分型视觉模型中，光感受器将光信号转化为电信号，积分器在到达传感器的光照辐射度 I 下进行累积，产生累计强度 A，当像素 (x_k, y_k) 位置的累积强度值超过脉冲发放阈值 C 时，则点输出一个脉冲信号[30]，其成像原理如图 13-4所示。

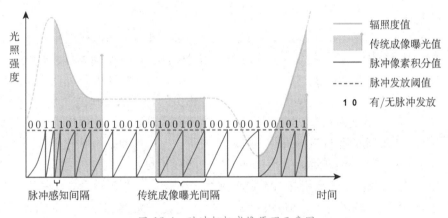

图 13-4　脉冲相机成像原理示意图

脉冲相机的传感器中存在光感受器和积分电路，在工作时，每个像素会独立地对场景中的光强进行积分。当像素位置的积分值超过脉冲发放阈值 C 时，即

$$A(x_k, y_k, t_k) = \int_{t_{k_0}}^{t_k} I(x_k, y_k, t)\,\mathrm{d}t \geqslant C \tag{13.2}$$

像素点 (x_k, y_k) 处将产生脉冲（spike）信号，同时积分器复位清空电荷。其中阈值 $C > 0$，t_{k_0} 是同一像素位置上次触发脉冲时刻的时间戳。不难看出，这种成像机理输出的脉冲信号不具有极性，这点与事件信号不同；但相同点在于它们都是异步数据流，都可以根据 AER 协议所定义的方式进行读出。脉冲信号的触发不再依赖于场景光强变化，在静止的场合下也能输出，因此，在一些对场景细节有较高要求的成像任务中，脉冲相机可以更有效地记录场景中的背景纹理信息，这是脉冲相机相比于事件相机的一个优势。

与事件相机相比，脉冲相机的起步较晚，其模型是 2015 年首次提出的[29]，目前已有研制成功的传感器实例：视达[23-24] 传感器。它是一种脉冲相机，其特点是通过高速轮询的方式，以脉冲矩阵的形式传输每个采样时刻的脉冲发放情况。它的输出内容更类似于传统图像帧，是以 "0" 和 "1" 组成的脉冲平面（其成像原理如图 13-4所示），而不再根据以往的方式异步读出脉冲。这样的设计目的在于，在亮度较强的场景中，往往会产生大量的脉冲输出，相较于异步读出，这种读出方式缓解了传感器电路仲裁机制的压力，在保证传输带宽的前提下，可以实现更稳定的数据输出。但是要注意，视达传感器只是用同步的方式进行数据读出，像素与像素之间仍然以异步方式独立工作。

3. 神经形态视觉传感器的特点与优势

通过前述介绍，不难发现，神经形态视觉传感器与传统相机相比，在采样机制、数据形式等方面有很大不同。其仿生物视网膜外周或中央凹的采样原理存在很多优势，主要包括以下方面：

1）高时间分辨率：从图 13-3和图 13-4不难看出，神经形态相机的感知间隔远短于传统成像的曝光间隔。实际上，传统相机的工作速度往往在几十帧每秒，即使是专用的高速相机，其速度往往也只能达到几百至几千帧每秒，这样的速度是远低于事件相机百万事件每秒（见表 13-1）的时间分辨率的。事件相机的每个像素都独立地、以微秒级的时间分辨率检测亮度变化，事件触发后又能以异步方式输出，因此可以捕获非常快的运动，且不会出现传统基于帧的相机所不可避免的运动模糊现象；而脉冲相机的脉冲平面输出频率是 40000Hz，同样远高于传统相机，也可以记录非常高速的运动。

2）高动态范围：事件相机在对数域上感知光强变化，并且每个相机独立工作，而不是等待全局曝光，因此它和生物视网膜一样可以适应非常暗和非常亮的刺激。事件相机传感器的动态范围通常大于 120dB，高于传统相机的 60dB；而脉冲相机将异步读出机制转为高速轮询机制，也提升了传感器在极端曝光条件下的稳定性。

3）低延迟：在事件相机中，每个像素独立对光强进行测量，当光强变化大于阈值时即输出事件，无须等待传统相机的全局曝光时间，因此具有很小的延迟，往往是几微秒到几百微秒不等；而脉冲相机的延迟在轮询一帧脉冲平面的时间间隔内，小于 $25\mu s$。

4）低功耗：低功耗是神经形态传感器的重要优势。事件相机只感知光强的动态变化并传出事件，它只处理了关键的运动信息，从而消除了大量冗余数据，大大降低了芯片电路的负担，其功率通常在 100mW 或更小；而脉冲相机在每秒上万次的采样速率下，其功耗也远远低于相同帧率的传统高速相机。

5）低冗余：低冗余主要是事件相机的优势。对于场景不变、光照稳定下拍摄的视频（例如监控视频、会议视频等），其背景内容几乎不变，帧与帧之间变化的内容基本只有前景的一部分。然而，对于逐帧成像的传统相机，那些不变的数据也是要被完整地采样、记录的，这就产生了冗余。事件相机的成像原理决定了它在这样的情况下只会记录场景中的动态部分，对于静态部分则不产生信号（如图 13-3的中间部分所示），这样就降低了数据冗余。

13.2　神经形态视觉信号表达

与传统图像往往只采用亮度级矩阵这一种数据表示方法不同，神经形态视觉信号具有多种表达形式，体现了信号的不同特征，适用于不同的任务，常见的事件信号、脉冲信号表示方法如图 13-5、图 13-6所示。本节介绍几种常见的神经形态视觉信号表示方式，都是近些年来的前沿研究成果中常用的表达手段。其中有的简单直观，有的考虑了神经形态信号的独有特性而稍显复杂。

图 13-5　常见的事件信号表示方法（图像来源于论文[31]的数据集）

1. 事件帧

事件帧（event frame），又称事件二维直方图（event 2D histogram）或频率累计图像（rate-based image），是一种简单直观的事件信号表示方式。顾名思义，事件的帧表示参照了传统成像原理中"帧"的概念，将一个时间窗口内的事件按像素位置累加到一张图像（即二维矩阵）上，形成一"帧"图，即

$$F(x,y) = \sum_{\substack{x_i=x, y_i=y \\ t_i \in [t, t+\Delta t]}} c_i \tag{13.3}$$

被拍摄场景   脉冲信号   脉冲平面

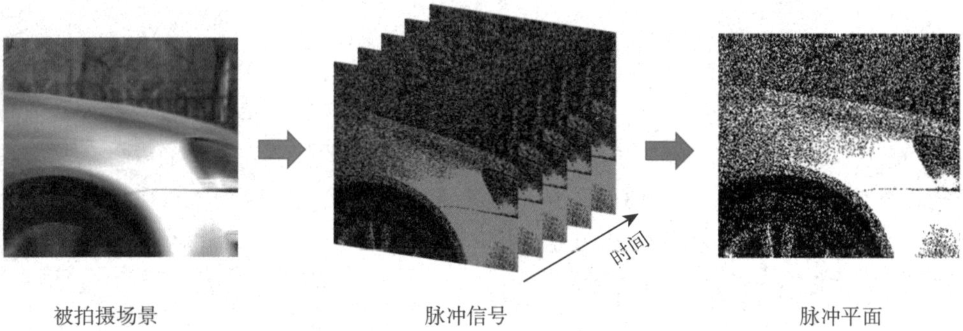

图 13-6   常见的脉冲信号表示方法（图像来源于论文[32]的数据集）

一种常见的累加方法是按照事件的极性累加，即 $c_i = p_i$，$p_i \in \{-1, +1\}$；也可以对像素上触发的事件计数，即 $c_i = 1$。时间邻域的选取，既可以按照固定时间间隔采样，也可以按照固定事件数量 N_e 采样，也有的方法实现了自适应的选取[33]。由于事件帧本身就是一幅图像，因此它是一种理想的事件信号可视化方法。在图 13-5 中展示的事件帧用蓝色表示正事件、红色表示负事件（下同），颜色越深，表明对应像素触发的事件越多。事件帧基本记录了被拍摄场景中的边缘信息，又与传统图像具有相同的格式，因而可以兼容针对传统视觉任务的模型[25]。此外，事件帧不仅能表达事件的存在，也可以表达事件的"不存在"（即该像素位置的值为 0），此信息对于一些任务很重要。然而，事件帧损失了事件的稀疏性，也不记录事件的时间戳信息，进而无法体现事件信号高时间分辨率的特点。这同时也表明，采样时间间隔的选取会影响事件帧算法的性能：当时间间隔选取过长时会产生"模糊"，时间间隔选取过短则会导致画面中的有用信息太少。

事件帧的定义看似简单，但实际上，在特定条件下它具有明确的物理意义。事件信号记录了场景中光强的变化，在光照条件均匀且恒定的场景中，这种光强变化一定来自于相机与物体之间的相对运动。因此，根据光照一致性假设（brightness constancy assumptions），有如下表达：

$$L(x_k, y_k, t_k) = L(x_k + \Delta x, y_k + \Delta y, t_k + \Delta t) \tag{13.4}$$

式中，Δx 和 Δy 表示该像素对应的目标物体点在水平方向以及竖直方向上与相机的相对运动距离；Δt 是一段很短的时间。

> **拓展阅读：光照一致性假设**
>
> 　　如果场景的光照条件均匀且恒定，那么在一个微小的时间区间 τ（如传统相机的曝光区间）当中，场景中各物体上各点的亮度保持恒定，而且成像平面上的邻近点都以相似的速度和方向运动。
>
> 　　也就是说，假设当前相机与场景间的相对运动是 v，这个运动在 Δt 时间内形成了一个微小的位移 $\Delta u = [\Delta x, \Delta y]^{\mathrm{T}}$，那么，在这个微小运动影响下的场景点，其光强值与原位置未经运动的场景点近似相等，即
>
> $$L(x + \Delta x, y + \Delta y, t + \Delta t) = L(x, y, t)$$
>
> 　　上式给出了自然成像环境下，相机与场景间相对运动过程中的光照一致关系。因为是有前提条件的，故称之"假设"。在利用传统图像帧估算光流时，通常要用到这个假设，因而也被称为"光流假设"[34]。

　　将式 (13.4) 右侧根据泰勒展开求出其在 $t_k + \Delta t$ 处的一阶近似，有：

$$L\left(x_k, y_k, t_k\right) = L\left(x_k, y_k, t_k + \Delta t\right) + \frac{\partial L}{\partial x}\Delta x + \frac{\partial L}{\partial y}\Delta y \tag{13.5}$$

整理式 (13.5) 得到

$$L\left(x_k, y_k, t_k + \Delta t\right) - L\left(x_k, y_k, t_k\right) = -\frac{\partial L}{\partial x}\Delta x - \frac{\partial L}{\partial y}\Delta y \tag{13.6}$$

可以发现，式 (13.6) 左侧表示 (x_k, y_k) 像素在 Δt 时间内的光强变化情况。

　　记 $\Delta L = L\left(x_k, y_k, t_k + \Delta t\right) - L\left(x_k, y_k, t_k\right)$，则有

$$\Delta L = -\boldsymbol{\nabla}_{\mathrm{xy}} L \cdot \boldsymbol{u} \tag{13.7}$$

式中，$\boldsymbol{\nabla}_{\mathrm{xy}} L = \left[\dfrac{\partial L}{\partial x}, \dfrac{\partial L}{\partial y}\right]$，指空间域光强梯度；$\boldsymbol{u} = [\Delta x, \Delta y]^{\mathrm{T}}$ 表示微小位移的偏移量。

　　另一方面，考察式 (13.3) 的物理含义。事件帧表示了一段时间内各像素位置上触发的事件总数目，也就是说，像素 (x_k, y_k) 位置的像素值变化 ΔL 每增长（或减小）C，事件帧的对应位置 $F(x_k, y_k)$ 就增长（或减小）1。因而它们之间存在正比关系：

$$F \propto \Delta L \tag{13.8}$$

结合式 (13.7)，有

$$F \propto -\boldsymbol{\nabla}_{\mathrm{xy}} L \cdot \boldsymbol{u} \tag{13.9}$$

也就是说，事件帧的物理含义是对场景光强在时域上的一阶导数的采样。

2. 事件四元组

事件四元组（event quadruple）$e_k = (x_k, y_k, t_k, p_k)$ 是事件相机产生的原始信号，这是一种事件信号的稀疏表达，具有异步性质。独立的单个事件 e_k 可以用于逐事件处理（event-by-event）的视觉处理任务，如逐事件的去噪滤波器[35-36]，或是脉冲神经网络（Spiking Neural Network, SNN）等。此类任务往往将整个事件序列当作异步数据流，模型可能是由先验知识构成的，也可能是从事件序列中训练得到的。模型每次从流中读取一个事件，并给出相应的输出。这种数据表达形式简单直观，保留了事件的异步性质。对于那些对实时性要求很高的任务，这种表达能提供很高的计算效率[35]。但是，单个事件携带的信息量较少，这导致模型有时难以从这种表达中获取足够的有效信息，尤其是表示事件与事件之间关联的那些信息。因此，可以将同一时间邻域内相邻的事件四元组批量地形成集合：$E = \{e_k\}_{k=1}^{N_e}$，这种表示既保留了事件的准确时间戳和极性，也能表征事件之间的时空关联，因此可以利用基于 3D 点的处理模型对事件四元组集合进行处理，如 PointNet[37-38] 等。在这种情况下，事件的极性可以被舍弃，从而使得输入数据 $(x_k, y_k, t_k) \in \mathbb{R}^3$；也可以令极性作为三维时空位置点 (x_k, y_k, t_k) 的一个特征，即 $f(x_k, y_k, t_k) = p_k$ 从而加以保留。值得注意的是，由于时间维度 t_k 的物理含义、数据范围等特性都不同于空间维度 (x_k, y_k)，因此在利用三维点模型时，往往需要先对时间维度 t_k 进行预处理，如归一化缩放。此外，这种表示需要根据任务特性、数据特性等因素选取合适的集合大小 N_e，以保证算法的稳定性。举例来说，对于快速运动的场景，单位时间内产生的事件数目往往很多，因此可能需要提高 N_e 的值以包含足够信息。作为四元组集合表示法的进一步扩展，还有的方法将一组事件四元组集合舍弃极性维度然后拟合为一个平面。在早期的基于均值漂移聚类（mean-shift）或是迭代最近点配准（Iterative Closest Point, ICP）的事件目标跟踪算法中[39-41]，这样的表示法比较常见。

3. 事件时间面

与事件帧类似，时间面（time surface）也是一幅图像，但是它的像素值是单个时间值。最常见的做法是将该像素位置最后一次触发事件的时间戳 t_k 作为像素值[42]，从而保持了事件信号的异步性质。这样，整幅图像就形成了一个"场景运动关于空间位置的函数"，其中每个像素的值代表了该位置的运动历史，值越大代表运动发生得距离当前时间越近，反之亦然。因此，在传统计算机视觉任务中，时间面也称运动历史图像（motion history image）[43]。图 13-5 中展示的时间面，用较深的颜色表示较大的时间戳、较浅的颜色表示较小的时间戳。可以看出，时间面也能在图像中保持场景中的边缘，但与事件帧相比，它还利用了事件的时间维度信息。在实践中，各像素上的值往往是经过处理的时间戳，例如，利用指数函数做映射可以提高近期触发事件的权重、对时间面做归一化可以消除不同运动速度对时间面上不同数据尺度的影响[44]、对各个像素位置的时间戳在一定长度的滑动窗口中取平均可以缓解噪声对时间面的影响[45] 等。与事件帧等网格化事件表示方法相比，时间面虽然保留了部分时间信息，但与此同时损失了事件的触发历史信息，因此，时间面并不擅长表示那些事件频繁触发的场景（如纹理丰富的场景，或是环境光强快速变化的场景）。

4. 事件体素网格

体素网格（voxel grid）也是一种网格化的事件表达，它将事件帧在时间维度上进行扩展，形成三维的事件直方图，从而利用了事件的时间维度信息。与事件帧类似，体素网格也是将事件的极性或是数目进行累加，并将结果填入对应时空位置 (t,x,y)。回顾上文"事件四元组"部分曾提到的"利用三维点模型处理时间信号时要在时间维度进行归一化缩放"，这是由于时间维度 t_k 的物理含义、数据范围与空间维度 (x_k,y_k) 不同，尤其是时间维度的尺度，远大于空间维度⊖。因此，出于相同的原因，在体素网格中，事件的时间戳往往需要量化。对于量化后的时间戳，一般有两种累加方式。其一是将时间戳取整后累加到对应位置，即

$$V(t,x,y) = \sum_{\substack{x_i=x,y_i=y \\ [\frac{t_i}{\Delta T}]=t}} c_i \tag{13.10}$$

式中，[·] 是取整函数，根据任务需求可以是向上取整、向下取整和四舍五入取整等；ΔT 是时间戳量化精度。其二是按时间戳插值，将值"分散"到临近的格点中，即

$$V(t,x,y) = \sum_{x_i=x,y_i=y} \max(0, 1-|t_i-t|)c_i \tag{13.11}$$

式 (13.10)、式 (13.11) 中 c_i 的含义与事件帧相同，如按照事件的极性累加则 $c_i = p_i$；如按照像素上触发的事件计数则 $c_i = 1$。两种方法都能通过量化的方式实现对时间维尺度的压缩，后者对时间戳的插值提供了更高的亚体素级别精度，但也进一步削弱了事件信号的稀疏性。需要注意的是，图 13-5 中展示的事件体素网格，为了体现其"网格"的特点，在空间维度上也做了量化，但在实际计算中往往不需要这一操作。

5. 脉冲平面

脉冲相机输出信号的表达方式不如事件相机那样丰富，目前大多数任务都利用脉冲平面（spike plane）这一表达方式，这也是脉冲相机产生的原始信号。脉冲平面也是一帧图像，其像素值由"1"或"0"组成，前者表示在上一轮询周期中该像素位置有脉冲发放，而后者则表示该位置暂无脉冲发放。在图 13-6 展示的脉冲平面中，值为"1"的像素点用白色表示，"0"用黑色表示。

⊖　与传统视频信号类似，事件信号的空间维度数据在 $10^2 \sim 10^3$ 量级（单位：像素）；而时间维度则往往在 10^6 量级（单位：微秒）以上。

6. 重构灰度图

有些任务利用神经形态信号—灰度图像重构算法得到的传统灰度图像作为事件信号的表示[46]。相比于事件帧、时间面，或是传统相机拍摄的图像信号，这种表达方法面对运动场景具有更稳定的表现（motion-invariant）[25]。下一节将详细介绍从神经形态信号到传统图像帧的重构算法。

13.3 神经形态视觉信号处理

13.3.1 图像重构

虽然神经形态视觉传感器从更深的层次模拟了生物视觉，具有很多传统图像传感器所不具备的优势，但它产生的信号对于人眼直接观察来讲却不够直观，也无法与现有的多数处理传统图像的机器视觉算法兼容。因此，有必要建立起神经形态视觉信号到传统图像之间的桥梁，这便是神经形态视觉信号的图像重构问题。

1. 事件信号的重构

（1）简单累积重构　要从一系列事件序列中重构出场景对应的图像，最直观的想法是考虑事件信号的物理意义。图 13-3 和式 (13.1) 已经表明，单个事件的发放表明对应像素位置的光照辐射度强度变化在对数域上超过阈值。因此，理论上，只要把这些"变化"累积起来，就能实现重建的效果。给定事件序列 $E_N = \{e_n\}_{n=1}^N$，其中 $e_n = (x_n, y_n, t_n, p_n)$，$n$ 表示单个事件在整个事件序列中的序号，$(x_n, y_n) \in \Omega \subset \mathbb{R}^2$ 是事件触发的位置，$p_n \in \{-1, 1\}$ 是事件的极性，事件时间戳 t_n 单调上升。当 $p_n = 1$ 时，表明对应像素接受的亮度值提升了特定阈值 C_+，反之亦然。形式化地，图像重建的目标可以写成一个平面映射 $u^n : \Omega \to \mathbb{R}_+$，它沿时间维度累积各个像素的亮度变化，即

$$f^n(x_n, y_n) = u^{n-1}(x_n, y_n) \cdot c_i \tag{13.12}$$

式中，c_i 是对应阈值取指数后的值，即当 $p_n = 1$ 时，$c_i = c_+ = \exp(C_+)$；当 $p_n = -1$ 时，$c_i = c_- = \exp(C_-)$。f^n 是接受了 n 个事件之后的重建结果。在理想条件下，只要给定了初始帧 u_0 和事件序列 E_N，式 (13.12) 就能给出 t_N 时刻的重建结果 $f^N = u^N$。然而，对于真实的传感器，不仅存在不可避免的噪声，而且事件信号发放过程中的离散量化 $C_\pm$ 也会引入误差。这就要求在求解过程中引入更精细的建模。

"Real-time intensity-image reconstruction for event cameras using manifold regularisation"[47] 一文发表于 IJCV 2018，在式 (13.12) 的基础上引入了一个正则项，并将简单累积重构问题转化成了一个优化问题：

$$u^n = \underset{u \in C^1(\Omega, \mathbb{R}_+)}{\arg\min} \left[D\left(u, f^n\right) + R(u) \right] \tag{13.13}$$

式中，$D(u, f^n)$ 是数据项，刻画了重建结果的噪声水平，即估计的光强 u^n 与带噪声测量 f^n 之间的距离。而 $R(u)$ 是正则项，约束了求解结果的平滑性，C^1 是由一阶连续函数构成的集合。通过基于时间曲面的变分方法，可以对数据项 $D(u, f^n)$ 和正则项 $R(u)$ 在事件流形（event manifold）上进行建模，进而实现对式 (13.13) 的求解。相关的数学概念与推导稍显冗长，也超出了本章的范围，感兴趣的读者可以参阅论文[47]了解详细过程。

（2）基于梯度的重构　式 (13.9) 指出，事件帧表达了场景中光强在时域上的一阶梯度。如果掌握场景在时间邻域内对应的运动偏移量 $\boldsymbol{u}$，则可以计算得到场景中光强在空间上的梯度：

$$\boldsymbol{\nabla L}_{\mathrm{xy}} = \frac{-\Delta \boldsymbol{L}}{\boldsymbol{u}} \tag{13.14}$$

为了叙述的简便，用 $\boldsymbol{g}_x$ 和 $\boldsymbol{g}_y$ 表示 $\boldsymbol{\nabla L}_{\mathrm{xy}}$ 的两个分量，即 $\boldsymbol{\nabla L}_{\mathrm{xy}} = \left[\dfrac{\partial \boldsymbol{L}}{\partial x}, \dfrac{\partial \boldsymbol{L}}{\partial y} \right] = [\boldsymbol{g}_x, \boldsymbol{g}_y]$。记待求的重建场景帧为 $\boldsymbol{M}$，其水平、垂直梯度分别为 $\boldsymbol{M}_x$ 和 $\boldsymbol{M}_y$，那么理想的重建结果应该使得这两组梯度之间的误差最小，即最小化式 (13.15)：

$$\boldsymbol{J}(\boldsymbol{M}) = \iint \left(\boldsymbol{M}_x - \boldsymbol{g}_x\right)^2 + \left(\boldsymbol{M}_y - \boldsymbol{g}_y\right)^2 \mathrm{d}x\mathrm{d}y \tag{13.15}$$

最小化 $J(M)$ 的欧拉-拉格朗日方程为

$$\frac{\partial \boldsymbol{J}}{\partial \boldsymbol{M}} - \frac{\mathrm{d}}{\mathrm{d}x}\frac{\partial \boldsymbol{J}}{\partial \boldsymbol{M}_x} - \frac{\mathrm{d}}{\mathrm{d}y}\frac{\partial \boldsymbol{J}}{\partial \boldsymbol{M}_y} = 0 \tag{13.16}$$

整理即得到泊松方程的形式：

$$\boldsymbol{\nabla}^2 \boldsymbol{M} = \frac{\partial}{\partial x}\boldsymbol{g}_x + \frac{\partial}{\partial y}\boldsymbol{g}_y \tag{13.17}$$

式中，$\boldsymbol{\nabla}^2 \boldsymbol{M} = \dfrac{\partial^2 \boldsymbol{M}}{\partial x^2} + \dfrac{\partial^2 \boldsymbol{M}}{\partial y^2}$。求解式 (13.17) 所得到的 $\boldsymbol{M}$ 就是对事件信号基于梯度的重构。

"Simultaneous mosaicing and tracking with an event camera"[48] 一文发表于 BMVC 2014，给出了一种能更加精确地估计场景空间域梯度 $\boldsymbol{g}_x$ 和 $\boldsymbol{g}_y$ 的方法。该算法使用逐像素的卡尔曼滤波器（Kalman filter）构建全景梯度，逐事件地估计场景边缘的方向和强度，对空间域梯度的估计更为准确。在得到场景的完整梯度估计之后，同样是求解形如式 (13.17) 的泊松方程得到场景的重建。利用这种方法重建得到的图像帧还具有超分辨率和高动态范围特性。此外，该方法还能在重建图像帧的同时估计并跟踪相机的运动情况，有关这部分推导的细节，读者可以参阅论文[48]。

（3）深度学习重构　早期方法，或是手工设计正则项，或是依赖特定的运动约束，都存在一定的局限性。与这些方法相比，深度学习方法更强调数据驱动，在简化了模型复杂程度的同时提升了重建质量。

"High speed and high dynamic range video with an event camera"[46] 一文发表于 TPAMI 2021，提出了名为 E2VID 的事件重构模型，旨在通过神经网络从稀疏的事件数据中学习高质量的视频重建。E2VID 算法流程如图 13-7所示，它具有一个循环神经网络（Recurrent Neural Network, RNN）结构。对于输入的事件序列 $E_k = \{e_i^k\}_{i=0}^N$，该模型首先将其转化为时间维长度为 5 的事件体素网格，时间维度上采取插值处理（同式 (13.11)）。而后，它将与 RNN 的内部状态 s_{k-1} 共同作为本次重建的输入，得到重建帧 $\hat{I}_k$ 和更新后的内部状态 s_k，并如此循环往复，最终完成整段视频的重构。

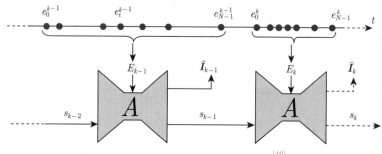

图 13-7　E2VID 算法流程示意图[46]

在 RNN 结构的内部，是一个类 U-Net[49] 结构的网络。与传统 U-Net 不同的是，这里的编码器被替换为了一个具有卷积长短期记忆模型（Convolutional Long Short-term Memory，ConvLSTM）[50] 结构的循环编码器，因而实现了维护更新内部状态的功能。该模型利用大量的合成事件数据训练，缓解了现阶段事件信号与传统视频帧成对数据缺失的问题。为了使输出具有更自然、更合理的视觉观感，在空间层面，其引入了感知损失（perceptual loss）来约束输出帧的中层特征（mid-level image feature）；而在时间层面，则利用光流约束[51] 来限制连续的前后两帧之间的一致关系。

2. 脉冲信号的重构

（1）基于脉冲间隔的重构　根据式 (13.2) 给出的成像原理，以及图 13-4给出的图形直观，可以看出，对于同一个像素点 (x,y)，感受到的光照强度越强，其上放发的相邻两个脉冲的时间间隔（Inter-spike Interval, ISI）就越短。通常，光子是连续、近似均匀地到达传感器的[1]，因此可以认为光照强度与 ISI 成反比，这就是基于脉冲间隔的图像重构（Texture from ISI, TFI）：

$$L_{t_i} = \frac{C}{\Delta t_i} \tag{13.18}$$

式中，L_{t_i} 指该像素在 t_i 时刻的重构灰度值；C 指重建图像的最大灰度值（对于最常见的 8 位数字图像来讲即为 255）；Δt_i 指该像素在 t_i 时刻后的一个脉冲发放时间戳与它之前的一个脉冲发放时间戳的差。TFI 方法可以重构出纹理的轮廓，尤其适合恢复快速移动物体的纹理细节；但在高光强的区域会有较大的读出噪声，不能重构出高质量的纹理细节。与 2.3 节介绍的传统相机内部图像处理流程类似，为了使结果接近人类视觉，重构结果一般会进行伽马校正（$\gamma = 2.2$）。

（2）基于时间滑动窗口的重构　再次观察式 (13.2) 和图 13-4，还可以发现，在固定的时间段内，同一个像素位置 (x, y) 上的光照强度越强，脉冲发放越多。并且，脉冲发放数量近似正比于该时间段内的光强积分值。因此，如果按某个时间窗口大小对历史脉冲进行"回放"，通过把所有脉冲累加，也可以重构出对应时刻的图片，这就是基于时间滑动窗口的重构，也称作基于回放的重构（Texture from Playback, TFP）：

$$L_{t_i} = \frac{N_w}{w} \cdot C \tag{13.19}$$

式中，时间窗口的大小是 w，对应于 $[t_i - w, t_i]$ 之间的事件；N_w 指在时间窗口中收集的脉冲总数；C 是重构的最大灰度级。可以通过调整时间窗口来重构具有不同灰度级的纹理图像，这类似于调节传统相机的曝光时间。TFP 方法更适合静态场景下的纹理重构，其重构结果也需要伽马校正。

（3）基于短时可塑性的重构　上述两种重构方式，是脉冲信号重构传统图像帧最简单的方式，具有直观的物理意义。但是，TFI 方法不擅长处理静态场景、TFP 方法的重建质量依赖于时间窗口长度的选取，都有其局限性。理想的重构算法应当兼顾各种场景，并且计算代价尽量低，以适用于实时任务。

"High-speed image reconstruction through short-term plasticity for spiking cameras"[52] 一文发表于 CVPR 2021，参照大脑神经元的短时可塑性（Short-term Plasticity, STP）[53] 机制，设计了一种基于仿生学原理的脉冲信号重构算法：短时可塑性重构方法（Texture from STP, TFSTP），可以适应各种成像条件，并具有较低的计算代价，适用于脉冲相机的实时重构。

所谓"短时可塑性"，是指突触强度的短时程⊖变化，它对突触前膜产生的脉冲在时域上的分布极其敏感，并通过短暂地改变脉冲到达时突触后膜电位（Post-Synaptic Potential, PSP）的变化幅度来发挥作用。当突触后膜接收到来自前膜的脉冲信号时，PSP 的变化情况由式 (13.20) 给出：

$$\text{PSP}(t) = A \cdot R(t) \cdot u(t) \tag{13.20}$$

⊖　通常是几十至几千毫秒。

式中，A 是一个脉冲能在突触后神经元上触发的最大电压；$R(t) \in [0,1]$ 表示 t 时刻突触前膜剩余神经递质的相对含量；$u(t) \in [0,1]$ 表示 t 时刻突触前膜神经递质的释放概率，二者的变化由如下的动力学方程给出：

$$\frac{\mathrm{d}R(t)}{\mathrm{d}t} = \frac{1 - R(t)}{\tau_D} - u(t^-)R(t^-)\delta(t - t_{AP}) \qquad (13.21)$$

$$\frac{\mathrm{d}u(t)}{\mathrm{d}t} = \frac{U - u(t)}{\tau_F} + C[1 - u(t^-)]\delta(t - t_{AP}) \qquad (13.22)$$

式中，$\delta(\cdot)$ 是狄拉克 δ 函数；而 C 是常数，影响 $u(t)$ 的变化量；U 是神经递质释放概率初始值。要注意的是，这里的记号 t^- 表明上述计算都是从 t 的左侧逼近 t 的。式 (13.21) 表明，当脉冲于 t_{AP} 时刻到达时，神经递质的数量会瞬间减少 $u(t^-)R(t^-)$，然后逐渐恢复至初始值 1，恢复的速度由时间常数 τ_D 决定。而式 (13.22) 表明，当脉冲于 t_{AP} 时刻到达时，神经递质的释放概率会瞬间增加 $C[1 - u(t^-)]$，然后逐渐恢复到初始值 U，恢复的速度由时间常数 τ_F 决定。

拓展阅读：突触

　　神经元上的脉冲在单个神经元上以电流形式传导，而在相邻神经元之间，要通过突触（synapse）这一结构进行传导。突触的结构包括突触前膜、突触间隙和突触后膜，如图 13-8 所示。在神经元轴突末梢处，有许多含有神经递质（neurotransmitter）的突触小泡。当脉冲传来时，突触小泡就会向突触前膜移动并与它融合，而后释放其中的神经递质。神经递质经突触间隙，与突触后膜上的特异性受体结合，引起轴突后膜电位变化，这样就实现了脉冲的跨神经元传递。

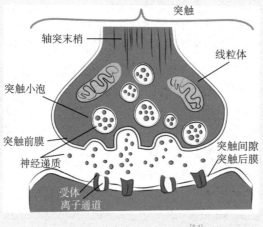

图 13-8　突触结构示意图[54]

　　上述 STP 性质可以应用于脉冲视觉信号，实现图像重构。考虑到脉冲信号的离散性质，将式 (13.21)、式 (13.22) 两式改写成差分方程：

$$R_{n+1} = 1 - [1 - R_n(1 - u_n)] \exp\left(-\frac{\Delta t_n}{\tau_D}\right) \tag{13.23}$$

$$u_{n+1} = U + [u_n + C(1 - u_n) - U] \exp\left(-\frac{\Delta t_n}{\tau_F}\right) \tag{13.24}$$

式中，R_n 和 u_n 表示在第 n 个脉冲与第 $n+1$ 个脉冲之间 R 和 u 的值；Δt_n 表示第 n 个脉冲和第 $n+1$ 个脉冲之间的时间间隔。另外，当脉冲发放频率 ρ 保持恒定时，R 和 u 均会收敛到相应的稳定值 $R_\infty(\rho)$ 和 $u_\infty(\rho)$：

$$R_\infty(\rho) = \frac{1 - \exp\left(-\dfrac{1}{\rho\tau_D}\right)}{1 - [1 - u_\infty(\rho)] \exp\left(-\dfrac{1}{\rho\tau_D}\right)} \tag{13.25}$$

$$u_\infty(\rho) = \frac{U + (C - U) \exp\left(-\dfrac{1}{\rho\tau_F}\right)}{1 - (1 - C) \exp\left(-\dfrac{1}{\rho\tau_F}\right)} \tag{13.26}$$

　　上面介绍的 TFP 方法依赖这样一个规律：脉冲发放频率与场景光强成正比。TF-STP 方法也依赖这个规律，因此，计算出各像素位置 (x, y) 脉冲发放频率 ρ 的值，就能估计出对应位置待重构的光强值。而式 (13.25) 和式 (13.26) 已经给出了稳态条件下 R、u 和 ρ 之间的关系。假设待重构的像素点已经收敛到稳定状态，则可以分别依据 R 和 u 估计出对应的脉冲发放频率：

$$\rho_R = -\frac{1}{\tau_D \ln\left(\dfrac{1 - R}{1 - R(1 - u)}\right)} \tag{13.27}$$

$$\rho_u = -\frac{1}{\tau_F \ln\left(\dfrac{u - U}{C - U + u(1 - C)}\right)} \tag{13.28}$$

式中，R 和 u 是将待重建的脉冲序列作为输入，利用式 (13.23) 和式 (13.24) 计算出来的；τ_D、τ_F、C、U 是与神经元/脉冲相机像素电路有关的参数，这里选取 $\tau_D = 0.0025\text{ms}$、$\tau_F = 0.25\text{ms}$、$C = U = 0.15$。

ρ_R 和 ρ_u 都是对像素位置光强值的估计，因此可取二者的加权平均，作为最终的估计：

$$\hat{P}_{\text{STP}} \propto w_1 \cdot \rho_R + w_2 \cdot \rho_u \tag{13.29}$$

通过改变 w_1 和 w_2 之间的不同比率，可以控制 ρ_R 和 ρ_u 对最终结果的影响权重。总结起来，基于短时可塑性的脉冲信号图像重构算法流程可表示为算法 13.1。

算法 13.1： 基于短时可塑性的脉冲信号图像重构算法（TFSTP）

输入： 脉冲信号流 $\mathcal{S}_{ij}$

输出： 图像像素估计值 $\hat{P}_{ij}$

1　选择合适的 STP 参数 $\{\tau_D,\ \tau_F,\ C,\ U\}$

2　$R \to 1,\ u \to U$

3　利用输入的脉冲信号流 $\mathcal{S}_{ij}$ 计算各像素位置的脉冲触发间隔 Δt_n

4　利用式 (13.23)、式 (13.24) 更新各像素位置的 R、u 值

5　利用式 (13.27)、式 (13.28) 计算 ρ_R、ρ_u

6　利用式 (13.29) 计算像素值估计 $\hat{P}_{ij}$

图 13-9展示了 TFP、TFI、TFSTP 三种脉冲信号图像重构算法的结果对比情况，可以看出，TFP 重建图像整体噪声水平较高（这是滑动窗口间隔选取得相对较短导致的，但如果延长该间隔又会引入运动模糊）、TFI 方法在亮度较高的区域也产生了较大的噪声（如第 1 列结果中的车体反光，第 3、6 列结果中的天空），而 TFSTP 可以自适应地实现多种光线条件下的较高质量重建。

图 13-9　脉冲信号图像重构算法结果对比[52]

13.3.2　神经形态视觉的运动分析

对一段场景中的运动情况进行分析，是计算机视觉中的经典任务。根据运动情况的不同，运动分析的具体任务包括运动检测、光流估计、旋转估计和相机跟踪等。神经形

态相机具有高时间分辨率的特性，这使得它能在运动场景中获取比传统相机更丰富的时间域信息，提升运动分析的性能。

1. 运动分析

"A unifying contrast maximization framework for event cameras, with applications to motion, depth and optical flow estimation"[55] 一文发表于 CVPR 2018，提出了对比度最大化（Contrast Maximization, CM）[55] 这一事件信号运动分析的经典方法，是在事件的帧表示基础上对事件信息的进一步利用和处理。这里的"对比度"概念与传统数字图像处理中的"对比度"概念既有关联也有区别，它刻画的并不是光强范围的明暗对比，而是空间结构的虚实对比：一幅事件帧中的边缘越清晰，对比度则越高；边缘越模糊，对比度越低，从这个角度来看，这里的"对比度"概念比较类似于 5.3 节介绍的"反差对焦"中的"反差"概念。而与图像处理中对比度概念相同的是，可以利用事件帧各像素上值的方差对事件帧的对比度进行量化描述。

图 13-10直观地展示了对比度最大化思想。图 13-10a 是一段事件信号在时空邻域内的分布情况。如果就这样直接观察，可以看出这些事件点似乎都是沿着一条特定的轨迹在运动，但场景的具体轮廓难以辨别。如果变换视角，沿着这条运动的"轨迹"看过去，就会观察到图 13-10b 的情形，此时，场景中的人物和计算机就清晰可见了。利用对比度最大化方法求解问题，就是在计算这条"轨迹"，以期得到类似图 13-10b 的清晰结果。在这里，找到了正确的"轨迹"就可以类比成在自动对焦场景下将镜头移动到了正确的位置。

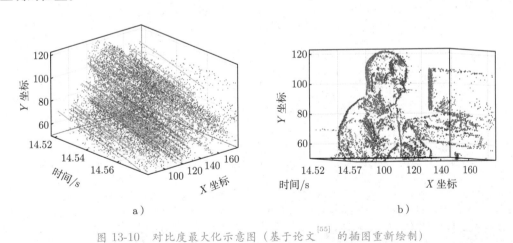

a)　　　　　　　　　　　　　b)

图 13-10　对比度最大化示意图（基于论文[55] 的插图重新绘制）

与直接利用普通的事件帧相比，对比度最大化方法将事件的时间戳信息考虑进来，通过同时考虑事件之间的时空关联以及极性信息来恢复事件与场景之间的相对运动参数（速度、角速度和旋转中心等）。算法既可以输出场景的运动信息，又得到了场景的高对比度的清晰事件帧图像。在一些任务中，这些输出就是待求量；而对于更加复杂的任务，这些输出又可以作为质量更高、信息更全面的输入，去增强对应任务的性能。

13.2 节已经讨论了事件帧与场景光强梯度之间的关系，这表明事件相机就是在对场景中"边缘的运动"产生响应。因此，如果要分析事件信号对应的运动，有必要建立起事件与事件之间的关系，找出哪些事件是由同一个边缘所触发的。进一步地，边缘上各点的运动轨迹，也就是事件信号被触发的轨迹。实际上，根据一系列连续运动图像中的信息，计算场景中运动的轨迹与强度，称作光流估计，是计算机视觉领域的一类经典任务。利用对比度最大化方法，可以简单直观地根据事件信号求解场景光流。接下来将以之为例，展示对比度最大化方法的工作流程、具体细节和原理内涵。

（1）对比度最大化与光流估计　对于一组发生在一时空邻域内的事件集合 $E = \{e_k\}_{k=1}^{N_e}$，需要考虑如何利用其中包含的空间、时间和极性信息，来计算对应的光流 $\boldsymbol{v} = [x, y]^{\mathrm{T}}$。一般来讲，光流估计只针对一段很短的时间区间进行计算，这样得到的速度更接近场景运动的瞬时速度。考虑这种时间局部性，物体的运动可以近似认为是匀速直线运动，可表示为 $\boldsymbol{x}(t) = \boldsymbol{x}(t_0) + \boldsymbol{v}(t - t_0)$，其中 $\boldsymbol{x}(\cdot) : \mathbb{R} \to \mathbb{R}^2$ 表示物体各时刻的位置，t_0 是选定的起始时刻，而 $\boldsymbol{v}$ 是待求的光流。而由于事件是由物体边缘运动触发的，物体运动的轨迹和速度就是事件触发的轨迹和速度。

考虑 $\boldsymbol{x}' = \boldsymbol{x}(t) - \theta(t - t_0)$ 这个变量，它表示将位置 $\boldsymbol{x}(t)$ 处触发的事件沿速度 θ "反推"（warp）到选定的 t_0 时间所得到的位置。为集合 $E = \{e_k\}_{k=1}^{N_e}$ 中的所有事件计算反推值，得到

$$E' = \{e'_k\}_{k=1}^{N_e} = \{(\boldsymbol{x}_k - \theta(t_k - t_0), t_0, p_k)\} = \{(\boldsymbol{x}'_k, t_0, p_k)\} \tag{13.30}$$

把这些反推事件 e' 累加成帧，得到

$$\boldsymbol{H}(\boldsymbol{x}; \theta) = \sum_{k=1}^{N_e} c_k \delta(\boldsymbol{x} - \boldsymbol{x}'_k) \tag{13.31}$$

c_k 一般取 1 而不是极性 p_k。这里用狄拉克 δ 函数表示事件帧中各像素位置 $\boldsymbol{x}$ 对"落在"其中或其附近的反推事件的响应。在离散情况下，一种简单的处理方式是就近取整，即

$$\delta(\boldsymbol{x})_{\mathrm{round}} = \begin{cases} 1 & [\|\boldsymbol{x}\|] = 0 \\ 0 & [\|\boldsymbol{x}\|] \neq 0 \end{cases} \tag{13.32}$$

式中，$[\cdot]$ 是取整函数，根据实际需要可以选择向上、向下和就近取整等。在这种情况下，式 (13.31) 与式 (13.3) 具有相同的含义。此外，也可以选择双线性权重累加 $\delta(\boldsymbol{x})_{\mathrm{bilinear}} = \max(0, 1 - \|\boldsymbol{x}\|)$ 或是高斯权重累加 $\delta(\boldsymbol{x})_{\mathrm{gaussian}} = \mathrm{e}^{(-a\|\boldsymbol{x}\|^2)}$ 等。

　　不难想象，对速度的估计 θ 越准确，反推计算得到的 $\boldsymbol{x}'$ 位置就越集中于物体运动的起始位置 $\boldsymbol{x}_0$，反推事件帧的运动模糊效应就越弱——也就是说，速度估计越准，边缘就会越清晰，对比度就越大。实际上，在对比度最大化方法中，将一组事件流中所有事件的空间坐标反推至特定时间位置的操作也称作运动补偿（motion compensate）。

　　图 13-11 为基于对比度最大化的光流估计及运动补偿，直观地展示了参数估计准确程度与运动补偿结果质量之间的关系。图 13-11a 是方差计算的可视化热力图，体现了 θ 与 $f(\theta)$ 之间的定量关系。其中横纵坐标表示对应方向上的光流估计 $\theta = [v_x, v_y]^{\mathrm{T}}$，图像内的颜色值表示利用对应 θ 计算得到的反推帧的方差 $f(\theta)$，颜色越接近红色表明方差越大。可以看到，绿色点 "2" 是 $f(\theta)$ 的最大值点，利用这组参数 θ_2 反推得到的运动补偿帧如图 13-11b 中下图所示，其边缘最清晰明显；蓝色点 "1" 对应的方差值较大，运动补偿帧如图 13-11b 中的中图所示，边缘比较清晰明显，但不如 θ_2；而点 "0" 对应的方差值很小，这体现在运动补偿帧图（图 13-11b 中的上图），是一幅十分"模糊"的图像，难以体现场景纹理。

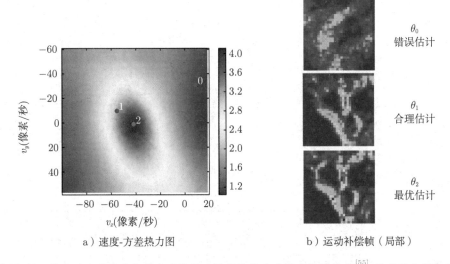

a）速度-方差热力图　　　　　　b）运动补偿帧（局部）

图 13-11　基于对比度最大化的光流估计及运动补偿示意图（基于论文[55] 的插图重新绘制）

　　实际上，可以定量计算反推事件帧的方差：

$$f(\theta) = \sigma^2(\boldsymbol{H}(\boldsymbol{x}; \theta)) = \frac{1}{N_{\boldsymbol{H}}} \sum_{i,j} (h_{ij} - \mu_{\boldsymbol{H}})^2 \tag{13.33}$$

式中，$N_{\boldsymbol{H}}$ 是 $\boldsymbol{H} = (h_{ij})$ 中的像素个数；$\mu_{\boldsymbol{H}} = (\sum_{i,j} h_{i,j})/N_{\boldsymbol{H}}$ 是 $\boldsymbol{H}$ 的均值。至此，光流估计问题转化为一个关于式 (13.33) 的优化问题：求解使得对比度 f 最大的 $\boldsymbol{v} = \theta$，

就得到场景光流。这个问题可以采用优化方法求解，也可以用一种更加简单直观的网格搜索（grid search）方式进行求解：预先估计并指定场景 x、y 两个方向上运动速度的范围 V_x、V_y，根据问题的精度要求设置一定的步长 s，然后对 V_x 和 V_y 分别每隔 s 进行一次采样，计算对应速度对应的反推帧对比度，并记录最大的那一个，它对应的速度就是要求的光流。具体流程如算法 13.2所示。

算法 13.2: 基于对比度最大化的光流估计

　　输入: 事件集合 $E = \{e_k\}_{k=1}^{N_e}$，运动速度搜索范围 V_x、V_y，步长 s

　　输出: 场景运动速度 $\boldsymbol{v}$

1　$f_{\max} \leftarrow -\infty$

2　$v_{\min}^x \leftarrow \min(V_x), v_{\min}^y \leftarrow \min(V_y), v_{\max}^x \leftarrow \max(V_x), v_{\max}^y \leftarrow \max(V_y)$

3　$v^x \leftarrow v_{\min}^x, v^y \leftarrow v_{\min}^y$

4　**while** $v^x \leqslant v_{\max}^x$ **do**

5　　**while** $v^y \leqslant v_{\max}^y$ **do**

6　　　$\theta \leftarrow [v^x, v^y]^{\mathrm{T}}$

7　　　$E'_\theta = \{e'_k\}_{k=1}^{N_e} = \{(\boldsymbol{x}_k - \theta(t_k - t_0), t_0, p_k)\} = \{(\boldsymbol{x}'_k, t_0, p_k)\}$

8　　　$\boldsymbol{H}_\theta(\boldsymbol{x};\theta) = \sum_{k=1}^{N_e} c_k \delta(\boldsymbol{x} - \boldsymbol{x}'_k)$

9　　　$f(\theta) = \sigma^2(\boldsymbol{H}(\boldsymbol{x};\theta)) = \dfrac{1}{N_{\boldsymbol{H}}} \sum_{i,j}(h_{ij} - \mu_{\boldsymbol{H}})^2$

10　　　**if** $f(\theta) > f_{\max}$ **then**

11　　　　$f_{\max} \leftarrow f(\theta)$

12　　　　$\boldsymbol{v} \leftarrow \theta$

13　　　$v^y \leftarrow v^y + s$

14　　$v^x \leftarrow v^x + s$

（2）对比度最大化的一般流程　　上述利用对比度最大化求解光流的特定方法，实际上可以推广到一般流程，以适应更多基于事件信号的运动分析任务。

对于运动分析任务（如光流估计、深度估计和旋转估计等），其最终目的是要估计出一组符合待求几何轨迹 $\boldsymbol{x}(t)$ 的参数 θ，这取决于待求解的问题：对于光流估计，则是 x、y 两方向上的速度；对于深度估计，则是深度图；对于旋转估计，则是旋转中心和角速度……给定一组事件 E，根据希望求得的几何模型构建起运动轨迹候选组 $\{\boldsymbol{x}'(t;\theta)\}$，并通过对比度 f_θ 这一量化指标来衡量候选组中的每一条轨迹与实际事件信息的匹配程度。对比度高，则表明沿着该条轨迹反推得到的事件位置高度整齐，参数估计准确。

对比度最大化方法主要包含三个步骤：

1）根据待求解问题的几何建模 $\boldsymbol{x}$ 及其参数 θ 反推事件位置 E'，累加得到反推帧 $\boldsymbol{H}$。

2）计算反推帧的评分/目标函数值 f。

3）对评分/目标函数值做关于参数 θ 的优化。

在步骤 1）中，利用事件提供的空间位置和时间戳信息，可以容易地对其进行各种几何变换：$e_k \to e_k'(e_k; \theta)$，从而得到反推事件组 $E' = \{e_k'\}_{k=1}^{N_e}$。反推变换（如上节中的平移变换）沿着特定的几何轨迹将"沿路"上的事件推回一个特定时间戳：$e_k = (x_k, y_k, t_k, p_k) \to (x_k', y_k', t_0, p_k) = e_k'$。

在步骤 2）中，利用上一步计算得到的反推帧 $\boldsymbol{H}(E')$ 计算目标函数值 $f(\boldsymbol{H}(E'))$。一般来讲，利用方差 $f(\boldsymbol{H}) = \sigma^2(\boldsymbol{H})$ 对 $\boldsymbol{H}$ 的对比度进行度量。目标函数值反映了参数 θ 所决定的反推事件 E' 所具备的统计特征，因此是描述参数 θ 能否匹配原事件 E 的一种可行指标。

在步骤 3）中，通过优化方法求解 f 的最大值及其对应参数 θ。在上一小节中解释了利用网格搜索方法搜索最优速度的过程，也可以采用更高效、更准确的优化算法，如梯度下降法和牛顿法等。求得的最优参数 θ_{opt}，就认为是描述了最能与输入事件数据 E 相匹配的集合轨迹。

形式化地，利用对比度最大化方法求解各类问题的一般流程可以表述为算法 13.3。运动形式不同，待求参数也就不相同，但万变不离其宗，大体步骤基本类似，这里不再赘述，感兴趣的读者可以自行查阅论文[55]。

算法 13.3：对比度最大化方法的一般流程

输入： 事件集合 $E = \{e_k\}_{k=1}^{N_e}$，参数采样范围 $\{\theta_i\}_{i=1}^n$，反推函数 $\mathcal{W}(\ldots; \theta)$，其他参数集合 $P = \{p_i\}$

输出： 使得对比度最大的参数 θ_{opt}

1　$f_{\max} \leftarrow -\infty$

2　**for** $\theta \in \{\theta_i\}$ **do**

3　　$E_\theta' = \{e_k'\}_{k=1}^{N_e} = \{(\mathcal{W}(\boldsymbol{x}_k, t_k, P; \theta), t_0, p_k)\} = \{(\boldsymbol{x}_k', t_0, p_k)\}$

4　　$\boldsymbol{H}_\theta(\boldsymbol{x}; \theta) = \sum_{k=1}^{N_e} c_k \delta(\boldsymbol{x} - \boldsymbol{x}_k')$

5　　$f(\theta) = \sigma^2(\boldsymbol{H}(\boldsymbol{x}; \theta)) = \dfrac{1}{N_{\boldsymbol{H}}} \sum_{i,j} (h_{ij} - \mu_{\boldsymbol{H}})^2$

6　　**if** $f(\theta) > f_{\max}$ **then**

7　　　$f_{\max} \leftarrow f(\theta)$

8　　　$\theta_{\text{opt}} \leftarrow \theta$

---

2. 脉冲信号的运动分析

（1）运动区域检测　前面在"脉冲信号的重构"部分介绍的论文[52] 不仅给出了一种脉冲信号重构方法 TFSTP，还提出了一种基于 STP 的运动区域检测方法。式 (13.23) 和式 (13.24) 刻画了 STP 模型中 R 和 u 随脉冲发放而产生的变化情况。不难想象，运动区域和静止区域由于脉冲信号的发放特性不同，对应像素位置的 R 和 u 的变化情况也应该有区别。实际上，这种直观想象是有依据的，如图 13-12所示：图的中间部分展示了快速运动场景中的连续几帧，图中绿色标记位于背景部分，是静止区域，图的上半部分展示了绿色标记对应像素位置的脉冲触发情况，以及 STP 状态变化情况；而红色标记位于前景部分，是快速运动区域，图的下半部分展示了红色标记对应像素位置的脉冲、STP 情况。可以看出，静止区域像素点的 R 和 u 相对稳定，而运动区域像素点 R 和 u 要经过一段比较剧烈的变化才能收敛。因此，R 和 u 的变化情况可以作为运动区域检测的依据。图 13-12提示，在当前选取的参数下，R 的变化相比 u 更加显著，因此，对于像素位置 (x, y)，可以利用 R 的变化来判定它是否属于运动区域：

$$M = \begin{cases} 1, & |R_n - R_{n-1}| \geqslant \theta \\ 0, & |R_n - R_{n-1}| < \theta \end{cases} \tag{13.34}$$

式中，M 表示选定的像素 (x, y) 是否属于运动区域；θ 是预先定义的判决阈值。

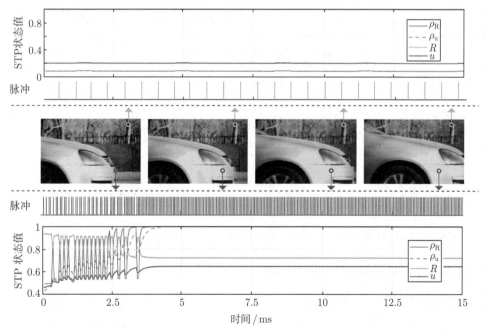

图 13-12　静止区域和运动区域 R 和 u 的变化情况示意图（基于论文[52] 的插图重新绘制）

由式 (13.34) 给出的判别方法只能检测单个像素位置的运动情况，没有考虑脉冲流的时间和空间关联，可以使漏电积分发放（Leaky Intergrate-and-Fire, LIF）神经元对运动区域进一步提取处理。LIF 神经元的膜电位 $v(t)$ 的变化可由以下方程描述：

$$\tau_m \frac{\mathrm{d}v(t)}{\mathrm{d}t} = -[v(t) - v_{\mathrm{rest}}] + I(t) \tag{13.35}$$

式中，τ_m 是神经元的膜时间常数；v_{rest} 是静息电位；$I(t)$ 是输入电流。将像素 (x, y) 附近空间邻域 $\boldsymbol{N}(x, y)$ 中各像素的 M 值（记为 $\boldsymbol{M} = \{M_{xy}\}$）作为对应像素 LIF 神经元的输入，即

$$I_{xy}(t) = \sum_{(i,j) \in \boldsymbol{N}(x,y)} M_{ij} \tag{13.36}$$

然后利用每个神经元的膜电位判断运动区域：

$$M'_{xy} = \begin{cases} 1, & v_{xy} \geqslant \phi \\ 0, & v_{xy} < \phi \end{cases} \tag{13.37}$$

式中，M'_{ij} 表示像素 (i, j) 是否属于运动区域；ϕ 是预先定义的判决阈值。图 13-13 为基于 LIF 神经元的运动区域提取，展示了引入 LIF 神经元前后的运动区域检测效果 M 和 M'，以及对应时刻的 LIF 神经元膜电位 v 的分布情况。可以看到引入 LIF 之后，提取出的运动区域更加完整。

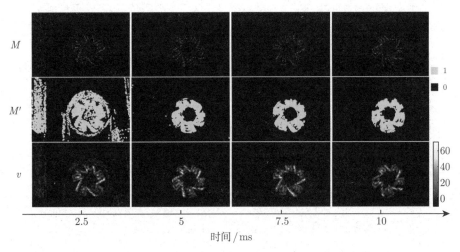

图 13-13　基于 LIF 神经元的运动区域提取示意图[52]

这种运动区域提取方法，计算代价低，可满足实时计算要求，但只能给出运动区域的所在位置，不能给出其他信息（如光流、深度等），因此适合作为更复杂任务的预处理步骤。例如，可以利用上述方法辅助改进基于 STP 的脉冲信号重构[52]：对于静止区域的像素，依然使用 TFSTP 方法推算其像素值，此时，TFSTP 方法的时间常数可以适当提高，以提高重构图像的动态范围；而对于运动区域的像素，改用 TFP 方法推算其像素值，这将使重构的轮廓更加清晰。

（2）光流估计 "Optical flow estimation for spiking camera"[56] 一文发表于 CVPR 2022，顾名思义，该工作提出了一种基于脉冲相机的光流估计深度学习模型——SCFlow。

用 $S_n \in \{0,1\}^{W \times H}$ 表示第 n 个脉冲平面、W_{l_i,l_j} 表示从 t_i 时刻到 t_j 时刻的光流。给定脉冲平面序列 $\{S_n\}_{n=0}^k$，如何计算出光流 W_{t_i,t_j} 是本文要回答的主要问题。SCFlow 模型通过如图 13-14所示的算法流程解决这个问题。该方法引入了一种基于运动补偿的脉冲平面表示形式，称作光流引导的自适应窗口（Flow-guided Adaptive Window, FAW），如图 13-14①所示。FAW 的思想和对比度最大化方法非常类似，它并不会像基于 TSP 的图像重构方法那样，对于各像素位置直接累加脉冲值，而是会根据像素位置

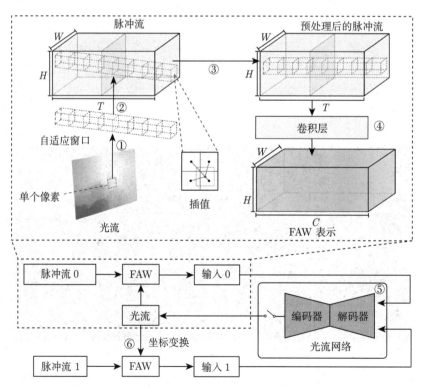

图 13-14   SCFlow 算法流程示意图（基于论文[56] 的插图重新绘制）

的光流情况进行相应调整，给时间邻域赋予了空间方向（注意图 13-14②中的"自适应窗口"有所倾斜，表明了光流方向）之后再累加，从而减轻了动态模糊，实现了运动补偿。形式化地，对于像素 $\boldsymbol{x} = (x, y)$，它在该时空窗口中的值定义如下：

$$\boldsymbol{S}_{t_0}^{\text{pre}}(\boldsymbol{x}, t) = \boldsymbol{S}\left(\boldsymbol{x} + \frac{(t - t_0) \cdot \boldsymbol{W}_{t_0, t_1}(\boldsymbol{x})}{\Delta t}, t\right) \tag{13.38}$$

式中，$t \in \left[t_0 - \dfrac{T_{\max} - 1}{2}, t_0 + \dfrac{T_{\max} - 1}{2}\right]$，$t_1 = t_0 + \Delta t$，$\boldsymbol{S}_{t_0}^{\text{pre}}$ 表示经过预处理的时空窗口脉冲信息，$T_{\max}$ 是时空窗口的时间维长度。经过运动补偿操作的像素位置（即 $\dfrac{(t - t_0) \cdot \boldsymbol{W}_{t_0, t_1}(\boldsymbol{x})}{\Delta t}$）可能不是整数，这里用双线性插值方法加以处理，如图 13-14③所示。进一步地，经过预处理的脉冲流 $\boldsymbol{S}_{t_0}^{\text{pre}}$ 将被两个 32 维度的卷积层编码为一个多通道张量，这就是该脉冲序列在 t_0 时刻对应的 FAW，记为 $\boldsymbol{S}_{t_0}^{\text{FAW}}$，如图 13-14④所示。

直到现在，SCFlow 对运动补偿的处理都与对比度最大化方法大同小异，但在先验运动（即光流 $\boldsymbol{W}_{t_0, t_1}$）的选取上，SCFlow 利用了一个光流网络来估计运动先验 $\hat{\boldsymbol{W}}_{t_0, t_1}$，而不是利用优化方法求解，如图 13-14⑤所示。模型在训练时和测试时的行为略有区别，具体来说，在训练时，先验运动首先被设置为零矩阵，然后通过一轮前向传播过程得到一个光流预测结果。然后，利用这个预测结果作为正式的先验运动信息，来训练 SCFlow 网络；而在测试环节，首先将待预测的光流按时间顺序排序，即 $\{\boldsymbol{W}_{t_{k \cdot \Delta t}, t_{(k+1) \cdot \Delta t}}\}$，其中 $k \in \mathbb{N}$，Δt 是时间邻域长度。由于场景的运动具有连续性，临近时间邻域间的运动情况高度相似，上一区间的光流估计值（已经计算得出）可以作为下一区间（光流待求）的先验运动值，即利用 $\hat{\boldsymbol{W}}_{t_{i-\Delta t}, t_i}$ 作为 $\boldsymbol{W}_{t_i, t_{i+\Delta t}}$ 先验运动信息。

为了估计 $\boldsymbol{W}_{t_0, t_1}$，只需向网络输入 t_0 和 t_1 时刻对应的 FAW。然而应当注意到，当计算 t_1 时刻的 FAW 时，脉冲平面 $\boldsymbol{S}(\boldsymbol{x}, t_1)$ 和光流先验估计值 $\hat{\boldsymbol{W}}_{t_0, t_1}$ 的坐标系并不对齐（后者与 $\boldsymbol{S}(\boldsymbol{x}, t_0)$ 对齐）。根据匀速直线运动假设，可以利用下式将两者对齐：

$$\mathcal{C}\left(\boldsymbol{W}_{t_0, t_1}(\boldsymbol{x})\right) = \boldsymbol{W}_{t_0, t_1}\left(\boldsymbol{x} - \boldsymbol{W}_{t_0, t_1}(\boldsymbol{x})\right) \tag{13.39}$$

$$\boldsymbol{S}_{t_1}^{\text{pre}} = \boldsymbol{S}\left(\boldsymbol{x} + \frac{(t - t_1) \cdot \mathcal{C}\left(\boldsymbol{W}_{t_0, t_1}(\boldsymbol{x})\right)}{\Delta t}, t\right) \tag{13.40}$$

式中，$t \in \left[t_1 - \dfrac{T_{\max} - 1}{2}, t_1 + \dfrac{T_{\max} - 1}{2}\right]$；$\mathcal{C}(\cdot)$ 是坐标平移算子。

SCFlow 用到的光流网络结构图如图 13-15所示，是一个金字塔状的四层编码器-解码器结构。编码器将输入的 FAW 表示进一步提取为特征金字塔 $\{\boldsymbol{F}_i^l(\boldsymbol{x})\}_{l=1}^4$，$i = 0, 1$。解码器被称作"反推-相关-光流模块"（Warp-correlation-flow Module, W.C.F Module）：

在第 l 层，先将本层特征 $\boldsymbol{F}_1^l(\boldsymbol{S})$ 根据当前层级的光流估计值 $\hat{\boldsymbol{W}}_{t_0,t_1}^{l+1}(\boldsymbol{S})$ 进行变换：

$$\boldsymbol{F}_{1,\hat{\boldsymbol{W}}_{t_0,t_1}^l}(\boldsymbol{x}) = \boldsymbol{F}_1^l\left(\boldsymbol{x} + \hat{\boldsymbol{W}}_{t_0,t_1}^{l+1}(\boldsymbol{x})\right) \tag{13.41}$$

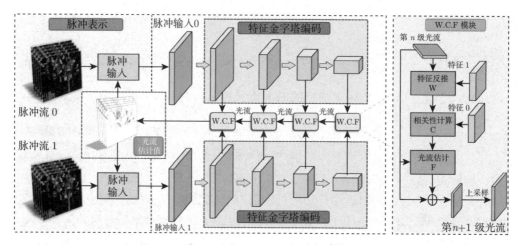

图 13-15   SCFlow 网络结构示意图（基于论文[56] 的插图重新绘制）

随后构建两组特征之间的相关性矩阵体（correlation volume），它表示两帧之间可能存在的偏移（potential displacements）：

$$\boldsymbol{C}^l(\boldsymbol{x},\boldsymbol{m}) = \left\langle \boldsymbol{F}_0^l(\boldsymbol{x}), \boldsymbol{F}_{1,w}^l(\boldsymbol{x}+\boldsymbol{m}) \right\rangle \tag{13.42}$$

式中，$\boldsymbol{C}^l$ 表示第 l 层特征之间的相关性；$\boldsymbol{m}$ 表示两组特征之间的偏移量；$w = \hat{\boldsymbol{W}}_{t_0,t_1}$；$\langle \cdot \rangle$ 是逐通道的（channel-wise）内积运算。

完成了相关性 $\boldsymbol{C}^l$ 的计算之后，相关性矩阵体和上层传来的光流特征共同进入光流估计模块，后者估计出一个残差流，利用这个残差流对上层传来的光流做精细化处理（refine）。本层的最终输出是这个细化流的双线性上采样结果。

该网络利用逐层的 $\mathcal{L}_1$ 距离监督：

$$l = \sum_{l=1}^{4} \frac{HW}{2^{4-l}} ||\hat{\boldsymbol{W}}_{t_0,t_1}^l - \boldsymbol{W}_{t_0,t_1}^l||_1 \tag{13.43}$$

式中，$\boldsymbol{W}_{t_0,t_1}^l$ 是第 l 层级的光流实际值；HW 是图像中的像素数目。

除了 SCFlow 模型之外，本文的另一创新点在于提出了一套脉冲相机模拟器，以解决在真实场景中采集光流真实值较为困难，且采集得来的数据质量不高的问题。该模拟器接受：①场景和物体的 3D 模型；②各物体运动轨迹；③相机参数等信息作为输入，通过渲染真实场景中物体的运动效果，并通过用户指定的虚拟相机进行"拍摄"，可以得到场景视频真实值、光流真实值与脉冲模拟值，供模型训练使用。实际上，用模拟器生成大规模的合成数据进行训练，是神经形态视觉研究中一种常用的数据获取方式[57-58]。

13.4　融合传统相机的计算摄像

正如 13.1 节所介绍的，神经形态相机采用了不同于传统相机基于帧的采样模型，它通过感知光强的变化输出异步事件流，因而从一些性能特性上来讲与传统相机有很大区别。例如，它具有更高的动态范围、更高的时间分辨率、更低的延迟和功耗等。但是，神经形态相机也有其缺陷，例如现阶段传感器的空间分辨率比较低、噪声水平比较高和不能记录绝对光强值等。表 13-2 是传统相机与神经形态相机的一些主要参数特性对比，两者各有特点，互有优劣。

表 13-2　传统相机与神经形态相机特性对比

		传统相机	神经形态相机
主要参数	成像速度	低：30fps/60fps 左右	高：小于 10μs 的延迟
	动态范围	低：~60dB	高：~120dB
	功耗	高：~1W	低：~10mW
	分辨率	高：1080p、4K 等	低：最高 720p
	噪声水平	低	高

神经形态相机具有高速、高动态范围的优势，而传统相机有更高的分辨率和更低的噪声，如何将二者优势结合，取长补短，实现超越二者能力范围的高质量成像？这就是神经形态与传统相机融合成像任务的目标。

13.4.1　融合成像系统简介

"工欲善其事，必先利其器"。神经形态与传统相机融合成像系统，是指那些能在同一场景中以同一视角同时获取传统图像信息和神经形态视觉信息的成像硬件系统。这其中包含了对成像系统的两点要求：成像系统摄录的两种信号应该保持时间和空间两个维度上的对齐。

理想的"时间对齐"是指两种信号的起始时间戳、终止时间戳以及摄录过程中的各处时间戳应该保持一致；理想的"空间对齐"是指在摄录过程中的任意时刻，两种传感器感知到的两类信号应该具备像素级的重叠关系。满足时空对齐关系的神经形态信号和传统图像信号，是对完全相同场景的不同形式描述，因而可以作为神经形态与传统相机融合成像模型的输入。下面介绍三类在研究和实践中常见的神经形态与传统相机融合成像系统。图 13-16 为融合成像系统。

融合成像传感器   分光镜系统   多摄像头系统

图 13-16　融合成像系统示意图（中、右图片来自论文[59-60]）

1. 融合成像传感器

用同一个传感器以同时获取神经形态信号和传统图像信号，是形式最简洁、使用最方便的融合成像系统，前面介绍过的 DAVIS[20,61] 就是这样一种传感器。DAVIS 的每个像素都包含两类传感电路，分别负责神经形态事件的感知和传统帧的像素强度的感知，因而在像素层面上做到了空间对齐；而对于同一个传感器来讲，其电路的时钟也是唯一的，因而可以做到时间对齐。DAVIS 的优点在于设备简单轻便，使用方便，只需一台相机就能完成融合拍摄任务；但是，它的传感器分辨率太低，成像质量不高，尤其是它拍摄的传统帧。

2. 分光镜系统

利用分光镜（beam splitter），可以将入射光线平分到两个光路上去。此时，在一边光路上安放神经形态相机，另一边安放传统相机，假如两台相机及传感器的几何参数相同、所用镜头也相同，那么此时两台相机就是空间对齐的；如果几何参数不完全相同，也可以通过标定的方式获得两台相机视角间的匹配关系，得到空间对齐的信号。因此，这类系统具有空间对齐简单的优点，而且两种相机都可以根据实际需求自由选用，既可以选择事件相机搭配传统相机[31]，也可以选择脉冲相机搭配传统相机[59]，甚至可以将事件相机和脉冲相机结合起来[62]。但是，在这种情况下，如果想要实现时间对齐，就要引入额外的同步机制，以同步两台相机的时间戳，这是该方法的不足之处，此外，这类系统往往形态比较笨重，适合在相机可以稳定固定的场景中使用。

3. 多摄像头系统

现在，很多手机都具有多摄像头功能，只不过这些摄像头利用的传感器多为传统的图像传感器。利用相同的思路，也可以构建双（多）摄像头的神经形态与传统相机融合成像系统。这类系统往往利用定制的外壳固定住两台相机，使得它们之间的相对位置保持不动，又由于外壳几何参数、相机相关参数已知，通过标定就可以实现空间对齐（实际上，在两个镜头基线较短的情况下，对于远处的场景，可以直接近似认为空间对齐）。时间同步上，则与上述分光镜方法相同，需要引入额外同步机制。这类系统的主要优势在于其尺寸可以做得相对小巧，便于外出拍摄。但是缺少通用配件，外壳高度依赖定制，开发成本较高。目前采用这种成像系统的研究工作相对较少[60]。

13.4.2 传统相机增强神经形态成像

相比于神经形态相机，传统相机在空间分辨率和噪声控制上有优势。因此，用传统相机增强神经形态成像的尝试主要集中在超分辨率和去噪这两个方面。

1. 事件成像质量的增强

"Joint filtering of intensity images and neuromorphic events for high-resolution noise-robust imaging"[31] 一文发表于 CVPR 2020（扩展版本发表于 TPAMI 2021[63]），提出了一种基于联合滤波的事件信号增强算法，称作导向事件滤波（Guided Event Filtering, GEF）。它接受成对的（pair-wise）事件数据和对应的传统图像作为输入，既能去除事件信号中的噪声，又具有超分辨率能力，可以提升事件信号的空间分辨率。

> 拓展阅读：联合滤波
>
> 联合滤波（joint filtering），或称之为导向滤波（guided filtering），是一种将结构信息从参考图像转移到目标图像上的滤波方法。当参考图像和目标图像对应于同一场景时，这一滤波操作就成为边缘保持的滤波过程[64-67]。在事件信号之前，研究人员已经分别在近红外图像[68]、3D ToF 信号[69] 和高光谱数据[70] 等视觉信号上尝试了针对传统图像的导向滤波融合成像，获得了理想的效果。

直观上讲，这确实是一种既能将更高分辨率信息"融入"事件信息，又能将噪声"滤出"时间信息的可行手段。但对于事件信号来讲，还存在一些问题，其一在于事件并不会直接构成图像帧，其二由于场景运动或照明变化，事件会在时空上相对于传统图像帧发生偏差。对于第一个问题，将事件信号累加成事件帧即可解决；而对于第二个问题，也可以利用运动补偿的方式将时间邻域 $[t_0, t_0 + \Delta t]$ 内发生的事件全部反推回参考时间 t_0。这样，就可以得到与传统图像帧对齐的事件帧。

该方法首先从传统图像的角度描述对应场景：给定一段时间区间 $[t_0, t_0 + \Delta t]$，式 (13.7) 曾给出从场景光强变化 $\Delta \boldsymbol{L}$、场景空间域梯度 $\boldsymbol{\nabla}_{xy} \boldsymbol{L}_{t_0}$、相机与场景相对位移量 $\boldsymbol{u}$ 之间的关系：$\Delta \boldsymbol{L} = -\boldsymbol{\nabla}_{xy} \boldsymbol{L}_{t_0} \cdot \boldsymbol{u}$。对这个关系做些变形，首先，两侧同时除以位移 $\boldsymbol{u}$ 对应的微小时间段 Δt：

$$\frac{\Delta \boldsymbol{L}}{\Delta t} = -\boldsymbol{\nabla}_{xy} \boldsymbol{L}_{t_0} \cdot \frac{\boldsymbol{u}}{\Delta t} \tag{13.44}$$

取 $\Delta t \to 0$，式 (13.44) 变为

$$\left.\frac{\partial \boldsymbol{L}}{\partial t}\right|_{t_0} \simeq -\boldsymbol{\nabla}_{\mathrm{xy}} \boldsymbol{L}_{t_0} \boldsymbol{v} = \boldsymbol{Q}^l \tag{13.45}$$

式中，$\boldsymbol{v} = \lim_{\Delta t \to 0} \left[\dfrac{\Delta x}{\Delta t}, \dfrac{\Delta y}{\Delta t}\right]^{\mathrm{T}}$ 表示运动速度；$\boldsymbol{Q}^l$ 是为了后续叙述方便采用的记号，它表示 GEF 方法从输入的图像帧中提取到的梯度信息。

另一方面，考虑事件信息：这个微小位移 $\delta \boldsymbol{u}$ 而触发的事件信号也应该具有与光流条件类似的空间一致性，即在一个时空邻域内，事件信号都是由同一个边缘触发的。又因为该微小运动可近似为以恒定速度 $\boldsymbol{v}$ 的运动，因此可以通过运动补偿的方式将该邻域内所有事件的坐标按速度 $\boldsymbol{v}$ 反推（warp）回该边缘在 t_0 时的对应位置。通过这种方式可以得到一幅事件帧，而且它表示了场景 $\boldsymbol{L}$ 的边缘信息，即时间域梯度信息：

$$\left.\frac{\partial \boldsymbol{L}}{\partial t}\right|_{\mathrm{x},t_0} \approx \frac{\sum_{(t_k-t_0)\in(0,\Delta t)} c_k \hat{w}(\boldsymbol{x} - \boldsymbol{x}'_k)}{\Delta t} = \boldsymbol{Q}^e \tag{13.46}$$

式中，c_k 是事件的触发阈值。之前已经提到，正负事件的触发阈值可能不同，即当 $p_k = 1$ 时，$c_k = c_p$；当 $p_k = -1$ 时，$c_k = c_n$。$\boldsymbol{x}'_k$ 是根据运动速度 $\boldsymbol{v}$ 将事件反推回 t_0 时刻对应的位置，即 $\boldsymbol{x}'_k = \boldsymbol{x}_k - (t_k - t_0)\boldsymbol{v}$，其中 $\boldsymbol{x} = [x, y]^{\mathrm{T}}$，$\boldsymbol{x}_k = [x_k, y_k]^{\mathrm{T}}$，$\boldsymbol{x}'_k = [x'_k, y'_k]^{\mathrm{T}}$。$\hat{w}(\cdot)$ 是权重函数，如高斯函数 $G(x) = \mathrm{e}^{-x^2/\sigma}$ 或狄拉克 δ 函数等，用来描述反推后事件坐标不为整数带来的偏差（见 13.3.2 小节关于对比度最大化与光流估计的介绍），$\boldsymbol{Q}^e$ 是指代 GEF 方法从输入的事件信号中提取到边缘信息的记号。实际上，为了把式 (13.46) 写成场景 $\boldsymbol{L}$ 梯度的形式，在事件频率累加的基础上还引入了一个因子 $c_k/\Delta t$。但是，这个因子只会影响全体数据的尺度规模（scale），而不影响数据与数据之间的相对大小。因此，可以通过将正（负）数据归一化到 $[0,1]$（$[-1,0]$）的方式消除这个因子的影响。

综合考虑同一场景对应的传统图像信息和事件信息，根据式 (13.45) 和式 (13.46) 有

$$\boldsymbol{Q}^l \simeq \boldsymbol{Q}^e \tag{13.47}$$

式 (13.47) 建立了运动补偿事件帧 $\boldsymbol{Q}^e$ 与传统图像时间域梯度 $\boldsymbol{Q}^l$ 之间的关系（即式 (13.8)、式 (13.9) 的定量描述）。

在进一步向下推导之前，不妨先对上面的公式做些回顾整理。在上面的一系列公式中，有两个量未知，它们分别是 c_k 和 $\boldsymbol{v}$。对于前者 c_k，有些相机会显式提供事件触发的正负阈值 $c_k \in \{c_p, c_n\}$（用户甚至可以自行修改它们），或是通过标定得到。而对于后者 $\boldsymbol{v}$，自然可以想到利用之前介绍的基于对比度最大化的光流估计方法得到。至于涉及的其他数值，式 (13.45) 中的 $\boldsymbol{\nabla}_{\mathrm{xy}} \boldsymbol{L}$ 是通过传统相机图像帧 $\boldsymbol{L}$ 计算得到，式 (13.46)

中的位置、时间等数值都是事件相机的输出信号。因此，下一步的求解关键就在于利用对比度最大化方法对 v 做估计。

实际上，在融合成像的情况下，可以在对比度最大化方法上做些扩展：可以将传统图像帧也考虑进来，GEF 的论文[31] 进而提出联合对比度最大化（Joint Contrast Maximization，JCM）方法。详细来说，可以将传统图像的边缘提取出来，而后与运动补偿事件帧相加，根据相加得到的融合值求解场景光流。形式化地，这个融合值可以写成：

$$J(\boldsymbol{x}; \boldsymbol{v}) = \sum_{k=1}^{N_e} \hat{\omega}(\boldsymbol{x} - \boldsymbol{x}_k'(\boldsymbol{v})) + \alpha \boldsymbol{S}(\boldsymbol{x}) \tag{13.48}$$

式中，$\boldsymbol{S}(\boldsymbol{x})$ 是传统图像帧的边缘提取结果，可以写成

$$\boldsymbol{S}(\boldsymbol{x}) = \sqrt{|\boldsymbol{g}_x \times \boldsymbol{I}(\boldsymbol{x})|^2 + |\boldsymbol{g}_y \times \boldsymbol{I}(\boldsymbol{x})|^2} \tag{13.49}$$

$\boldsymbol{g}_x$ 和 $\boldsymbol{g}_y$ 是边缘提取算子，可以使用 Sobel 算子，即

$$\boldsymbol{g}_x = \begin{bmatrix} -1 & 0 & 1 \\ -2 & 0 & 2 \\ -1 & 0 & 1 \end{bmatrix}, \ \boldsymbol{g}_y = \boldsymbol{g}_x^{\mathrm{T}} \tag{13.50}$$

而 α 是归一化系数，起到平衡事件项和传统帧项之间数量大小的作用，由式 (13.51) 给出：

$$\alpha = \frac{N_e}{\sum_{i,j} \boldsymbol{S}(i,j)} \tag{13.51}$$

与对比度最大化方法中的目标函数类似，这里的光流估计也是求解一个优化问题，只是反推帧变成了融合值：

$$\hat{\boldsymbol{v}} = \arg\max_{\boldsymbol{v}} \frac{1}{N_p} \sum_{i,j} (\boldsymbol{J}_{(i,j)} - \bar{\boldsymbol{J}})^2 \tag{13.52}$$

式中，N_p 是融合值 $\boldsymbol{J}$ 中的像素数目；$\bar{\boldsymbol{J}}$ 是 $\boldsymbol{J}$ 中元素的均值。融合值中传统图像边缘成分的比重还可以进一步调整，例如，当传统图像不可用或质量很差（模糊，或是噪声很高等）时，可以把边缘提取算子置为 0，如此一来，融合值 $\boldsymbol{J}$ 即退化成对比度最大化问题中的反推帧 $\boldsymbol{H}$。而对于非 0 的 $\boldsymbol{S}$，最大的对比度值对应的光流往往是使得反推帧与传统图像边缘能够重合的。如果不能重合，对比度值会相应下降。

至此，已经可以计算 $\boldsymbol{Q}^l$ 和 $\boldsymbol{Q}^e$ 的值。联合滤波的最终目的是要获取一个继承了 $\boldsymbol{Q}^l$ 和 $\boldsymbol{Q}^e$ 两者互结构的、更优的输出。对于图像的导向滤波任务，输出的图像区块（即空

间邻域）Q^o 被定义为引导图 Q^l 的仿射变换：

$$Q^o = g_a Q^l + g_b \tag{13.53}$$

通过上述变换，Q^o 继承了 Q^l 的空间结构，也即在每一空间区块内都有 $\nabla Q^o = g_a \nabla Q^l$。最终要优化的目标函数可形式化为一组数据项和正则项的组合：

$$\underset{g_a, g_b}{\arg\min} \|Q^o - Q^e\|_2^2 + \lambda \Phi \tag{13.54}$$

式中，Φ 是正则项，λ 是其对应权重。求解这个优化问题，有三种比较常见的方法，它们分别是导向图像滤波（Guided Image Filtering, GIF）[71]、侧窗口导向滤波（Side Window Guided Filtering, SW-GF）[72]、互结构联合滤波（Mutual-Structure for Joint Filtering, MS-JF）[73]。实验表明，MS-JF 的效果最好，因此本文作者选用 MS-JF 作为目标函数的求解算法。以上优化方法的求解细节这里不再展开，感兴趣的读者可以自行参阅论文[31,71-73]。最终求得的高质量事件帧是融合了更高分辨率、更低噪声水平的传统图像帧所提供的结构信息的，GEF 算法输出结果展示如图 13-17（由分光镜融合成像系统拍摄于燕园未名湖）所示。

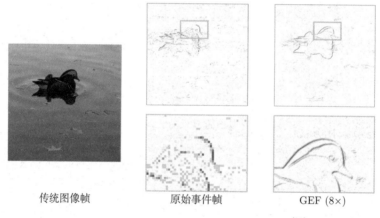

传统图像帧　　　　　　　　原始事件帧　　　　　　　　GEF (8×)

图 13-17　GEF 算法输出结果展示（图像来源于论文[31] 的数据集）

有了事件帧，如何将它们重新恢复成稀疏的异步事件？回想之前的联合对比度最大化求解过程，该过程曾求解出场景的光流 v。因此，一种通过事件帧获得事件三元组表示的方法是利用光流反推，即通过一个对比度最大化问题求解过程的逆过程来推知光流 v 下各事件的位置 x 和时间戳 t。至此，该方法就成功地通过融合成像方法，利用高质量的传统图像信息提升了事件信号在分辨率和噪声水平方面的质量。整个算法流程如算法 13.4所示。

算法 13.4: 导向事件滤波（Guided Event Filtering, GEF）

输入: 事件集合 E，传统图像帧 I

输出: 高质量事件集合 E'

1 根据联合对比度最大化方法，利用式 (13.48) 计算场景光流 v
2 计算式 (13.45) 中的 Q^l 和式 (13.46) 中的 Q^e
3 根据式 (13.54) 对事件帧计算导向滤波 Q^o
4 根据场景光流 v，在 Q^o 上反推 E'

---

2. 脉冲成像质量的增强

"Learning super-resolution reconstruction for high temporal resolution spike stream"[74] 一文发表于 TCSVT 2021，提出了一种基于融合成像的脉冲信号超分辨率方法，利用分光镜融合成像系统获取成对的脉冲-传统图像帧数据，借助高分辨率的传统图像监督训练了神经网络模型，实现了脉冲信号的超分辨率重构。

模型接受一系列低空间分辨率的脉冲流 $\{\cdots, S_L^h, S_L^m, S_L^f, \cdots\} \in \mathbb{R}^{H \times W \times T}$ 作为输入，其中 H、W、T 分别是脉冲流的长、宽、持续时间，每个脉冲流中含有 K 个脉冲平面。对于待重构的高分辨率图像 $I_H \in \mathbb{R}^{sH \times sW}$，该模型不仅考虑对应时刻的脉冲流 S_L^m，还会考虑它之前和之后的一系列脉冲流 $\{\cdots, S_L^h, S_L^f, \cdots\}$。基于融合成像的脉冲信号超分辨率算法如图 13-18所示，分为三个过程：流内时域特征提取、流间时空依赖性提取和联合特征学习。

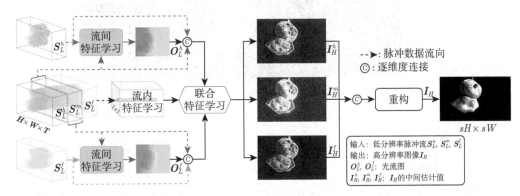

图 13-18 基于融合成像的脉冲信号超分辨率算法示意图（基于论文[74] 的插图重新绘制）

流内时域特征提取模块是 1×1 卷积编码器，对脉冲流内各时间位置上的脉冲平面做加权融合，实现时域特征提取，得到流内特征 E_L^m；流间依赖性提取模块通过一个光流网络提取临近脉冲流 $\{\cdots, S_L^h, S_L^f, \cdots\}$ 与 S_L^m 之间的时空依赖关系，得到流间特征

F_L^h、F_L^f；联合特征提取模块采用一种迭代投影（iterative projection）的方式将流内特征与流间特征相融合，以囊括更多的空间信息。

对于输入的一系列流间特征，按时间顺序重复上面的步骤，进行迭代求解，就能得到一系列高分辨率重建帧 $\{\ldots, I_H^h, I_H^m, I_H^f, \ldots\}$。将它们融合起来，就得到对应输入的中间脉冲流 S_L^m 的高分辨率重建：

$$I_H = \mathrm{Rec}\left(\mathcal{C}\left\{\ldots, I_H^h, I_H^m, I_H^f, \ldots\right\}\right) \tag{13.55}$$

式中，Rec 是重建算子，一般实现为卷积层；$\mathcal{C}(\cdot)$ 表示按维度连接（concatenate）操作。

在训练过程中，使用 $\mathcal{L}_1$ 距离对本模型进行监督，其中的高分辨率真实值来自传统相机拍摄的帧，体现了融合成像的原理。图 13-19 为基于融合成像的脉冲信号超分辨率结果，展示了该方法与 TFI、TFP、SNM（脉冲神经模型，Spiking Neural Model）[75] 三种对比方法的重建结果。可以看到，本方法在提升了重建图像分辨率的同时，也降低了重建结果的噪声水平。

图 13-19　基于融合成像的脉冲信号超分辨率结果示意图[74]

13.4.3　神经形态相机增强传统成像

神经形态相机具备传统相机很难达到的高时间分辨率和高动态范围。因此，用神经形态相机增强传统成像的尝试主要集中在图像去模糊、高帧率视频生成和高动态范围成像等任务。

1. 高动态范围成像

利用神经形态视觉信号到传统图像的重构算法，可以恢复出高动态范围的强度图（intensity map）。但是，正如表 13-2 的对比展示，神经形态相机的空间分辨率仍然较低，且一般不记录颜色信息，导致这种重构的灰度图既不实用、也不美观。但是，可以将这幅动态范围更高的灰度图中的高动态范围信息融合进低动态范围的传统图像，剔除并取代原图像中异常曝光的像素，融合二者优势，实现高质量的高动态范围成像。

"Neuromorphic camera guided high dynamic range imaging"[59] 一文发表于 CVPR 2020，已经在 8.6 节简要介绍过，本小节详细介绍该模型利用神经形态信号的特性进行融合成像的过程。值得一提的是，这个模型实现了神经形态视觉信号引导 HDR 成像的统一架构：无论是事件信号还是脉冲信号，该模型都能处理。该模型分为三个步骤：颜色空间转换、空间上采样、亮度融合和色度补偿。其中，"亮度融合和色度补偿"步骤最能体现融合成像的思想。这个过程利用如图 13-20 所示的神经网络完成。图 13-20 为传统相机融合神经形态相机的 HDR 算法结构，该网络模型分为两个部分：上采样灰度融合模块以及色彩补偿模块。

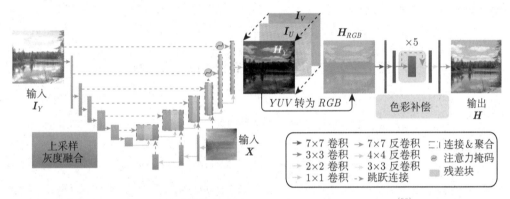

图 13-20　传统相机融合神经形态相机的 HDR 算法结构示意图（基于论文[59]的插图重新绘制）

上采样灰度融合模块是个类 U-Net[49] 结构，它具有两个编码器和一个解码器。LDR 编码器负责提取输入的 LDR 图像亮度通道 I_Y 中的高分辨率特征，灰度图编码器提取并上采样 HDR 强度图 X 中的高动态范围特征。这里的 HDR 强度图是由输入的神经形态信号重建得到的，该模型选用 E2VID[46] 模型重建事件信号，采用 TFP 方法重建脉冲信号（在 13.3.1 小节中曾介绍这些方法）；提取了 I_Y 和 X 中的特征之后，它们被共同送入解码器，由解码器逐级逐层实现灰度空间的特征融合。对于低层次特征，这种特征融合体现为特征张量沿通道维度的直接拼接，并经过一层 1×1 卷积实现融合，其融合权重由卷积参数隐式指定——这也是深度神经网络中最常见的特征融合方法；而对于高层次特征，模型又引入了注意力机制，显式地根据输入数据计算自适应的融合权重。在这里，模型使用自注意力门[76] 为 I_Y 计算权重掩码，以辨别 LDR 图像中哪些异常曝光的像素应该舍弃。解码器的输出即是既具有高分辨率又具有高动态范围的灰度重建图 H_Y。

色彩补偿模块接受上一模块的输出 $\boldsymbol{H}_Y$，以及从输入 LDR 图像中分离的 $\boldsymbol{I}_U$、$\boldsymbol{I}_V$ 通道。模块首先将 $[\boldsymbol{H}_Y; \boldsymbol{I}_U; \boldsymbol{I}_V]$ 转换回 RGB 颜色空间，形成 $\boldsymbol{H}_{\mathrm{RGB}}$。应当注意到，此时 $\boldsymbol{H}_Y$ 与 $\boldsymbol{I}_U$、$\boldsymbol{I}_V$ 对应的动态范围并不相同，前者是高动态范围的，后者是低动态范围的，因此，直接输出的 $\boldsymbol{H}_{\mathrm{RGB}}$ 视觉观感并不好，色彩不够丰富。为解决此问题，模块引入了一个带有残差连接[77]的自编码器[78]结构进行色彩补偿增强。通过训练，色彩补偿网络学习恢复每个像素的色度信息，在 HDR 图像中重建真实的色彩外观。

为了训练上述神经网络模型，从像素值和感知特征两个角度去监督模型的输出。对于像素值，先对动态范围做适当压缩，再计算 $\mathcal{L}_1$ 距离。压缩动态范围的原因在于，输出的 HDR 图像涵盖了广泛的数据范围，而人眼对光强的感知是在对数域上的。因此，如果直接计算输出的预测值 $\hat{\boldsymbol{H}}_Y$ 与真实值 $\boldsymbol{H}_Y$ 间的差异，会不合理地提升较亮部分的权重，降低较暗部分的权重。故应将像素值的范围归一化到 $[0,1]$ 之后，用式 (13.56)[79] 进行动态范围压缩：

$$\mathcal{T}(\boldsymbol{H}_Y) = \frac{\log(1 + \mu\boldsymbol{H}_Y)}{\log(1 + \mu)} \tag{13.56}$$

式中，$\mathcal{T}(\cdot)$ 是动态范围压缩算子；μ 是压缩系数，可设置为 5000。随后，计算 $\mathcal{T}(\hat{\boldsymbol{H}}_Y)$ 和真值 $\mathcal{T}(\boldsymbol{H}_Y)$ 之间的 $\mathcal{L}_1$ 距离，作为像素损失函数；此外，模型利用感知损失[80]对结果进行特征层面的监督。

整体的损失函数表示为

$$\mathcal{L}_{\mathrm{total}} = \alpha_1 \mathcal{L}_{\mathrm{pixel}} + \alpha_2 \mathcal{L}_{\mathrm{perc}} \tag{13.57}$$

通过实验，作者设置 $\alpha_1 = 100.0$、$\alpha_2 = 3.0$。图 13-21 展示了该方法的一些实际运行结果。

图 13-21　传统相机融合神经形态相机的 HDR 算法实际运行结果（基于论文[59]的插图重新绘制）

2. 图像去模糊

"NEST: neural event stack for event-based image enhancement"[81] 一文发表于 ECCV 2022，针对事件信号的高时间分辨率特征，设计了一种基于神经网络的事件信号编码方式，称作神经事件帧（Neural Event Stack, NEST）。将神经事件帧进一步与传统相机灰度图像结合，可以实现单帧图像的去模糊、连续视频的帧率提升，也能实现图像的超分辨率。

NEST 的整体结构和工作流程如图 13-22 所示。神经事件帧编码器用于将稀疏的事件信号流进行编码，它通过一个双向 ConvLSTM[50] 进行编码，将事件帧转变成为神经事件帧。随后通过融合事件信号中的运动和时序信息，去模糊网络实现清晰低分辨率的图像生成，超分网络实现从低分辨率图像到高分辨率图像的转变，由此可以生成有着清晰边缘和高分辨图像的高质量高速视频。

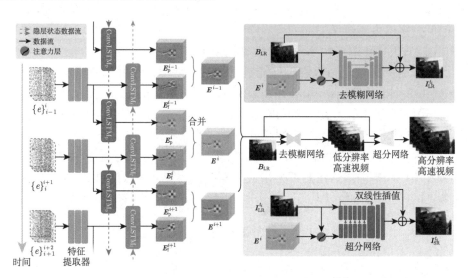

图 13-22　NEST 的整体结构和工作流程示意图（基于论文[81]的插图重新绘制）

神经事件帧实质上是事件帧的二次编码。记 t_i 和 t_{i+1} 时刻之间触发的事件集合为 $\{e\}_i^{i+1}$；用 $\boldsymbol{E}_\mathrm{p}^i$ 表示 t_i 时刻之前的事件信号编码，用 $\boldsymbol{E}_\mathrm{f}^i$ 表示 t_i 时刻之后的事件信号编码，则图 13-22 左侧白色背景部分的神经事件帧编码器可表示为

$$\left\{\left(\boldsymbol{E}_\mathrm{p}^i, \boldsymbol{E}_\mathrm{f}^i\right)\right\}_{i=1}^{N_f} = \mathcal{N}\left(\mathcal{F}\left(\left\{e_i^{i+1}\right\}_{i=1}^{N_f}\right)\right) \tag{13.58}$$

式中，$\mathcal{N}(\cdot)$ 表示的是神经事件帧编码器；$\mathcal{F}(\cdot)$ 表示将事件序列叠成事件帧的运算。

在神经事件帧编码器的结构上，首先利用一个由多层密集卷积层（dense convolution）[82] 组成的特征提取模块，它既有特征提取能力，也具备一定的噪声过滤功能[83]。

随后，采用了一个双向 ConvLSTM 来完成神经事件帧的编码，利用长短时记忆模块保留时序信息的能力，将事件信号中的时序信息更好地整合进入神经事件帧中，并且利用卷积操作既能够有效地保留事件信号中的空间信息，也能将部分图像边缘的梯度信息编码到其中，从而有助于图像边缘的恢复。得益于双向的编码方式，在将事件帧转化为神经事件帧的时候，也将部分的全局信息整合进入其中，而这些信息是一般事件帧中所不能表示的。

在事件信号被编码成为神经事件帧之后，就可以利用它来对模糊的图像进行恢复了。图 13-22 右侧灰色部分展示了去模糊网络的流程结构示意图，$\boldsymbol{B}_{\mathrm{LR}}$ 表示低分辨率的模糊帧（来自传统相机），而 $\boldsymbol{E}^i$ 是编码好的神经事件帧。首先，利用注意力机制[84]，借助模糊图像中提供的部分先验信息，对神经事件帧进行权重再赋值。而后，利用残差学习[77]的方式，将处理后的神经事件帧与模糊图像共同送入一个自编码器结构[78]，计算出清晰图像与模糊图像间的残差，将这个残差与原模糊帧相加，即得到神经事件帧引导的清晰的低分辨率重建帧 $\boldsymbol{I}_{\mathrm{LR}}^{t_i}$。

图 13-22 右下绿色部分展示了超分辨率网络的流程结构示意图。与上面去模糊模块类似地，这里也利用注意力机制对神经事件帧进行处理，然后利用密集残差连接模块（Residual in Residual Dense Block, RRDB）[85]分别从输入图像和神经事件帧中提取特征，随后利用像素重组层（pixel shuffle layer）[86]对低分辨率的图像特征进行重新排列，得到高分辨率的图像特征，最终实现高分辨率、低模糊图像 $\boldsymbol{I}_{\mathrm{SR}}^{t_i}$ 的重建。

训练监督方面，NEST 模型采用端到端的训练方式，并没有将去模糊、超分辨率两个模块分开考虑。损失函数由两部分组成，其一是预测值和目标值之间的 ℓ_2 距离，其二是两者之间的感知距离，即

$$\mathcal{L} = \alpha \cdot \mathcal{L}_2\left(\boldsymbol{I}_{\mathrm{o}}, \boldsymbol{I}_{\mathrm{gt}}\right) + \beta \cdot \mathcal{L}_{\mathrm{perc}}\left(\boldsymbol{I}_{\mathrm{o}}, \boldsymbol{I}_{\mathrm{gt}}\right) \tag{13.59}$$

式中，$\boldsymbol{I}_{\mathrm{o}}$ 是输出的预测值；$\boldsymbol{I}_{\mathrm{gt}}$ 是训练目标。通过实验，作者设置 $\alpha = 100$、$\beta = 0.5$。

图 13-23 展示了 NEST 模型的去模糊结果。可以看到，面对较为模糊的输入图像，该方法可以较好地恢复出清晰的图像细节。

模糊图像　　　　　NEST　　　　　真实值

图 13-23　NEST 模型的去模糊结果示意图[81]

13.5　本章小结

本章各小节依次回答了章前提出的问题。

▍ *视觉信号若不用"帧"来表示,那该如何表示?*

神经形态视觉传感器模仿生物视神经机理,产生与传统相机输出的"帧"截然不同的神经形态视觉信号。传统相机是在用传感器模拟胶片,而神经形态相机可以做到用传感器模拟眼睛。目前主流的神经形态视觉信号包括事件信号和脉冲信号。

▍ *神经形态视觉传感器件是怎样模拟人眼视觉的?*

事件相机通过模拟灵长类动物视网膜外周结构,以差分式采样模型进行视觉感知,具备高时间分辨率的感知能力;脉冲相机通过模拟灵长类动物视网膜中央凹结构,以积分式采样模型进行视觉感知,在具备较高时间分辨率的感知能力的前提下,实现了场景中精细纹理结构的感知。

▍ *基于神经形态的视觉算法能解决哪些问题?*

对于高层视觉任务(如检测、跟踪和识别等),神经形态视觉算法基本都能解决;而对于中底层视觉任务(如图像重建与增强、运动分析等),神经形态视觉凭借其高动态范围、高时间分辨率的特性,能以较低的代价实现对于传统视觉算法来讲相对困难的任务。

▍ *神经形态视觉与传统方法相比有何优势?怎样结合二者优势,实现更高质量的成像?*

神经形态视觉传感器具有高时间分辨率、高动态范围、低延迟、低冗余和低功耗等优势,但在空间分辨率和成像质量控制上仍有提升空间。利用神经形态与传统相机融合成像系统与算法,可以结合二者优势,取长补短,实现超越二者能力范围的高质量成像。

神经形态视觉作为新兴的研究领域,其发展步伐比较迅速,前沿结果层出不穷,性能表现日新月异。至本书截稿,神经形态视觉仍有优质的工作不断涌现,感兴趣的读者可以参考其他学者整理的网络资源[⊖],追踪最新相关工作的动态。

13.6　本章课程实践

1. 神经形态视觉信号基本处理

根据 13.3 节的有关内容,完成以下任务:

⊖　https://github.com/uzh-rpg/event-based_vision_resources。

1）神经形态视觉数据读取与表示：读取附件中附带的事件数据和脉冲数据，熟悉神经形态视觉数据的存储格式。根据式 (13.3) 实现事件帧的计算。

2）事件信号重构：根据式 (13.12)，实现事件信号的简单累积重构。注意观察简单累积重构结果中的不合理之处，分析其形成原因，阐述可能的改进方案。

3）脉冲信号重构：

①根据式 (13.19)，实现脉冲信号的 TFP 重构。测试不同的时间窗口长度，归纳描述其对重构结果的影响。

②根据式 (13.18)，实现脉冲信号的 TFI 重构。将该结果与 TFP 重构结果进行对比，分析两种方法各自的适用场景。

4）事件信号运动分析：根据算法 13.2，实现基于对比度最大化的光流估计算法。展示处理前事件帧、处理后事件帧（即运动补偿帧）和光流图。

2. 基于深度学习的神经形态计算摄像

根据 13.3 节、13.4 节的有关内容，结合相关论文，在以下三个任务中任选其一完成：

1）事件信号重构：阅读 E2VID[46]，使用作者提供的代码⊖进行测试。将该结果与简单累积重构结果进行比较。

2）脉冲信号运动分析：阅读 SCFlow[56]，使用作者提供的代码⊜进行测试，展示估计结果。进一步思考能否将针对事件信号的对比度最大化方法"迁移"到脉冲信号上来（简要阐述思路即可）。

3）事件信号融合成像：阅读 NEST[81]，使用作者提供的代码⊜进行测试，展示处理结果。

附件说明

从链接⑭中下载附件，附件包含了基础代码模板，以及可能用到的测试数据，详见 README 文件。这里提供 Python 语言的模板，也可使用其他语言自行实现。

本章参考文献

[1] 朱林. 神经形态视觉重建算法研究 [D]. 北京: 北京大学, 2022.

[2] MASLAND R H. The tasks of amacrine cells[J]. Visual Neuroscience, 2012, 29(1): 3-9.

[3] 李家宁, 田永鸿. 神经形态视觉传感器的研究进展及应用综述 [J]. 计算机学报, 2021, 44(6): 1258-1286.

⊖ 官方实现：https://github.com/uzh-rpg/rpg_e2vid。

⊜ 官方实现：https://github.com/Acnext/Optical-Flow-For-Spiking-Camera。

⊜ 官方实现：https://github.com/ChipsAhoyM/NEST。

⑭ https://github.com/PKU-CameraLab/TextBook。

[4]　董思维. 视觉信息的脉冲表示与编码方法研究 [D]. 北京: 北京大学, 2019.

[5]　MCCULLOCHWS, PITTS W. A logical calculus of the ideas immanent in nervous activity [J]. The Bulletin of Mathematical Biophysics, 1943, 5(4): 115-133.

[6]　HODGKIN A L, HUXLEY A F. A quantitative description of membrane current and its application to conduction and excitation in nerve[J]. The Journal of Physiology, 1952, 117 (4): 500.

[7]　MEAD C, ISMAIL M. Analog VLSI implementation of neural systems: volume 80[M]. Springer Science & Business Media, 1989.

[8]　MEAD C. Neuromorphic electronic systems[J]. Proceedings of the IEEE, 1990, 78(10): 1629-1636.

[9]　MAHOWALD M. An analog VLSI system for stereoscopic vision: volume 265[M]. Springer Science & Business Media, 1994.

[10]　MAHOWALD M A, MEAD C. The silicon retina[J]. Scientific American, 1991, 264(5): 76-82.

[11]　LAZZARO J, WAWRZYNEK J, MAHOWALD M, et al. Silicon auditory processors as computer peripherals[C]//Proc. of Advances in Neural Information Processing Systems. Denver, CO, USA: Morgan Kaufmann, 1992.

[12]　CULURCIELLO E, ETIENNE-CUMMINGS R, BOAHEN K A. A biomorphic digital image sensor[J]. IEEE Journal of Solid-State Circuits, 2003, 38(2): 281-294.

[13]　RUEDI P F, HEIM P, KAESS F, et al. A 128× 128 pixel 120-dB dynamic-range visionsensor chip for image contrast and orientation extraction[J]. IEEE Journal of Solid-State Circuits, 2003, 38(12): 2325-2333.

[14]　BOAHEN K A. A burst-mode word-serial address-event link-I: transmitter design[J]. IEEE Transactions on Circuits and Systems I: Regular Papers, 2004, 51(7): 1269-1280.

[15]　BOAHEN K A. A burst-mode word-serial address-event link-II: receiver design[J]. IEEE Transactions on Circuits and Systems I: Regular Papers, 2004, 51(7): 1281-1291.

[16]　BOAHEN K A. A burst-mode word-serial address-event link-III: analysis and test results [J]. IEEE Transactions on Circuits and Systems I: Regular Papers, 2004, 51(7): 1292-1300.

[17]　SHOUSHUN C, BERMAK A. Arbitrated time-to-first spike CMOS image sensor with onchip histogram equalization[J]. IEEE Transactions on Very Large Scale Integration Systems, 2007, 15(3): 346-357.

[18]　LICHTSTEINER P, POSCH C, DELBRÜCK T. A 128×128 120 dB 15 μs latency asynchronous temporal contrast vision sensor[J]. IEEE Journal of Solid-State Circuits, 2008, 43 (2): 566-576.

[19]　POSCH C, MATOLIN D, WOHLGENANNT R. A QVGA 143 dB dynamic range framefree PWM image sensor with lossless pixel-level video compression and time-domain CDS [J]. IEEE Journal of Solid-State Circuits, 2011, 46(1): 259-275.

[20]　BRANDLI C, BERNER R, YANG M, et al. A 240×180 130 dB 3 μs latency global shutter spatiotemporal vision sensor[J]. IEEE Journal of Solid-State Circuits, 2014, 49(10): 2333-2341.

[21] MOEYS D P, CORRADI F, LI C, et al. A sensitive dynamic and active pixel vision sensor for color or neural imaging applications[J]. IEEE Transactions on Biomedical Circuits and Systems, 2017, 12(1): 123-136.

[22] HUANG J, GUO M, CHEN S. A dynamic vision sensor with direct logarithmic output and full-frame picture-on-demand[C]//Proc. of IEEE International Symposium on Circuits and Systems. Baltimore, MD, USA: IEEE, 2017.

[23] DONG S, HUANG T, TIAN Y. Spike camera and its coding methods[C]//Proc. of Data Compression Conference. Snowbird, UT, USA: IEEE, 2017.

[24] HUANG T, ZHENG Y, YU Z, et al. 1000× faster camera and machine vision with ordinary devices[J]. Engineering, 2023, 25: 110-119.

[25] GALLEGO G, DELBRÜCK T, ORCHARD G, et al. Event-based vision: a survey[J]. IEEE Transactions on Pattern Analysis and Machine Intelligence, 2020, 44(1): 154-180.

[26] SUH Y, CHOI S, ITO M, et al. A 1280× 960 dynamic vision sensor with a 4.95-μm pixel pitch and motion artifact minimization[C]//Proc. of IEEE International Symposium on Circuits and Systems. Sevilla, Spain: IEEE, 2020.

[27] FINATEU T, NIWA A, MATOLIN D, et al. 5.10 a 1280×720 back-illuminated stacked temporal contrast event-based vision sensor with 4.86 μm pixels, 1.066 GEPS readout, programmable event-rate controller and compressive data-formatting pipeline[C]//Proc. of IEEE International Solid-State Circuits Conference. San Francisco, CA, USA: IEEE, 2020.

[28] HUANG J. Asynchronous high-speed feature extraction image sensor[D]. Nanyang Technological University, 2018.

[29] 黄铁军, 余肇飞, 李源, 等. 脉冲视觉研究进展 [J]. 中国图象图形学报, 2022, 27(6): 1823-1839.

[30] GAO J, WANG Y, NIE K, et al. The analysis and suppressing of non-uniformity in a high-speed spike-based image sensor[J]. Sensors, 2018, 18(12): 4232.

[31] WANG Z W, DUAN P, COSSAIRT O, et al. Joint filtering of intensity images and neuromorphic events for high-resolution noise-robust imaging[C]//Proc. of IEEE/CVF Computer Vision and Pattern Recognition. Seattle, WA, USA: IEEE, 2020.

[32] ZHAO J, XIE J, XIONG R, et al. Super resolve dynamic scene from continuous spike streams[C]//Proc. of IEEE/CVF International Conference on Computer Vision. Montreal, QC, Canada: IEEE, 2021.

[33] LIU M, DELBRUCK T. Adaptive time-slice block-matching optical flow algorithm for dynamic vision sensors[C]//Proc. of British Machine Vision. Newcastle, UK: BMVA Press, 2018.

[34] HORN B K, SCHUNCK B G. Determining optical flow[J]. Artificial Intelligence, 1981, 17(1-3): 185-203.

[35] LIU H, BRANDLI C, LI C, et al. Design of a spatiotemporal correlation filter for event-based sensors[C]//Proc. of IEEE International Symposium on Circuits and Systems. Lisbon, Portugal: IEEE, 2015.

[36] BALDWIN R W, ALMATRAFI M, ASARI V K, et al. Event probability mask (EPM) and event denoising convolutional neural network (EDnCNN) for neuromorphic cameras[C]// Proc. of IEEE/CVF Computer Vision and Pattern Recognition. Seattle, WA, USA: IEEE, 2020.

[37] CHARLES R Q, SU H, KAICHUN M, et al. PointNet: deep learning on point sets for 3D classification and segmentation[C]//Proc. of IEEE Computer Vision and Pattern Recognition. Honolulu, HI, USA: IEEE, 2017.

[38] SEKIKAWA Y, HARA K, SAITO H. EventNet: asynchronous recursive event processing [C]//Proc. of IEEE/CVF Computer Vision and Pattern Recognition. Long Beach, CA, USA: IEEE, 2019.

[39] NI Z, BOLOPION A, AGNUS J, et al. Asynchronous event-based visual shape tracking for stable haptic feedback in microrobotics[J]. IEEE Transactions on Robotics, 2012, 28 (5): 1081-1089.

[40] NI Z, IENG S H, POSCH C, et al. Visual tracking using neuromorphic asynchronous event-based cameras[J]. Neural Computation, 2015, 27(4): 925-953.

[41] KUENG B, MUEGGLER E, GALLEGO G, et al. Low-latency visual odometry using event-based feature tracks[C]//Proc. of IEEE/RSJ International Conference on Intelligent Robots and Systems. Daejeon: IEEE, 2016.

[42] LAGORCE X, ORCHARD G, GALLUPPI F, et al. Hots: a hierarchy of event-based timesurfaces for pattern recognition[J]. IEEE Transactions on Pattern Analysis and Machine Intelligence, 2016, 39(7): 1346-1359.

[43] AHAD M, KIM H, TAN J, et al. Motion history image: its variants and applications [J]. Machine Vision and Applications, 2012, 23(2): 255-281.

[44] MANDERSCHEID J, SIRONI A, BOURDIS N, et al. Speed invariant time surface for learning to detect corner points with event-based cameras[C]//Proc. of IEEE/CVF Computer Vision and Pattern Recognition. Long Beach, CA, USA: IEEE, 2019.

[45] SIRONI A, BRAMBILLA M, BOURDIS N, et al. HATS: histograms of averaged time surfaces for robust event-based object classification[C]//Proc. of IEEE/CVF Computer Vision and Pattern Recognition. Salt Lake City, UT, USA: IEEE, 2018.

[46] REBECQ H, RANFTL R, KOLTUN V, et al. High speed and high dynamic range video with an event camera[J]. IEEE Transactions on Pattern Analysis and Machine Intelligence, 2021, 43(6): 1964-1980.

[47] MUNDA G, REINBACHER C, POCK T. Real-time intensity-image reconstruction for event cameras using manifold regularisation[J]. International Journal of Computer Vision, 2018, 126(12): 1381-1393.

[48] KIM H, HANDA A, BENOSMAN R, et al. Simultaneous mosaicing and tracking with an event camera[C]//Proc. of British Machine Vision. Nottingham, UK: BMVA Press, 2014.

[49] RONNEBERGER O, FISCHER P, BROX T. U-Net: convolutional networks for biomedical image segmentation[C]//Proc. of International Conference on Medical Image Computing and Computer-assisted Intervention. Munich, Germany: Springer, 2015.

[50] SHI X, CHEN Z, WANG H, et al. Convolutional LSTM network: a machine learning approach for precipitation nowcasting[C]//Proc. of Advances in Neural Information Processing Systems. Montreal, QC, Canada: Curran Associates, Inc., 2015.

[51] LAI W S, HUANG J B, WANG O, et al. Learning blind video temporal consistency[C]//Proc. of European Conference on Computer Vision. Munich, Germany: Springer, 2018.

[52] ZHENG Y, ZHENG L, YU Z, et al. High-speed image reconstruction through shortterm plasticity for spiking cameras[C]//Proc. of IEEE/CVF Computer Vision and Pattern Recognition. Virtual: IEEE, 2021.

[53] TSODYKS M V, MARKRAM H. The neural code between neocortical pyramidal neurons depends on neurotransmitter release probability[J]. Proceedings of the National Academy of Sciences, 1997, 94(2): 719-723.

[54] GUY-EVANS O. Synapse: definition, parts, types and function[EB/OL]. (2023-07-12) [2023-07-12]. www.simplypsychology.org/synapse.html.

[55] GALLEGO G, REBECQ H, SCARAMUZZA D. A unifying contrast maximization framework for event cameras, with applications to motion, depth, and optical flow estimation [C]//Proc. of IEEE/CVF Computer Vision and Pattern Recognition. Salt Lake City, UT, USA: IEEE, 2018.

[56] HU L, ZHAO R, DING Z, et al. Optical flow estimation for spiking camera[C]//Proc. of IEEE/CVF Computer Vision and Pattern Recognition. New Orleans, LA, USA: IEEE, 2022.

[57] REBECQ H, GEHRIG D, SCARAMUZZA D. ESIM: an open event camera simulator[C]// Proc. of Conference on Robot Learning. Zürich, Switzerland: PMLR, 2018.

[58] HU Y, LIU S C, DELBRUCK T. v2e: From video frames to realistic DVS events[C]//Proc. of IEEE/CVF Computer Vision and Pattern Recognition Workshops. Virtual: IEEE, 2021.

[59] HAN J, ZHOU C, DUAN P, et al. Neuromorphic camera guided high dynamic range imaging[C]//Proc. of IEEE/CVF Computer Vision and Pattern Recognition. Seattle, WA, USA: IEEE, 2020.

[60] TULYAKOV S, GEHRIG D, GEORGOULIS S, et al. Time lens: event-based video frame interpolation[C]//Proc. of IEEE/CVF Computer Vision and Pattern Recognition. Virtual: IEEE, 2021.

[61] TAVERNI G, MOEYS D P, LI C, et al. Front and back illuminated dynamic and active pixel vision sensors comparison[J]. IEEE Transactions on Circuits and Systems II: Express Briefs, 2018, 65-II(5): 677-681.

[62] ZHU L, LI J, WANG X, et al. NeuSpike-Net: high speed video reconstruction via bioinspired neuromorphic cameras[C]//Proc. of IEEE/CVF International Conference on Computer Vision. Montreal, QC, Canada: IEEE, 2021.

[63] DUAN P, WANG Z, SHI B, et al. Guided event filtering: synergy between intensity images and neuromorphic events for high performance imaging[J]. IEEE Transactions on Pattern Analysis and Machine Intelligence, 2022, 44(11): 8261-8275.

[64] GUO X, LI Y, MA J. Mutually guided image filtering[C]//Proc. of ACM MM. Mountain View, CA, USA: ACM, 2017.

[65] HE K, SUN J, TANG X. Guided image filtering[J]. IEEE Transactions on Pattern Analysis and Machine Intelligence, 2013, 35(6): 1397-1409.

[66] LI Y, HUANG J, AHUJA N, et al. Deep joint image filtering[C]//Proc. of European Conference on Computer Vision. Amsterdam, The Netherlands: Springer, 2016.

[67] SONG P, DENG X, MOTA J F C, et al. Multimodal image super-resolution via joint sparse representations induced by coupled dictionaries[J]. IEEE Transactions on Computational Imaging, 2020, 6: 57-72.

[68] YAN Q, SHEN X, XU L, et al. Cross-field joint image restoration via scale map[C]//Proc. of IEEE International Conference on Computer Vision. Sydney, Australia: IEEE, 2013.

[69] PARK J, KIM H, TAI Y, et al. High quality depth map upsampling for 3D-TOF cameras [C]//Proc. of IEEE International Conference on Computer Vision. Barcelona, Spain: IEEE, 2011.

[70] QU J, LI Y, DONG W. Hyperspectral pansharpening with guided filter[J]. IEEE Geoscience and Remote Sensing Letters, 2017, 14(11): 2152-2156.

[71] HE K, SUN J, TANG X. Guided image filtering[J]. IEEE Transactions on Pattern Analysis and Machine Intelligence, 2012, 35(6): 1397-1409.

[72] YIN H, GONG Y, QIU G. Side window guided filtering[J]. Signal Processing, 2019, 165: 315-330.

[73] SHEN X, ZHOU C, XU L, et al. Mutual-structure for joint filtering[C]//Proc. of IEEE International Conference on Computer Vision. Santiago, Chile: IEEE, 2015.

[74] XIANG X, ZHU L, LI J, et al. Learning super-resolution reconstruction for high temporal resolution spike stream[J]. IEEE Transactions on Circuits and Systems for Video Technology, 2023, 33(1): 16-29.

[75] ZHU L, DONG S, LI J, et al. Retina-like visual image reconstruction via spiking neural model[C]//Proc. of IEEE/CVF Computer Vision and Pattern Recognition. Seattle, WA, USA: IEEE, 2020.

[76] OKTAY O, SCHLEMPER J, FOLGOC L L, et al. Attention U-Net: Learning where to look for the pancreas[C]//Medical Imaging with Deep Learning. Amsterdam, The Netherlands: MIDL Foundation, 2018.

[77] HE K, ZHANG X, REN S, et al. Deep residual learning for image recognition[C]//Proc. of IEEE Computer Vision and Pattern Recognition. Las Vegas, NV, USA: IEEE, 2016.

[78] HINTON G E, SALAKHUTDINOV R R. Reducing the dimensionality of data with neural networks[J]. Science, 2006, 313(5786): 504-507.

[79] KALANTARI N K, RAMAMOORTHI R. Deep high dynamic range imaging of dynamic scenes[J]. ACM Transactions on Graphics, 2017, 36(4): 144-1.

[80] JOHNSON J, ALAHI A, FEI-FEI L. Perceptual losses for real-time style transfer and super-resolution[C]//Proc. of European Conference on Computer Vision. Amsterdam, The Netherlands: Springer, 2016.

[81] TENG M, ZHOU C, LOU H, et al. NEST: neural event stack for event-based image enhancement[C]//Proc. of European Conference on Computer Vision. Tel Aviv, Israel: Springer, 2022.

[82] HUANG G, LIU Z, VAN DER MAATEN L, et al. Densely connected convolutional networks [C]//Proc. of IEEE Computer Vision and Pattern Recognition. Honolulu, HI, USA: IEEE, 2017.

[83] HAOYU C, MINGGUI T, BOXIN S, et al. Learning to deblur and generate high frame rate video with an event camera[J]. arXiv preprint arXiv:2003.00847, 2020: 1-10.

[84] WOO S, PARK J, LEE J Y, et al. CBAM: Convolutional block attention module[C]//Proc. of European Conference on Computer Vision. Munich, Germany: Springer, 2018.

[85] WANG X, YU K, WU S, et al. ESRGAN: Enhanced super-resolution generative adversarial networks[C]//Proc. of European Conference on Computer Vision Workshops. Munich, Germany: Springer, 2018.

[86] SHI W, CABALLERO J, HUSZÁR F, et al. Real-time single image and video superresolution using an efficient sub-pixel convolutional neural network[C]//Proc. of IEEE Computer Vision and Pattern Recognition. Las Vegas, NV, USA: IEEE, 2016.

·跋

相、像、象

与传统胶片"相"机不同，数码"相"机通过对"像"的处理提升图"像"质量。计算摄"像"进一步以"算"为中心统筹设计摄像器件、视觉传感器和数字图像处理，大大拓展了视觉信息处理的可能性空间。对于这样一个重要技术方向，我国课程和教材建设还相对滞后，本书系统介绍了计算摄像的原理、方法和算法，涵盖了国内外最新研究进展，对我国这一方向的人才培养和科技创新均具重要意义。

我是本书作者施柏鑫老师的同事，这本书也给了我系统学习这一新兴方向的难得机会。书中介绍了我发明的脉冲摄影原理和脉冲相机，施老师邀请我写个序言，我思考再三，决定写个跋，通过讨论三个字"相、像、象"，回顾这项发明背后的心路历程，展望计算摄像学的未来，作为补充供诸位参考。

照相术无疑是人类最伟大的发明之一，它开启了记录光的时代。1827 年，法国人约瑟夫·尼埃普斯采用他发明的"日光蚀刻法"，在白蜡板上敷上一层薄沥青，然后利用阳光和小孔成像原理，曝光八小时，拍摄下窗外的景色，得到了人类第一幅照片。1839 年，法国人 L·达盖尔发明银版摄影法，把镀银铜板暴露在碘或溴蒸气里，产生一层均匀的卤化银感光表面，通过半小时曝光，光的空间强弱分布转化为卤化银保留的多寡，再利用水银蒸气对银盐涂面进行显影。早期照相曝光时间很长，因此只能记录静止的楼房和街道，路过的人留不下影子。1845 年，第一位程序员 Ada Lovelace 安静地坐了半小时，留下了一幅宝贵照片。为了缩短曝光时间，1888 年美国柯达公司生产出了新型感光材料"胶卷"，将银盐（主要是溴化银 AgBr）感光材料附着在塑料片上作为载体，有效缩短了曝光时间，实现了胶片相机的普及化。

法国人发明的照相术，命名为 photographie，相应的英文为 photography，词源是希腊语。*photo* 的意思是"光"（light），*graphie* 的意思是"描绘"（to draw）。中文传统翻译为"照相"，"相"表示事物的外观形貌，例如长相、月相和金相，因此，"照相"就表示原封不动地捕获和表达客观对象的外观。

photographie 的直译是"摄影"，也就是捕捉光。"照相"侧重捕捉客观对象的外貌（相），"摄影"侧重捕捉光这个传播媒介。产生的结果是"照片"（photograph）或"图像"（image），前者侧重载体，后者侧重客观对象的世界表达。

1839 年达盖尔成功拍摄出照片后，冲到大街上大喊："我抓住了光！我捕捉到了它的飞行！"前一句是确切的，后一句言过其实——静止的照片并不能表达光的飞行过程。

1895 年电影发明，每秒 12 幅胶片，后来改为 24 幅，利用视觉暂留现象让观众产生连续感受。但显然，电影不能表达超过 24Hz 的运动现象，例如旋转的车轮会出现倒转错误。1925 年电视发明，淘汰了胶片，直接用电信号表达光过程，但仍然继承了图像序列这种表达方式，只是换了一个专用词——视频，组成视频的每幅图像称为一帧，典型电视制式为每秒 25 帧或 30 帧。近年来电视已经发展到高清和超高清阶段，帧率达到 50 或 60。显然，电视也无法表示高于帧率的物理过程。

20 世纪 60 年代固态光电传感器登上历史舞台，CCD 启动了相机的数字化。20 世纪 90 年代 CMOS 图像传感器成熟，驱动了数码相机革命。1998 年胶片相机年产量接近 4000 万台，达到历史顶峰，2005 年胶片相机几乎被数码相机完全替代，2008 年数码相机年产量超过 1 亿台，2016 年手机数码相机年产量超过 15 亿台，取得了历史性的商业成功。

可惜的是，数码相机商业辉煌的背后是"新瓶装旧酒"：简单继承了胶片相机的曝光成像原理，继承了图像和视频概念，禁锢了光电器件的高速潜力，进而禁锢了视觉技术的创新空间。

传统定时曝光成像原理把高速光过程"压扁"为静态图像，丢失了大量时域信息。影视视频只有几十 Hz，无法表达车轮旋转等高速物理过程，车载摄像头因为车体运动造成模糊影响安全，监控摄像头因为杆架振动无法拍清嫌疑目标，无人机巡检图像模糊更为常见。传统做法是提高帧率，相机成本和数据实时处理代价大幅提高，无法大范围应用。定时曝光成像原理无法克服高速运动带来的运动模糊，存在"两难困境"：缩短曝光时间可以减轻运动模糊，但光累积不充分，图像动态范围窄；延长曝光时间可提高动态范围，但会加重运动模糊。改进光学系统和器件性能只能缓解，而不能根本解决矛盾。

从照相术到数码相机，近两个世纪，当初的主导技术化学化工早已让位于电子数码，但是图像和视频的观念深入人心，形成的惯性思维极其强大，并未因为多次技术革命而改变。照相术发明的年代，荷兰人惠更斯的波动说和英国人牛顿的微粒说还势不两立。1905 年，爱因斯坦提出光量子说，成功统一了波动说和微粒说：光子是粒子，每个光子是特定频率的波，光是独立的光子组成的粒子流。因此，摄影需要解决如何捕捉和表达光子流，但是，电视和数码相机罔顾这一物理事实，继续采用静止图像表达光子流过程，丧失了重新定义视觉表达概念的历史机遇，图像的"像"继承了照相的"相"，遮蔽了摄影的"影"，忘记了摄影"捕光捉影"的初心。

事实上，胶片成像是光致化学反应过程，只能采用定时曝光方式。CMOS 图像传感器的每个像元都是独立的光探测器，可以独立地记录光的高速变化过程，同步曝光成像并不必要，更非唯一。由于固守图像和视频概念，数码相机所有像元按照胶片相机模式同步工作，未能发挥 CMOS 像元阵列可以异步记录高速视觉过程的能力。

针对传统相机的原理性缺陷，以高精度表达光物理过程的时空信息为目标，提出了脉冲连续摄影新原理：像元从清空状态开始积累电荷，达到额定阈值时产生一个脉冲作为积满标志，并自动复位重新开始累积，如此重复。这样，每个像元采集的光子流序列就被转换成脉冲序列，所有像元的脉冲序列按照像元的空间分布排列成阵列，就是对相机入射光的一个数字化表达，表达精度由累积阈值 Q 决定。

也就是说，新原理把光子流转换成一个脉冲流，当累积阈值 $Q > 1$ 时，每个脉冲对应 Q 个光子，实现了物理到信息的 $Q \to 1$ 映射，两个脉冲之间的时间间隔（或者说后一个脉冲的脉宽）是出现 Q 个光子的总时长；当 $Q = 1$ 时，脉冲流就是数字意义上的光子流，一个光子用 1 比特（脉冲）表示，脉冲之间的时间间隔等于光子之间的时间间隔，实现了物理到信息的一一映射。因此，脉冲流阵列是对光子流阵列的一个有效渐进逼近，随着光电器件探测能力的提升，可以不断逼近直到完整表达光子流的物理过程。

脉冲流阵列有效记录了光过程，可以从中实现各种视觉信息处理任务，其中之一是从中生成任意时刻的图像。脉冲累积时长的倒数就是该时段的光强，也就是所有像素任意时刻的光强都得到了，而且不存在传统定时曝光成像固有的运动模糊问题，因此可以实现超高速、高动态和无模糊连续成像。

脉冲流阵列这种新表达不同于传统图像和视频，需要一个新名词，建议中文为"视象"，其中"视"表示"视觉、可见"，"象"来自《道德经》中的"大象无形"，指没有具体形态的形式，以区别于有具体形态的"图像"的"像"和"幻相"的"相"，对应英文建议使用"vform"。相应地，拍摄视象的光电设备称为"脉冲相机"（spike camera），也可采用"摄象机"或"象机"（vform camera）的说法。

说到这里，"相""像""象"的关系应该清楚了。"相"是照相的"相"，胶片凝固了光，也凝固了人的思维，至今已经近两个世纪。数码相机淘汰了胶片，但没有改变人的思维，图像至今无处不在，但"相"阴魂不散。脉冲相机冲破图像幻相，用"视象"表达光过程，摄影终回"捕光捉影"的本心。

在本书撰写过程中，施柏鑫老师曾征求我的意见，我觉得"计算摄像学"这个词应该改为"计算摄象学"，打破静态图像的禁锢，发展空间更大。不过如果这么写，八成会被认为是错别字，所以还是维持通用名"计算摄像学"，希望未来版本能够改名。

黄铁军
北京大学教授、
北京智源人工智能
研究院理事长

推荐阅读

人机物融合群智计算

作者：郭斌 刘思聪 於志文 著 ISBN：978-7-111-70591-8

智能物联网导论

作者：郭斌 刘思聪 王柱 等著 ISBN：978-7-111-72511-4

人工智能：原理与实践

作者：[美] 查鲁·C. 阿加沃尔(Charu C. Aggarwal) 著
译者：杜博 刘友发 ISBN：978-7-111-71067-7

通用人工智能：初心与未来

作者：[美] 赫伯特·L.罗埃布莱特（Herbert L. Roitblat）著
译者：郭斌 ISBN：978-7-111-72160-4

因果推断导论

作者：俞奎 王浩 梁吉业 编著 ISBN：978-7-111-73107-8

人工智能安全基础

作者：李进 谭毓安 著 ISBN：978-7-111-72075-1

推荐阅读

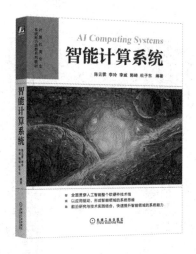

智能计算系统

作者: 陈云霁 李玲 李威 郭崎 杜子东 编著 ISBN: 978-7-111-64623-5 定价: 79.00元

全面贯穿人工智能整个软硬件技术栈

以应用驱动，形成智能领域的系统思维

前沿研究与产业实践结合，快速提升智能计算系统能力

培养具有系统思维的人工智能人才必须要有好的教材。在中国乃至国际上，对当代人工智能计算系统进行全局、系统介绍的教材十分稀少。因此，这本《智能计算系统》教材就显得尤为及时和重要。

——陈国良 中国科学院院士，原中国科大计算机系主任，首届全国高校教学名师

懂不懂系统知识带来的工作成效差别巨大。这本教材以"图像风格迁移"这一具体的智能应用为牵引，对智能计算系统的软硬件技术栈各层的奥妙和相互联系进行精确、扼要的介绍，使学生对系统全貌有一个深刻印象。

——李国杰 中国工程院院士，中科院大学计算机学院院长，中国计算机学会名誉理事长

中科院计算所的学科优势是计算机系统与算法。本书作者在智能方向打通了系统与算法，再将这些科研优势辐射到教学，写出了这本代表了计算所学派特色的教材。读者从中不仅可以学到知识，也能一窥计算所做学问的方法。

——孙凝晖 中国工程院院士，中科院计算所所长，国家智能计算机研发中心主任

作为北京智源研究院智能体系结构方向首席科学家，陈云霁领衔编写的这本教材，深入浅出地介绍了当代智能计算系统软硬件技术栈，其系统性、全面性在国内外都非常难得，值得每位人工智能方向的同学阅读。

——张宏江 ACM/IEEE会士，北京智源人工智能研究院理事长，源码资本合伙人

本书对人工智能软硬件技术栈（包括智能算法、智能编程框架、智能芯片结构、智能编程语言等）进行了全方位、系统性的介绍，非常适合培养学生的系统思维。到目前为止，国内外少有同类书。

——郑纬民 中国工程院院士，清华大学计算机系教授，原中国计算机学会理事长

本书覆盖了神经网络基础算法、深度学习编程框架、芯片体系结构等，是国内第一本关于深度学习计算系统的书籍。主要作者是寒武纪深度学习处理器基础研究的开拓者，基于一流科研水平成书，值得期待。

——周志华 AAAI/AAAS/ACM/IEEE会士，南京大学人工智能学院院长，南京大学计算机系主任